理化检测技术与应用丛书

化学分析技术与应用

组　　编　中国中车股份有限公司计量理化技术委员会
主　　编　于跃斌　陈晓彤
副主编　刘景梅　李　岩
参　　编　陈安明　崔彦红　孙俊艳　朱向阳
　　　　　杜立新　张　莉　童　岚　王耀新

U0378398

机械工业出版社

本书全面系统地介绍了化学分析中常用的分析方法及其在金属材料领域的应用，包括测试方法的原理、操作步骤和注意事项等。主要内容包括化学分析基础知识、化学分析基本方法、原子光谱分析方法、金属材料化学成分分析、化学分析的分离和富集、统计技术的应用、化学分析的溯源性、实验室质量管理、实验室认可相关知识。本书在介绍各种分析方法的同时，辅以实例，以便于读者准确掌握和熟练运用各种分析方法。本书紧密结合金属材料检测领域发展的需求，突出实用性，着重经验、技能和技巧的讲解，内容精练，操作性强。

本书可供化学分析技术人员使用，也可作为轨道交通化学分析人员的培训教材，同时也可供相关专业的在校师生阅读参考。

图书在版编目（CIP）数据

化学分析技术与应用／中国中车股份有限公司计量理化技术委员会组编；于跃斌，陈晓彤主编. -- 北京：机械工业出版社，2024. 8. --（理化检测技术与应用丛书）. -- ISBN 978-7-111-76010-8

Ⅰ. O652

中国国家版本馆 CIP 数据核字第 2024GS5573 号

机械工业出版社（北京市百万庄大街 22 号　邮政编码 100037）
策划编辑：陈保华　　　　　　　　　　责任编辑：陈保华　李含杨
责任校对：王小童　张慧敏　景　飞　　封面设计：马精明
责任印制：常天培
北京科信印刷有限公司印刷
2024 年 9 月第 1 版第 1 次印刷
184mm×260mm · 19.75 印张 · 487 千字
标准书号：ISBN 978-7-111-76010-8
定价：89.00 元

电话服务　　　　　　　　　　网络服务
客服电话：010-88361066　　　机　工　官　网：www.cmpbook.com
　　　　　010-88379833　　　机　工　官　博：weibo.com/cmp1952
　　　　　010-68326294　　　金　书　网：www.golden-book.com
封底无防伪标均为盗版　　网络服务网：www.cmpedu.com

丛 书 编 委 会

主　任　于跃斌

副主任　靳国忠　　王育权　　万升云　　徐浩云　　刘仕远

委　员　徐罗平　　宋德晶　　吴建华　　邹　丰　　林永强

　　　　　刘　君　　刘景梅　　朱长刚　　商雪松　　谈立成

　　　　　陈　庚　　王会生　　伍道乐　　王日艺　　蔡　虎

　　　　　陶曦东　　王　建　　周　菁　　安令云　　王立辉

　　　　　姜海勇　　隆孝军　　王文生　　潘安霞　　李平平

　　　　　陈晓彤　　宋　渊　　汪　涛　　仇慧群　　王耀新

　　　　　殷世军　　唐晓萍　　杨黎明

前 言

分析化学是人们认识物质并获得物质组成和结构的学科，是人们进行科学研究的基础，也是产品质量安全评价最重要的手段，被称为科学技术的"眼睛"。它不仅在开发新材料、新工艺、新产品中具有重要的基础作用，而且还对其他一些学科和专业的发展起到促进作用。

为了帮助化学分析人员更好地掌握化学分析技术，出具准确、可靠的检验报告，经多位长期从事化学分析的专家共同努力，在借鉴国内外相关资料的基础上，根据目前化学分析人员的实际情况和需求编写了这本《化学分析技术与应用》。本书由化学分析、仪器分析、实验室质量管理和实验室认可四部分组成，强调化学分析方法的经典性、可靠性，同时又突出仪器分析方法快速、高效的特点，充分体现分析化学中化学分析是仪器分析的基础和保障。

本书紧密结合金属材料检测领域发展的需求，突出实用性，着重经验、技能和技巧的讲解，内容精练，操作性强。分析技术是解决"会不会"的问题，质量控制技术是解决"准不准"的问题。本书结合了分析技术和质量控制技术以提高实验室的技术水平。本书可供化学分析技术人员使用，也可作为轨道交通化学分析人员的培训教材，同时也可供相关专业的在校师生阅读参考。

本书由于跃斌、陈晓彤担任主编，刘景梅、李岩担任副主编，参加编写工作的还有陈安明、崔彦红、孙俊艳、朱向阳、杜立新、张莉、童岚、王耀新。其中，第1章由杜立新、童岚编写；第2章由李岩、王耀新编写；第3章由孙俊艳、朱向阳编写；第4章由于跃斌、崔彦红、张莉、朱向阳编写；第5章由刘景梅、陈安明编写；第6章由陈安明、朱向阳编写；第7章由崔彦红、朱向阳编写；第8章由陈晓彤编写；第9章由孙俊艳、童岚编写。

在本书的编写过程中，编者参考了国内外同行的大量文献和相关标准，在此谨向有关人员表示衷心的感谢！由于编者水平有限，错误之处在所难免，敬请广大读者批评指正。

陈晓彤

目 录

第 1 章

化学分析基础知识

1.1 分析化学的作用和发展

1.1.1 分析化学的任务和作用

分析化学的任务是确定物质的化学组成，测量各组分的含量，表征物质的化学结构，它们分别隶属于定性分析、定量分析和结构分析研究的范畴。

分析化学在国民经济的发展、国防力量的壮大、自然资源的开发及科学技术的进步等各方面的作用是举足轻重的。例如，从工业原料的选择、工艺流程的控制直至成品质量检测，从土壤、化肥、农药到农作物生长过程的研究，从武器装备的生产和研制到刑事犯罪活动的侦破，从资源勘探、矿山开发到"三废"的处理和综合利用，无一不依赖分析化学的配合。

分析化学的主要任务：

1）对进厂原材料、辅料、外购外协件进行化学分析，包括对金属材料、非金属材料、铸造合金、铸造辅料的化学成分分析，燃料、油脂分析测试等。

2）生产过程工序间分析，炉前化学成分分析，电镀液分析，油脂油漆分析和试验。

3）半成品、成品，包括外购外协件的化学成分分析。

4）配合环保部门，对排废的有害物质及浓度进行分析。

5）研究应用新的分析方法和设备，配合生产、科研工作，开展新的分析项目。

6）配合产品失效分析，找出失效原因，提出改进建议，使产品质量日益提高。

由于分析化学是人们赖以获得物质的组成和结构信息的科学，而这些信息对于生命科学、材料科学、环境科学和能源科学都是必不可少的，所以分析化学被称为科学技术的"眼睛"，是进行科学研究的基础。

1.1.2 分析化学的分类

根据分析任务、分析对象、测定原理、操作方法和具体要求的不同，分析方法可分为许多种类。

1. 定性分析、定量分析和结构分析

定性分析的任务是鉴定物质由哪些元素、原子团或化合物所组成；定量分析的任务是测定物质中有关成分的含量；结构分析的任务是研究物质的分子结构或晶体结构。

2. 无机分析和有机分析

无机分析的对象是无机物，有机分析的对象是有机物。

在无机分析中，组成无机物的元素种类较多，通常要求鉴定物质的组成和测定各成分的含量。无机分析的对象是无机物，如酸、碱、盐、金属、非金属等，主要测定它们是由哪些元素、离子、化合物所组成并确定其相对含量。

在有机分析中，组成有机物的元素种类不多，但结构相当复杂，分析的重点是官能团分析和结构分析。

3. 化学分析和仪器分析

（1）化学分析法　以物质的化学反应为基础的分析方法称为化学分析法。

化学分析是利用定量的化学反应及其计量关系为基础，即样品通过溶解或熔融的方法使之分解，然后采用分光光度法、容量法或重量分析法进行分析以确定组分含量的方法。化学分析法历史悠久，是分析化学的基础，又称经典分析法，主要有重量分析法和滴定分析（容量分析）法等。

（2）仪器分析法　以物质的物理或物理化学性质为基础的分析方法称为物理或物理化学分析法。这类分析法都需要较特殊的仪器，通常称为仪器分析法。

1）仪器分析的特点如下：

①"快速"，它能在极短时间内得出分析结果。例如，直读光谱仪可在 $1 \sim 2min$ 之内同时显示十几种或更多的分析数据。

②"灵敏"，它能测定含量极低的组分。例如，电感耦合等离子体（ICP）和电感耦合等离子体-质谱法（ICP-MS）分析的相对灵敏度由 ppm（10^{-6}）级发展到 ppb（10^{-9}）级和 ppt 级（10^{-12}）。

当前仪器分析在生产和科研中已越来越广泛地被采用，是分析化学领域中一个重要的发展方向。当然，仪器分析也有它的局限性和不足之处。一般来说，仪器都比较昂贵，特别是大型、复杂的精密仪器更难于普遍推广。另外，仪器分析是一种相对的分析方法，需用基准物质或标准样品作为标准来对照，而这些标准是需要化学分析方法来确定的。

2）主要的仪器分析法如下：

①光学分析法：根据物质的光学性质所建立的分析方法，主要包括分子光谱法，如可见和紫外吸光光度法、红外光谱法、分子荧光及磷光分析法；原子光谱法，如原子发射光谱法、原子吸收光谱法；其他，如激光拉曼光谱法、光声光谱法、化学发光分析等。

②电化学分析法：根据物质的电化学性质所建立的分析方法，主要包括电位分析法、电重量法、库仑法、极谱法和电导分析法。

③热分析法：根据测量体系的温度与某些性质（如质量、反应热或体积）间的动力学关系所建立的分析方法，主要包括热重量法、差热分析法和测温滴定法。

④色谱法：色谱法是一种重要的分离富集方法，主要包括气相色谱法、液相色谱法（又分为柱色谱、纸色谱）和离子色谱法。

近年发展起来的波长色散 X 荧光光谱法、能量色散 X 荧光光谱法（EDX）、电子探针、质谱法、核磁共振、扫描电镜 X 射线能谱及毛细管电泳等大型仪器分析的分离分析方法，使得分析手段更为强大。

（3）发展情况　随着科学技术的发展，化学分析有了新的定义，日本 JIS K 0050《化学分析的一般规则》中的定义：化学分析是所采用的操作和技能，用以明确化学物质中包含的物种，或者确定其数量。化学分析用来辨别化学物质种类，不管采取什么样的方法，如化学或物理方法，而且所采用的方法也已经不仅仅是传统定义的重量分析、容量分析、光度分析、电解分析、色谱分析、热分析法，还新纳入了电磁分析。

光度分析不仅是传统的紫外和可见光光谱，它的定义类型为：超紫外线和可见光光谱化学分析、红外光谱化学分析、近红外光谱分析、拉曼光谱化学分析、荧光分析、原子吸收光谱法、火焰光度分析、发射光谱化学分析法（电感耦合等离子体发射光谱化学分析、火花源原子光谱化学分析）等。

新纳入的电磁分析包括 X 射线荧光分析、电子探针、光电子能谱分析、核磁共振分析、电子自旋分析、质谱分析、扫描电子显微镜测试、透射电子显微镜测试等，这些也已纳入化学分析的范畴，可以说现在化学分析的领域非常广阔。

化学分析和仪器分析在分析化学中都占有重要的地位，两者应该是相辅相成的，不能偏废。没有化学分析为基础，很难设想能掌握好仪器分析，如样品处理、制作标样、核对结果等都离不开化学分析手段，而在实际工作中，仪器分析又克服化学分析的不足，使分析化学的检测技术得到更快的发展，以满足生产和科研的需要。

4. 常量分析、半微量法分析和微量分析

根据试样的用量及操作规模的不同，可分为常量、半微量、微量和超微量分析，各种分析方法的试样用量见表 1-1。

表 1-1　各种分析方法的试样用量

方法	试样质量/g	试液体积/mL
常量分析	>0.1	>10
半微量法分析	0.01~0.1	1~10
微量分析	>0.1~10mg	0.01~1
超微量分析	<0.1mg	<0.01

根据被测成分含量的高低不同，又可粗略分为常量成分（质量分数>1%）、微量成分（质量分数为 0.01%~1%）和痕量成分（质量分数<0.01%）的测定。痕量成分的分析不一定是微量分析，为了测定痕量成分，有时取样千克以上。

近代新型的分析仪器，如光电直读光谱仪、X 射线荧光光谱仪已被化学实验室广泛应用，这些仪器对被测样品的形状，大小要求则自成一体系，因而这种按组分含量不同，样品取样量各异的分析方法分类是对采用湿法化学分析方法而言的，对采用某些近代新型仪器分析时则又另当别论。

5. 例行分析和仲裁分析

一般化验室日常生产中的分析，称为例行分析，也称常规分析。在冶炼现场为控制生产工艺过程中成分调整，要求在较短时间内报出分析结果的称为快速分析或炉前分析，其对准确度的要求则允许在满足生产要求的限度内可适当放宽些。

不同单位对分析结果有争论时，请权威的单位进行裁判的分析工作，称为仲裁分析。仲裁分析是按国家标准规定的或共同协商的方法，由技术水平更高的分析人员进行准确的分析，以判断原分析结果正确与否的裁定措施。仲裁分析一般采用湿法化学分析方法，如在钢铁材料仲裁分析中采用 GB/T 223、GB/T 20123 和 GB/T 20125，铝合金采用 GB/T 20975，铜合金采用 GB/T 5121，通常不采用光谱法。

1.1.3 分析化学的发展和展望

1. 分析化学的发展

分析化学的四大平衡理论（酸碱、络合、氧化还原、沉淀）是 20 世纪 20 年代后发展起来的，分析化学也从技术发展成为一门独立的学科，这一时期主要是化学分析。从 20 世纪 40 年代后的几十年间，由于物理学及计算机技术的发展，仪器分析尤其是光谱分析得以快速发展。而 20 世纪 70 年代后，对分析化学的要求更高、更广，从常量到痕量及微粒分析，从成分分析到元素形态分析，从总体到微区，从表面到逐层分析，从宏观到微观结构分析，从破坏试样到无损分析，从取样到在线分析等，形形色色的分析仪器大量涌现。同时，分光光度法也得到长足发展，许多新的显色剂、多元络合显色剂的应用，使化学分析的应用范围更加广泛。

冶金分析也是一样，到 20 世纪末，仪器分析在冶金企业的分析中所占比例为 80% ~ 90%。这一方面是炉前分析的快节奏所要求的，同时也是科技及信息技术的发展提供了众多仪器，可以完成各种分析任务，就连炉前快速分析中原来仅存的用于进行成品分析和校正仪器准确度的化学分析方法，也为 ICP 光谱分析法所代替，所以有些企业中 95% 以上的分析工作量依靠仪器，但也不能证明仪器分析方法可以取代化学分析方法。在日本冶金企业，化学分析方法也还保留着它的固有地位，而要真正准确地校正仪器系统偏差还是要用化学分析方法，或者说在关键元素的分析上依靠化学分析方法；同时在仲裁分析、标样定值分析上还是依赖化学分析方法，因此化学分析的地位仍然是最经典、最可靠、最准确的方法，国际标准和国家标准至今仍然以化学分析方法为主导。钢铁产品 ICP 光谱分析法的国家标准是 2006 年才颁布实行的，而且受仪器条件的限制还不能广泛采用。到目前为止，纳入国家标准的化学分析方法仍然是最具权威性、准确性和公正性的，因此掌握好有关方法仍然是冶金分析人员的基本素质和基本要求，尤其是发生贸易纠纷、产品质量出现异议，产品出口时，人们只相信公认的国际标准及国家标准制定的分析方法，这也是为什么通过国家实验室认可的单位，它出具的认可范围内的分析结果可获得国际公认（已有 40 多个国家签订协议，在实验室认可相关范围，承认其能力）。现在凡是比较知名的冶金企业，总是要建设一支精干的、高素质的化学分析队伍，这不仅因为不少岗位仍在应用化学分析方法，还在于化学分析法是仪器分析的基础，是用以校正仪器准确度所依赖的方法。

2. 分析化学的展望

过去的分析化学课题可以归纳为"有什么"和"有多少"两类，但随着生产的发展、科技的进步和人类探索领域的不断延伸，给分析化学提出了越来越多的新课题。除传统的工农业生产和经济部门提出的任务，许多其他学科，如生命科学、环境科学、材料科学、宇航和宇宙科学等都提出了大量更为复杂的课题，而且要求更高：不仅要测知物质的成分，还要了解其价态、状态和结构；不仅能测定常量组分、微量组分，还要求能测定痕量组分；不仅要做静态分析，还要求做动态分析，对快速反应做连续自动分析；除破坏性取样做离线（off-line）的实验室分析，还要求做在线（on-line）、实时（real-time），甚至是活体内（In vivo）的原位分析。

　　20世纪90年代中期，基于微机电加工技术在分析化学中的应用，形成了微流控全分析系统，随后又提出新的理念，通过微通道中流体的控制把实验室的采样、稀释、加试剂、反应、分离和检测等全部功能都集成在邮票或信用卡大小的芯片上，即"芯片实验室"（lab-on-a-chip）。现在，芯片实验室不仅可用于分析学科，甚至可用于细胞培养、组织器官构建等多个领域。此外，生物学、信息科学、计算机技术、激光、纳米技术、光导纤维、功能材料、等离子体、化学计量学等新技术、新材料和新方法同分析化学的交叉研究，更促进了分析化学的进一步发展，因此分析化学已不再是单纯提供信息的科学，它已经发展成一门以多学科为基础的综合性科学，而分析化学工作者也应成为新课题的决策者和解决问题的参与者。近年来，我国在毛细管电泳、生物传感器、化学计量学、分子发光光谱分析、质谱分析、拉曼光谱分析和芯片实验室等许多方面的研究都取得了长足的进展。

　　今后，分析化学将继续在生命、环境、材料和能源等前沿领域，朝着高灵敏度（原子级、分子级水平）、高选择性（复杂体系）、快速、简便、经济，以及分析仪器自动化、数字化、智能化、信息化和微小型化的纵深方向发展，以解决更多、更新和更为复杂的课题。

1.2　化学分析的基本操作

1.2.1　分析天平

　　分析天平是定量分析中必备的仪器之一。称量的准确性直接影响分析结果的准确度，因此，分析工作者有必要了解分析天平的构造及原理，从而为正确使用和维护打下良好基础。

1. 分析天平的分类和结构原理

　　分析天平大致分成三类：第一类是根据杠杆原理制作的机械承重摆动平衡天平，基本结构由底板、立柱、横梁、刀口、刀承、悬挂系统和标尺读数装置等组成；第二类是电光天平，为了提高天平的称量精度，缩短杠杆平衡时间，在天平上装设制动导读系统，如阻尼器、机械加码装置、光学读数系统等，这类称为电光天平（见图1-1）。在上述两类机械天平中，根据其结构特点，又可分成等臂天平和不等臂天平。在等臂天平中，又可分为等臂单盘天平和等臂双盘天平。20世纪70年代中期，出现了自动数字显示物体质量的电子天平，实现了质量测定的自动化、电子化和数字化，这是第三类，属于技术含量较高、自动化程度较高、可与其他仪器主机接口配套使用的天平。

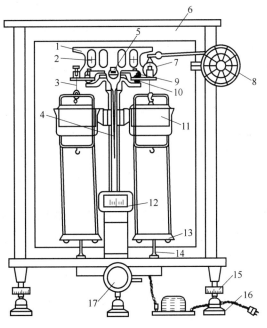

图1-1　半自动电光天平

1—横梁　2—平衡螺钉　3—吊耳　4—指针　5—支刀点
6—框罩　7—圈码　8—指数盘　9—支柱　10—托叶
11—阻尼器　12—投影屏　13—秤盘　14—盘托
15—螺旋脚　16—垫脚　17—升降旋钮

（1）机械天平的基本计量性能

1）准确度等级，通常所说的万分之一天平、十万分之一天平，指天平的最小分度值是万分之一克和十万分之一克。事实上，分度值和称量两者有着密切的联系，只提分度值而不提称量，不能全面反映天平的性能。因此，通常根据这两项指标间的联系来划分天平的准确度等级。机械天平按其检定分度值 e 和检定分度数 n（最大称量与检定分度值 e 之比）划分成两个准确度等级：特种准确度级，符号为①；高准确度级，符号为②。天平准确度等级与 e、n 的关系见表1-2。

表 1-2　天平准确度等级与 e、n 的关系

准确度等级	检定分度值 e	检定分度数 n		最小秤量
		最小	最大	
特种准确度级 ①	$e \leqslant 5\mu g$	1×10^3	不限制	$100e$
	$10\mu g \leqslant e \leqslant 500\mu g$	5×10^4		
	$e \geqslant 1mg$	5×10^4		
高准确度级 ②	$e \leqslant 50mg$	1×10^2	1×10^5	$20e$
	$e \geqslant 0.1g$	5×10^3	1×10^5	$50e$

注：最小秤量中，除 $e<1mg$ 的①级天平，其余用实际分度值 d 代替 e 计算最小秤量。

2）灵敏度或分度值，表示天平两盘载重有微小差别时指针位移大小的性能。灵敏度（E）是1mg额外重量（质量）所引起的平衡点移动的格数（格/mg）。在实际使用中常以灵敏度的倒数表示天平的灵敏度，即 $S=1/E$，S 是天平的分度值，也称感量。由此可见，分度值越小，天平越灵敏。所谓天平的稳定性，指天平在受到干扰后能够自动恢复到它的初始平衡位置的能力。天平的稳定性又与横梁的重心位置有着密切的关系，稳定性好的天平，其横梁重心位置必定在支点近刀刃下面，距支点越远则天平越稳定，但重心太低，天平的灵敏度也随之降低。

3）变动性，也称示值不变性，表示天平连续重复称量同一物体时，各次示值完全符合的性能。在通常的测量中往往得不到完全一致的结果，一般分析天平的变动性允许范围是一个分度值。它的大小除与横梁重心位置有关（重心高，变动性大），还与温度、气流、振动及梁的调压状态等因素有关。示值变动性越大，称量结果的可靠性越差。

4）准确性或偏差，表示天平横梁两臂具有正确的比例关系。对于等臂天平而言，就是两臂应严格相等，即空称平衡后，在两盘中分别放入两相等的砝码（指全量）时，天平应能保持空称时的平衡位置不变。使用两臂比例不正确的天平，在衡量中就要引入误差，这就是不等臂误差（偏差）。不等臂性表示天平梁左右两臂不相等的状况，两臂长度之差应符合一定的要求。由不等臂性引起的误差是系统误差，而且与被测物体的质量成正比，此误差以天平在最大载荷时由臂长不等引起的误差量值表示。

（2）电子天平

1）原理和结构。电子天平与机械天平不同的是，它在测定被称物体的质量时不使用砝码重力，而是采用与标准砝码校准过的电磁力；或者说，它有相当精确的和称量质量呈线性关系的压力传感器，可以瞬时记录和显现被称物的质量大小。

电子天平一般采用应变式传感器、电容式传感器、电磁平衡传感器。应变式传感器结构

简单、造价低，但精度有限；电容式传感器称量速度快，性价比较高，但也不能达到很高精度；采用电磁平衡传感器的电子天平，称量准确可靠、显示快速清晰，并且具有自动检测系统、简便的自动校准装置及超载保护装置等。

根据电流磁效应原理，假设通过线圈电流的方向和磁场方向如图1-2所示，则线圈中电磁力 F 的方向向上。对某一磁钢而言，其磁感应强度是一定的；对某一线圈来说，其直径和匝数也是一定的，这时在磁场中通过线圈的电流所产生的电磁力 F 与流过线圈的电流 I 成正比，即 $F=kI$。

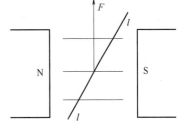

图1-2 电流磁效应原理

在电子天平中，秤盘通过支架连杆与线圈相连，秤盘上放置被称物体的重力 mg 通过连杆支架作用于线圈，其方向向下。当磁场线圈内有电流通过时，则线圈将产生方向向上的电磁力 F，设计时可使 $F=mg$，这样在弹性簧片的作用力下，使秤盘支架的位置复原，这时可得 $F=kI=mg$。令 $k'=g/k$，则

$$I=k'm$$

由此可见，磁场中通过线圈的电流 I 与被称物体的质量 m 成正比。

被称物体的质量 m 是不同的，应使通过线圈的电流 I 随着被称物体质量 m 的大小而呈正比例变化，从而使通过此电流的线圈所产生的电磁力与所称量物体的重力相平衡（见图1-3）。目前的一些电子天平就是采用电流控制等环节来实现上述关系的，并通过模/数转换和数字显示电路自动显示物体的质量。

2）主要特点。电子天平是通过作用于物体上的重力来确定该物体的质量，并采用数字指示输出结果的计量器具。

① 砝码，全部用电磁力平衡，即全部采用"电子加码"，不用普通砝码。

② 显示，采用数码管或液晶自动数字显示。

③ 支承点，用簧片作为天平的支承点，比机械天平所用的宝石玛瑙刀口寿命长，使用范围也较宽。

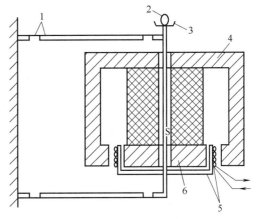

图1-3 电磁力平衡原理
1—簧片及支架 2—被称物体 3—称盘支架
4—磁钢 5—线圈及线圈架 6—磁回路体

④ 称量速度快，比机械天平快3~4倍，其数字显示清晰，稳定可靠。

⑤ 功能强大，带微机的标准型电子天平除具有一般的自动去皮、故障报警、检错、自动校正等基本功能，还具有单位换算、自编系数、计算个数、累加、平均、百分比、最大值、最小值等数理统计的功能。此外，它还具有称量电信号输出，可以与计算机、打印机等联用的特点。

2. 天平的正确使用和维护

（1）机械天平的安装 电子天平不存在安装问题，机械天平价格低，有时需要分析人员自己安装；一台新天平或使用中需要移动的天平，都必须按照一定的程序认真、仔细地安装，才能不损坏天平元件，保证天平正确可靠的使用性能。

1）将天平安装在稳固的天平台上，在座脚下放好底垫。从元件盒中依次取出各元件，仔细用绸布或鹿皮揩干净，并检查刀口是否缺损及其他元件是否完整。

2）首先使天平处于水平状态，按标志分别将两只阻尼器组合好，装上升降枢，并开启升降器；再将横梁偏斜着轻轻装上，并使横梁稳定地落在三个支脚螺钉上，然后转动升降器，关闭天平。

3）横梁装好后，将吊耳（蹬）分别安装在天平两边翼子板的支脚螺钉上，应注意标志的位置，不要装错。

4）根据秤盘上的记号，将称盘分别挂于吊耳（蹬）上，应注意盘托是否正好托住秤盘，否则应加以调整。

5）如果是机械加码天平，应该在全部元件安装完毕后再安装环码。应从靠近吊耳的一个环码开始，先用砝码镊子将环码（mg组）挂在吊耳环码承重臂的"V"形槽中间，放下升降器，再用镊子将环码提到挂钩上一个一个装上去，最后将g组砝码分别按说明书中指定的位置挂在加码钩上。

注意，砝码起落在承受架三角槽上，不能使砝码与砝码钩相碰或互相摩擦。

6）天平装置完毕，关闭框罩，将天平连续开动几次，检查是否有跳针、带针现象，两个吊耳是否同时下落在两个小刀上，摇动是否正常等。

7）最后调整空称平衡位置，即可使用。

8）在整个安装过程中，操作者应戴上清洁的汗布手套来进行工作。

（2）天平的使用和维护　天平的正确使用和维护保养对天平的计量性能和延长天平使用寿命具有重要意义，为此分析人员必须做到：

1）将天平置于稳定的工作台上，避免振动、气流及阳光照射。

2）使用前必须检查天平位置是否水平，天平各元件是否处在正确位置，天平指针摆动是否正常。

3）称量前应先调好天平零位，电子天平每天按说明书要求做一次自校准。另外，要注意被称量物件温度与天平温度应一致。

4）称量样品一般应放在表面皿、烧杯或称量瓶中进行。对易吸湿或易挥发物质的称量，一定要放在称量瓶中并盖严后进行。

5）天平启动或关闭要轻缓，称物的质量不得超过天平最大称量值。

6）称量和读数时应紧闭玻璃侧门，以免指针受气流影响而摆动，天平前门一般情况下不应打开。

7）称量结束即将称物及砝码取出，天平随即关闭。对机械加码装置的天平，应将所有加码数字盘转回零位。做好天平内外清洁工作，关闭玻璃门，罩好天平。

8）天平内应放置干燥剂（通常使用变色硅胶）并经常更换。

9）电子天平应按说明书的要求进行预热。如果电子天平出现故障应及时检修，不可带"病"工作。

10）经常对电子天平进行自校或定期外校，保证其处于最佳状态。

11）天平应按计量部门规定定期校正，并有专人保管，负责维护保养。

（3）电子天平校准　电子天平在使用前一定要仔细阅读说明书。在使用中有时会出现首次计量测试时误差较大，究其原因，相当一部分仪器在较长的时间间隔内未进行校准，而且认为天平显示零位便可直接称量（需要指出的是，电子天平开机显示零点，不能说明天平称量的数据准确度符合测试标准，只能说明天平零位稳定性合格。因为衡量一台天平合格与否，还需要综合考虑其他技术指标的符合性）。因存放时间较长、位置移动、环境变化或为获得精确测量，天平在使用前一般都应进行校准操作，校准方法分为内校准和外校准两种。

校准方法应依据天平的说明书，外校准一般选择100g或200g的标准砝码按照说明书进行校准，内校准按说明书用天平内置的砝码按照一定的程序进行校准。

下述情况将在校准时显示：天平置零、内部校准砝码装载完毕、天平重新检查零位、天平报告校准过程、天平报告校准完毕、天平自动恢复到称重状态。有的人认为，在电子天平量程范围内称量的物体越重对天平的损害也就越大，这种认识是不完全正确的。一般衡器最大安全载荷是它所能够承受的、不致使其计量性能发生永久性改变的最大静载荷。由于电子天平采用了电磁力自动补偿电路原理，当秤盘加载时（注意不要超过称量范围），电磁力会将秤盘推回到原来的平衡位置，使电磁力与被称物体的重力相平衡，只要在允许范围内，称量大小对天平的影响是很小的，不会因长期称重而影响电子天平的准确度。

（4）砝码的使用和保养　砝码按其精度要求可划分为五等，分析用砝码通常为二等或三等。分析砝码的组合有一定规律，通常采用5、2、2、1方式组合，按固定的顺序放置在砝码盒中。

砝码作为质量量值的基准物，应妥善使用和保养。一般应做到以下几点：

1）取用砝码时，一定要做到使用镊子并应轻拿轻放。

2）使用砝码时，不得碰击或坠落，不允许用作其他非分析称量衡重之用。

3）为减少误差，称量时应使用同一砝码，一般先用不带点的，然后用带点的。

4）砝码使用后应放回砝码盒原指定位置。

5）砝码应保存在清洁干燥的环境中，不得受潮或接触有害气体。

6）砝码要定期检定，检定周期为一年，检定证书要妥善保管。

3. 试样的称量方法和称量误差

（1）试样的称量方法

1）固定称量法（称取指定质量的试样）。此法适应称量不吸水、在空气中性质稳定的固体试样，如金属、矿石等。

2）递减称量法（用差减法称取试样）。此法适应称量易吸水、易氧化或易与CO_2反应的物质。

（2）称量误差　称量误差通常有仪器误差及操作疏忽或仪器故障造成的误差。前者为系统误差，后者为偶然误差。

为了使误差减到最小，除选用灵敏度能到分析要求的天平称量，分析人员要认真仔细并不断提高操作技能，保管保养好天平、砝码。

1.2.2　pH 计

分析工作经常要测定溶液的酸度（pH值）。测定酸度的方法通常采用光度法和电位法两种，常采用酸度计（pH计）电位法——即根据电位测定原理设计的测定pH值的仪器。

1. pH 计的基本原理和结构

（1）基本概念

1）pH（酸度）的理论定义。pH 表示氢离子活度的负对数，其定义式为

$$pH = -lg\alpha_{H^+}$$

pH 是表示溶液酸碱度的一个符号，同时也是酸度计量的测量单位。

2）pH 的操作定义。pH 的操作定义用式（1-1）表示：

$$pH_X = pH_S + \frac{E_{(S)} - E_{(X)}}{(RT/F)\ln 10} \tag{1-1}$$

式中　　pH_X——被测溶液的 pH；

　　　　pH_S——标准溶液的 pH；

　　　　$E_{(X)}$——被测溶液的电池电动势；

　　　　$E_{(S)}$——标准溶液的电池电动势。

采用测量电池为：

对氢离子（H^+）可逆的电极|标准溶液 pHs 或被测溶液 pH_X ‖ KCl 溶液（>3.5mol/L）|参比电极

3）缓冲溶液及其作用。当向某溶液中加入少量强酸或强碱，或在溶液中的化学反应产生了少量的酸或碱，以及将溶液适当稀释时，其 pH 值不发生变化或变化很小，即此溶液本身对 pH 值有一定的调节作用，这种溶液称为缓冲溶液。

缓冲溶液通常是由弱酸和弱酸盐（如乙酸和乙酸钠）或弱碱和弱碱盐（如氢氧化铵和氯化铵）配制而成的水溶液。

在 pH 测量及 pH 计检定中，所用的标准溶液均为缓冲溶液。

（2）仪器结构及原理　任何一台酸度计都是由电极和电计两部分组成。

1）电极部分（检测部分）也叫电化转换部分，由指示电极、参比电极和测定 pH 的工作电池三部分组成。

① 测定 pH 常用的指示电极为玻璃电极，玻璃电极是对水溶液中氢离子（H^+）有可逆响应的电极。玻璃电极的构造如图 1-4 所示。

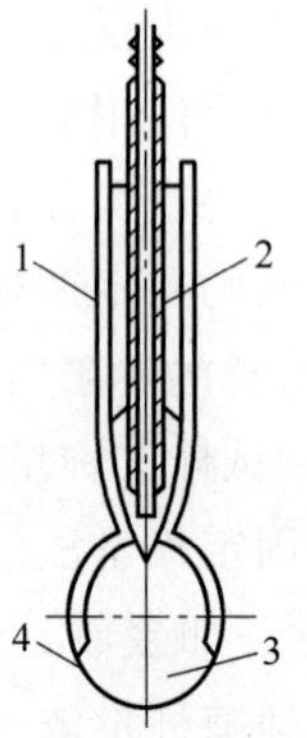

玻璃电极的主要部分是一个小玻璃球泡，球泡的下半部分是由特殊玻璃制成的薄膜，玻璃球泡中装有一定 pH 值的内参比溶液，其中插入了一支 Ag/AgCl 电极作为内参比电极。玻璃

图 1-4　玻璃电极的构造
1—高阻玻璃　2—Ag/AgCl 电极
3—含 Cl⁻ 的缓冲溶液　4—玻璃膜

电极中的内参比电极的电位是恒定的，它与被测溶液的 pH 值无关。玻璃电极是基于产生玻璃膜两边的电位差来测量溶液的 pH 值的，这种电位差的产生是基于离子扩散或离子交换的原理，如图 1-5 所示。中间的干玻璃层代表敏感玻璃，在它的两侧是水化层。干玻璃的厚度为 50μm，水化层的厚度只有 0.05~4μm，左侧水化层与内溶液接触，右侧水化层与试液接触，$\alpha_{H^+(内)}$ 和 $\alpha_{H^+(试)}$ 表示内部缓冲液和试液中氢离子的活度。玻璃膜两侧的电位差（膜电位）$\Delta\varphi$ 可用式（1-2）表示：

$$\Delta\varphi = \varphi_2 - \varphi_1 = 0.0592 \lg \frac{a_{H^+(\text{试})}}{a_{H^+(\text{内})}} \qquad (1-2)$$

由于内部缓冲溶液的 H^+ 离子活度是一定的，所以 $a_{H^+(\text{内})}$ 为一常数，则

$$\Delta\varphi = K + 0.0592 \lg \alpha_{H^+(\text{试})} \approx K - 0.0592 pH_{\text{试}} \qquad (1-3)$$

式中 K——常数，它是由玻璃电极本身的性质所决定的。

由式（1-3）可以看出，玻璃电极的膜电位 $\Delta\varphi$ 在一定温度下与试液的 pH 值呈线性关系。

试验证明，当玻璃膜浸泡在水中时才能显示 pH 电极的作用，未吸湿的玻璃膜不显示 pH 功能。因此，一个新买的玻璃电极在使用前应在蒸馏水中浸泡 24h 以上，而每次测量后也应浸于蒸馏水中。

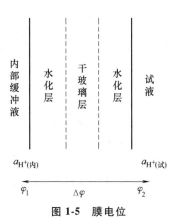

图 1-5 膜电位

② 常用的参比电极为甘汞电极。甘汞电极是金属汞及氯化亚汞和氯化钾溶液所组成的电极，其结构如图 1-6 所示。

由图 1-6 可见，内玻璃管中封接了一根铂丝，铂丝插入厚度为 0.5～1cm 的纯汞中，下置一层氯化亚汞（Hg_2Cl_2）和汞的半糊状物构成的内部电极，而外玻璃管中则装入了饱和氯化钾溶液，这样就构成了一支甘汞电极。

电极的下端与被测溶液接触的部分是由石棉或玻璃砂芯等多孔物质所组成的通道。其电极反应为

$$2Hg + 2Cl^- \Longrightarrow Hg_2Cl_2 + 2e^-$$

甘汞电极的电极电位为

$$E_{\text{甘汞}} = E° - 0.0592 \lg \alpha_{Cl^-} \,(25℃)$$

当温度一定时，甘汞电极的电极电位主要决定于 Cl^- 的离子活度，当 Cl^- 离子活度一定时，其电极电位也是一定的，与被测溶液的 pH 值无关。不同浓度的氯化钾溶液具有不同的恒定的电位值。在 25℃ 时，以标准氢电极作标准，0.1mol/L、1mol/L 与饱和的氯化钾溶液的甘汞电极电位分别为 +0.3365V、+0.2828V、+0.2438V。

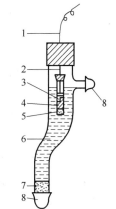

图 1-6 甘汞电极的结构
1—导线 2—铂丝 3—汞 4—糊状物 5、7—砂芯 6—饱和氯化钾溶液 8—橡胶帽

常用的是饱和氯化钾溶液。甘汞电极电位随温度而变化，其温度系数为 6.5×10^{-4} V/K。

2）电计部分（电动势测量部分）的作用是测量电极送出的电位信号并使其直接转换为酸度（pH）。由于电极部分的内阻很高，所以电计部分也有极高的输入阻抗。因此，电计必须采用电子式的测量线路。根据 pH（酸度）计相对测量的特点，只要求测出标准溶液与被测溶液 pH 值之差，因此在所有的 pH 计中都应设有下列调节器：零点调节器（也称等电位调节器）、定位调节器、温度补偿调节器、电极转换系数的补偿（mV/pH 调节器或斜率调节器）。

2. pH 计的使用

仪器使用前先要标定。一般来说，每次使用仪器前都要标定。标定是用已知 pH 值的标

准溶液测量其 pH 值，标定的缓冲溶液第一次 pH = 4.00，当被测溶液为碱性时，则选用 pH = 9.18 的缓冲溶液。经标定后，本次用来测定被测溶液时，定位调节旋钮及斜率调节旋钮不得变动。

测量先用蒸馏水清洗电极头部，再用被测溶液清洗一次；将电极浸入被测溶液中，晃动溶液，使溶液均匀，读取 pH 值。

3. pH 计的维护保养

（1）玻璃电极

1）玻璃电极应存放在阴凉干燥处，使用前，玻璃电极应在蒸馏水或 0.1mol/L 的氯化氢溶液中浸泡 24h。对常用的玻璃电极，平时应将玻璃膜部分浸泡在蒸馏水或 0.1mol/L 的盐酸溶液中保存。

2）应根据被测溶液的温度和 pH 值范围及配套仪器的要求，来选择适当的型号和规格的电极。

3）测量前，应仔细检查电极是否完好无损，玻璃膜应无裂痕和污物，内部溶液应充满内腔大部，内部辅助电极应浸入内部溶液中，球泡内溶液不应有气泡和浑浊现象。

4）当电极浸入每种溶液之前，应用蒸馏水仔细洗净并用吸水纸小心吸取黏附在电极上的水珠，以免污染、稀释被测溶液，防止用硬物接触玻璃膜。

5）电极浸入溶液后，应轻轻搅动溶液，促使电极反应平衡。测量试液前，应先用与试液 pH 值接近的标准溶液校准"定位"，若同时测量一批试液，一般先测 pH 值低的，后测高的。

6）电极用完后应立即用蒸馏水洗净，以免溶液干涸于玻璃膜表面，特别是油脂、胶体溶液和生物试液等更应该注意。若被污染，可用丙酮、乙醛等有机溶剂洗去；各种盐类污垢可用相应溶剂溶解，钙镁等难溶盐可用相应溶液清洗，切忌用脱水性洗净剂（无水乙醇、重铬酸钾、硫酸溶液等）和强碱等洗涤剂洗涤。

（2）甘汞电极

1）甘汞电极内应充满饱和氯化钾溶液，使电极本身与溶液始终保持接触。当溶液逐步消耗时，应及时从加液支管添加饱和氯化钾溶液。要尽量避免溶液耗尽而使电极体不能与溶液接触，甚至变干，使电极电位改变，以致影响寿命。为此，不用时应将加液口塞住，下端盐桥用橡胶帽套好或浸入饱和氯化钾溶液中保存。

2）测量时，应将加液口塞子打开，盐桥套子除去；安装时，应使电极内氯化钾溶液靠液位差压向外浸透。

3）必须保持盐桥畅通，以使液界电位稳定。

4）甘汞电极上部的电极帽、接线柱应保持清洁干净，接触良好，并要防止受潮、漏电和腐蚀。氯化钾溶液很容易往外"爬析"结晶，应经常用蒸馏水冲洗或用滤纸擦净。

5）甘汞电极应存放在阴凉干燥处，温度变化不宜急剧，以使电位稳定。甘汞电极不宜在温度 80℃ 以上环境中使用。

6）其他有关注意事项与玻璃电极相同。

（3）复合电极

1）第一次使用或长时间停用，在使用前须在 3mol/L 氯化钾溶液中浸泡 24h。

2）使用时，取下电极套，玻璃球泡的保护与玻璃电极一样。

3）测量后，及时将电极保护套套上，套内应放少量补充液以保持电极球泡的湿润，切忌浸泡在蒸馏水中。

4）复合电极的外参比补充液为 3mol/L 氯化钾溶液，补充液可以从电极上端小孔加入。

5）电极应与输入阻抗较高的酸度计（$\geqslant 10^{12}\Omega$）配套，以使其保持良好的特性。

6）其他注意事项与玻璃电极相同。

1.2.3　试验器皿

试验器皿主要是玻璃器皿。玻璃是一种重要的工业原料，它具有优良的透明度和化学稳定性。利用玻璃的优良性能而制成的玻璃仪器，广泛地应用于各种实验室。

1. 玻璃容量器皿

在滴定分析中，一般认为体积测量的误差要比称量误差大，根据误差传递公式，分析结果的准确度一般情况下是由误差最大的那个因素决定的。因此，溶液体积的测量是非常重要的，而溶液体积测量的准确度是由所用容量器皿的准确度来决定的。

（1）玻璃容量器皿的分类、型式、准确度等级及标称容量　常用的玻璃容量器皿包括滴定管、分度吸量管、单标线吸量管、单标线容量瓶、量筒和量杯。玻璃容量器皿按其型式分为量入式和量出式两种；按其准确度等级分为 A 级和 B 级，其中量筒和量杯不分级。

玻璃容量器皿的分类、型式、准确度等级及标称容量见表 1-3。

表 1-3　玻璃容量器皿的分类、型式、准确度等级及标称容量

玻璃容量器皿的分类		型式	准确度等级	标称容量/mL
滴定管	无塞、具塞、三通活塞自动定零位滴定管	量出式	A 级 B 级	5、10、25、50、100
	座式滴定管 夹式滴定管			1、2、5、10
分度 吸量管	流出式	量出式	A 级 B 级	1、2、5、10、25、50
	吹出式			0.1、0.2、0.25、0.5、1、2、5、10
单标线吸量管		量出式	A 级 B 级	1、2、3、5、10、15、20、25、50、100
单标线容量瓶		量入式		1、2、5、10、25、50、100、200、250、500、1000、2000

玻璃容量器皿应具有下列标记：厂名或商标、标准温度（20℃）、型式标记（In 或 Ex）（吹或 Blow out）、等待时间、标称总容量与单位（××mL）、准确度等级（A 或 B 有准确度等级而未标注的玻璃量器按 B 级处理），用硼硅玻璃制成的玻璃容量器皿应标注 BSi 字样。

（2）玻璃容量器皿的洗涤　在分析工作中，要求玻璃容量器皿非常清洁，不得有任何沾污。要求容量器皿内的蒸馏水放出后，其内壁只有一薄层均匀的水膜而不挂水珠。

1）一般玻璃容量器皿可用毛刷蘸取去污粉或皂汁刷洗，然后用自来水冲洗，最后用蒸馏水冲洗即可。

2）对于无法用毛刷洗涤的玻璃容量器皿可用洗涤液清洗。常用洗涤液有以下几种：①碱性乙醇洗液，取 40gNaOH 溶于 500mL 水中，冷却后加 95% 的乙醇至 1L；②铬酸洗液；取 15gK$_2$Cr$_2$O$_7$ 溶于 20mL 水中，缓慢加入 500mL 浓 H$_2$SO$_4$ 溶液。

此外，还有草酸洗液、碘-碘化钾洗液等。用洗液进行洗涤时，将洗液加入欲洗涤的器皿中，浸数分钟后放出洗涤液，用自来水冲洗干净后再用蒸馏水冲洗。

（3）玻璃容量器皿的使用

1）滴定管的使用。滴定管是最常用的容量器皿之一，用于滴定分析时标准溶液体积的测量，分酸式滴定管和碱式滴定管两种。酸式滴定管不能装碱性溶液，因为玻璃活塞易被碱腐蚀，粘住后无法转动；碱式滴定管不能装易与橡胶管作用的高锰酸钾、碘、硝酸等溶液。

滴定管使用前，在活塞涂上合适的油脂（凡士林）有助于转动时灵活和免漏。涂油脂的方法是将活塞取出用滤纸吸干活塞和活塞槽内的水分，用手指将少许油脂在活塞两头沿圆周均匀涂一薄层。注意不得把活塞口堵住。碱式滴定管若漏水，可更换橡胶管或玻璃珠。

在向滴定管中装入标准溶液时，应先用标准溶液少许润湿滴定管并重复 2~3 次，溶液装入后要检查滴定管内有无气泡，若有气泡，要把气泡排除。

① 滴定操作。将滴定管夹在滴定架上。使用酸式滴定管时（见图 1-7a），先使滴定管活塞向右，左手拇指在管前，食指和中指在管后，三指平行地轻轻捏住活塞柄，无名指和小指向手心弯曲。转动时应轻轻将活塞柄向里推，以防活塞被顶松漏出溶液。使用碱式滴定管时（见图 1-7b），左手拇指在前食指在后，拿住橡胶管中的玻璃珠所在部位稍上一点的地方，无名指和小指夹住出口管，使出口管垂直而不摆动。拇指和食指向外挤橡胶管，使玻璃珠旁形成空隙，溶液流下。滴定开始时，速度可稍快，接近终点时速度要减慢，从连续滴加到每次一滴、半滴。

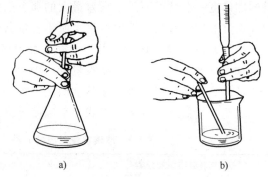

图 1-7　酸式滴定管和碱式滴定管的拿法
a）酸式滴定管的拿法　b）碱式滴定管的拿法

② 滴定管的读数。滴定管读数是否准确对分析结果影响很大。因此，操作者应熟练掌握滴定管的读数方法，并认真对待（见图 1-8a 和图 1-8b）。读数时应注意以下几点：读数时滴定管应垂直夹持在滴定架上，并除去管下悬挂的液滴；由于表面张力的缘故，滴定管内的溶液液面呈现凹形弯月面，眼睛必须与弯月面处于同一水平线，视线应与弯月面最低处相切；装入溶液或滴定完毕后，必须等待 1~2min 再读数；读数必须读到小数点后第二位，而且要求估算到 0.01mL；每次装入滴定管的溶液不要超过刻度零。

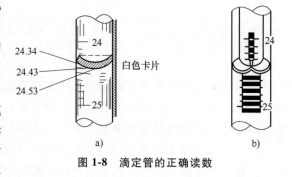

图 1-8　滴定管的正确读数

2）移液管的使用。移液管是准确移取一定量液体的容量器皿，一种是有单一标线的移液管，即一根细长而中间膨粗的玻璃管（俗称胖肚吸管），在管的上端有一环形标线，在指定的温度下吸取溶液，使液面与标线相切，然后使溶液自然流出，流出的体积即为移液管上所标体积值；另一种是有多条分度标线的移液管，同一根移液管可用于移取不同体积的溶液，又称吸量管。使用吸量管时，通常是使液面从吸量管的最高标线降到另一标线，两标线之间的体积正好为所需体积。这两种移液管在使用前应吸取少许要移取的溶液润洗干净的移液管管壁 2~3 次，移取溶液时，要用大拇指和中指拿住管子上部，将管插入溶液，抽或吸气将溶液吸入管中；当溶液上升并超过标线时，用食指迅速按住管口，提起管子超过液面，用碎滤纸片拭干插入溶液的管子表面，并使管子下部尖嘴处接触容器内壁，稍松开食指，让溶液慢慢流出，直到溶液的弯月面与标线相切，立即用食指按紧管口，不使溶液流出。将移液管移到盛液容器中，直立，使尖嘴与容器接触，松开手指让溶液自由顺壁流下，如图 1-9 所示。流完后，再等少许时间，将管子取出。移液管尖嘴处残留的溶液，切不可以任何方式自移液管中吹出。一般来说，单一标线移液管的准确性更高，故经常用于定量移取标准溶液和试样溶液。

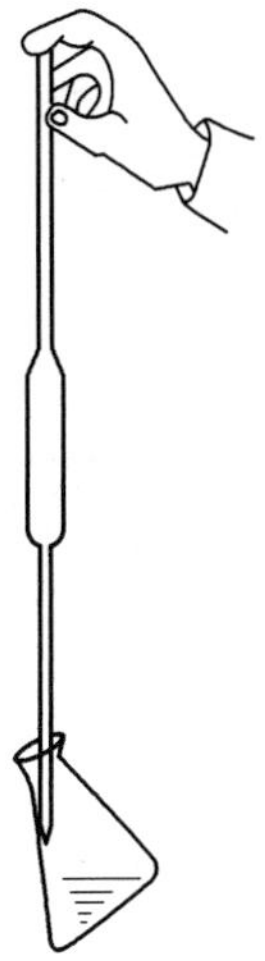

3）容量瓶的使用。容量瓶是用来量取一定体积溶液或稀释溶液至一定体积的容量器皿。容量瓶大多为细长颈的梨形平底瓶，带有塑料或磨口玻璃塞，在颈部有一环形标线。在指定温度下，当溶液液面与标线相切时，所容纳的溶液体积等于瓶上标示的体积。

图 1-9　移液管的使用

使用容量瓶时应注意以下几点：

① 容量瓶必须仔细洗净，瓶塞与瓶口必须密合不能漏水。

② 容量瓶所盛溶液的温度必须与容量瓶标示的温度一致。

③ 注入溶液时，接近标线要点滴注入，至溶液面与标线相切为止，切不可超过标线。

④ 容量瓶不允许直接加热或烘烤。

⑤ 容量瓶不得用于贮存溶液，尤其是碱性溶液。

4）量杯、量筒的使用。量杯是用玻璃制成的锥形量器，量筒是用玻璃制成的圆筒形量器。它们只能量取精密度不高的液体。使用时，不允许用大量杯（筒）来量取少量液体，不能将量杯（筒）加热，或注入热溶液。

容量器皿在读数前必须有一定的等待时间，即所有液体从玻璃量器中放出时，为了保证量器计量性能的准确性，必须规定一定的等待时间，使得生产、标定和使用统一起来。

（4）玻璃容量器皿的校正　由于种种原因，容量器皿的容积并不一定与它所示的容积完全一致，因此在对精密度要求较高的分析工作中，容量器皿需要校正。

在标准温度（20℃）时，滴定管、分度吸量管的标称容量和零至任意分量，以及任意两检定点之间的最大误差，均应符合表 1-4 和表 1-6 的规定。单标线吸量管和容量瓶的标称容量应符合表 1-5 和表 1-7 的规定。

表 1-4　滴定管计量要求一览表

标称容量/mL		1	2	5	10	25	50	100
分度值/mL		0.01		0.02	0.05	0.1	0.1	0.2
容量允差/mL	A 级	±0.010		±0.010	±0.025	±0.04	±0.05	±0.10
	B 级	±0.020		±0.020	±0.050	±0.08	±0.10	±0.20
流出时间/s	A 级	20~35			30~45	45~70	60~90	70~100
	B 级	15~35			20~45	35~70	50~90	60~100
等待时间/s		30						

表 1-5　单标线吸量管计量要求一览表

标称容量/mL		1	2	3	5	10	15	20	25	50	100
容量允差/mL	A 级	±0.007	±0.010	±0.015	±0.020	±0.025	±0.030		±0.05	±0.08
	B 级	±0.015	±0.020	±0.030	±0.040	±0.050	±0.060		±0.10	±0.16
流出时间/s	A 级	7~12		15~25		20~30		25~35	30~40	35~45
	B 级	5~12		10~25		15~30		20~35	25~40	30~45

表 1-6　分度吸量管计量要求一览表

标称容量/mL	分度值/mL	容量允差/mL				流出时间/s			
		流出式		吹出式		流出式		吹出式	
		A 级	B 级	A 级	B 级	A 级	B 级	A 级	B 级
0.1	0.001 0.005	—	—	±0.002	±0.004	3~7		2~5	
0.2	0.002 0.01			±0.003	±0.006				
0.25	0.002 0.01			±0.004	±0.008				
0.5	0.005 0.01 0.02			±0.005	±0.010	4~8			
1	0.01	±0.008	±0.015	±0.008	±0.015	4~10		3~6	
2	0.02	±0.012	±0.025	±0.012	±0.025	4~12			
5	0.05	±0.025	±0.050	±0.025	±0.050	6~14		5~10	
10	0.1	±0.05	±0.10	±0.05	±0.10	7~17			
25	0.2	±0.10	±0.20	—		11~21		—	
50	0.2	±0.10	±0.20	—		15~25			

表 1-7　单标线容量瓶计量要求一览表

标称容量/mL		1	2	5	10	25	50	100	200	250	500	1000	2000
容量允差/mL	A 级	±0.010	±0.015	±0.020	±0.020	±0.03	±0.05	±0.10	±0.15	±0.15	±0.25	±0.40	±0.60
	B 级	±0.020	±0.030	±0.040	±0.040	±0.06	±0.10	±0.20	±0.30	±0.30	±0.50	±0.80	±1.20

　　校正容量器皿一般采用"称量法"，即称量容量器皿中一定体积水的质量 m ，根据该温度下水的密度将水的质量换算成容积。

　　由于一般称量不在真空中进行，因此换算时必须考虑以下几项的校正：①对水的密度随温度变化的校正；②在空气中称量时由于空气的浮力使称量减轻的校正；③玻璃容量器皿容积随温度变化而变化的校正。为简化计算过程，也可将上述三项校正因素合并得到一个总校正值 $K(t)$ ，见表 1-8。

　　玻璃量器在标准温度 20℃时的实际容量 V_{20} 按式（1-4）计算：

$$V_{20} = mK(t) \tag{1-4}$$

表 1-8　常用玻璃量器衡量法 $K(t)$ 值表

水温 t/℃	0.0	0.1	0.2	0.3	0.4	0.5	0.6	0.7	0.8	0.9
15	1.00208	1.00209	1.00210	1.00211	1.00213	1.00214	1.00215	1.00217	1.00218	1.00219
16	1.00221	1.00222	1.00223	1.00225	1.00226	1.00228	1.00229	1.00230	1.00232	1.00233
17	1.00235	1.00236	1.00238	1.00239	1.00241	1.00242	1.00244	1.00246	1.00247	1.00249
18	1.00251	1.00252	1.00254	1.00255	1.00257	1.00258	1.00260	1.00262	1.00263	1.00265
19	1.00267	1.00268	1.00270	1.00272	1.00274	1.00276	1.00277	1.00279	1.00281	1.00283
20	1.00285	1.00287	1.00289	1.00291	1.00292	1.00294	1.00296	1.00298	1.00300	1.00302
21	1.00304	1.00306	1.00308	1.00310	1.00312	1.00314	1.00315	1.00317	1.00319	1.00321
22	1.00323	1.00325	1.00327	1.00329	1.00331	1.00333	1.00335	1.00337	1.00339	1.00341
23	1.00344	1.00346	1.00348	1.00350	1.00352	1.00354	1.00356	1.00359	1.00361	1.00363
24	1.00366	1.00368	1.00370	1.00372	1.00374	1.00376	1.00379	1.00381	1.00383	1.00386
25	1.00389	1.00391	1.00393	1.00395	1.00397	1.00400	1.00402	1.00404	1.00407	1.00409

注：钠钙玻璃体胀系数为 $25 \times 10^{-6} ℃^{-1}$，空气密度为 $0.0012 g/cm^3$。

例如，在 22.8℃时称得纯水的质量为 49.85g，在标准温度 20℃时的被检玻璃量器的实际容量为

$$V_{20} = mK(t) = 49.85g \times 1.00339mL/g = 50.02mL$$

由于容器是以 20℃为标准校正的，但实际使用时不一定是 20℃，所以必要时进行修正。为了便于修正在其他温度下所测量的溶液体积，表 1-9 列出了不同温度下 1000mL 水（或稀溶液）换算到 20℃时应补正的毫升数 Δ_{mL}

表 1-9　在不同温度下每 1000mL 水（或稀溶液）应补正的毫升数 Δ_{mL}（以 20℃为标准）

温度/℃	水及 0.1mol/L 溶液 Δ_{mL}/mL	1mol/L 溶液 Δ_{mL}/mL	温度/℃	水及 0.1mol/L 溶液 Δ_{mL}/mL	1mol/L 溶液 Δ_{mL}/mL
10	1.2	2.0	23	−0.6	−0.8
11	1.2	1.8	24	−0.8	−1.0
12	1.1	1.7	25	−1.0	−1.3
13	1.0	1.5	26	−1.3	−1.5
14	0.9	1.3	27	−1.5	−1.8
15	0.8	1.1	28	−1.8	−2.1
16	0.6	0.9	29	−2.0	−2.4
17	0.5	0.7	30	−2.3	−2.8
18	0.3	0.5	31	−2.6	−3.1
19	0.2	0.3	32	−2.9	−3.4
20	0.0	0.0	33	−3.2	−3.7
21	−0.2	−0.2	34	−3.5	−4.1
22	−0.4	−0.5			

例如，在 12℃时滴定用去 35.00mL 的 0.1mol/L 标准溶液，在 20℃时相当于：

$$35.00\text{mL} + \frac{1.1 \times 35.00}{1000}\text{mL} = 35.04\text{mL}$$

1）滴定管与分度吸量管的校正。容量的校正是用一定的方法测量容器容量的过程。现以 50mL 滴定管为例说明校正过程：取 50mL 内外壁干燥清洁的带塞锥形瓶，准确称量至 0.01g。将与室温相同的纯水注入欲校正的滴定管的 0.00 标线处（不一定恰在 0.00mL 处，但也不要超过 0.1mL），记下读数，并测定水温做好记录。除去滴定管尖端的水珠，由滴定管放水至 10.0mL 处（放液速度为 6~7mL/min），1min 后读取滴定管内液面位置，准确称量锥形瓶与水的质量。继续往锥形瓶内注水至滴定管 20mL 处，1min 后读取滴定管液面位置并记录。准确称量锥形瓶与两次水的质量。如此继续放水，每次 10mL，至滴定管内 50mL 水放完为止。再将水装满滴定管，按上述方法重复一次。取两次测量平均值。用测量温度下玻璃容量器皿衡量法 $K(t)$ 值（见表 1-8）乘以每次测得的水的质量，即可得到相当于滴定管各部分的实际容积（mL）。

例如，在 15℃时滴定管放出水后的容积为 10.05mL，水的质量 10.01g，其实际容积为

$$V_{20} = mK(t) = 10.01\text{g} \times 1.00208\text{mL/g} = 10.03\text{mL}$$

2）单标线容量瓶及吸量管的校正。将洗净欲校正的容量瓶干燥，称量 250mL 以下的容量瓶应准确称量至 0.01g，称量 1000mL 的容量瓶准确称量至 0.05g；然后盛装纯水至标线处，用滤纸吸去附在颈管内壁的水珠，再称量，记录水温及两次称量的质量。以水的质量除以该温度时每毫升水的质量，即得该容量瓶的实际容积。

校正单标线吸量管时，用洗净的吸量管取纯水至标线处，然后放入已称量的锥形瓶中，再称量，按照水的质量和水在校正温度时的密度，求其实际容积。

3）相对校正法。由于移液管和容量瓶常配合使用，可以用相对校正法来进行校正。相对校正 100mL 容量瓶，用 25mL 移液管吸取四次纯水注入洗净并干燥的 100mL 容量瓶中，观察容量瓶颈部液面弯月面是否与标线相切，否则可另做记号为标线。使用时，此移液管与容量瓶要固定配合使用。

2. 非玻璃容量器皿

（1）铂器皿的使用规则　铂（俗称白金）为银白色坚韧而富弹性的金属，熔点为 1773.5℃，沸点为 4300℃，导热性好，散热也快，表面不显著吸附水汽。化学性质稳定，在空气中灼烧后不起变化，大多数试剂对它无腐蚀作用。铂器皿（坩埚）主要用于沉淀灼烧称量、氢氟酸熔样及碳酸盐的熔融处理。现以铂坩埚为例说明铂器皿的使用规则。

1）使用温度最高不可超过 1200℃。加热和灼烧应在电炉内或煤气灯的氧化焰上进行，不可在还原焰或冒黑烟的火焰上加热，或使铂器皿接触火焰中的蓝色焰心，以免生成碳化铂，使铂坩埚变脆而破裂。

2）由于铂较软，所以拿取铂坩埚时不能太用力，以免变形。在脱熔块时，切勿用玻璃棒等尖锐物从铂坩埚内刮取物质，以免损伤坩埚内壁，但可用带橡胶头的玻璃棒完成刮取。

3）不得在铂坩埚内加热或熔融固体碱金属的氧化物、氢氧化物、氧化钡。碱金属的硝酸盐、亚硝酸盐和氰化物等，在加热或熔融时对铂有腐蚀性。

4）含有重金属，如铅、铋、锡、锑、砷、银、汞、铜等样品化合物，不可在铂坩埚内灼烧加热，因为这些重金属化合物在高温下容易还原成金属，可与铂生成低熔点合金而破坏铂坩埚。

5）铂坩埚加热时不可与其他任何金属接触，必须放在铂三角架或陶瓷、黏土、石英等支持物，或石棉板上进行。高温时钳取铂坩埚须用铂头坩埚钳，不得用其他金属钳。

6）在铂坩埚内不得处理卤素及能分解出卤素的物质，如王水、溴水及盐酸与氧化剂（含氧酸盐、硝酸盐、高锰酸盐、二氧化锰、铬酸盐、亚硝酸盐等）的混合物及卤化物和氧化剂的混合物。三氯化铁溶液对铂有显著的侵蚀作用，因此铂坩埚不能与三氯化铁接触。

7）成分和性质不明的物质不能在铂坩埚中加热或处理。

8）铂坩埚必须保持清洁，内外应光亮。经长久灼烧之后，铂坩埚外表可能黯然无光，这是由于表面有一薄层结晶，日久后杂质必定深入内部而使铂坩埚变脆而破坏。因此，必须及时清除表面不清洁之物。其方法有：若铂坩埚有了污点，可在单独的稀盐酸或稀硝酸内煮沸（用稀盐酸较方便，可配用 $1.5 \sim 2mol/L$ 的盐酸溶液），所用的盐酸不得含有硝酸、硝酸盐、卤素等氧化剂；如果无效，则可用焦硫酸钾、碳酸钠或硼砂熔融清洗；若仍有污点或表面发黑，则用潮湿的细砂（通过 $0.125mm$ 孔径的无尖锐棱角的细砂）进行轻轻摩擦，以使表面恢复光泽。

（2）银器皿的使用规则　分析用银器皿主要是银坩埚或银烧杯。此类器皿系用纯银制成，常含有微量的金、铜、铅、锑等。银器皿常用于过氧化钠及氢氧化钠熔融处理试样，分析高硅铝合金中硅的样品时通常在银烧杯中以氢氧化钠溶解方式进行。使用银器皿时应注意以下几点：

1）使用银坩埚要严格控制温度。因为银的熔点仅为 $960℃$，因此使用温度一般不能超过 $700℃$。

2）熔融时间。银坩埚一经加热，表面就有一层氧化物，使其不受氢氧化钾或氢氧化钠的侵蚀，因此可以用氢氧化钠作熔剂，也可以用碳酸钾（钠）与硝酸钠（或过氧化钠）作为混熔剂，以烧结法分解试样，但与空气接近的边缘处略起作用，因此。熔融时间不能过长（一般不超过 $30min$）。

3）绝对不许在银坩埚中分解或灼烧含硫的物质，也不许在其中使用碱性硫化熔剂，因为银很容易与硫作用生成灰黑色的硫化银。

4）在熔融状态时，铝、锌、锡、铅、汞等金属盐类都能使银坩埚变脆，所以对于汞盐、硼砂等，也不能在银坩埚中灼烧和熔融。

5）刚从火焰或电炉上取下的热坩埚，不许立即用水冷却，以免产生裂纹。

6）银易溶于酸，在浸取熔融物时，不可使用酸，更不能长时间浸在酸中，特别是不可接触浓酸（如热的硝酸、浓硫酸）。

（3）镍、铁、锆和热解石墨器皿　使用镍、铁、锆和热解石墨器皿时应注意以下几点：

1）镍具有很好的耐蚀性，在空气中不易被氧化，能耐强碱，可用于不测镍的样品碱性熔剂的熔融。镍溶于稀硝酸，难溶于稀盐酸或稀硫酸，在浓硝酸中"钝化"而不溶。

2）铁具有良好的抗碱侵蚀性能，但易溶于硝酸、稀硫酸和盐酸。铁制坩埚价廉，经常用于碱熔样品而不分析铁的时候。

3）锆具有良好的抗碱侵蚀能力，它在浓氢氧化钠溶液和熔融的氢氧化钠中也是稳定的。锆难溶于硫酸和盐酸中，对于稀盐酸（1+19），甚至加热也是不溶的；但溶于王水和氢氟酸，也溶于氢氟酸和硝酸的混合酸。用锆制作的坩埚特别适用于过氧化物作熔剂的熔融器具。

4）热解石墨坩埚可在碱性一类熔剂中替代铂器皿或铂坩埚熔融组成不清楚的样品，以防铂器皿受损。

（4）石英器皿的使用规则　化学分析用石英器皿主要是石英坩埚、石英蒸发皿和石英锥形瓶等。其主要成分是二氧化硅，并含有微量的铁、铝、钙、镁、钡等，除氢氟酸，不与其他酸作用。易与氢氧化钠及碱金属碳酸盐作用，特别是在高温下，极易与上述物质共同熔融而破坏石英坩埚，而对大部分其他化学物质则比较稳定。使用时应注意以下几点：

1）石英坩埚对热的稳定性很好，但在 1100～1200℃ 之间开始变成不透明，从而失掉强度。因此，使用时必须严格控制在 1100℃ 以下。

2）石英器皿比玻璃器皿更脆，容易破碎，使用时要特别小心。

3）在石英坩埚中绝对不能使用氢氟酸、过氧化钠、氢氧化钠及碱金属碳酸盐，因为它们对石英都有侵蚀作用。

4）石英坩埚可以用硫酸钾（钠）、焦硫酸钾（钠）、硫代硫酸钠等作为熔剂。

（5）瓷质器皿及刚玉器皿的使用规则　瓷的氧化铝含量比玻璃高得多，在绝大多数情况下，瓷质器皿都要涂上一层釉，其一般成分（质量分数）为73%的 SiO_2，9%的 Al_2O_3，11%的 CaO，6%的 Na_2O+K_2O。瓷的耐化学腐蚀性能要比实验室的玻璃强，但铝的损失量比较大。瓷是硅酸盐，易被碱、氢氟酸和热磷酸所腐蚀，瓷质器皿通常用作分解钢铁试样后蒸发、脱水的容器。瓷的主要优点是可在 1100℃ 高温下使用，故常制成坩埚用作焦硫酸盐分解试样的熔融器具。瓷坩埚也可用于溶解试样，如测定钢中硼含量时，在瓷坩埚中加入稀硫酸进行溶解，可避免引进硼的空白。

用装有填垫剂的瓷坩埚还可以代替铂坩埚用于碱性溶剂的熔融。所用的填垫剂应按不同的试样及所要测定的成分而选择。例如，用灼烧过的氧化镁作填垫剂，用无水碳酸钠作熔剂，可熔融分解难溶的铁矿、锰矿并进行总铁和锰含量的测定；用碳粉作填垫剂，用碳酸钠加过氧化钠作熔剂，可熔融分解稀土硅铁合金并进行硅、铁等元素含量的测定。

有些金属氧化物也可用作制造坩埚的材料，如刚玉器皿，它是自然界纯态的氧化铝，具有质坚耐高温的特点。可用于碱性熔剂的熔融，但不能用于 $KHSO_4$、$NaHSO_4$、$K_2S_2O_7$、$Na_2S_2O_7$ 作熔剂的熔融，因上述熔剂的熔体对刚玉有很强的侵蚀作用。用二氧化锆制成的坩埚，性质与刚玉类似或略优。

（6）聚四氟乙烯器皿的使用　分析用聚四氟乙烯器皿主要是烧杯和坩埚。由于聚四氟乙烯制品价格便宜，常用来代替铂器皿用于氢氟酸溶解样品。使用时应注意以下几点：

1）聚四氟乙烯化学性能稳定，能耐酸耐碱，不受氢氟酸侵蚀。

2）表面光滑，耐磨，不易碎，强度高。

3）在 350℃ 以下稳定，因此使用温度绝对不能超过 350℃，一般控制在 250℃ 左右。

1.2.4　分析用试剂、分析用水及溶液浓度

1. 分析用试剂

化学试剂在化学分析中是不可缺少的物质，了解化学试剂的性质、用途、保管及有关选购等方面的知识，是非常必要的。只有很好地掌握了试剂的性质和用途，才能正确地使用试

剂，不致因选用不当而造成浪费，甚至影响分析结果的准确度或产生一些不应有的误差。

（1）化学试剂的分类和规格　化学试剂按用途分为一般试剂、基准试剂、生化试剂、生物染色试剂、指示剂、吸附剂、显色剂、试纸等，按纯度可分为高纯试剂、色谱纯试剂、光谱纯试剂、同位素化合物、闪烁纯试剂等。

国家标准或行业标准规定了试剂的级别，并规定了各级化学试剂的纯度、杂质含量及标准分析方法。

实验室常见试剂的规格如下：

1）基准试剂，用于标定滴定分析标准溶液的标准参考物质。可作为滴定分析中的基准物使用，也可精确称量后直接配制标准溶液。主要成分含量一般为 99.95%~100.05%（质量分数），杂质含量低于一级品或与一级品相当。

2）优级纯，即一级品，又称保证试剂。杂质含量低，主要用于精密的科学研究和测定工作。

3）分析纯，即二级品，质量略低于优级纯，杂质含量略高，适用于一般的科学研究和测定工作。

4）化学纯，即三级品，质量较分析纯差，但高于试验试剂，适用于工业分析及化学试验等工作。

5）试验试剂，即四级品，杂质含量更高，但比工业品纯度高，适用于一般化学试验和无机制备。

各类试剂的标识见表 1-10。

表 1-10　各类试剂的标识

品别	一级品	二级品	三级品	四级品
纯度分类	优级纯	分析纯	化学纯	试验试剂
英文代号	GR	AR	CP	LR
标签颜色	绿	红	蓝	其他颜色

（2）化学药品和试剂的贮存与管理　这里所说的化学药品是原装化学试剂，大部分化学药品都具有一定的毒性，有的还是易燃易爆炸危险品。因此，必须了解化学药品的性质，考虑可能引起试剂变质的各种因素，并妥善保管。较大量的化学药品应放在药品贮藏室内，并由专人保管；贮藏室应避免阳光照射，室内温度不能过高，一般应保持在 15~20℃，最高不要高于 25℃；贮藏室内应保持一定的湿度，相对湿度最好为 10%~70%；贮藏室内应通风良好，严禁明火！危险化学药品应按国家相关部门的规定管理。

1）无机物，包括盐类及氧化物，按周期表分类存放：钠、钾、铵、镁、钙、锌等的盐类及 CaO、MgO、ZnO 等，碱类——$NaOH$、KOH、$NH_3 \cdot H_2O$ 等，酸类——H_2SO_4、HNO_3、HCl、$HClO_4$ 等。

2）有机物，按官能团分类存放：烃类、醇类、酚类、醛类、酮类、酯类、羧酸类、胺类、卤代烷类、苯系物等。存放这类化学药品要特别注意阴凉通风，对其中易燃液体的理想存放温度为 -4~4℃，而且要同其他可燃物或易产生火花的器物隔离放置。

3）指示剂，主要是酸碱指示剂、氧化还原指示剂、络合滴定指示剂、荧光指示剂等。

4）贵重药品，由专人保管。剧毒危险品应专柜专人保管（双人双锁），领用和消耗均应严格登记。

（3）试剂的管理　这里所讲的试剂指自己配制的，直接用于试验的各种浓度的试剂。

对有毒性的试剂，不管浓度大小，必须使用多少配制多少，剩余少量也应送危险品毒物贮藏室保管，如 KCN、NaCN、As_2O_3（砒霜）等。

见光易分解的试剂应装入棕色瓶中，其他试剂溶液也要根据其性质装入带塞的试剂瓶中；碱类及盐类试剂溶液不能装在磨口试剂瓶中，应使用胶塞或木塞；需滴加的试剂及指示剂应装入滴瓶中，整齐地排列在试剂架上。

配好的试剂应立即贴上标签，标明名称、浓度、配制日期，贴在试剂瓶的中上部。废旧试剂不要直接倒入下水道中，特别是易挥发、有毒的有机化学试剂更不能直接倒入下水道中，应倒在专用的废液缸中，定期妥善处理。

装在自动滴定管中的试剂，如滴定管是敞口的，应用小烧杯或纸套盖上，防止灰尘落入。

2. 分析用水

（1）规格及技术指标　分析化学试验对水的质量要求较高，既不能直接使用自来水或其他天然水，也不应一律使用高纯水，而应根据所做试验对水质量的要求合理地选择适当规格的纯水。分析实验室用水的级别及主要技术指标见表 1-11。

表 1-11　分析实验室用水的级别及主要技术指标

指标名称	一级	二级	三级
pH 值范围（25℃）	—	—	5.0~7.5
电导率（25℃）/（mS/m）	≤0.01	≤0.01	≤0.50
可氧化物质含量（以 O 计）/（mg/L）	—	≤0.08	≤0.4
吸光度（254nm，1cm 光程）	≤0.001	≤0.01	—
蒸发残渣（105℃±2℃）含量/（mg/L）	—	≤1.0	≤2.0
可溶性硅（以 SiO_2 计）含量/（mg/L）	≤0.01	≤0.02	—

注：1. 由于在一级水、二级水的纯度下，难以测定其真实的 pH 值，因此对其 pH 值范围不做规定。

2. 由于在一级水的纯度下，难于测定其可氧化物质和蒸发残渣，因此，对其限量不做规定，可用其他条件和制备方法来保证一级水的质量。

表 1-11 中所列的技术指标可满足通常的各种分析试验的要求。实际工作中，若有的试验对水还有特殊的要求，则还要检验有关的项目。

电导率是纯水质量的综合指标。一级水和二级水的电导率必须"在线"（即将测量电极安装在制水设备的出水管道内）测量。纯水在贮存和与空气接触的过程中，由于容器材料中可溶解成分的引入和吸收空气中的 CO_2 等杂质，都会引起电导率的改变。水越纯，其影响越显著。一级水必须临用前制备，不宜存放。在实践中，人们往往习惯于用电阻率衡量水的纯度，若以电阻率来表示，则上述一、二、三级水的电阻率应分别等于或大于 10MΩ·cm、1MΩ·cm、0.2MΩ·cm。

（2）制备方法

1）一级水可用二级水经过石英设备蒸馏或离子交换混合床处理后，再经 0.2μm 微孔过滤来制取。一级水主要用于有严格要求的分析试验，包括对微粒有要求的试验，如高效液相色谱分析用水。

2）二级水可用离子交换或多次蒸馏等方法制取。二级水主要用于无机痕量分析试验，如原子吸收光谱分析、电化学分析试验等。

3）三级水可用蒸馏、去离子（离子交换及电渗析法）或反渗透等方法制取。三级水主要用于一般化学分析试验。

制备分析实验室用水的原水应当是饮用水或其他相当纯度的水。

三级水是最普遍使用的纯水：一是直接用于某些试验；二是用于制备二级水乃至一级水。过去多采用蒸馏（用铜制或玻璃蒸馏装置）的方法制备，故通常称为蒸馏水。为节约能源和减少污染，目前三级水多采用离子交换法、电渗析法或反渗透法制备。

蒸馏法制水设备成本低、操作简单，但能耗高、产率低，且只能除掉水中的非挥发性杂质。

离子交换法去离子效果好（亦称去离子水），但不能除掉水中的非离子型杂质，使去离子水中常含有微量的有机物、有机物离子。

电渗析法是在直流电场的作用下，利用阴、阳离子交换膜对原水中存在的阴、阳离子选择性渗透的性质而除去离子型杂质。与离子交换法相似，电渗析法也不能除掉水中的非离子型杂质，但电渗析器的使用周期比离子交换柱长，再生处理比离子交换柱简单。好的电渗析器所制备的纯水的电阻率为 $0.20 \sim 0.30 M\Omega \cdot cm$，相当于三级水的质量水平。

（3）检验　水质纯度的检验包括：

1）Ca^{2+}、Mg^{2+} 等阳离子的定性检验：取 10mL 水样置于试管中，先后加入 2～3 滴 $NH_3 \cdot NH_4Cl$ 缓冲溶液（pH = 10）和一滴络黑 T 溶液，搅匀。若呈蓝色，表明无 Ca^{2+}、Mg^{2+} 等阳离子；若呈紫红色，表明有 Ca^{2+}、Mg^{2+} 等阳离子。

2）氯离子检验：取 10mL 水样置于试管中，先后加入 2 滴浓度为 1mol/L 的 HNO_3 和 4 滴浓度为 0.1mol/L 的 $AgNO_3$ 溶液，摇匀。不出现白色浑浊，表明无 Cl^-。

3）重金属离子检验：取水样 30mL，加稀乙酸 1mL，新配制的硫化氢试液 10mL，置于 50mL 比色管中，10min 后，颜色不加深者，无重金属离子。

4）硅酸盐检验：取水样 30mL，加 HNO_3（1+3）5mL 和 50g/L 钼酸铵溶液 5mL，室温下放置 5min，加浓度为 100g/L 的亚硫酸钠溶液 5mL，若呈蓝色，表示有硅酸盐。

5）pH 值测定：取水样 100mL，按 GB/T 9724 的规定测定，用玻璃电极、甘汞电极或复合电极进行测定。

6）电阻率测量：测量电导率时应选用适于测定高纯水的电导仪，其最小量程为 0.02μs/cm。测量一、二级水时，用电极常数为 $0.01 \sim 0.1 cm^{-1}$ 电导池，并具有温度自动补偿功能，进行在线测量；测量三级水时，电导池的电极常数为 $0.1 \sim 1 cm^{-1}$，并具有温度自动补偿功能，用烧杯接取 400mL 水样，立即进行测定。若电导仪不具有温度补偿功能，可装恒温水浴槽，使被测水样温度控制在 25℃±1℃，或记录水温，进行温度换算。

如果制备各级纯水所用的原水质量好，则生产出的纯水可以其电导率值作为主要质量指标，一般的分析试验都可参考这项指标选择适用的纯水。特殊情况下及生物化学、医药化学等方法的某些试验用水往往还需要对其他有关项目进行检验。

另外，可氧化物质、吸光度、蒸发残渣等的检测可参照 GB/T 6682 进行。

（4）纯水的合理选用　分析试验中所用纯水来之不易，也较难存放，要根据不同的情况选用适当级别的纯水。在保证试验要求的前提下注意节约用水。

在定量化学分析试验中，主要使用三级水，有时需要将三级水加热煮沸后使用，特殊情况下也使用二级水。仪器分析试验中主要使用二级水，有的试验还需要使用一级水。

试验用水为去离子水，有两种规格，即以自来水为原水经电渗析器制备的电渗析水（其质量相当于三级水）和以电渗析水为原水再经离子交换树脂混合床提纯的离子交换水（其质量介于一级水和二级水之间）。鉴于制备过程，习惯称前一种水为"一次水"，后一种水为"二次水"。

3. 溶液浓度的表示方法

分析化学中常用溶液浓度的表示方法有以下几种。

（1）物质的量浓度　物质的量浓度是单位体积溶液中含溶质的物质的量，或 1L 溶液中所含的溶质的物质的量（mol）。

$$c_B = \frac{n_B}{V}$$

式中　c_B——B 的物质的量浓度（mol/L）；

　　　n_B——B 的物质的量（mol）；

　　　V——溶液的体积（L）。

凡涉及物质的量 n_B 时，必须用元素符号或化学式指明基本单元。例如，c_{KMnO_4} = 0.5mol/L 的 $KMnO_4$ 溶液，表示 1L 溶液中含 $KMnO_4$ 0.5mol，即 79.02g。$c_{1/5KMnO_4}$ = 0.1mol/L 的 $KMnO_4$ 溶液，表示 1L 溶液中含 $1/5KMnO_4$ 0.1mol，即 15.80g。

（2）质量浓度　物质的质量浓度是 1L 溶液中所含溶质的质量（g），即

$$\rho_B = \frac{m_B}{V}$$

式中　ρ_B——B 的质量浓度（g/L）；

　　　m_B——B 的质量（g）；

　　　V——溶液的体积（L）。

例如，ρ_{NaCl} = 60g/L 的 NaCl 溶液，表示 1L NaCl 溶液中含有 60gNaCl。

（3）质量分数　物质的质量分数是溶质的质量与溶液的质量之比，即

$$物质 B 的质量分数(w_B) = \frac{物质 B 的质量(m_B)}{溶液的质量(m)}$$

质量分数为无量纲量，用百分数表示。例如，w_{NaNO_3} = 15%，表示 100g 溶液中含有 15g $NaNO_3$。

（4）体积比浓度　体积比浓度是 A 体积液体溶质和 B 体积溶剂相混的体积比，常用 $(V_A + V_B)$ 符号表示。例如，$(5+95)$ H_2SO_4 溶液表示 5 体积的 H_2SO_4 与 95 体积水相混合而成的溶液。

（5）滴定度　滴定度是单位体积的标准溶液 A 相当于被测物质 B 的质量，一般用 $T_{B/A}$ 符号表示，常用单位为 g/mL、mg/mL。

例如，$T_{Fe/K_2Cr_2O_7}$ = 5.6mg/mL，表示 1mL $K_2Cr_2O_7$ 溶液可以滴定 5.6mg Fe。

1.3　分析结果的数据处理

1.3.1　有效数字的运算

1. 有效数字

（1）有效数字的定义　例如，用最小分度值为 0.01mm 的螺旋测微器对一物体的长度进行连续三次测量，所得值分别为 9.134mm、9.133mm、9.135mm。假设螺旋测微器是经过计量部门检定合格的，三个数据都有效。

显然，末位数是估读的，是不准确的或可疑的，但估读正确与否对测量结果是有影响的。可以肯定的是，估读虽然带来了误差，但比不估读好，即估读值更接近真值。因此，引入了有效数字的概念，即有效数字是末位为不确定的测量数据。

有效数字是在分析工作中实际能够测量到的数字，包括最后一位估计的、不确定的数字。人们把通过直读获得的准确数字称为可靠数字；把通过估读得到的那部分数字称为存疑数字；把测量结果中能够反映被测量大小的带有一位存疑数字的全部数字称为有效数字。

（2）使用有效数字时应注意的事项

1）有效数字的位数与所用的单位无关，选用不同的单位，应以 10 的 n 次幂来表示。例如，某物体的质量为 15g，它是二位有效数字，如以毫克为单位，可写为 15000mg。考虑有效数字的表示，应写为 1.5×10^4 mg，仍为二位有效数字。

2）测量数据中的零是否属于有效数字，需要具体分析。例如，0.0030450m，其中小数点后的两个零不是有效数字，是由选用单位的不同而引入的，"3"和"4"之间的零是有效数字，末位的零它是可疑位，也是有效数字。

3）计算公式中的自然数和常数不是测量值，故不是有效数字。例如，求一半径为 r 的圆形物体周长 L 的公式为 $L = 2\pi r$，其中的"2"和"π"都不是测量值，不是有效数字，但"π"是无限不循环常数（无理数），在计算中的取位应与数字修约规则保持一致。

4）对数运算时，首数不算有效数字。

5）首位数字是 8 或 9 的有效数字，计算有效数字的位数时可多算一位。例如，9.21、8.34，它们是三位有效数字，因首位是 8、9，故它们应看作是四位有效数字。

2. 有效数字的修约

在处理数据过程中涉及的各测量值的有效数字位数可能不同，因此需要按下面所述的计算规则，确定各测量值的有效数字位数。各测量值的有效数字位数确定之后，就要将它后面多余的数字舍弃。舍弃多余数字的过程称为"数字修约"，它所遵循的规则称为"数字修约规则"。在过去，人们习惯采用"四舍五入"数字修约规则，现在则通行"四舍六入五成双"规则。四舍五入规则的最大缺点是见五就进，它必然会使修约后的测量值系统偏高，而采用"四舍六入五成双"规则，逢五时有舍有入，则由五的舍入所引起的误差本身可自相抵消。

（1）数值修约　对拟修约数值中超过需要保留位数时的舍弃，根据舍弃数来保留最后一位数或最后几位数。

（2）修约间隔　确定修约保留位数的一种方式，修约间隔的数值一经确定，修约值即应为该数值的整数倍。例如，指定修约间隔为 0.1，修约值即应在 0.1 的整数倍中选取，也就是说，将数值修约到小数点后一位。

（3）修约位数的表达方式

1）指定数位

① 指定修约间隔为 10^{-n}（n 为正整数），或指明将数值修约到小数点后 n 位。

② 指定修约间隔为 1，或指明为数值修约到个数位。

③ 指定修约间隔为 10^n（n 为正整数），或指明将数值修约到 10^n 数位，或指明将数值修约到"十""百""千"……数位。

2）指定将数值修约成 n 位有效位数（n 为正整数）。

（4）进舍规则

1）拟舍弃数字的最左一位数字小于 5 时，则舍去，即保留的各位数字不变。

【例 1-1】 将 12.1498 修约到一位小数（十分位），得 12.1。

【例 1-2】 将 12.1498 修约成两位有效位数，得 12。

2）拟舍弃数字的最左一位数字为 5，或者是 5，而其后跟有并非全部为 0 的数字时进一，即在保留的末位数字加 1。

【例 1-3】 将 1268 修约到百位数，得 13×10^2。

【例 1-4】 将 1268 修约到三位有效位数，得 127×10。

【例 1-5】 将 10.502 修约到个数位，得 11。

3）拟舍弃数字的最左一位数字为 5，而右侧无数字或皆为 0 时，若所保留的末位数为奇数（1、3、5、7、9）则进一，为偶数（2、4、6、8、0）则舍弃。

【例 1-6】 修约间隔为 0.1（或 10^{-1}）。

拟修约数值：修约值 1.050→1.0；0.350→0.4。

【例 1-7】 修约间隔为 1000（或 10^3）。

拟修约数值：修约值 2500→2×10^3；3500→4×10^3。

【例 1-8】 将下列数字修约成两位有效位数。

拟修约数值：修约值 0.0325→0.032；32500→3.2×10^4。

4）不许连续修约。拟修约数字应在确定修约位数后一次修约获得结果，不得多次按前面规则 1）~3）连续修约。

【例 1-9】 修约 15.4546，修约间隔为 1。正确的做法为 15.4546→15。

不正确的做法为 15.4546→15.455→15.46→15.5→16。

5）进舍规则口诀：四舍六入五成双，五后非零则进一；五后全零看五前，五前偶舍奇进一；无论数字多少位，都要一次修约成。

（5）数字修约应注意的事项

1）只进不舍规则。

① 在相对标准偏差（RSD）中采取"只进不舍"的规则，如 0.162%、0.52% 修约时应修约成 0.17%、0.6%；在抽样时，根据取样规则确定取样件数时也采取"只进不舍"规则。

② 凡产品标准中有界限数字时，不允许采用修约方法，对超过标准中规定的允许偏差数值，也不允许修约。在对表示标准差的数字修约时，采取"只进不舍"。

2）数据修约在报告中的说明。结果报告的数值最右侧的非零数值为"5"时，应在数值后不加符号或加"+"或"-"，以分别表示未舍未进或已进行过舍或进。

3. 有效数字的运算规则

分析测量得到的数据是直接测量值，有时需要进行数据处理（代入公式计算），才能得到所需要的最终数值。在数据处理过程中，必须根据以下规则进行。

（1）加减运算　以数据中可疑位的值最大者为标准，其他数据修约要比标准者多保留一位，计算结果与标准者一致，多余位应修约。

例如，$0.0131+25.64+1.0578=?$

解：$0.013+25.64+1.058=26.711\approx26.71$

（2）乘除运算　以有效数字位数最少者为标准，其他数据修约至比标准者多保留一位，计算结果与标准者一致。

例如，$0.0121\times25.64\times1.05782=?$

解：$0.0121\times25.64\times1.058=0.328238152\approx0.328$

（3）三角函数、对数的运算　测量值 x 的三角函数或对数的有效数字位数，可由 x 的函数值与 x 的末位增加一个单位后的函数值相比较去确定。

例如，$x=43°26'$，求 $\sin x=?$

由计算知：$\sin 43°26'=0.6875100985$　　$\sin 43°27'=0.6877213051$

由以上计算知，在万分位有异，就定该位为可疑位，即有效数字为四位，则 $\sin 43°26'=0.6875$。

1.3.2　可疑值的取舍

在日常分析中，一般只对每个试样进行有限次的平行测定，若所得的分析数据的极差值不超过该方法对精密度的规定值，均认为有效，可取平均值报出。但对于一些特殊要求的试样，多次测量的数据是否都那么可靠，都参加平均值的计算，就必须进行合理评价和取舍。

1. $4d$ 法

$4d$ 法即4倍于平均偏差法。具体方法如下：

1）除可疑值，将其余数据求其算术平均值 $\bar{x}$ 及平均偏差 $\bar{d}$。

2）将可疑值与算术平均值 $\bar{x}$ 相减，若可疑值减算术平均值 $\bar{x}$ 之差 $\geq 4\bar{d}$，则可疑值应舍去；若可疑值减算术平均值 $\bar{x}$ 之差 $<4\bar{d}$，则可疑值应保留。

【例1-10】　测得一组 06Cr18Ni11Ti 不锈钢中铬的质量分数为 17.18%、17.56%、17.23%、17.35%、17.32% 共5个数据，问其中最大值17.56%是否应该舍去？

解：

$$\bar{x}=\frac{17.18+17.23+17.35+17.32}{4}=17.27$$

$$\bar{d}=\frac{0.09+0.04+0.08+0.05}{4}=0.065$$

$$4\bar{d}=0.26$$

因为 $17.56-17.27=0.29>4\bar{d}$（0.26），故 17.56% 应该舍去。

此法应用时计算比较简单，适用于4~6个平行数据的取舍。

2. 格鲁布斯（Grubbs）检验法

格鲁布斯检验法的步骤如下：

1）将所有测量结果的数据按大小顺序排列，$x_1 < x_2 < x_3 < \cdots < x_n$。其中，$x_1$ 或 x_n 可能是可疑值，需要首先进行判断，决定其取舍。

2）用格鲁布斯检验法判断可疑值时，首先计算出该组数据的平均值 $\bar{x}$ 及标准偏差 s，再根据统计量 G 进行判断。统计量 G 与可疑值、算术平均值 $\bar{x}$ 及标准偏差 s 有关。

设是 x_1 可疑值，则

$$G_{\min} = \frac{\bar{x} - x_1}{s}$$

设是 x_n 可疑值，则

$$G_{\max} = \frac{x_n - \bar{x}}{s}$$

如果 G 值很大，说明可疑值与平均值相差很大，有可能要舍去。G 值要多大才能确定该可疑值应舍弃？这就需要根据人们对置信度的要求来确定。表1-12列出了临界 $G_{a,n}$ 值。如果 $G \geqslant G_{a,n}$，则可疑值应舍去；否则应保留。

表 1-12　临界 $G_{a,n}$ 值

测量次数 n	显著性水平 α			测量次数 n	显著性水平 α		
	0.05	0.025	0.01		0.05	0.025	0.01
3	1.15	1.15	1.15	10	2.18	2.29	2.41
4	1.46	1.48	1.49	11	2.23	2.36	2.48
5	1.67	1.71	1.75	12	2.29	2.41	2.55
6	1.82	1.89	1.94	13	2.33	2.46	2.61
7	1.94	2.02	2.10	14	2.37	2.51	2.66
8	2.03	2.13	2.22	15	2.41	2.55	2.71
9	2.11	2.21	2.32	20	2.56	2.71	2.88

格鲁布斯检验法最大的优点是在判断可疑值的过程中，将正态分布中的两个最重要的样本参数算术平均值 $\bar{x}$ 及标准偏差 s 引入进来，故此方法的准确性较好。但相对而言，计算算术平均值 $\bar{x}$ 及标准偏差 s 比较麻烦。

【例 1-11】　接【例 1-10】的试验数据，用格鲁布斯检验法判断时，17.56%这个数据是否需要保留（置信度95%）？

解： $\bar{x} = 17.33\%$，$s = 0.147\%$，则

$$G_{\max} = \frac{x_n - \bar{x}}{s} = \frac{17.56 - 17.33}{0.147} = 1.56$$

查表1-12，$G_{0.05,5} = 1.67$，$G_{\max} < G_{0.05,5}$，故 17.56%这个数据应该保留。此结论与【例 1-10】中用 $4\bar{d}$ 法判断所得结论不同。在这种情况下，一般取格鲁布斯（Grubbs）检验法的结论，因为这种方法的准确度较高。

3. Q 检验法

Q 检验法的步骤如下：

1）将所有测量结果数据按大小顺序排列，$x_1 < x_2 < x_3 < \cdots < x_n$，其中 x_1 或 x_n 为可疑数据。

2）按公式计算 Q 值。

$$Q = \frac{|x_? - x|}{x_{max} - x_{min}}$$

式中 $x_?$——可疑值；

x——与 $x_?$ 相邻之值；

x_{max}——最大值；

x_{min}——最小值。

3）查表 1-13。比较有 n 次测得的 Q 值，与表中所列的相同测量次数的 $Q_{0.90}$ 相比较。若 $Q > Q_{0.90}$，则相应的 $x_?$ 应舍去；若 $Q \leqslant Q_{0.90}$，则相应的 $x_?$ 应保留。

表 1-13 置信水平的 Q 值

n	3	4	5	6	7	8	9	10
$Q_{0.90}$	0.94	0.76	0.64	0.56	0.51	0.47	0.44	0.41
$Q_{0.95}$	1.53	1.05	0.86	0.76	0.69	0.64	0.60	0.58

【例 1-12】 测得一组 022Cr17Ni12Mo2 不锈钢试样中镍的质量分数为 13.31%、13.41%、13.32%、14.05%、13.35%、13.42%，其中 14.05% 为可疑值，问在 90% 置信水平时是否应舍去

解：

$$Q = \frac{|14.05 - 13.42|}{14.05 - 13.31} = 0.851$$

由表 1-13 知，$n = 6$ 时，$Q_{0.90} = 0.56$。因 $Q > Q_{0.90}$，故可疑值 14.05% 应舍弃。

采用 Q 检验法时应注意以下几点：①上述方法适用于测定次数为 3~10；②此法原则上只适用于检验一个可疑值；③若测量次数仅为三次，检出可疑值后勿轻易舍去，最好补测一两个数据后再作检验以决定取舍。

4. Dixon 检验法

Dixon 检验法是对 Q 检验法的改进，它是按不同的测量次数采用不同的统计量计算公式，因此比较严密。其检验步骤与 Q 检验法类似。Dixon 检验法的临界值见表 1-14。

表 1-14 Dixon 检验法的临界值

n	显著性水平		统计量	
	$\alpha = 1\%$	$\alpha = 5\%$	x_1 可疑值	x_n 可疑值
3	0.994	0.970		
4	0.926	0.829		
5	0.821	0.710	$r_1 = \dfrac{x_2 - x_1}{x_n - x_1}$	$r_n = \dfrac{x_n - x_{n-1}}{x_n - x_1}$
6	0.740	0.628		
7	0.680	0.569		

（续）

n	显著性水平		统计量	
	$\alpha = 1\%$	$\alpha = 5\%$	x_1 可疑值	x_n 可疑值
8	0.717	0.608		
9	0.672	0.564	$r_1 = \dfrac{x_2 - x_1}{x_{n-1} - x_1}$	$r_n = \dfrac{x_n - x_{n-1}}{x_n - x_2}$
10	0.635	0.530		
11	0.709	0.619		
12	0.660	0.583	$r_1 = \dfrac{x_3 - x_1}{x_{n-1} - x_1}$	$r_n = \dfrac{x_n - x_{n-2}}{x_n - x_2}$
13	0.638	0.557		
14	0.670	0.586		
15	0.647	0.565		
16	0.627	0.546		
17	0.610	0.529	$r_1 = \dfrac{x_3 - x_1}{x_{n-2} - x_1}$	$r_n = \dfrac{x_n - x_{n-2}}{x_n - x_3}$
18	0.594	0.514		
19	0.580	0.501		
20	0.567	0.489		

其步骤如下：

1）将所有测量结果的数据按大小顺序排序，$x_1 \leqslant x_2 \leqslant x_3 \leqslant \cdots \leqslant x_n$，其中 x_1 或 x_n 为可疑数据。

2）按表 1-14 计算 r_1 和 r_n 值，并查出 $f(\alpha, n)$ 值。若 $r_1 > r_n$，且 $r_1 > f(\alpha, n)$，则判定 x_1 为异常值，应被剔除。若 $r_n > r_1$，且 $r_n > f(\alpha, n)$，则判定 x_n 为异常值，应被剔除。若 r_1、r_n 的值小于 $f(\alpha, n)$，则所有数据均保留。其中，$f(\alpha, n)$ 值为与显著性水平 α 及测量次数 n 有关的数值。

Dixon 检验法使用极差法剔除可疑值，无须计算算术平均值及标准偏差 s，使用简便。许多国际标准中，如 ISO 5725-4：2020（E）《测量方法与结果的准确度》等都推荐使用 Dixon 准则，但它原则上适用于只有一个可疑值的情况。

1.3.3 分析结果的报出

在定量分析中，一般每一种方法的标准中都有精密度的规定。在正常情况下，如果两个单次测试结果之间的差值超过了相应按精密度公式计算出的重复性限 r 和再现性限 R 数值，则认为这两个结果是可疑的。

在 GB/T 6379.6—2009《测量方法与结果的准确度（正确度与精密度） 第六部分：准确度值的实际应用》的"5 检查测试结果可接收性的方法及确定最终报告结果"中对最终测试结果的确定做了规定。该标准规定的检查方法仅适用于所用的测量方法已标准化，且重复性标准差 σ_r 和再现性标准差 σ_R 均已知的情形。因此，当 N 个测试结果的极差超过该标准第 4 章所给出的合理的限值时，则认为 N 个测试结果中的一个、两个或所有测试结果异常。然而，可能因为商业上的原因，有必要得到某个可接受值，此时应根据以下规定的方法对测试结果进行处理。该标准假设所有测试结果均在重复性条件或再现性条件下得到，计算中所用概率水平为 95%。若测试结果是在中间精密度条件下得到的，须用相对应的中间精密度度量代替 σ_r。

1. 在重复性条件下所得测试结果可接收性的检查方法和最终测试结果的确定

（1）在重复性条件下仅取得一个初始测试结果 在商品检验中仅取一个测试结果的情形是不多见的。当仅有一个测试结果时，要立即对特定的重复性度量进行可接收性的统计检验是不可能的。若对测试结果的准确性有任何疑问，都应取得第二个测试结果。

（2）在重复性条件下仅取得两个初始测试结果 两个测试结果之差的绝对值与重复性限 $r = 2.8\sigma_r$ 相比较。

1）测试费用较低的情形。如果两个测试结果之差的绝对值不大于 r 值，这两个测试结果可以接收，最终报告结果 μ 等于两个测试结果的算术平均值。如果两个测试结果之差的绝对值大于 r 值，实验室应再取两个测试结果。

此时，若 4 个结果的极差 $(x_{max}-x_{min}) \leqslant$ 临界极差 $CR_{0.95}(4)$，则取这 4 个解释结果的算术平均数作为最终报告结果 μ。

临界极差按下式计算：

$$CR_{0.95}(4) = f(n)\sigma_r$$

式中 $f(n)$——临界极差系数，它是 $(x_{max}-x_{min})/\sigma$ 之分布 95% 的分位数，其中 x_{max} 与 x_{min} 分别为从标准差为 σ 的正态总体中抽取的样本量为 n 的样本的极大值与极小值。表 1-15 列出了 n 为 2~21 的临界极差系数。

表 1-15　n 为 2~21 临界极差系数 $f(n)$

n	$f(n)$	n	$f(n)$	n	$f(n)$	n	$f(n)$
2	2.8	7	4.2	12	4.6	17	4.9
3	3.3	8	4.3	13	4.7	18	4.9
4	3.6	9	4.4	14	4.7	19	5.0
5	3.9	10	4.5	15	4.8	20	5.0
6	4.0	11	4.6	16	4.8	21	5.0

注：n 为 22~100 的临界极差系数 $f(n)$ 见 GB/T 6379.6—2009 中的表 1。

如果 4 个测试结果的极差大于重复性临界极差，则取 4 个测试结果的中位数，即第 2 个和第 3 个测试结果的算术平均值，作为最终报告结果。

中位数的确定：若 n 个数值按其代数值大小递增的顺序排列，并加以编号 1 至 n。当 n 为奇数时，则 n 个值的中位数为其中第 $(n+1)/2$ 个数值；当 n 为偶数时，则中位数位于第 $n/2$ 个数值与 $n/2+1$ 个数值之间，即取这两个数值的算术平均数。

【例 1-13】 某实验室采用 GB/T 223.59—2008《钢铁及合金　磷量的测定　铋磷钼蓝分光光度法和锑磷钼蓝分光光度法》中的锑磷钼蓝分光光度法测定某低合金钢材料中磷的含量。已知该方法的重复性限 $r = 0.001082 + 0.04070m$（m 是测试特性的总平均值），现测得该样品的两个初始测试结果为 0.0182%、0.0162%，求最终测试结果（假设测试费用较低）。

解：两个初始测试结果的平均值为 0.0172%，该含量时 $r = 0.0018$。

由于两个初始结果之差的绝对值 $= 0.0020 > r$，又假设测试费用较低，因此需要再取两个测试结果。假设重新测定的两个测试结果为 0.0175% 和 0.0170%，则

临界极差 $CR_{0.95}(4) = f(4) \times \dfrac{0.0018}{2.8} = 3.6 \times 0.00064 = 0.0023$

由于极差（$x_{\max} - x_{\min}$）为 0.0020，小于临界极差，故取 4 个测试结果的算术平均值作为最终测试结果：

$$\hat{\mu} = \frac{(0.0182 + 0.0162 + 0.0175 + 0.0168)\%}{4} = 0.0172\%$$

从上面的例题可以看出，在计算 $CR_{0.95}$ 临界极差值比较费时，且不方便。按照上面的表达式，根据经验预先计算出多次测试结果的临界极差的近似值：当 $n=3$ 时，$CR_{0.95} \leqslant 1.18r$；当 $n=4$ 时，$CR_{0.95} \leqslant 1.28r$；当 $n=5$ 时，$CR_{0.95} \leqslant 1.39r$。

2）测试费用较高的情形。如果两个测试结果之差的绝对值小于或等于 r，这两个测试结果可以接收，最终报告结果 μ 为两个测试结果的算术平均值。如果两个测试结果之差的绝对值大于 r，实验室应再取一个测试结果。

此时，若 3 个测试结果的极差（$x_{\max} - x_{\min}$）等于或小于临界极差 $CR_{0.95}$（3），则最终报告结果 μ 取 3 个测试结果的算术平均值。若 3 个结果的极差大于临界极差 $CR_{0.95}$（3），则由下列两种情形之一来确定最终报告结果 μ。

① 不可能取得第 4 个测试结果时，取中位数数值作为最终报告结果 μ。

② 有可能取得第 4 个测试结果时，实验室应取第 4 个测试结果。如果 4 个测试结果的极差（$x_{\max} - x_{\min}$）小于或等于临界极差 $CR_{0.95}$（4），则取 4 个结果的算术平均值作为最终报告结果；如果极差大于 $CR_{0.95}$（4），则取 4 个结果的中位数作为最终报告结果 μ。

（3）在重复性条件取得两个以上初始测试结果　实际工作中常有初始测试结果 $n > 2$ 的情形。在重复性条件下，$n > 2$ 时确定最终报告结果的方法与 $n=2$ 是的方法类似。

将 n 个结果的极差（$x_{\max} - x_{\min}$）与按表 1-15 查得计算的临界极差 $CR_{0.95}(n)$ 比较；若极差小于等于临界极差，则取 n 个结果的算术平均值作为最终报告结果 μ。

若 n 个结果的极差（$x_{\max} - x_{\min}$）大于临界极差，则由下列 3 中情形之一来确定最终报告结果 μ。

1）对测试费用较低的情形，实验室需要追加 n 次测量，若 $2n$ 个测试结果的极差（$x_{\max} - x_{\min}$）小于等于临界极差 $CR_{0.95}$（$2n$），则最终报告结果 μ 取所有 $2n$ 个测试结果的算术平均值。若 $2n$ 个测试结果的极差大于临界极差 $CR_{0.95}$（$2n$），则取所有 $2n$ 个测试结果的中位数数值作为最终报告结果 μ。

2）对测试费用较高的情形，直接取所有 n 个测试结果的中位数数值作为最终报告结果 μ，而无须追加测量。

在复杂且耗时的化学分析中，费用昂贵的情形经常遇到，往往需要两天至三天甚至更长的时间来完成一次分析。如果在初始分析中发现有技术上可疑的数据或离群值，再追加测量将既费时又费钱。因此，通常在重复性条件下一开始就获得 3 个或 4 个测试结果，然后按照从 n 个测试结果开始且测试费用较高时的情形的程序进行分析。

3）第三种情形是可供选择的，推荐用于对 $n \geqslant 5$ 且测试费用较低，或 $n \geqslant 4$ 且测试费用较高的情形。实验室需要追加 m 次测量（m 应选为满足 $n/3 \leqslant m \leqslant n/2$ 的整数）。若（$n+m$）个测试结果的极差（$x_{\max} - x_{\min}$）小于等于临界极差 $CR_{0.95}(n+m)$，则最终报告结果 μ 取所有（$n+m$）个测试结果的算术平均值。若（$n+m$）个结果的极差（$x_{\max} - x_{\min}$）＞临界极差 $CR_{0.95}$（$n+m$），则取所有（$n+m$）个测试结果的中位数数值作为最终报告结果 μ。

（4）最终结果报出时的几点说明

1）如果按上述（2）或（3）所述的方法确定最终测试结果时，结果频频超过临界值，则应对该实验室测量方法的精密度和（或）精密度试验进行调查。

2）如果仅需要最终测试结果时，应对如下两点进行说明：用于计算最终报告测试结果所用的测试结果数；最终报告测试结果用的是测试结果的算术平均值还是中位数。

3）对报出结果的有效位数，在当前分析水平所使用的测试手段和方法下，推荐按下面的位数报出结果：××.××%；×.××%或×.×××%；0.×××%或0.××%；0.0××%或0.0×××%；0.00××%；0.000×%或0.000××%。

应当指出，报出结果的确切位数应根据测试方法要求的准确度而定。

2. 在再现性条件下所得测试结果可接收性的检查方法

这些方法适用于有两个实验室且所得测试结果或结果的算术平均值有差异的情形。此时应当像重复性情形一样，用再现性标准差来做统计检验。

各种情况下均应保证有足够量的测试物料（物质或材料）用作测试，包括保存一部分备用样品以便在必要时重新测试时使用。备用材料的多少取决于测量方式及其复杂程度。应妥善保存备用物料，防止损坏或变质。

两个实验室的试样应是同一的，即两个实验室应使用样品制备阶段中的终端样品。

（1）两实验室测试结果一致性的统计检验

1）每个实验室只有一个测试结果的情形。当每个实验室只有一个测试结果时，两实验室结果之差的绝对值应用再现性限 $R=0.28\sigma_R$ 来检验。如果绝对差小于或等于 R，即认为结果一致，取其平均值作为最终报告结果；如果绝对差大于 R，必须找出差异是否是由于测试方法的精密度低和（或）测试样本有差别。两个实验室应遵循重复性条件下的规定程序对精密度进行检验。

2）每个实验室有一个以上测试结果的情形。假定每个实验室都按规定程序取得了最终报告结果。因而，只要考虑两个最终报告结果的可接收性即可。为检验两个实验室的结果是否一致，应将两个结果的绝对差与临界差 $CD_{0.95}$ 的表达式如下：

① 两个结果均为算术平均值（重复次数分别为 n_1 和 n_2）时的临界差 $CD_{0.95}$ 为

$$CD_{0.95}=\sqrt{R^2-r^2\left(1-\frac{1}{2n_1}-\frac{1}{2n_2}\right)}$$

若 $n_1=n_2=1$，上式化简为前述给出的 R；若 $n_1=n_2=2$，则上式化简为

$$CD_{0.95}=\sqrt{R^2-\frac{r^2}{2}}$$

② 两个结果之一为算术平均值（重复次数为 n_1），另一为中位数（重复次数为 n_2）时的临界差 $CD_{0.95}$ 为

$$CD_{0.95}=\sqrt{R^2-r^2\left(1-\frac{1}{2n_1}-\frac{\{c(n_2)^2\}}{2n_2}\right)}$$

③ 两个结果均为中位数（重复次数为 n_1 和 n_2）时的临界差 $CD_{0.95}$ 为

$$CD_{0.95}=\sqrt{R^2-r^2\left(1-\frac{\{c(n_1)^2\}}{2n_1}-\frac{\{c(n_2)^2\}}{2n_2}\right)}$$

式中 $c(n)$——中位数的标准差与平均值的标准差之比，其值见表1-16。

表1-16 $c(n)$ 的值

测试结果数 n	$c(n)$	测试结果数 n	$c(n)$	测试结果数 n	$c(n)$
1	1.000	8	1.160	15	1.235
2	1.000	9	1.223	16	1.202
3	1.160	10	1.176	17	1.237
4	1.092	11	1.228	18	1.207
5	1.197	12	1.187	19	1.239
6	1.135	13	1.232	20	1.212
7	1.214	14	1.196	—	—

（2）解决两实验室的测试结果不一致的办法 引起两实验室最终报告结果不一致的原因可能有：两实验室之间的系统误差；测试样本的差异；确定 σ_r 和（或）σ_R 过程汇总的误差。

若有可能，交换双方所用的试样和（或）标准物质，每个实验室都应用另一实验室的试样进行测试，以判断是否存在系统误差及其程度。如无此种可能，每一实验室应使用一种共同的试样（最好是已知测量特性值的标准物质），从中可以找出某个实验室或两个实验室的各自的系统误差。如果这种方法也不可行，两实验室应参照第三方参考第三方实验室的结果来解决。

当不一致结果可能是因测试试样的差异引起时，两实验室应联合制作共同试样或委托第三方进行抽样。必要时，也可通过仲裁分析来解决双方的争议。

3. 其他应用

测试方法与结果的准确度除具有上述应用，还可用于检查实验室内测试结果的稳定性；用于实验室的评定，以及与可替代测法方面的比较等。这方面的知识可参阅 GB/T 6379.6。

1.4 化验室安全操作

作为一个分析化学工作者，须不断提高安全意识，掌握丰富的安全知识，才能减免事故的发生。一般来说，化验室的危险性有火灾爆炸危险性、有毒气体危险性、触电危险性、机械伤害危险性和放射性危险。

1.4.1 化验室安全知识及三废处理

根据化验室危险性种类及事故的统计分析，应该制订出切实可行的化验室安全知识，并严格遵守。

1. 化验室安全知识

（1）防止中毒

1）严禁在化验室进餐、吸烟。化验室中的所有器皿都不得作为食具使用。使用有毒物品进行工作后，离开化验室时必须仔细洗手、漱口。

2）所有配好的试剂都要有标签。剧毒试剂（包括已配制的溶液）都要放在专用柜中，双人、双锁保管，建立严格的使用登记制度。剧毒的物质洒落时，应立即全部收拾起来，并把落过毒品的桌子和地板洗净。

3）严禁试剂入口。用移液管吸取任何试剂溶液时都必须用洗耳球操作，不得用嘴吸；如需用嗅觉鉴别试剂时，应将试剂瓶远离鼻子，用手轻轻扇动，稍闻其味即可，严禁将鼻子接近瓶口。

4）使用易挥发有毒试剂或反应中产生有毒气体，如氮的氧化物、氯、溴、硫化氢、氢氰酸、氟化氢、四氟化硅等时，必须在通风橱中进行。

5）取有毒气体试样时必须站在上风口；采用球胆、塑料袋取样时，要事先进行试漏，用完后要放在室外排空放净。

（2）防止燃烧和爆炸

1）挥发性有机液体试剂或样品应存放在通风良好处，如放入冰箱必须密封，不得漏气；易燃试剂，如乙醚、二硫化碳、苯、汽油、石油醚等不可放在煤气灯、电炉或其他热源附近。

2）启开易挥发试剂瓶时，尤其在室温较高时，应先用水冷却，切不可把瓶口对着自己或他人，以免有大量气液冲出，造成伤害事故。

3）试验过程中对于易挥发及易燃的有机溶剂，如需要加热排除时，应在水浴内或密封的电热板上缓慢加热。严禁用火焰或一般电炉直接加热，也不准在烘箱中烘烤。

4）身上或手上沾有易燃物时，应立即清洗干净，不得靠近明火，以防着火。落有氧化剂液滴的衣服，稍微加热即能燃烧，应注意及时消除。

5）严禁把氧化剂和可燃物在一起研磨，不能在纸上称量过氧化钠。

6）进行易发生爆炸的试验时，如用过氧化钠熔融，用高氯酸进行湿法氧化时，要加强安全措施，使用防护挡板，戴防护眼镜。

7）爆炸性药品，如高氯酸和高氯酸盐、过氧化氢及高压气体等应放在低温处保管，不得与其他易燃物放在一起。

8）在分析中，有时需要对加热处理的溶液在隔绝 CO_2（指空气中的 CO_2）情况下冷却，冷却时不能把容器塞紧，以防冷却时爆炸，可在瓶塞上装碱石灰管。

（3）防止腐蚀、化学灼烧、烫伤、割伤

1）腐蚀类刺激性药品，如强酸、强碱、浓氨水、浓过氧化氢、氢氟酸、溴水等，取用时要戴橡胶手套和防护眼镜。

2）稀释硫酸时必须在烧杯等耐热容器中进行。在不断搅拌下把浓硫酸加入水中，绝不能把水加入浓硫酸中。在溶解 NaOH、KOH 等能产生大量热量的物质时，也必须在耐热容器中进行。如需将浓酸、浓碱液中和，则必须先稀释后中和。

3）在压碎和研磨 KOH、NaOH 及其他危险物质时，要戴防护眼镜，注意防范小碎块飞溅，以免造成烧伤。

4）切割玻璃管及塞子钻孔时，必须戴劳保手套。用玻璃管连接胶管时，必须正确选择它的直径，不要使用薄壁玻璃管，须把管口圆滑后才能插入胶管。把玻璃管插入塞内时，必须握住塞子侧面，不要把塞子握在手掌上。

5）装配或拆卸仪器时，要防备玻璃管和其他部位破损，造成严重割伤。使用后的仪器上有刺激伤口和使伤口复杂化的脏物，拆卸时更要小心。

（4）其他

1）一切固体不溶物、浓酸和浓碱废液，严禁倒入下水道，以防堵塞和腐蚀下水管道；易燃、有毒有机物也不能倒入下水道，以免中毒和着火。

2）化验室工作人员应该知道化验室内煤气、水阀和电闸的位置，以便必要时加以控制。

3）分析试验结束后，应当进行安全检查，使用过的器皿都要洗涤干净，放回固定位置。下班或离开时，关闭电源、热源、气源和水源。

2. 化验室三废处理

分析化学试验过程中也会产生"三废"，其中大多数废气、废液、废渣都是有毒物质，还有些剧毒物质和致癌物质，如果直接排放就会污染环境、危害人体健康。分析试验中产生的"三废"量比较小，但种类繁多，组成复杂。因此，一般没有统一的处理方法。

分析实验室中所排有毒气体的量都不太大，可以通过排风设备排出室外，被空气稀释。毒气大时必须经过吸收处理，然后才能排出。

可燃有机毒物废液必须收集在废液桶中，统一送至燃烧炉，供给充分的氧气，使其完全燃烧，生成 CO_2 和 H_2O。对于大量使用的有机溶剂，可通过萃取、蒸馏、精馏等手段回收再用。

对于剧毒废液及致癌物废液，其量再少也要经过处理达到排放标准才能排放。下面介绍几种有害物质的处理方法。

（1）含酚废液　高浓度的酚可用乙酸乙酯萃取，蒸馏回收；低浓度含酚废液可加入次氯酸钠或漂白粉使酚氧化为 CO_2 和 H_2O。

（2）含氰化物废液　一般含氰化物废液都呈碱性，可以加入 $Na_2S_2O_3$ 溶液使其生成毒性较低的硫氰酸盐，加热使其反应完全。也可以用 $FeSO_4$、$NaClO$ 代替 $Na_2S_2O_3$。

（3）汞及含汞盐废液　若不小心把汞散失在化验室里（打破压力计、温度计或极谱分析操作不慎等），必须立即用吸管、毛刷或在酸性硝酸汞溶液中浸过的铜片将其收集起来并用水覆盖；在散落过汞的地面上撒上硫黄粉或喷上 20%$FeCl_3$ 水溶液，干后再清扫干净。

含汞盐的废液可先调节 pH 至 8～10，加入过量 Na_2S，使其生成 HgS，再加入 $FeSO_4$ 作为共沉淀剂，硫化铁将水中悬浮的 HgS 微粒吸附而共沉淀。清液可排放，残渣可用焙烧法回收汞，或再制成汞盐。

（4）Cr^{3+} 废液　铬酸洗液如变绿，可先进行浓缩，冷却后加入 $KMnO_4$ 粉末氧化，用砂芯漏斗滤去 MnO_2 沉淀后再用。如果变黑失效，可用废铁屑还原残留的 Cr^{6+} 到 Cr^{3+}，再用废碱液或石灰水中和使其生成低毒的 $Cr(OH)_3$ 沉淀。

（5）含砷废液　向废液中加入 CaO，调节 pH 至 8，使其生成砷酸钙和亚砷酸钙沉淀。有 Fe^{3+} 存在可起共沉淀作用。也可在 pH=10 以上的含砷废液中加入 Na_2S，与砷反应生成难溶、低毒的硫化物沉淀。

（6）含 Pb^{2+}、Cd^{2+} 废液　用硝石灰将废液 pH 调节至 8～10，使 Pb^{2+}、Cd^{2+} 生成 Pb(OH)$_2$ 和 Cd(OH)$_2$ 沉淀，加入 $FeSO_4$ 作为共沉淀剂。

（7）混合废液　处理调节废液（不得含氰化物）的 pH 为 3～4，加入铁粉，搅拌半小时，用碱把 pH 调节至 9 左右，继续搅拌 10min。加入高分子絮凝剂，清液可排放，沉淀物以按废渣处理。

1.4.2　常见的化学毒物及中毒预防和急救

1. 有毒气体

这里主要介绍分析试验中遇到的有毒气体，比较少见的剧毒气体不做介绍。

（1）CO（一氧化碳）　CO 是无色无臭的气体，对空气的相对密度为 0.967，毒性很大，CO 进入血液后，与血色素的结合力比 O_2 大 $200\sim300$ 倍，因而很快形成碳氧血色素，使血色素丧失输送氧气的能力，导致全身组织，尤其是中枢神经系统严重缺氧，造成中毒。

急救措施：

1）立即将中毒者抬到新鲜空气处，注意保温，勿使受冻。

2）对呼吸衰竭者立即进行人工呼吸，并给予氧气，立即送医院急救。

（2）Cl_2（氯气）　Cl_2 为草绿色气体，密度为空气的 2.49 倍，一旦泄漏会沿地面流动。它是强氧化剂，溶于水，有窒息臭味。一般工作场所空气中含 Cl_2 不得超过 0.002mg/L。含量达 3mg/L 时，即使呼吸中枢突然麻痹，也会因肺内引起化学灼伤而迅速死亡。

发现 Cl_2 中毒时要立即离开现场，让中毒者吸稀薄的氨气，并立即送医院抢救。

（3）H_2S（硫化氢）　H_2S 为无色气体，具有腐蛋臭味，对空气的相对密度为 1.19。

H_2S 会使中枢神经系统中毒，使延髓中枢麻痹，与呼吸酶中的铁结合（生成 FeS 沉淀）使酶活动减弱。H_2S 浓度低时，可使人产生头晕、恶心、呕吐等；浓度高或吸入量大时，可使人的意识突然丧失，昏迷窒息而死亡。

因 H_2S 有恶臭，一旦发现其气味应立即离开现场，对中毒严重者及时进行人工呼吸、吸氧，并急送医院。

（4）氮氧化物　氮氧化物的主要成分是 NO 和 NO_2。NO 为无色气体，对空气的相对密度为 1.037，在空气中很快被氧化变为 NO_2。NO_2 为棕色气体，有腥臭味，对空气的相对密度为 1.539。在用 $HClO_4$、H_2SO_4 及 HNO_3 消化有机物样品时，能产生大量 NO_2。

氮氧化物中毒表现为对深部呼吸道的刺激作用，能引起肺炎、支气管炎和肺水肿等疾病。严重者则导致肺坏疽，吸入高浓度氮氧化物时，可迅速出现窒息、痉挛而死亡。

一旦发生中毒，要立即离开现场，呼吸新鲜空气或吸氧，并立即送医院急救。

（5）SO_2 和 SO_3　SO_2 为无色有刺激性气体，易溶于水；SO_3 的沸点为 44.8℃，高温时冒白烟。在处理样品时，为了除去低沸点的酸，常用硫酸，将其加热至冒 SO_3 白烟。

这两种气体对黏膜和呼吸道有强烈刺激作用，能引起结膜炎、气管炎等疾病。在工作中接触以上毒气时，必须在通风橱中操作，必要时戴口罩、橡胶手套、防护眼镜等。

2. 酸类

（1）H_2SO_4、HNO_3、HCl　这三种酸是分析实验室中最常用的强酸。眼黏膜、鼻黏膜及呼吸道等受这三种酸蒸气的刺激都可引起急性炎症。若触及皮肤，轻者发红肿痛，重者烧成水泡，周围大量充血，引起皮下组织坏死，似烫伤症状。H_2SO_4 侵害的皮肤结褐色痂，HNO_3 则结黄痂，HCl 侵害的皮肤仅仅有些发红。

误食以上酸类，会引起全身中毒，口腔、咽喉、食道、胃等被强烈灼伤，其中以 H_2SO_4 为最强烈。受到这三种酸伤害时，立即用大量清水冲洗，然后再用 20g/L 的小苏打水冲洗患部。

（2）$HClO_4$ 和 HF 70%的 $HClO_4$ 在沸腾（沸点为 203℃）时没有爆炸危险，但遇有机物或易氧化的无机物时会发生爆炸。先用浓 HNO_3 破坏有机物后再加入 $HClO_4$。使用 $HClO_4$ 时不要使用橡胶手套。浓热的 $HClO_4$ 所致烫伤，很痛苦，不易痊愈。

HF 是无色液体，沸点为 19.4℃，毒性很大。可通过呼吸道、胃肠道和皮肤侵入肌体，主要是损害骨骼、造血机能、神经系统、牙齿及皮肤黏膜。当皮肤接触到 HF 时，有灼烧感和蚁走感，并迅速坏死而向内部深入形成溃疡，这种损害起初不太疼痛，故不易被察觉，最后能深及软骨及骨头。虽用各种方法治疗，愈合也很慢。使用 HF 时必须戴胶胶手套。

3. 碱类

（1）NaOH 和 KOH 这两种碱均为白色固体，易溶于水，有强烈的腐蚀性，总称为苛性碱。

皮肤受苛性碱烧伤时，局部变白，周围红肿，有刺痛感。起水泡，重者引起糜烂。如误服可使口腔、食道、胃黏膜糜烂，以后结疤，形成食道、胃狭窄。

皮肤受到伤害时，迅速用大量清水冲洗，再用 2%稀醋酸或 2%硼酸充分洗涤烧伤处。误食苛性碱时会引起中毒，不得洗胃和服用催吐剂，应服用酸果汁或柠檬酸、稀醋酸等。

（2）$NH_3 \cdot H_2O$ $NH_3 \cdot H_2O$ 为无色液体，有强烈的刺激臭味，易挥发。浓 $NH_3 \cdot H_2O$ 挥发出的氨气会刺激皮肤、黏膜、呼吸道、眼、鼻等。氨气则刺激眼睛使人不断流泪。长期接触氨气可使嗅觉减退以致丧失，皮肤接触氨水可引起化学烧伤，使皮肤红肿、气泡、发生糜烂。

皮肤被氨水烧伤，可用清水或 2%醋酸冲洗。如误服，可用蛋清水、牛奶等解毒。

4. 氰化物、砷化物、汞和汞盐

（1）氰化物 KCN 和 NaCN 在络合滴定中常用作掩蔽剂，属于剧毒试剂，为白色固体，易溶于水。遇酸产生 HCN 气体，也是剧毒物质。

很少量的氰化物侵入人体，就会造成严重中毒。急性中毒时，轻者有黏膜刺激症状、唇舌麻木、头痛、眩晕、下肢无力、恶心、呕吐、心悸、血压上升、气喘、瞳孔散大；重者呼吸不规则、昏迷、强直性痉挛、大小便失禁、皮肤黏膜出现鲜红色、血压下降、迅速发生呼吸障碍而死亡。急性中毒经急救幸免于死亡者，还会引起许多神经系统后遗症。

发现中毒者，应立即抬离现场，施以人工呼吸或给予氧气，并立即送医院抢救。

（2）砷化物 分析化验室常用的砷化物有 As_2O_3、Na_2AsO_3（基准物），均为白色固体。AsH_3（砷化氢，又称胂）是剧毒气体。

砷化氢中毒主要通过呼吸道和消化道，皮肤接触也能引起全身中毒。吸入砷化物蒸气后，会引起黄疸、肝硬化、肝脾肿大。侵入皮肤时出现各种皮疹和皮炎，重者皮肤脱落形成溃疡，不易愈合。

急性中毒时，发生咽干、口渴、流涎、持续呕吐并混有血液、腹泻、剧烈头痛，很快心力衰竭而死亡，须立即送医院抢救。

（3）汞和汞盐 从事极谱分析工作者经常会接触汞和汞盐，如 $HgCl_2$（升汞）、Hg_2Cl_2（甘汞）等，其中汞和 $HgCl_2$ 毒性最大。汞在常温下可挥发成蒸气，汞蒸气比空气重 1 倍，不易扩散，通过呼吸进入人体，造成慢性中毒。

汞及汞盐中毒后，在消化道、神经系统、皮肤黏膜、泌尿生殖系统都出现中毒症状，可引起不孕症。对汞中毒的防护主要是预防，并严格遵守汞的使用规定。

5. 有机化合物

在分析试验中不仅要直接测定各种有机化合物，而且要用有机物作溶剂、萃取剂、掩蔽剂和显色剂等。有机化合物种类繁多，几乎都有毒性，只是毒性大小不同而已。因此，在使用有机化合物时，必须对其性质详细了解，根据不同情况采取相应的安全防护措施。

（1）脂肪族卤代烃 它们的活性及对人体的毒害作用远比脂肪烃强。短期内吸入大量这类蒸气会有麻醉作用，主要是抑制神经系统。它们还刺激黏膜、皮肤以致全身出现中毒症状。这类物质对肝、肾、心脏有较强的毒害作用，如 CCl_4、$CHCl_3$、CH_2Cl_2、$C_2H_4Cl_2$、CHI_3 等。

（2）芳香烃 有刺激作用，接触皮肤和黏膜能引起皮炎，高浓度蒸气对中枢神经有麻醉作用。大多数芳香烃对神经系统有毒害作用，有的还会损害造血系统。下面以苯为例说明它们的毒性。苯（C_6H_6）在化验室中常用。急性中毒时，出现自主神经系统功能失调症，如多汗、心动过速或过慢、血压波动；慢性中毒时，引起神经衰弱和损害造血系统，血素细胞数持续下降，随后血小板减少，出现皮下出血倾向；严重中毒时，呈现红细胞成熟过早，发生再生障碍性贫血，很难治愈。急性中毒时，应立即进行人工呼吸、吸氧，并送医院治疗。

6. 致癌物质

某些物质能在一定条件下诱发癌症，因此被称为致癌物。根据物质对动物的诱癌试验和临床观察统计，以下物质有较明显的致癌作用：多环芳烃、3,4-苯并芘、1,2-苯并蒽（以上三种物质多存在于焦油、沥青中），亚硝胺类、α-萘胺、β-萘胺、联苯胺、砷、镉、铍、石棉等。所以，在使用这些物质时必须穿工作服，戴手套和口罩，避免其进入人体。

1.4.3 化验室废水处理

化验室产生的废水可分为两类：第一类是能在环境或动物、植物体内积蓄，对人体健康产生长远影响的有害物质。含此类有害物质的"废水"，在排放时应符合表 1-17 的规定，但不得用稀释法代替必要的处理。

表 1-17 化验室废水处理标准（一）

序号	有害物质或项目名称	最高允许排放浓度/（mg/L）
1	汞及其无机化合物	0.05（按 Hg 计）
2	镉及其无机化合物	0.1（按 Cd 计）
3	六价铬化合物	0.5（按 Cr^{6+} 计）
4	砷及其无机化合物	0.5（按 As 计）
5	铅及其无机化合物	1.0（按 Pb 计）

第二类是其长远影响小于第一类的有害物质，排放时应符合表 1-18 的规定。

处理方式可按照废水处理方式进行处理，也可用废水处理设备集中处理，处理工艺为"集水箱→均质→筛网过滤→微电解→pH 预调→絮凝→重金属捕捉→沉淀→过滤→SMBR 硝化→化学氧化→中和→活性炭吸附"，最后达到排放标准排放。

表 1-18 化验室废水处理标准 （二）

序号	有害物质或项目名称	最高允许排放浓度/（mg/L）
1	pH 值	6~9
2	悬浮物（水力排灰、洗煤水、水力冲渣）	500
3	生物需氧量（5 天，20℃）	60
4	化学耗氧量（重铬酸钾法）	100
5	硫化物	1
6	挥发性酚	0.5
7	氰化物（以游离氰根记）	0.5
8	有机磷	0.5
9	石油类	10
10	铜及化合物	1
11	锌及化合物	5
12	氟及其无机化合物	10
13	硝基苯类	5
14	苯胺类	3

1.4.4 气瓶及高压气体的使用

气瓶是高压容器，瓶内要灌入高压气体，还要承受搬运、滚动，有的还要经受振动冲击等外界的作用力，因此对其质量要求严，材料要求高。它一般是用无缝合金或碳素钢管制成的圆柱形容器，底部呈圆形，通常都在底部再装上钢质平底的座，使气瓶可以竖放。

1. 压力气瓶的颜色及标志

常用压力气瓶的颜色及标志见表 1-19。

表 1-19 常用压力气瓶的颜色及标志 （摘自 GB/T 7144—2016）

充装气体	化学式或符号	外表面体色	字样	字色
空气	Air	黑	空气	白
氩	Ar	银灰	氩	深绿
氦	He	银灰	氦	深绿
氮	N_2	黑	氮	白
氧	O_2	淡（酞）蓝	氧	黑
氢	H_2	淡绿	氢	大红
氩（液体）	Ar	银灰	液氩	深绿
氮（液体）	N_2	黑	液氮	白
二氧化碳	CO_2	铝白	液化二氧化碳	黑
氯	Cl_2	深绿	液氯	白
丙烷	C_3H_8	棕	液化丙烷	白
乙炔	C_2H_2	白	乙炔不可近火	大红

2. 高压气瓶（钢瓶）的使用规则

1）氩气瓶及其专用工具严禁与油类接触，操作人员的工作服及手套不能沾有油污，以免引起燃烧。

2）高压气瓶上的减压器要按气体性质选择和专用，用于氮的减压器只有在充分洗除油脂后才可在氧气瓶上用。安装时螺扣要拧紧，发现漏气须立即修好。

3）开启高压瓶时，操作者须站在与气瓶接口处成垂直方向的位置上，以免气流射伤人体。操作时，严禁敲打或强烈振动钢瓶。

4）氧气瓶应远离一切可燃气体源；可燃气体瓶与明火的距离不少于10m，距离暖气片至少1m，或采取防护措施隔离。

5）气瓶（钢瓶）宜放在实验楼的底层，不要放在实验室内。钢瓶不得与电线接触。钢瓶应直立放置并用架子和套环固定。

6）用后气瓶的剩余气压一般应不少于10^5Pa，不得用尽。

7）各种气瓶必须进行定期检验，减压器必须定期检定。在使用过程中，如果发现瓶体有严重腐蚀或损伤，应停止使用，并及时检验。

3. 压力气瓶的充装、搬运和存放

1）检验不合格，不能保证安全使用的气瓶，或安全附件不全、损坏，或不符合规定的，均不能用于充装气体。

2）搬运充满气体的钢瓶时，气瓶上的安全帽应旋紧，要用特定的小推车并将瓶体固定，移动时尽量防止振动和碰撞。

3）不同种类的气瓶应分类搬运，分类保管，应远离热源并防止暴晒。

4. 低温绝热气瓶

低温绝热气瓶用于运输和存储液氧、液氮和液氩，并能自动提供连续的气体（在金属材料检测中直读光谱、ICP电感耦合等离子体发射光谱需要用到大量的氩气，现在越来越多地用到液氩罐）。

气瓶设计为双层（真空）结构，内胆用来储存低温液体，在其外壁缠有多层绝热材料，具有超强的隔热性能，同时夹套（两层容器之间的空间）被抽成真空，共同形成良好的绝热系统。

使用低温绝热气瓶的安全防护：

1）操作时必须穿长衣长裤，戴护目镜、脸罩、绝热手套，避免有可能的冷灼伤。

2）当气瓶作为低温液氧气瓶使用时，必须使用与用氧规定配套的设备与附件，而且上述设备和附件必须到达用氧规定的要求。在充满氧气的环境下，易燃物会剧烈燃烧并可能爆炸，氧气聚集过度会使周围充满氧气〔按定义，氧气聚集量超过23%（体积分数）即表明周围充满氧气〕。有些被认为在空气中不会燃烧的物件，在氧气环境下可能会立即燃烧起来，因此要清除所有有机物和其他可燃物，使之不会同氧接触，尤其不能使油、脂类、煤油、布、木材、油漆、沥青、煤、灰尘或可能会沾有油或油脂类的污垢等接触氧气，不允许在任何储存、输送或使用氧的区域内吸烟或有明火，如不遵守此警告，可能会导致严重的人员伤害。

3）空气中的氮和氩的挥发气会减低维持生命所必需的氧气浓度，吸入高浓度的这类气体会出现缺氧症，导致头昏、恶心、呕吐或昏迷，甚至死亡，在氧气含量低于19%（体积分数）的地方要禁止人员进入，否则要戴上随身携带的呼吸器，如氧气浓度低于约8%，可能会在没有任何迹象的情况下导致昏迷和死亡。

4）气瓶在搬运时，可用配套的小车或其他工具通过气瓶保护圈上的吊耳来辅助搬运。

5）气瓶在任何条件下都必须保证垂直放置，任何压迫、跌落和翻倒等都可能会对气瓶造成致命的损伤。

6）在使用过程中，应防止低温液体飞溅或溢出，操作时应有防冻措施。

第2章
化学分析基本方法

2.1 重量分析法

2.1.1 重量分析法的基本原理

重量分析法是将被测组分与试样中的其他组分分离，并转化为一定称量形式的化合物，然后用称量的方法测定被测组分的含量。

1. 重量分析法的分类和特点

根据被测组分与试样中其他组分分离方法的不同，重量分析法通常可分为以下几种。

（1）沉淀法　利用沉淀反应使被测组分以难溶（微溶）化合物的形式从溶液中沉淀出来，将沉淀形式过滤洗涤后，烘干或灼烧成为组成一定的物质，然后称量其质量，再计算被测组分的含量。沉淀法是重量分析法中的主要方法。

（2）汽化法　利用物质的挥发性质，通过加热或其他方法使被测组分从试样中挥发逸出，然后根据气体逸出前后试样质量之差，计算被测组分的含量。

（3）电解法　利用电解原理，通过控制适当的电压或电流，使被测组分转化为金属或其他形式的物质在电极上沉积，根据电极增加的质量，计算被测组分的含量。

（4）萃取法　利用有机试剂将被测组分从样品中萃取出来，然后加热将有机试剂挥发除去，称量残留的萃取物质量，计算出被测组分的含量。

重量分析法通过直接称量试样和沉淀等来获得分析结果，不需要基准物质、标准溶液和容量仪器，所以引入的误差小，准确度高。对于常量组分的测定，相对误差一般为 0.1% ~ 0.2%。其不足之处是操作烦琐，分析周期长，不适于微量和痕量组分的测定，也不能满足快速分析的要求。

目前，重量分析法主要用于含量较高的 Si、S、P、W、Mo、Cu、Co、Ni、Ag、Pb、RE 等元素的分析。

2. 沉淀法对沉淀的要求及沉淀剂的选择

在沉淀法中，向试液中加入适当的沉淀剂，使被测组分以难溶（微溶）化合物形式沉淀析出，该化合物称为沉淀形式，对沉淀形式经过过滤、烘干或灼烧后所得的用于称量的物质称为称量形式。沉淀形式和称量形式可以相同，也可以不同。为了获得准确的测定结果，沉淀法对沉淀形式和称量形式都有一定的要求。

（1）对沉淀形式的要求

1）沉淀形式的溶解度必须很小，保证被测组分定量地沉淀完全。通常要求沉淀形式的溶解损失不超过 0.2mg（即应不大于分析天平的称量误差）。

2）沉淀形式必须纯净，杂质应尽可能少，否则不能获得准确的分析结果。

3）沉淀形式应易于过滤和洗涤，这不仅便于操作，也是保证沉淀纯度的一个重要方面。在进行沉淀时，希望得到颗粒较大的晶形沉淀；如果只能生成无定形沉淀，应控制沉淀条件，改善沉淀形式的性质，使沉淀形式的结构尽可能紧密，以便得到易于过滤和洗涤的沉淀形式。

4）沉淀形式易转化为称量形式，如 8-羟基喹啉铝盐，在 130℃ 烘干即可称量，而氢氧化铝必须在 1200℃ 灼烧才能成为不吸湿的称量形式 Al_2O_3，因此测定铝时应选前一种方法。

（2）对称量形式的要求

1）称量形式必须具有确定的化学组成，并与化学式完全相符，才能按照化学式计算被测组分的含量。

2）称量形式要有足够的化学稳定性，不应吸收空气中的二氧化碳和水分而改变质量，也不应受氧气的氧化作用而发生结构的改变，在干燥、灼烧时也不易分解。

3）称量形式的相对分子质量要大，被测组分在称量形式中所占比例要大，这样由称量引起的误差较小，可提高分析的准确度。

（3）沉淀剂的选择

1）生成的沉淀形式溶解度要小，沉淀反应才能完全。

2）沉淀剂本身溶解度较大，容易在洗涤时除去。

3）沉淀剂应具有较好的选择性和特效性。

4）生成的沉淀形式应具有易于分离和洗涤的良好结构。

5）沉淀剂应具有较大的相对分子质量，生成的沉淀形式相对分子质量大，转化成称重形式的相对分子量也大，带来的相对称量误差较小。

6）沉淀剂应是易挥发或易分解除去的物质，即使在洗涤时未除尽，灼烧时也能除尽，不至于影响称量结果。

（4）常用沉淀剂的种类及特点　沉淀剂通常分为无机沉淀剂和有机沉淀剂，在使用过程中应关注其各自的性质和特点。

1）无机沉淀剂的特点：无机沉淀剂的选择性较差，生成的沉淀形式溶解度较大，吸附杂质较多，如果生成的是无定形沉淀形式，不仅吸附杂质多，而且不易过滤和洗涤。

2）有机沉淀剂的特点：有机沉淀剂品种较多、性质各异、选择性较好；沉淀形式的溶解度小，有利于被测物质沉淀完全；形成的沉淀形式组成固定，结构较好；吸附无机杂质少，易于分离和洗涤；分离后得到的沉淀形式比较纯，称量形式的相对分子质量也比较大，经烘干就可称量，有利提高分析的准确度，因此应用比较广泛。但是，有机沉淀剂一般在水中的溶解度较小，容易夹杂在沉淀形式中；有些沉淀形式的组成不恒定，仍需灼烧成无机物后称量；有些沉淀形式不易被水湿润，容易黏附于容器上或漂浮于溶液表面，带来操作上的困难。

2.1.2　影响沉淀形式溶解度的因素

利用沉淀反应进行重量分析时，要求沉淀反应进行得越完全越好。但是，绝对不溶解的物质是没有的，所以在重量分析中要求沉淀形式的溶解损失不超过 0.2mg，即小于允许的称量误差，可认为沉淀已完全，而一般沉淀形式却很少能达到这一要求。因此，必须了解影响沉淀溶解度的因素，以便控制沉淀反应的条件，使沉淀形式达到重量分析的要求。影响沉淀形式溶解度的因素如下：

（1）同离子效应　在进行沉淀时，都要加入过量的沉淀剂，以增大构晶离子的浓度，这样就会使沉淀形式的溶解度明显减小，这一现象称为同离子效应。

（2）盐效应　同温度时，沉淀形式的溶解度在强电解质存在下比在纯水中大，而且沉淀形式的溶解度随强电解质浓度的增加而增大。这种由于加入强电解质使沉淀形式溶解度增大的现象称为盐效应。

（3）酸效应　溶液酸度对沉淀形式溶解度的影响称为酸效应，因此在进行沉淀时，应根据沉淀形式的性质控制适当的酸度。

（4）配位效应　当溶液中存在能与沉淀形式的构晶离子形成配合物的配位剂时，则沉淀形式的溶解度增大，甚至完全溶解，这种沉淀现象称为配位效应。

配位效应对沉淀形式溶解度的影响与配位剂的浓度及配位物的稳定常数有关，配位剂浓度越大，生成的配位物越稳定，沉淀形式的溶解度就越大。

（5）其他因素　影响沉淀形式溶解度的因素还有温度、溶剂、沉淀形式颗粒、沉淀形式结构等。

2.1.3　影响沉淀形式纯度的因素

重量分析不仅要求沉淀形式的溶解度要小，而且要求纯净，但当沉淀形式从溶液中析出时，常常被溶液中存在的其他离子所玷污。因此，必须了解影响沉淀形式纯度的原因，采取适当的措施，以提高沉淀形式的纯度。

1. 共沉淀现象

在进行沉淀时，某些可溶性杂质同时沉淀下来的现象，称为共沉淀现象。共沉淀现象是沉淀重量法中最重要的误差来源之一。引起共沉淀的原因主要有以下三种。

（1）表面吸附　表面吸附是在沉淀形式的表面吸附杂质，这是晶体表面上离子电荷的不完全等衡引起的。

（2）吸留　在沉淀过程中，当沉淀剂的浓度比较大、加入速度比较快时，沉淀形式迅速增大，则先被吸附在沉淀形式表面的杂质离子来不及离开沉淀而陷入沉淀形式晶体内部的现象。

（3）混晶现象　每种晶体沉淀都具有一定的晶体结构，如果杂质离子与构晶离子的半径接近、电子层结构相同，而且所形成的晶体结构也相同，那么就会生成混晶。

2. 后沉淀现象

当沉淀形式析出后，在放置的过程中，溶液中的杂质离子慢慢沉淀到原沉淀形式的现象称为后沉淀现象。

3. 提高沉淀形式纯度的措施

（1）选择适当的分析程序　溶液中同时存在含量相差很大的两种离子需要沉淀分离，为了防止含量少的离子因共沉淀而损失，应先沉淀含量少的离子。

（2）降低易被吸附的杂质离子的浓度　对于易被吸附的杂质离子，必要时应先分离除去或加以掩蔽。例如，Fe（Ⅲ）易被吸附，可预先将 Fe（Ⅲ）还原为比较不易被吸附的 Fe（Ⅱ），或加入掩蔽剂使 Fe（Ⅲ）生成稳定的络离子。

（3）选择适当的洗涤剂进行洗涤　洗涤可使沉淀形式上的杂质进入洗涤液，从而达到提高沉淀形式纯度的目的，所选择的洗涤剂必须是在灼烧或烘干时容易挥发除去的物质。

（4）进行再沉淀　将沉淀形式过滤洗涤后，再重新溶解，使沉淀形式中残留的杂质进入溶液，然后再次进行沉淀，再次获得的沉淀形式夹带的杂质大为减少。

（5）选择适当的沉淀条件　沉淀形式的吸附作用与沉淀形式颗粒的大小、沉淀的类型、温度和陈化过程都有关系。因此，要获得纯净的沉淀形式，则应根据沉淀的具体情况，选择适宜的沉淀条件。

2.1.4　进行沉淀的条件和方法

1. 晶形沉淀形式的沉淀条件和方法

1）沉淀作用应在适当稀的溶液中进行，加入的沉淀剂也应选稀溶液。

2）在不断搅拌下逐滴加入沉淀剂。

3）沉淀作用应在热溶液中进行，使沉淀形式的溶解度略有增加。

4）沉淀作用完毕后，将沉淀形式和母液在一起放置一段时间，进行陈化。

对于晶形沉淀，主要考虑如何获得较大的沉淀形式颗粒，以便使沉淀形式纯净并易于过滤和洗涤，但晶形沉淀形式的溶解度一般都比较大，因此还应预防沉淀形式的溶解损失。

2. 无定形沉淀形式的沉淀条件和方法

1）沉淀作用应在比较浓的溶液中进行，加入沉淀剂的速度可适当快些。

2）沉淀作用应在热溶液中进行。

3）溶液中加入适当的电解质，以防止胶体溶液的生成。

4）不必陈化。沉淀完毕后，趁热过滤。

5）必要时可进行再沉淀。

3. 均匀沉淀法

先控制一定的条件，使加入的沉淀剂不能立刻与被测离子生成沉淀形式，而是通过一种化学反应，使沉淀剂在溶液中缓慢均匀地产生出来，再使沉淀形式从整个溶液中缓慢均匀地析出，从而获得颗粒大、吸附杂质较少、易过滤和洗涤的晶形沉淀形式。

2.1.5　重量分析的基本操作

重量分析的基本操作过程是，首先按要求称取一定质量的试样，溶解制成溶液，加入沉淀剂进行沉淀，根据沉淀形式的性质进行陈化或立即过滤，沉淀形式经过滤、洗涤、烘干或灼烧后称其质量，然后通过前后质量的变化和换算因数的计算，得到被测组分的质量分数。

1. 试样的称取和溶解

（1）试样的称取　试样的称取量主要取决于沉淀形式的类型和性质，称量过多，沉淀形式量大，会造成过滤、洗涤困难，且费时；称量过少，沉淀形式量小，引入的误差就大，会降低分析结果的准确度。重量分析法中，试样量一般都由沉淀称量形式的质量换算得到。对沉淀称量形式的质量一般要求是，晶形沉淀形式 0.3~0.5g，无定形沉淀形式 0.1~0.2g。称量方法可根据具体情况采用减量法或直接称量法。

（2）试样的溶解　根据试样的性质，分别利用水溶、酸溶、碱熔或高温熔融处理后制成溶液。

2. 沉淀的生成

沉淀是重量分析中重要的一步，应根据沉淀形式的不同类型和性质选择不同的沉淀条件，如沉淀时溶液的体积、温度，加入沉淀剂的浓度、数量，加入速度、搅拌速度、放置时间等，都必须按照规定的操作程序进行。

3. 沉淀形式的过滤和洗涤

过滤是将沉淀形式和溶液分离，洗涤是除去沉淀形式吸附的杂质，沉淀形式的过滤和洗涤必须连续完成。需要灼烧的沉淀形式要用定量滤纸进行常压过滤；只需烘干即可称量的沉淀形式，可采用微孔玻璃坩埚（漏斗）进行减压过滤。

（1）用滤纸过滤

1）滤纸的选择。滤纸分定性滤纸和定量滤纸两种。定性滤纸多用于定性分析和分离。重量分析中常用定量滤纸进行过滤，因定量滤纸灼烧后灰分含量少（$0.05 \sim 0.10$mg），又称无灰滤纸，根据滤纸孔隙的大小分为快速滤纸、中速滤纸和慢速滤纸三种。应根据沉淀形式的性质，选择合适的滤纸，如凝胶状沉淀 $Fe(OH)_3$ 等宜用快速滤纸过滤，否则滤速太慢；粗大晶形沉淀形式，如 $MgNH_4PO_4$、$ZnCO_3$ 等宜用中速滤纸；微细晶形沉淀形式，如 $BaSO_4$、CaC_2O_4 等宜用慢速滤纸。表 2-1 列出了定量滤纸的类型。

表 2-1　定量滤纸的类型

类型	色带标志	滤速/(s/100mL)	适用范围
快速	白	$60 \sim 100$	无定形沉淀形式,如 $Fe(OH)_3$
中速	蓝	$100 \sim 160$	粗晶沉淀形式,如 $MgNH_4PO_4$
慢速	红	$160 \sim 200$	细晶沉淀形式,如 $BaSO_4$

滤纸的直径有 7cm、9cm、11cm、12.5cm 及 15cm 等多种规格，使用时应根据漏斗的大小和沉淀形式的体积进行选择。滤纸在漏斗中安放好后，滤纸上缘应低于漏斗上缘 $0.5 \sim 1$cm，沉淀形式的体积在滤纸圆锥高度中以占据 1/3 左右较为合适，漏斗中液面的最高高度必须低于滤纸上缘 0.5cm，以避免沉淀形式因毛细管作用而翻越滤纸造成损失。

2）漏斗的选择。漏斗必须是长颈漏斗，选择时，漏斗的大小与滤纸的大小和沉淀形式的体积必须匹配，漏斗、滤纸选好后，立即安装。一般情况下均采用倾泻法过滤，即倾斜静置烧杯，待沉淀形式下降后，先将上层清液倾入漏斗中，而不是一开始过滤就将沉淀形式和溶液搅混后过滤。

（2）用微孔玻璃坩埚（漏斗）过滤　微孔玻璃坩埚（漏斗）的滤板是用玻璃粉末在高温下熔结而成的，按孔隙的大小分为六级，G1 孔径最大，G6 孔径最小，见表 2-2。

表 2-2　微孔玻璃坩埚孔径

编号	滤孔平均大小/μm	一般用途
G1	$80 \sim 100$	过滤粗大颗粒沉淀形式
G2	$40 \sim <80$	过滤较大颗粒沉淀形式
G3	$15 \sim <40$	过滤一般晶形沉淀形式

（续）

编号	滤孔平均大小/μm	一般用途
G4	5～<15	过滤细颗粒沉淀形式
G5	2～<5	过滤极细颗粒沉淀形式
G6	<2	滤除细菌

一般情况下，用 G4 或 G5 过滤细晶形沉淀形式，用 G3 过滤非晶形和一般晶形沉淀形式；不需要称量的沉淀形式可用微孔玻璃漏斗过滤，需要称量的沉淀形式用微孔玻璃坩埚过滤。微孔玻璃坩埚（漏斗）不能过滤强碱性溶液。

微孔玻璃坩埚（漏斗）使用前，先用盐酸溶液或硝酸溶液浸洗，然后用自来水、蒸馏水依次冲洗干净，在相当于烘干沉淀形式的温度下烘至恒重，然后进行减压过滤。过滤时，沉淀形式的转移和洗涤与用滤纸过滤时相同，但擦拭搅拌棒和烧杯壁时使用淀帚。

（3）洗涤液的选择　洗涤液的选择原则：①易溶解杂质而不溶解沉淀形式；②对沉淀形式无胶溶式水解作用；③烘干或灼烧沉淀形式时，洗涤液应易挥发除去；④不影响滤液的下一步测定。

晶形沉淀形式一般用含有共同离子的挥发性化合物或沉淀剂的稀溶液作洗涤剂，以减少沉淀形式的损失；无定形沉淀形式用含少量电解质的热溶液洗涤，以防止胶结作用，其中的电解质应是易挥发或易灼烧分解的化合物，如铵盐。对有些溶解度较大或易水解的沉淀形式，可用含有少量电解质的乙醇溶液洗涤，既可降低沉淀形式的溶解度，也可防止沉淀形式发生水解。

（4）洗涤原则　沉淀形式在烧杯中的洗涤次数不少于 5 次，沉淀形式转移至滤纸上后，应立即进行洗涤。洗涤时，从洗瓶中挤压出来的洗液从滤纸上缘开始向下做螺旋形移动，将附在滤纸上部的沉淀形式冲洗下来，使沉淀形式集中在滤纸锥部，加入洗涤液淹没过沉淀形式。待滤干后再次吹洗，如此反复，一般需 10 次左右才能洗净。停止洗涤前应进行检查，直至检查合格。洗涤沉淀时，采用少量多次的方法，这样能提高洗涤效率。

4. 沉淀形式的烘干和灼烧

（1）烘干　将洗涤完毕后的沉淀形式连同微孔玻璃坩埚移入烘箱中，调节控温器至要求的温度，烘干，取出放入干燥器中冷至室温，称量，再烘干，冷却，称量，直至恒重（两次称量之差不超过 0.2mg）。

（2）灼烧　将盛有沉淀形式的滤纸从漏斗中提出（先提三面层那一边），将沉淀形式包裹好后放入已恒重的瓷坩埚中（滤纸多层的那面紧贴坩底）。用坩埚钳夹起，先在电炉上烘干灰化（防止滤纸明火燃烧），然后将坩埚移入已预先升温约 400℃ 的马弗炉中，斜盖坩埚盖（留一缝），关上炉门，调节温控器至需要温度，到温度后开始计时，一般灼烧 30min 左右。切断电源，待炉温降至 500℃ 时打开炉门，将坩埚取至炉门口，稍冷却，再将坩埚移至耐火板上冷却，待温度降至 100～200℃ 时移入干燥器中，盖好坩埚盖。开始时干燥器盖留一缝，以免干燥器内的空气受热膨胀将盖打碎，待冷却至室温后用天平称量，再灼烧，冷却，称量，直至恒重。

2.1.6　重量分析法实例

高氯酸脱水重量分析法测定硅含量（GB/T 223.60—1997）

1. 方法要点

试样用盐酸、硝酸溶解，用高氯酸冒烟使硅酸脱水，过滤洗净后，灼烧成二氧化硅。用硫酸-氢氟酸处理，使硅生成四氟化硅挥发除去，由除硅前后称量的质量差计算硅含量。

该方法适用于钢、铁、高温合金及精密合金中硅含量的测定，测定范围：0.10%～6.00%质量分数。

2. 试剂

1）盐酸（$\rho=1.19g/mL$）。

2）盐酸（5+95）以盐酸（$\rho=1.19g/mL$）稀释。

3）硝酸（$\rho=1.42g/mL$）。

4）高氯酸（$\rho=1.67g/mL$）。

5）氢氟酸（$\rho=1.15g/mL$）。

6）甲醇。

7）硫酸（1+1）以硫酸（$\rho=1.84g/mL$）稀释。

8）硫氰酸铵溶液（50g/L）。

3. 分析步骤

按表2-3规定称取试样，精确至0.0001g。

表2-3　试样量

硅的质量分数（%）	试样量/g	硅的质量分数（%）	试样量/g
0.10～0.50	4.0±0.1	>2.00～4.00	1.00±0.01
>0.50～1.00	3.0±0.1	>4.00～6.00	0.50±0.01
>1.00～2.00	2.00±0.01		

将试样置于400mL烧杯中，加入30～60mL盐酸（$\rho=1.19g/mL$）、硝酸（$\rho=1.42g/mL$）混合酸，盖上表皿，缓慢加热至试样全部溶解（硼钢中硼的质量分数大于1%；或硼的质量分数大于0.01%，而硅的质量分数大于1%时，均要除硼；试样溶解后，将试样加热浓缩至体积约为10mL，加入40mL甲醇，移动表皿稍留空隙，低温缓慢挥发溶液至10mL以下）。加入5mL硝酸（$\rho=1.42g/mL$），取下稍冷，用少量水冲洗表皿和杯壁。

按表2-4规定加入高氯酸（$\rho=1.67g/mL$），加热蒸发至冒烟，盖上表皿，继续加热使高氯酸回流15～25min。

表2-4　高氯酸加入量

试样量/g	高氯酸加入量/mL	试样量/g	高氯酸加入量/mL
4.0±0.1	55	1.00±0.01	25
3.0±0.1	45	0.50±0.01	20
2.00±0.01	35		

取下稍冷，用6mL盐酸（$\rho=1.19g/mL$）润湿盐类，并使六价铬还原；加入100mL热水，搅拌，微热使可溶性盐类溶解。加入少量纸浆，立即用中速滤纸过滤，用淀帚将黏附在杯壁上的沉淀形式仔细擦下，用热盐酸（5+95）洗净烧杯，并洗涤沉淀形式至无铁离子[用硫氰酸铵溶液（50g/L）检查]，再用热水洗涤3次。将滤液及洗液移入原溶样烧杯中，

加热浓缩至高氯酸冒烟，并回流 15～25min。将两次所得沉淀形式连同滤纸置于铂坩埚中，烘干，灰化，用铂坩埚盖部分盖上坩埚，在 1000～1050℃高温中灼烧 30～40min（灼烧时间长短视二氧化硅的数量和钢中是否含钨、钼而定）。取出，稍冷，置于干燥器中，冷却至室温，称量，反复灼烧至恒重。沿坩埚内壁加 4～5 滴硫酸（1+1），5mL 氢氟酸（$\rho = 1.15g/mL$），低温加热至冒尽硫酸烟，再将铂坩埚置于 1000～1050℃高温炉中灼烧 20min，取出，稍冷，置于干燥器中，冷却至室温，称量，并反复灼烧至恒重。

与试样的测定平行，并按同样的操作进行空白试验，各种试剂及其用量与试样测定的试剂及其用量完全一样。

4. 分析结果的计算

按下式计算硅的质量分数：

$$w_{Si} = \frac{[(m_1 - m_2) - (m_3 - m_4)] \times 0.4674}{m_0} \times 100\%$$

式中　w_{Si}——硅的质量分数（%）；

m_1、m_3——氢氟酸处理前铂坩埚和空白试验的沉淀质量（g）；

m_2、m_4——氢氟酸处理后铂坩埚和空白试验的残渣质量（g）；

m_0——试样质量（g）；

0.4674——二氧化硅换算为硅的系数。

2.2　滴定分析法

滴定分析是化学分析中重要的分析方法之一。它是将一种已知准确浓度的试剂溶液（标准溶液）滴加到被测物质的溶液中，直到化学反应完全为止，然后根据所用试剂溶液的体积和浓度可以求得被测组分的含量。

2.2.1　滴定分析法的基本原理

1. 滴定分析法的特点

滴定分析法就是将被测物质的溶液置于一定的容器（锥形瓶或烧杯）中，并加入少量适当的指示剂，然后用一种已知准确浓度的标准溶液通过滴定管逐滴地加到容器里，这样的操作过程称为"滴定"。

当滴入的滴定剂的量与被测物质的量之间正好符合化学反应式所表示的化学计量关系时，称化学反应达到了理论终点，也称为化学计量点或等物质的量点。在理论终点时，往往没有任何外部特征为人们所察觉，一般是根据指示剂颜色的改变来确定的。指示剂颜色改变称为"滴定终点"或简称"终点"，表明滴定到此结束。滴定终点与理论终点不一定恰好符合，由此而造成的分析误差称为"滴定误差"。滴定误差的大小取决于滴定反应和指示剂的性能及用量。因此，必须选择适当的指示剂才能使滴定终点尽可能地接近理论终点。

滴定分析法是广泛被采用的一种常量分析方法，即被测组分的含量一般在 1%以上，有时也可用于测量微量组分。滴定分析所需要的仪器设备简单，易于掌握和操作，测定快速，准确度高，一般情况下测定的相对误差为 0.1%左右。这种方法可用于多种化学反应，对无机物和有机物的测定都是非常重要的。因此，在生产实践和科学研究中具有很大的实用价值。

2. 滴定分析法的类型

根据反应类型不同，滴定分析法主要分为以下四类。

（1）酸碱滴定法　酸碱滴定法是利用酸碱中和反应进行滴定分析的一种方法，包括酸和碱的测定，弱酸盐的测定和弱碱盐的测定。滴定反应是以质子传递反应为基础的。

（2）氧化还原滴定法　氧化还原滴定法是利用氧化还原反应进行滴定分析的一种方法。氧化还原反应是基于电子转移的反应，机理比较复杂。其中有高锰酸钾法、重铬酸钾法、碘量法、亚铁盐法及其他氧化还原法。

（3）沉淀滴定法　沉淀滴定法是利用沉淀反应进行滴定分析的一种方法。这类滴定法在滴定过程中有沉淀形式产生。目前应用较广的是生成难溶银盐为反应基础的沉淀滴定法，也称为银量法。

（4）络合滴定法　络合滴定法是利用络合反应进行滴定分析的一种方法。这类滴定法的最终产物是络合物。

3. 滴定分析法对化学反应的要求

适用于滴定分析法的化学反应，必须满足以下四个条件。

（1）反应必须定量进行　被测物质与标准溶液（滴定剂）之间的反应要按一定的化学方程式进行，而且反应必须接近完全（通常要求达到99.9%以上），没有副反应。这是定量计算的基础。

（2）反应速度要快　滴定反应要求瞬间完成，对于速度较慢的反应，有时可通过加热或加入催化剂等办法来加快反应速度。

（3）要有比较简便可靠的方法确定理论终点　滴定分析一般采用指示剂来确定终点。如果没有合适的指示剂，可借助于物理化学方法，如电位滴定、电导滴定、安培滴定、光度滴定和温度滴定等方法来确定终点。

（4）共存物质不干扰滴定反应　标准溶液（滴定剂）应只与被测组分发生反应，对共存离子的干扰可通过控制试验条件或利用掩蔽剂手段予以消除。

4. 滴定分析法常用的滴定方式

滴定分析法常用的滴定方式有以下四种。

（1）直接滴定法　凡能满足上述要求的反应，都可以用标准溶液直接滴定被测物质，这类滴定方式称为直接滴定法。这是滴定分析中最常用、最基本的滴定方式。

（2）返滴定法　当反应速度较慢或反应物为固体时，加入符合化学计量关系的滴定剂后反应不能立即完成。此时，可先加入过量的标准溶液，待反应完成后，再用另外一种标准溶液滴定剩余的标准溶液（剩余的滴定剂），这种滴定方式，称为返滴定法。例如，用乙二胺四乙酸二钠（EDTA）标准溶液滴定时，先加入过量的EDTA标准溶液，待反应完全再用铅或锌的标准溶液回滴过量的EDTA，即可得到较好的结果。

（3）置换滴定法　对于不按确定的反应式进行（伴有副反应）的反应，可以不直接滴定被测物质，而是先用适当试剂与被测物质起反应，使其置换出另一生成物，再用标准溶液滴定此生成物，这种滴定方法称为置换滴定法。例如，硫代硫酸钠（$Na_2S_2O_3$）不能直接滴定重铬酸钾（$K_2Cr_2O_7$）和其他强氧化剂，因为这些强氧化剂不仅能将$S_2O_3^{2-}$氧化为$S_4O_6^{2-}$，还会将一部分$S_2O_3^{2-}$氧化为SO_4^{2-}，因此没有一定的计量关系，无法计算。但是，如果在酸

性 $K_2Cr_2O_7$ 溶液中加入过量的 KI，使其产生一定量的 I_2，从而可以用硫代硫酸钠标准溶液进行滴定。

（4）间接滴定法　有时被测物质并不能直接与标准溶液发生反应，但却能和另外一种可以与标准溶液直接作用的物质起反应，这时便可以采用间接滴定法进行滴定。例如，钙离子既不能直接用酸或碱滴定，也不能直接用氧化剂或还原剂滴定，此时可以采用间接滴定法滴定。先利用 $C_2O_4^{2-}$ 使其沉淀为 CaC_2O_4，再用 H_2SO_4 溶解沉淀形式便得到与钙离子等当量的草酸，最后用 $KMnO_4$ 标准溶液滴定草酸，从而间接地计算出钙的含量。

5. 标准溶液的配制和标定

（1）标准溶液浓度大小的选择　已知准确浓度的溶液称为标准溶液。确定标准溶液浓度的大小，应当根据以下五个原则：①滴定终点的敏锐程度；②测量标准溶液体积的相对误差；③分析试样的成分和性质；④被测元素含量的要求；⑤对分析结果准确度的要求。

标准溶液较浓，则最后一滴标准溶液使指示剂所发生的颜色变化也较明显；同时，标准溶液越浓，则由一滴过量所引起的误差也较大。在滴定一定量的试样时，所需标准溶液的体积也越小，因而由估计滴定管读数所造成的相对误差也越大。所以，为了保证这种误差 $\leqslant \pm 0.1\%$，所用标准溶液的体积应 $\geqslant 20.00\text{mL}$。

在定量分析中，常用的标准溶液的浓度为 $0.01 \sim 0.2\text{mol/L}$，按被测组分的含量多少而定。

（2）配制标准溶液的方法　标准溶液的配制通常有两种方法，即直接配制法和间接配制法（标定法）。

1）直接配制法，准确称取一定质量的物质，溶解于适量水（或其他溶剂）后移入容量瓶中，用水稀释至标线，根据称取物质的质量和容量瓶的体积即可算出该标准溶液的准确浓度。

许多化学试剂由于不纯和不宜提纯，或在空气中不稳定（如易吸水）等原因，不能用直接法配制标准溶液。用于直接配制标准溶液的化学试剂应具备下列条件：①纯度较高，通常在 99.95% 以上；②实际组成与化学式相符（包括结晶水等）；③在一般条件下，性质稳定，不潮解，不风化，易提纯，易保管；④在反应过程中不发生副反应。

凡符合上述条件的物质，称为"基准物质"或"基准试剂"。凡是基准物质，都可以用来直接配制标准溶液，如重铬酸钾、氧化锌、氯化钠等。

2）间接配制法，由于大多数化学试剂不符合上述条件，不宜使用直接配制法，而需要用标定法。即先配成接近所需浓度的溶液，然后用基准物质或高精度的重量法（或用另一种物质的标准溶液）来测定它的准确浓度。这种操作过程称为"标定"。

（3）标准溶液浓度的标定　标准溶液浓度的标定包括用基准物质标定和用已知浓度的标准溶液标定。

在实际工作中，还可直接用被测组分的标准溶液或标准物质测其滴定度，这样可使标定条件与测定条件基本相同，有利于消除共存元素的影响和方法中的系统误差，更符合实际情况。但必须指出的是，所选用标准物质的组成成分应与被测样品相似，而被测定的组分含量应与被测样品中该成分的含量相近，这样才能获得满意的效果。

标定好的标准溶液应妥善保存，正确使用。有些标准溶液，若保存得当，可以长期保持浓度不变或极少改变。溶液保存于瓶中，由于蒸发，在瓶内壁上常有水滴凝聚，使溶液浓度发生变化，因而在每次使用前应将溶液摇匀。对于一些不够稳定的溶液，应根据它们的性质妥善保存。例如，见光易分解的 $AgNO_3$、$KMnO_4$ 等标准溶液应贮存于棕色瓶中，并放置暗处；能吸收空气中 CO_2 并能腐蚀玻璃的强碱溶液，最好装在塑料瓶中，并在瓶口装一苏打石灰管以吸收空气中的 CO_2 和水，对不稳定的溶液，还要定期标定。

6. 滴定分析的误差

滴定分析是根据滴定反应的化学计量关系测定结果，采用指示剂颜色的变化确定反应终点，并通过滴定操作来完成的。因此，滴定反应的完全程度、指示剂颜色变化偏离理论终点的程度、滴定操作误差等都是滴定分析产生误差的原因。

（1）滴定反应的完全程度　滴定反应为

$$aA+bB=cC+dD$$

式中　A、B——反应物；

　　　a、b——反应物 A、B 的常数；

　　　C、D——生成物；

　　　c、d——生成物 C、D 的常数。

其平衡常数越大，被测组分的浓度越大，反应向右进行越完全，滴定分析准确度越高，误差越小。

（2）指示剂的终点误差　指示剂通过颜色变化指示的终点与滴定反应的理论终点经常存在差异，指示剂指示的终点与理论终点或提前或推后。由指示剂引入的终点误差是滴定分析的主要误差。

（3）测量误差　滴定分析主要是通过滴定操作进行的，滴定管的读数也是滴定分析误差的来源，一般规定不能超过 $\pm0.1\%$。

7. 滴定分析法的计算

滴定分析是利用标准溶液（滴定剂）去滴定被测物质的溶液，滴定分析中的计算是解决被滴测物质的量 n_A（mol）与滴定剂的量 n_B（mol）之间的关系。

【例 2-1】　称取 0.8806g 邻苯二甲酸氢钾（KHP）样品，溶于适量水后用 0.2050mol/L NaOH 标准溶液滴定，用去 NaOH 标准溶液 20.10mL，求该样品中所含纯 KHP 的质量是多少？（$M_{KHP}=204.22g/mol$）

解：已知，$V_{NaOH}=20.10mL$，$c_{NaOH}=0.2050mol/L$。

因为，$V_{NaOH}\times c_{NaOH}=m_{KHP}/M_{KHP}$，则

$m_{KHP}=V_{NaOH}\times c_{NaOH}\times M_{KHP}=20.10\times0.2050\times10^{-3}\times204.22g=0.8415g$

因此，在 0.8806g 样品中含纯 KHP0.8415g。

在间接滴定法中，要从反应式中找出被测物质的量与滴定剂的量之间的关系，然后进行计算。

2.2.2　酸碱滴定法

1. 基本原理

凡是 H^+ 和 OH^- 反应生成难电离的水，以及 H^+ 和 OH^- 与某物质反应生成难离解的物质，都可以用酸碱滴定法进行分析。因此，一般强酸或弱酸（如 HCl、H_2SO_4、HAc、$H_2C_2O_4$、H_3PO_4 等）、强碱或弱碱（如 NaOH、$NH_3\cdot H_2O$ 等）和能直接与酸或碱起反应的弱酸盐或

弱碱盐（如 Na_2CO_3、Na_3PO_4 等）都可用酸碱滴定法测定其含量。有些物质虽然不能与酸或碱直接起反应，但通过间接的方式也可进行测定。

2. 酸碱滴定的种类

（1）强酸和强碱相互滴定 如 $HCl+NaOH=NaCl+H_2O$，当反应完全时，溶液中的 H^+ 和 OH^- 离子浓度相等，溶液呈中性。

（2）强碱滴定弱酸 如 $HAc+NaOH=NaAc+H_2O$，当反应完全时，由于生成的强碱弱盐酸的水解，溶液呈碱性。一般地说，当弱酸的浓度 c 和电离常数 K_a 的乘积 $cK_a \geqslant 10^{-8}$ 时，滴定才可直接进行。

如弱酸太弱（$cK_a < 10^{-8}$ 时），不能直接用强碱溶液滴定。要滴定这些弱酸的含量，通常采用两种措施，一是用仪器来检测终点，可提高检测的准确度；二是利用某些化学反应使弱酸强化后再进行滴定，或在非水溶液中进行滴定。

（3）强酸滴定弱碱 这类反应与强碱滴定弱酸一样，当反应完全时，由于生成的强酸弱碱盐的水解，溶液呈酸性，这时溶液的 pH 值可按强酸弱碱盐的水解来计算。

同样，当弱碱浓度 c 和电离常数 K_b 的乘积 $cK_b \geqslant 10^{-8}$ 时，滴定才可直接进行。

（4）强碱滴定多元酸 原理同（2），但多元酸有多个 K_a 值，用强碱滴定时，其反应情况可按以下原则判断：

1）如 $K_a > 10^{-8}$，则这一级电离的 H^+ 可被滴定。

2）如相邻的两个 K_a 值相差 10^4 倍以上，则较强的那一级电离的 H^+ 先被滴定，形成第一个突跃，较弱的那一级电离的 H^+ 后被滴定，是否有第二个突跃则取决于 K_2 是否 $> 10^{-8}$（K_2 为多元酸的二级电离常数）。

3）如相邻的 K_a 值相差不大，滴定时两个突跃将混在一起，形成一个突跃。

（5）水解性盐的滴定 容易被滴定的水解性盐有弱酸强碱盐和弱碱强酸盐，常用于标定盐酸的基准物质——碳酸钠和硼砂都是水解性盐。

当弱酸强碱盐 $cK_b \geqslant 10^{-8}$，强酸弱碱盐 $cK_a \geqslant 10^{-8}$ 时才能直接用酸或碱滴定。对于多元酸或多元碱盐的滴定，其判断理论终点的原则与多元酸的滴定相似。

某些弱酸和弱碱的电离常数见表 2-5。

表 2-5 某些弱酸和弱碱的电离常数

名称		化学式	电离常数 K	pK
酸	苯甲酸	C_6H_5COOH	6.3×10^{-5}	4.2
	硼酸 K_1	H_3BO_3	5.8×10^{-10}	9.19
	K_2	$H_2BO_3^-$	1.8×10^{-13}	12.74
	K_3	HBO_3^{2-}	1.6×10^{-14}	13.8
	酒石酸 K_1	$(CHOH)_2(COOH)_2$	1.04×10^{-3}	2.98
	K_2		4.55×10^{-5}	4.34
	柠檬酸 K_1	$C_3H_4(OH)(COOH)_3$	8.7×10^{-4}	3.06
	K_2	$C_3H_4(OH)(COOH)_2^-$	1.8×10^{-5}	4.75
	K_3	$C_3H_4(OH)(COOH)^{2-}$	4.0×10^{-6}	5.4
	甲酸	$HCOOH$	1.76×10^{-4}	3.75

（续）

名称			化学式	电离常数 K	pK
酸	砷酸	K_1	H_3AsO_4	5.62×10^{-3}	2.25
		K_2	$H_2AsO_4^-$	1.70×10^{-7}	6.77
		K_3	$HAsO_4^{2-}$	2.95×10^{-7}	11.53
	亚砷酸 K_1		H_3AsO_3	5.8×10^{-10}	9.24
	氢氟酸		HF	7.2×10^{-4}	3.14
	硫酸 K_2		HSO_4^-	1.2×10^{-2}	1.92
	亚硫酸	K_1	H_2SO_3	1.7×10^{-2}	1.77
		K_2	HSO_3^-	6.24×10^{-8}	7.20
	碳酸	K_1	H_2CO_3	4.31×10^{-7}	6.37
		K_2	HCO_3^-	5.61×10^{-11}	10.25
	乙酸		CH_3COOH	1.75×10^{-5}	4.76
	磷酸	K_1	H_3PO_3	7.51×10^{-3}	2.12
		K_2	$H_2PO_3^-$	6.23×10^{-8}	7.21
		K_3	HPO_3^{2-}	2.2×10^{-13}	12.66
	草酸	K_1	$H_2C_2O_4$	5.9×10^{-2}	1.23
		K_2	$HC_2O_4^-$	6.4×10^{-5}	4.19
碱	氢氧化铵		NH_4OH	1.79×10^{-5}	4.75
	氢氧化钡 K_2		$Ba(OH)^-$	2.3×10^{-1}	0.64
	羟氨		NH_2OH	1.0×10^{-8}	8.00
	氢氧化铍 K_2		$Be(OH)^-$	5.0×10^{-11}	10.30
	吡啶		C_5H_5N	2.3×10^{-9}	8.64
	尿素		$CO(NH_2)_2$	1.5×10^{-14}	13.84
	硫脲		$CS(NH_2)_2$	1.1×10^{-15}	14.96

注：$pK=-\log(K)$；K_1、K_2、K_3 分别代表一、二、三级电离常数。

3. 酸碱指示剂

酸和碱作用生成盐和水，由于酸碱性强弱不同，则其理论终点时溶液的 pH 值也不同。酸碱滴定理论终点的到达借助指示剂在一定酸碱溶液中发生颜色变化来确定，因此选择合适的指示剂并正确地指示终点是酸碱滴定的关键。

酸碱指示剂本身是一种弱的有机酸或有机碱。其酸式与其共轭碱式的结构不同，从而具有不同的颜色。随着滴定的进行，溶液中的 pH 值改变时，指示剂会失去或得到质子，其结构就会发生变化，从而引起溶液颜色的变化。

实际上，指示剂的变色范围不能单纯由计算得出，而应从试验中测得。因为人眼对各种颜色的感觉敏锐程度不同，实际观察结果与理论计算结果之间是有差别的。表 2-6 列出了几种常用酸碱指示剂的变色范围。

4. 指示剂的选择

在酸碱滴定法中，滴定开始时，由于溶液的缓冲作用，溶液中的 H^+ 浓度变化不明显，

表 2-6　几种常用酸碱指示剂的变色范围

指示剂	pK$_{HIn}$	颜色		变色范围	浓度及溶剂
		酸色	碱色	pH	
百里香酚蓝	2.0	红	黄	1.4~3.2	1g/L
四号橙	1.65	红	黄	1.2~2.8	1g/L(乙醇+水=20+80)
甲基黄	3.25	红	黄	2.9~4.0	1g/L(乙醇+水=90+10)
甲基橙	3.45	红	黄	3.1~4.4	0.5g/L
溴酚蓝	4.1	黄	紫	3.0~4.6	1g/L(乙醇+水=20+80)
溴甲酚绿	4.9	黄	蓝	3.8~5.4	1g/L(乙醇+水=20+80)
甲基红	5.0	红	黄	4.4~6.2	1g/L(乙醇+水=60+40)
溴百里香酚蓝	7.3	黄	蓝	6.2~7.6	1g/L(乙醇+水=20+80)
中性红	7.4	红	黄橙	6.8~8.0	1g/L(乙醇+水=60+40)
酚红	8.0	黄	红	6.8~8.0	1g/L(乙醇+水=60+40)
酚酞	9.1	无	红	8.0~10.0	5g/L(乙醇+水=90+10)
百里香酚酞	10.0	无	蓝	9.4~10.9	1g/L(乙醇+水=90+10)

但在理论终点附近很小的范围内，溶液的 H^+ 浓度变化却很大，将引起 pH 值的急剧变化，称为滴定突跃。通常影响滴定突跃的主要因素有以下几种。

1）被测物质的酸碱性强弱，即被测物质的电离常数 K 越大，突跃范围越大。

2）被测物质和滴定剂的浓度，即起始浓度越浓，滴定突跃范围越大。

指示剂的选择主要以滴定突跃为依据。显然，所选指示剂的变色范围位于滴定突跃范围内时，都可以保证测定方法具有足够的准确度。

此外，对于一个具体的滴定操作来说，指示剂的选择还须考虑便于肉眼的观察和溶液的组成情况。例如，用强碱滴定强酸（0.1mol/L）时，宜用酚酞作指示剂。但是，用强酸滴定强碱时，用甲基红（或甲基橙）作指示剂更好。因为这样便于观察终点，还可以避免碱吸附空气中 CO_2 而带来的误差等。

对于在理论终点前后 pH 值突跃较小的滴定，使用一般的指示剂不能判断终点，此时可使用混合指示剂，也可利用仪器（如酸度计）来检测终点，或利用某些化学反应使弱酸强化后再进行滴定（如使硼成为甘油硼酸后再进行酸碱滴定分析法测定），或在非水溶液中进行滴定（如碳的非水滴定分析法）。

2.2.3　氧化还原滴定法

1. 概述

氧化还原滴定法是利用氧化还原反应进行滴定分析的一种方法，氧化还原反应是反应过程中物质之间有电子得失或电子对发生偏移的反应。例如，锌和铜离子作用生成锌离子和铜的反应：

$$Zn+Cu^{2+}=Zn^{2+}+Cu$$

它是下面两个氧化还原半反应同时进行的结果：

$$Zn-2e=Zn^{2+}（氧化反应）$$

$$Cu^{2+}+2e=Cu(还原反应)$$

（1）氧化剂与还原剂　在氧化还原反应中，物质失去电子或化合价升高的过程称为氧化，物质夺得电子或化合价降低的过程称为还原。失去电子的物质称为还原剂，它本身被氧化；夺得电子的物质称为氧化剂，它本身被还原。在上述反应中，Zn 是还原剂，Cu^{2+} 是氧化剂。

1）标准电极电位。氧化剂和还原剂有强弱之分，那么用什么方法表示氧化剂和还原剂的强弱呢？怎样可以判断一个氧化还原反应是否能够进行？各种氧化剂和还原剂的氧化还原能力取决于该物质结构的内在因素，它的强弱可用标准电极电位表示，见表 2-7。

表 2-7　标准电极电位表

电极反应	电位/V	电极反应	电位/V
$Li^++e\rightleftharpoons Li$	-3.045	$Hg_2Cl_2+2e\rightleftharpoons 2Hg+2Cl^-$	$+0.2682$
$K^++e\rightleftharpoons K$	-2.924	$VO_2^++4H^++2e\rightleftharpoons VO^{4+}+2H_2O$	$+0.334$
$Ca^{2+}+2e\rightleftharpoons Ca$	-2.76	$Cu^{2+}+2e\rightleftharpoons Cu$	$+3.402$
$Na^++e\rightleftharpoons Na$	-2.7106	$Cu^++e\rightleftharpoons Cu$	$+0.522$
$Mg^{2+}+2e\rightleftharpoons Mg$	-2.375	$I_2+2e\rightleftharpoons 2I^-$	$+0.535$
$Al^{3+}+3e\rightleftharpoons Al$	-1.66	$H_3AsO_4+2H^++2e\rightleftharpoons HAsO_2+2H_2O$	$+0.58$
$SO_4^{2-}+H_2O+2e\rightleftharpoons SO_3+2OH^-$	-0.92	$MnO_4^-+2H_2O+3e\rightleftharpoons MnO_2+4OH^-$	$+0.588$
$Zn^{2+}+2e\rightleftharpoons Zn$	-0.7628	$Fe^{2+}+e\rightleftharpoons Fe^+$	$+0.770$
$AsO_4^{3-}+2H_2O+2e\rightleftharpoons AsO_2^-+4OH^-$	-0.71	$Hg_2^{2+}+2e\rightleftharpoons 2Hg$	$+0.7961$
$S+2e\rightleftharpoons S^{2-}$	-0.508	$Ag^++e\rightleftharpoons Ag$	$+0.7996$
$Cr^{3+}+e\rightleftharpoons Cr^{2+}$	-0.41	$Hg^{2+}+2e\rightleftharpoons Hg$	$+0.851$
$Fe^{2+}+2e\rightleftharpoons Fe$	-0.490	$Br_2+2e\rightleftharpoons 2Br^-$	$+1.065$
$Cd^{2+}+2e\rightleftharpoons Cd$	-0.4026	$Cr_2O_7^{2-}+14H^++6e\rightleftharpoons 2Cr^{3+}+7H_2O$	$+1.33$
$Co^{2+}+2e\rightleftharpoons Co$	-0.28	$Cl_2+2e\rightleftharpoons 2Cl^-$	$+1.3585$
$Ni^{2+}+2e\rightleftharpoons Ni$	-0.23	$Ce^{4+}+2e\rightleftharpoons Ce^{3+}$	$+1.443$
$Sn^{2+}+2e\rightleftharpoons Sn$	-0.1364	$PbO_2+4H^++2e\rightleftharpoons Pb^{2+}+2H_2O$	$+1.46$
$Pb^{2+}+2e\rightleftharpoons Pb$	-0.1263	$MnO_4^-+8H^++5e\rightleftharpoons Mn^{2+}+4H_2O$	$+1.491$
$Fe^{3+}+3e\rightleftharpoons Fe$	-0.036	$BrO_2^-+6H^++5e\rightleftharpoons Br_2+3H_2O$	$+1.52$
$2H^++2e\rightleftharpoons H_2$	0.0000	$IO_6^{5-}+6H^++2e\rightleftharpoons IO_2^-+3H_2O$	$+1.6$
$S_4O_6^{2-}+2e\rightleftharpoons 2S_2O_3^-$	$+0.09$	$MnO_4^-+4H^++3e\rightleftharpoons MnO_2+2H_2O$	$+1.679$
$Sn^{4+}+2e\rightleftharpoons Sn^{2+}$	$+0.15$	$H_2O_2+2H^++2e\rightleftharpoons 2H_2O$	$+1.776$
$Cu^{2+}+e\rightleftharpoons Cu^+$	$+0.158$	$S_2O_8^{2-}+2e\rightleftharpoons 2SO_4^-$	$+2.06$
$SO_4^{2-}+4H^++2e\rightleftharpoons H_2SO_3+H_2O$	$+0.20$	$F_2+2e\rightleftharpoons 2F^-$	$+2.87$

标准电极电位表中的数据说明如下：

① 标准电极电位的负值越小，该电极的还原态失去电子的能力越强，因此是强的还原剂；相反，其氧化态获得电子的能力越弱，因此是弱的氧化剂。

② 标准电极电位的正值越大，该电极的还原态失去电子的能力越小，因此是弱的还原剂；而与其共轭的氧化态都是强的氧化剂。

③ 当一种氧化剂能氧化几种还原剂时，首先被氧化的是其中最强的还原剂。同样，当一种还原剂和共存的几种氧化剂作用时，首先被还原的是其中最强的氧化剂，即两电极电位之差越大的物质之间的氧化还原反应越容易发生。

上述是各种物质在水溶液中氧化还原反应规律的总结。应该指出的是，氧化原反应能否进行，还要看反应速度。

2）氧化还原滴定法的一般要求。

① 滴定剂与被滴定物的电位差要足够大，反应才能进行完全。

② 能够正确地指示滴定终点。

③ 滴定反应必须能迅速完成。

（2）氧化还原滴定指示剂　利用某种物质在化学计量点附近时颜色的改变来指示终点，这种物质称为氧化还原滴定指示剂。这类指示剂本身是一个弱的氧化剂或还原剂，它的氧化或还原产物具有不同的颜色。在滴定过程中，氧化还原滴定指示剂也发生氧化还原反应，引起氧化态和还原态浓度的改变，因而溶液颜色也相应发生改变，从而指示终点的到达。

氧化还原滴定法中常用的指示剂有以下几种类型。

1）自身指示剂。在氧化还原滴定法中，有些标准溶液或被滴定的物质本身有颜色，如果反应后变为无色或浅色物质，那么滴定时就不必另加指示剂。例如，在高锰酸钾法中，MnO_4^- 本身呈紫红色，用它滴定无色或浅色的还原性物质时，MnO_4^- 被还原为无色的 Mn^{2+}，所以当滴定到化学计量点时，只要 MnO_4^- 稍过量就可使溶液呈粉红色，表示已到达滴定终点。试验表明，高锰酸钾的浓度约为 $2\times10^{-6}mol/L$ 时，就可以看到溶液呈粉红色。

2）淀粉指示剂。有些物质本身不具有氧化性或还原性，但它能与氧化剂和还原剂产生特殊的颜色，因而可以指示滴定终点。例如，可溶性淀粉与碘溶液反应，生成深蓝色的化合物，当 I_2 被还原为 I^- 时，深蓝色消失，因此在碘量法中，可用淀粉溶液作指示剂。在室温下，用淀粉可检出约 $10^{-5}mol/L$ 碘溶液。温度升高，灵敏度降低。有时又称淀粉是碘量法的专属指示剂。

3）本身发生氧化还原反应的指示剂。这类指示剂的氧化态和还原态具有不同的颜色，在滴定过程中，指示剂由氧化态变为还原态，或由还原态变为氧化态，根据颜色的突变来指示终点。例如，用 $K_2Cr_2O_7$ 溶液滴定 Fe^{2+}，常用二苯胺磺酸钠作指示剂。二苯胺磺酸钠的还原态为无色，氧化态为紫红色，故滴定至化学计量点时，稍过量的 $K_2Cr_2O_7$ 就能使二苯胺磺酸钠由还原态转变为氧化态，溶液呈紫红色，因而可用于指示滴定终点。

每种氧化还原指示剂都有它的标准电位，在选择氧化还原指示剂时，应该采用变色点在电位突跃范围之内的指示剂，见表2-8。氧化还原指示剂的标准电位和化学计量点时溶液的电位越接近，滴定误差越小。

表 2-8　氧化还原指示剂的选择

指示剂	变化		E_{In}^0/V
	氧化态	还原态	（pH=0；25℃）
靛蓝-磺酸钠	蓝	无	0.26
酚藏花红	红	无	0.28
次甲基蓝	蓝	无	0.52

（续）

指示剂	变化		E_{In}^0/V
	氧化态	还原态	（pH＝0；25℃）
1-萘酚-2-磺酸靛酚	红	无	0.54
二苯胺	紫	无	0.76
二苯胺磺酸钠	蓝紫	无	0.85
羊毛红	橙	黄绿	1.00
对硝基苯胺	紫	无	1.06
邻菲罗啉亚铁	淡蓝	红	1.06
苯代邻氨基苯甲酸	紫红	无	1.08
硝基邻菲罗啉亚铁	淡蓝	紫红	1.25
2,6-二溴酚靛酚	蓝	无	2.67

值得注意的是，这类指示剂在滴定过程中本身需要消耗一定量的标准溶液，当标准溶液的浓度比较大时，氧化还原指示剂所消耗的标准溶液体积很小，对分析结果影响不大，可以忽略不计。如果标准溶液的浓度很小时，就须做空白试验，测定出指示剂所消耗的体积，作为校正值，然后在标准溶液的总体积中将这一校正值考虑进去。也就是说，在用还原剂标准溶液（如 Fe^{2+}）滴定氧化剂（如 $Cr_2O_7^{2-}$）时，需在滴定的标准溶液毫升数中加上指示剂的校正值；反之，用氧化剂标准溶液滴定还原剂时，需在滴定的标准溶液毫升数中减去指示剂的校正值。

氧化还原滴定法除了用指示剂确定终点，还可用电位法确定终点。

氧化还原滴定法常用指示剂的配制方法见表2-9。

表 2-9　氧化还原滴定法常用指示剂的配制方法

指示剂	配制方法	备注
二苯胺	将 1g 二苯胺（$C_6H_5NHC_6H_5$）在搅拌下溶解于 100mL 浓硫酸或 100mL 浓磷酸中，可长久保持不变	
二苯胺磺酸钠（5g/L）	将 0.5g 二苯胺磺酸钠（$C_6H_5NHC_6H_2SO_3Na$）溶解于 100mL 水中（必需时过滤）	常用作重铬酸钾法（特别适用于钨存在下测定亚铁）
苯代邻氨基苯甲酸（2g/L）	将 0.2g 苯代邻氨基苯甲酸（$HOOC_6H_4NHC_6H_5$）和 0.2g 无水碳酸钠加热溶解在 100mL 水中	常用于亚铁盐溶液滴定 $Cr_2O_7^{2-}$、VO_3^-，测定钢铁中的铬钒
邻菲罗啉亚铁	取 0.7g$FeSO_4\cdot7H_2O$ 和 1.5g 邻菲罗啉（$C_{12}H_8N_2\cdot H_2O$）溶于水，稀释至 100mL	用于铈量法
淀粉溶液（2g/L）	取 2g 可溶性淀粉和 10mg 碘化汞与 15mL 冷水调和均匀，将所得乳浊液在搅拌下徐徐注入 100mL 沸水中，再煮沸 2～3min，使溶液透明即可	用于碘量法

2. 高锰酸钾法

（1）基本原理　利用高锰酸钾作为氧化剂来进行滴定分析的方法称为高锰酸钾法。

高锰酸钾是一种强氧化剂，本身呈深紫色，用它滴定无色或浅色溶液时，无须另加指示剂，应用十分广泛。高锰酸钾法的主要缺点是试剂中常含有少量杂质，使溶液不够稳定，又由于高锰酸钾的氧化能力强，可以和很多还原性物质发生作用，所以干扰比较严重。它的氧化作用和溶液的酸度有关。

在强酸性溶液中，$KMnO_4$ 和还原剂作用时，MnO_4^- 被还原成 Mn^{2+}，半反应式如下：

$$MnO_4^- + 8H^+ + 5e = Mn^{2+} + 4H_2O \quad E^0 = +1.49V$$

在微酸性、中性或碱性溶液中，MnO_4^- 则被还原为 MnO_2（水合 MnO_2），半反应式如下：

$$MnO_4^- + 2H_2O + 3e = MnO_2 + 4OH^- \quad E^0 = +0.59V$$

（2）高锰酸钾标准溶液的配制　高锰酸钾分子式为 $KMnO_4$，相对分子质量为 158.04。在酸性溶液中，$KMnO_4$ 作为氧化剂，其基本单元为 $1/5KMnO_4$。

纯的高锰酸钾是相当稳定的，但由于固体高锰酸钾中常含有少量杂质，如二氧化锰、氯化物、硫酸盐、硝酸盐等，所以不能用来直接配制标准溶液。另外，由于蒸馏水中常含有痕量的还原性物质，这些物质将和 $KMnO_4$ 慢慢反应，形成水合二氧化锰：

$$4KMnO_4 + 2H_2O = 4MnO_2 \downarrow + 3O_2 \uparrow + 4KOH$$

MnO_2 将促进 $KMnO_4$ 的自分解，H^+ 和阳光照射也能引起 $KMnO_4$ 的分解。因此，在配制 $KMnO_4$ 溶液时应注意以下几点：

1）称取高锰酸钾的量应多于理论计算值，溶解在规定体积的蒸馏水中。

2）将配好的 $KMnO_4$ 溶液加热至沸并保持 1h，而后将溶液在室温下放置 2~3d，使各种还原性物质全被氧化。

3）用砂芯漏斗或玻璃棉过滤，滤去 MnO_2。

4）将 $KMnO_4$ 溶液移入棕色瓶中，并放在暗处保存，避免光照。

（3）高锰酸钾标准溶液的标定　标定 $KMnO_4$ 溶液的基准物质相当多，如 $Na_2C_2O_4$、$H_2C_2O_4 \cdot 2H_2O$、As_2O_3 和纯钢丝等，其中以 $Na_2C_2O_4$ 为好，因为 $Na_2C_2O_4$ 容易提纯、性质稳定、不含结晶水。$Na_2C_2O_4$ 在 105~110℃ 烘干 2h，冷却后就可使用。

在硫酸介质中，$KMnO_4$ 和 $Na_2C_2O_4$ 的反应如下：

$$2MnO_4^- + 5C_2O_4^{2-} + 16H^+ = 2Mn^{2+} + 10CO_2 \uparrow + 8H_2O$$

为了使这个反应能够定量地进行，应满足下述滴定条件：

1）温度。在室温下这个反应速度缓慢，因此须将溶液加热至 75~85℃ 进行滴定。滴定完毕时溶液的温度应不低于 60℃，但温度也不宜过高，若高于 90℃ 会使部分 $C_2O_4^{2-}$ 发生分解。

2）酸度。为了使滴定反应能够正常进行，溶液应保持足够的酸度。一开始滴定时，溶液的酸度约为 1mol/L，滴定结束时的酸度约为 0.5mol/L。酸度太低，往往容易生成 $MnO_2 \cdot 2H_2O$ 沉淀；酸度过高，会导致 $H_2C_2O_4$ 分解。

3）催化剂。用 $KMnO_4$ 滴定时，最初滴入的几滴 $KMnO_4$ 溶液褪色较慢，但当这几滴 $KMnO_4$ 与 $Na_2C_2O_4$ 作用生成 Mn^{2+} 后，反应速度就逐渐加快。如果在滴定前加入少许 $MnSO_4$ 溶液，那么反应一开始就是快的，可见 Mn^{2+} 在反应中起着催化作用。

4）指示剂。因为 $KMnO_4$ 溶液本身具有颜色，溶液中稍微过量的 $KMnO_4$（$c_{1/5KMnO_4} = 10^{-5}mol/L$）就显示粉红色，所以一般无须另加指示剂，但当 $KMnO_4$ 溶液的浓度很小（$c_{1/5KMnO_4} = 0.01mol/L$）时，可以采用二苯胺磺酸钠等氧化还原指示剂来确定终点。

5）滴定速度。用 $KMnO_4$ 溶液进行滴定时，速度不宜过快，以免引起 $KMnO_4$ 的浓度局部过大，在热的酸性溶液中分解：

$$4MnO_4^- + 12H^+ = 4Mn^{2+} + 5O_2\uparrow + 6H_2O$$

6）滴定终点。用 $KMnO_4$ 溶液滴定到终点时，溶液颜色不能持久，因为空气中的还原物质、气体和灰尘都能与 MnO_4^- 缓慢作用，使溶液的颜色逐渐消失。所以，若在30s内溶液的颜色不消失，就认为已经到了滴定终点。

7）$c_{1/5KMnO_4} = 0.1mol/L$ $KMnO_4$ 溶液的配制。称取 $3.0\sim3.5gKMnO_4$，溶于水后，用水稀至1L。将溶液加热至沸，并保持微沸1h，放置在暗处 $2\sim3d$ 后，用砂芯漏斗过滤，用少量滤液润洗棕色瓶，弃去洗涤液；然后将全部溶液转移到棕色瓶中，置于暗处，以待标定。

8）$KMnO_4$ 溶液的标定。准确称取 $0.2000\sim0.2500g$ 经 $105\sim110℃$ 烘干的 $Na_2C_2O_4$ 于 250mL 锥形瓶中，加硫酸（$c_{1/2H_2SO_4} = 1mol/L$）50mL，摇匀溶解，加热至 $75\sim85℃$，用 $KMnO_4$ 溶液滴定。开始时，每滴加一滴 $KMnO_4$ 溶液，应充分摇动至颜色褪去，再滴加第二滴溶液，如此继续进行。随着溶液中 Mn^{2+} 的生成，反应速度逐渐加快，这时可以适当地加快滴定速度。若溶液的温度不够，可再在水浴中加热，继续滴定至溶液呈粉红色，并在30s内不消失，即为终点。

按下式计算高锰酸钾溶液的准确浓度：

$$c(1/5KMnO_4) = \frac{m\times1000}{67.00\times V}$$

式中　$c(1/5KMnO_4)$——溶液的浓度（mol/L）；

　　　　V——滴定消耗 $KMnO_4$ 溶液的体积（mL）；

　　　　m——每份被滴定的 $Na_2C_2O_4$ 的质量（g）；

　　　　67.00——$1/2Na_2C_2O_4$ 的摩尔质量。

高锰酸钾溶液在储存过程中，当发现有 MnO_2 沉淀产生时，需要再行过滤和标定。如需要更稀的标准溶液，如 $c_{1/5KMnO_4} = 0.01mol/L$ 的 $KMnO_4$ 标准溶液，可用 $c_{1/5KMnO_4} = 0.1mol/L$ 的 $KMnO_4$ 标准溶液准确稀释获得。由于 $c_{1/5KMnO_4} = 0.01mol/L$ 的 $KMnO_4$ 标准溶液不稳定，只能随用随配制，不能长期使用。

用高锰酸钾作滴定剂时，根据被测物质的性质，可采用不同的滴定方法。

3. 重铬酸钾法

（1）基本原理　用重铬酸钾作为氧化剂来进行滴定分析的方法称为重铬酸钾法。

重铬酸钾是一种常用的氧化剂，在酸性溶液中，$K_2Cr_2O_7$ 与还原剂作用时，$Cr_2O_7^{2-}$ 被还原为 Cr^{3+}，半反应如下：

$$Cr_2O_7^{2-} + 14H^+ + 6e = 2Cr^{3+} + 7H_2O \quad E^0 = +1.33V$$

重铬酸钾法具有如下优点：

1）重铬酸钾容易提纯，经 $140\sim150℃$ 烘干后，可以直接配制成标准溶液。

2）重铬酸钾标准溶液非常稳定，可以长期使用。

3）重铬酸钾作为氧化剂时反应比较简单，它在酸性溶液中与还原剂作用总是被还原到 Cr^{3+} 离子状态。

4）重铬酸钾在室温下不与 Cl^- 作用，故可以在盐酸溶液中进行滴定。但当盐酸浓度

>2mol/L 或将溶液煮沸时，重铬酸钾也能与 Cl⁻ 作用。

在重铬酸钾法中，由于 $Cr_2O_7^{2-}$ 被还原为绿色的 Cr^{3+}，所以不能根据它自身颜色的变化来确定终点，而需要采用氧化还原指示剂——二苯胺磺酸钠。

（2）重铬酸钾法的应用和计算 重铬酸钾法最重要的应用是测定铁的含量。由于 $Cr_2O_7^{2-}$ 对 Fe^{2+} 的氧化还原反应是可逆的，根据这一原理，可用硫酸亚铁铵标准溶液滴定 $Cr_2O_7^{2-}$，这一方法在分析中也得到广泛的应用。

【例 2-2】 有一 $K_2Cr_2O_7$ 标准溶液，已知其浓度为 0.02000mol/L，如果称取试样质量为 0.2801g，溶解后，将溶液中的 Fe^{3+} 还原为 Fe^{2+}；然后用上述 $K_2Cr_2O_7$ 标准溶液滴定，用去 25.60mL，求试样中的铁含量？（$M_{Fe} = 55.85g/mol$）

已知反应方程式为 $Cr_2O_7^{2-}+6Fe^{2+}+14H^+ = 2Cr^{3+}+6Fe^{3+}+7H_2O$

解：

$$w(Fe) = \frac{\dfrac{c_{K_2Cr_2O_7} \times 1 \times 6 \times M_{Fe}}{1000} \times V_{K_2Cr_2O_7}}{m_{试样}} = \frac{\dfrac{0.02000 \times 1 \times 6 \times 55.85}{1000} \times 25.60}{0.2801} = 61.25\%$$

因此，试样中的铁含量为 61.25%。

4. 碘量法

（1）基本原理 碘量法是利用碘的氧化性和碘离子的还原性来进行滴定分析的方法。
基本反应式：

$$I_2 + 2e \Longrightarrow 2I^-$$

上述反应是可逆的，I_2/I^- 电对的标准电位为 +0.54V，可见碘是一种较弱的氧化剂，能与较强的还原剂作用，同时碘离子是一种还原剂，能与许多氧化剂作用。实际应用中，碘量法可分为直接滴定法和间接滴定法两种。

（2）直接滴定法 标准电位比 $E^0_{I_2/2I^-}$ 小的还原性物质，可以直接用碘的标准溶液来滴定，这种方法称为直接滴定法或碘滴定法。例如，钢铁中硫的测定就是碘滴定法的一个实例。

$$SO_2 + H_2O = H_2SO_3$$

$$H_2SO_3 + I_2 + H_2O = 2I^- + H_2SO_4 + 2H^+$$

滴定时，采用淀粉溶液作指示剂，终点非常灵敏。利用碘滴定法还可以测定 AsO_3^{3-}、SbO_3^{3-}、Sn^{2+} 等还原性物质。

但要注意，碘滴定法不能在碱性溶液中进行，因为碘会被碱分解，发生下述反应：

$$3I_2 + 6OH^- = IO_3^- + 5I^- + 3H_2O$$

碘的标准溶液实际上是将碘溶解在碘化钾溶液中，这时碘主要以三碘根离子 I_3^- 的形式存在。更多情况下，是用碘酸钾固体来配制碘标准溶液。

由于碘溶液不稳定，易挥发，所以每次使用时必须对其浓度进行标定。用升华法制得的纯碘，可以直接配制成碘标准溶液。但一般市售的碘不纯，配制成溶液后，必须标定。

碘在水中的溶解度很小，而且易挥发，所以碘量法所用的碘溶液，通常是把碘溶解在浓的碘化钾溶液里，使 I_2 与 KI 形成 KI_3 络合物，溶解度大大增加，挥发性也因而降低，而电位并无明显变化。碘溶液要避光避热存放，要避免与橡胶等有机物接触。

标定碘溶液的浓度常用硫代硫酸钠标准溶液：

1) 0.1mol/L 碘溶液的配制：称取 13g 碘和 20g 碘化钾于 400mL 烧杯中，加少量水使其溶解，移入棕色瓶中，用水稀释至 1L。

2) 0.1mol/L 碘溶液的标定：吸取硫代硫酸钠标准溶液 25.00mL 于 250mL 锥形瓶中，加水 50mL，淀粉溶液（2g/L）5mL，用碘标准溶液滴定至浅蓝色为终点，按公式计算碘标准溶液的浓度。

（3）间接滴定法　对于电位比 $E^0_{I_2/2I^-}$ 大的氧化性物质，可在一定条件下，用碘离子来还原，产生等化学计量的碘，然后用硫代硫酸钠标准溶液滴定碘，这种方法称为间接碘量法。通过碘离子的反应，用硫代硫酸钠标准溶液作滴定剂，可以测定多种氧化性物质，如 Cu^{2+}、MnO_4^-、CrO_4^-、$Cr_2O_7^{2-}$、IO_3^-、NO_2^-、H_2O_2 等。

间接滴定法测定应注意以下反应条件，即溶液的酸度和温度。

1) 溶液的酸度。硫代硫酸钠与碘的反应，必须在中性或弱酸性溶液中进行。因为在碱性溶液中，$Na_2S_2O_3$ 与 I_2 将会发生下列副反应：

$$S_2O_3^{2-}+4I_2+10OH^-=2SO_4^{2-}+8I^-+5H_2O$$

而且，碘在碱性溶液中会被分解。

如果在强酸性溶液中，$Na_2S_2O_3$ 会发生分解：

$$S_2O_3^{2-}+2H^+=SO_2+S+H_2O$$

而且，I^- 在酸性溶液中容易被空气中的氧氧化：

$$4I^-+4H^++O_2=2I_2+2H_2O$$

光线照射也能促进 I^- 的氧化。

2) 溶液的温度。因为碘易挥发，故应控制反应在室温（<25℃）下进行，并可在碘量瓶中进行反应；加入过量的碘化钾（一般是理论值的 2~3 倍），使 I^- 与氧化剂作用完全，并使反应生成的 I_2 与足够的 I^- 结合成 I_3^-，而 I_3^- 易溶于水、不易挥发；避免阳光直射。

淀粉溶液应在滴定到接近终点时加入，用 $Na_2S_2O_3$ 溶液滴定 I_2 时，应该在大部分的 I_2 已被还原，溶液呈浅黄色时，才加入淀粉溶液。否则，将会有较多的 I_2 被淀粉胶粒包住，使滴定时蓝色褪去很慢，妨碍终点的观察。

碘量法通常用淀粉溶液作为指示剂，但使用不同的淀粉将对滴定终点变色的灵敏度有影响。所使用的淀粉一般有两种不同的结构形式，即直链淀粉和支链淀粉。前者遇碘获得深蓝色，后者则为弱紫色，因此使用直链淀粉为好。所以，用山芋、马铃薯粉制作淀粉溶液较好。

（4）硫代硫酸钠溶液的配制和标定

固体硫代硫酸钠（$Na_2S_2O_3 \cdot 5H_2O$）容易风化，并含有少量杂质，如 S、S^{2-}、SO_3^{2-}、SO_4^{2-}、CO_3^{2-}、Cl^- 等，所以不能直接用固体硫代硫酸钠来配制标准溶液。另外，硫代硫酸钠溶液不太稳定，易分解，其原因如下：

1) 溶解于水里的 H_2CO_3 与 $Na_2S_2O_3$ 作用：$S_2O_3^{2-}+H_2CO_3=HSO_3^-+HCO_3^-+S\downarrow$

2) 细菌的作用：$S_2O_3^{2-}\rightarrow SO_3^{2-}+S\downarrow$

3) 空气的氧化作用：$S_2O_3^{2-}+1/2O_2=SO_4^{2-}+S\downarrow$

4) 水中的微量 Cu^{2+} 或 Fe^{3+}（催化剂）可以促进 $Na_2S_2O_3$ 溶液的分解：

$$2Cu^{2+}+2S_2O_3^{2-}=2Cu^++S_4O_6^{2-}$$

$$2Cu^++1/2O_2+H_2O=2Cu^{2+}+2OH^-$$

因此，配制硫代硫酸钠溶液时，需要新煮沸并冷却的蒸馏水，以除去 CO_2 和杀死细菌，并加入少量的碳酸钠，使溶液呈弱碱性，以抑制细菌的生长。这样配制的溶液比较稳定，但也不宜长期保存，在使用一段时间以后就要重新标定；如果发现溶液变浑或有硫析出，应该过滤，重新标定溶液的浓度。

标定硫代硫酸钠溶液的浓度，可以用 $K_2Cr_2O_7$、KIO_3 等作为基准物质，称取一定量的氧化剂，在弱酸性溶液中与过量的碘化钾作用，则析出等化学计量的 I_2；然后用硫代硫酸钠溶液滴定，以淀粉溶液为指示剂。由于 $K_2Cr_2O_7$ 价廉，易提纯，因此常用作基准物质，其反应如下：

$$Cr_2O_7^{2-}+6I^-+14H^+=2Cr^{3+}+3I_2+7H_2O$$

0.1mo/L 硫代硫酸钠标准溶液的配制：称取 25g 硫代硫酸钠（$Na_2S_2O_3 \cdot 5H_2O$）溶于 1L 新煮沸并冷却的水中，加入无水碳酸钠约 0.2g，保存于棕色瓶中，并放在暗处，一天后进行标定。

0.1mol/L 硫代硫酸钠标准溶液的标定：吸取 $K_2Cr_2O_7$ 标准溶液 25.00mL 于 300mL 锥形瓶中，加碘化钾溶液（100g/L）20mL，加盐酸（1+4）20mL，摇匀后加盖，于暗处放置 5min，加水 150mL，用硫代硫酸钠标准溶液滴定。当溶液由棕色变为黄绿色时，加淀粉溶液（2g/L）5mL，继续滴定至蓝色刚好消失，溶液呈亮绿色，即为终点。

硫代硫酸钠溶液的准确浓度按下式计算：

$$c_2=\frac{c_1V_1}{V_2}$$

式中　c_1——$1/6K_2Cr_2O_7$ 标准溶液的浓度（mol/L）；

V_1——$K_2Cr_2O_7$ 标准溶液的体积（mL）；

V_2——滴定消耗 $Na_2S_2O_3$ 标准溶液的体积（mL）；

c_2——$Na_2S_2O_3$ 标准溶液的浓度（mol/L）。

2.2.4　沉淀滴定法

1. 基本原理

沉淀滴定法是以沉淀反应为基础进行滴定分析的一种方法。虽然形成沉淀的反应很多，但能应用于沉淀滴定法的沉淀反应不多，因为沉淀滴定法的沉淀反应必须符合下列条件：沉淀反应的速度要快，生成的沉淀形式的溶解度要小；能够用适当的指示剂或其他方法确定滴定的终点；沉淀的共沉淀现象不影响滴定分析结果。

目前，应用较广的是利用生成难溶的银盐反应，如：

$$Ag^++Cl^-=AgCl\downarrow$$

$$Ag^++SCN^-=AgSCN\downarrow$$

这种利用生成难溶性银盐反应来进行测定的方法称为银量法，利用银量法可以测定 Cl^-、Br^-、I^-、Ag^+、SCN^- 等离子。

2. 沉淀滴定法类型

按测定条件及选用指示剂的不同，银量法可分为莫尔法、佛尔哈德法及法扬司法。

（1）莫尔法　莫尔法是以铬酸钾为指示剂，用硝酸银标准溶液进行滴定 Cl^-、Br^-、I^- 的沉淀滴定法，也称铬酸钾指示剂法。这里以硝酸银溶液滴定 Cl^- 为例，其反应为

$$Ag^+ + Cl^- = AgCl\downarrow（白色）\quad K_{sp} = 1.80\times10^{-10}$$

$$2Ag^+ + CrO_4^{2-} = Ag_2CrO_4\downarrow（砖红色）\quad K_{sp} = 2.0\times10^{-12}$$

本方法的依据是分级沉淀原理。在含有 Cl^- 的中性或弱碱性溶液中滴定时，由于氯化银的溶解度比铬酸银的溶解度小，溶液中首先析出氯化银，到理论终点时，微过量的硝酸银即生成砖红色的铬酸银，指示出滴定终点。

由于铬酸钾溶液本身呈黄色，浓度太高影响终点的观察。因此，实际用量一般为在终点时每 100mL 溶液中有 50g/L 重铬酸钾溶液 $1\sim2mL$，即重铬酸钾的浓度为 $0.003\sim0.005mol/L$。

滴定应在中性或弱碱性（$pH = 6.5\sim10.5$）条件下进行，若溶液为酸性时，则铬酸银溶解，滴定时没有终点。

$$Ag_2CrO_4 + H^+ = 2Ag^+ + HCrO_4^-$$

若溶液的碱性太强，则析出 Ag_2O 灰黑色沉淀。

$$2Ag + 2OH^- = Ag_2O\downarrow + H_2O$$

若溶液的酸性太强，可用 $Na_2B_4O_7\cdot10H_2O$、$NaHCO_3$、$CaCO_3$ 或 MgO 中和；若碱性太强，可用稀硝酸中和。

当溶液中有铵盐存在时，应把溶液的 pH 控制在 $6.5\sim7.2$，否则在 pH 值较高时，会有游离氨存在，使 Ag^+ 形成 $[Ag(NH_3)_2]^+$，从而影响滴定分析的准确度。

凡能与 Ag^+ 生成难溶化合物或络合物的阴离子，如 PO_4^{3-}、AsO_4^{3-}、SO_3^{2-}、S^{2-}、CO_3^{2-}、CrO_4^{2-} 等会干扰测定；能与 CrO_4^{2-} 生成难溶化合物的阳离子，如 Ba^{2+}、Pb^{2+} 等也干扰测定；某些高价金属离子，如 Al^{3+}、Fe^{3+}、Bi^{3+} 等能在中性或弱碱性溶液中发生水解，故不应存在；大量 Cu^{2+}、Ni^{2+}、Co^{2+} 等有色离子的存在也会影响终点的观察。

莫尔法主要用于测定氯化物或溴化物，不适于测定碘化物和硫氰酸盐，因为 AgI、AgSCN 沉淀会强烈地吸附 I^-、SCN^-，而使终点过早出现。该法也不适用于以 NaCl 溶液滴定 Ag^+，因为 Ag_2CrO_4 转化为 AgCl 的速度较慢，常使终点延迟。

（2）佛尔哈德法　以铁铵矾 $[NH_4Fe(SO_4)_2\cdot12H_2O]$ 作指示剂，用 NH_4SCN 标准溶液来滴定的银量法称为佛尔哈德法。应用该法可直接测定 Ag^+，但更多的是采用返滴定法测定卤化物。

1）直接滴定法。在含有 Ag^+ 的硝酸溶液中，以铁铵矾作指示剂，用硫氰酸铵标准溶液来滴定。溶液中首先析出 AgSCN，当滴定到达等当点附近时，由于 Ag^+ 迅速降低，SCN^- 迅速增加，于是过量的 SCN^- 与 Fe^{3+} 反应生成红色 $[Fe(SCN)]^{2+}$ 指示终点。反应式如下：

$$Ag^+ + SCN^- = AgSCN\downarrow（白色）\quad K_{sp} = 1.0\times10^{-12}$$

$$Fe^{3+} + SCN^- = [Fe(SCN)]^{2+}（红色）\quad K_1 = 138$$

在 50mL 浓度为 $0.2\sim0.5mol/L$ 的硝酸溶液中，如果加入 $1\sim2mL$ 饱和铁铵矾溶液（浓度约为400g/L），只需滴入半滴 0.1mol/L 的 NH_4SCN 标准溶液，即可呈现出清晰的红色。因此，直接滴定法可用于测定银量。

由于 AgSCN 有吸附 Ag^+ 的作用，初次显色会略早于理论终点，因此在用 NH_4SCN 标准

溶液滴定含 AgCl 沉淀溶液时，理论终点前应用力摇动使沉淀形式凝聚以减少吸附，理论终点后微微摇动，当红色布满溶液而不消失时即为终点

该法应在酸性溶液中进行，这时 Fe^{3+} 主要以 $Fe(H_2O)_6^{3+}$ 的形式存在，颜色较浅，但不能在碱性或中性溶液中测定，因为在碱性或中性溶液中，Fe^{3+} 易水解，形成颜色较深的棕色 $Fe(H_2O)_5OH^{2+}$ 或 $Fe_2(H_2O)_4(OH)_2^{4+}$ 等，影响终点观察。

2）返滴定法。用返滴定法测定卤离子时，应先加入已知过量的硝酸银溶液，再以铁铵矾作指示剂，用硫氰酸铵标准溶液滴定过量的硝酸银。其反应式如下：

$$Fe^{3+} + SCN^- = [Fe(SCN)]^{2+}$$

佛尔哈德法的最大优点是在硝酸酸性溶液中进行滴定，许多弱酸根离子都不与 Ag^+ 生成沉淀（如 PO_4^{3-}、AsO_3^{2-}、CrO_4^{2-} 等），因而该法的选择性较强，可用来测定 Cl^-、Br^-、I^-、SCN^- 和 Ag^+ 等。但强氧化剂、氮的低价氧化物和铜盐、汞盐等，能与 SCN^- 起作用，干扰滴定，大量有色离子的存在会影响终点观察。

（3）法扬司法　法扬司法是利用指示剂被沉淀形式吸附后改变颜色以确定终点的一种沉淀滴定法，也可称为吸附指示剂法。

吸附指示剂是一类有色的有机化合物，在水溶液中被胶状沉淀形式吸附而改变颜色，显示滴定终点。例如，以荧光黄为指示剂，用硝酸银溶液滴定氯化物时，在理论终点前，溶液中有未反应的 Cl^-，此时生成的 AgCl 吸附 Cl^- 形成 $(AgCl)\cdot Cl^-$ 而带负电荷。在理论终点附近，Cl^- 浓度降低，吸附作用减少，沉淀凝聚显著。当滴定到达理论终点时，稍过量一滴的硝酸银溶液有多余的 Ag^+，此时 AgCl 吸附 Ag 形成 $(AgCl)\cdot Ag^+$ 而带正电荷，它吸附荧光黄阴离子 In^-，使溶液由黄绿色转变为粉红色。

如果用氯化钠溶液来滴定 Ag^+，则颜色的变化恰好相反，即由指示剂被吸附的粉红色转变为不被吸附的黄绿色。

这种因带电荷的胶体沉淀形式吸附指示剂并能改变指示剂结构和颜色的性质就是吸附指示剂法的基本依据。

常用的吸附指示剂除荧光黄，还有二氯荧光黄及曙红（四溴荧光黄），它们被吸附后都呈红色。一些常用吸附指示剂的特性见表 2-10。

表 2-10　一些常用吸附指示剂的特性

指示剂	被测离子	滴定剂	滴定条件
荧光黄	Cl^-	Ag^+	pH7~10(一般为 7~8)
二氯荧光黄	Cl^-	Ag^+	pH4~10(一般为 5~8)
曙红	Br^-,I^-,SCN^-	Ag^+	pH2~10(一般为 3~8)
溴甲酚氯	SCN^-	Ag^+	pH4~5
甲基紫	Ag^+	Cl^-	酸性溶液
罗丹明 B	Ag^+	Br^-	酸性溶液
钍试剂	SO_4^{2-}	Ba^{2+}	pH1.5~3.5
溴酚蓝	HgO_2^{2+}	Br^-,Cl^-	酸性溶液

溶液的酸度随所选用的吸附指示剂而定。

为了增强卤化银的吸附能力，使终点更为明晰，可采取以下方法使溶液保持胶溶状态。

1）在稀溶液中进行滴定，有利于形成胶体溶液。

2）加入胶体保护剂（如糊精或淀粉），使溶液保持胶溶状态。

3）避免大量电解质存在。

滴定过程中应充分摇动，使吸附的可逆过程加速进行，并避免在阳光直射下进行滴定，防止卤化银沉淀变为灰黑色，影响终点观察。

2.2.5　络合滴定法

1. 基本原理

在滴定分析中，利用形成络合物的反应进行的滴定分析称为络合滴定法。并不是所有络合反应都能用于络合滴定，能应用于络合滴定的络合反应必须具备下列条件：

1）反应必须完全，即所生成的络合物要具有相当大的稳定性，络合物稳定性的大小是决定络合滴定能否进行的重要因素。

2）反应必须按一定的化学式定量进行，即中心离子与络合剂严格地按一定比例化合，这样才便于结果的计算。

3）反应必须迅速，而且有适当的指示剂或仪器分析方法指示滴定的终点。

络合剂分无机络合剂和有机络合剂两大类。在许多常见的无机络合剂中，能符合上述条件的并不多，仅有氰化物、硫氰化物等少数几种。这是由于大部分无机络合剂所生成的络合物不够稳定，即络合物的稳定常数小，以及在反应过程中常有分级络合现象，而且各络合物的稳定常数之间又相差较小，在络合过程中，金属离子的浓度变化没有明显的突跃，不易判断滴定终点，因此不能作为络合滴定剂。

许多有机络合剂，特别是乙二胺四乙酸二钠（简称 EDTA）类的氨羧络合剂，克服了无机络合剂的一些缺点，因而是比较好的络合滴定剂。目前应用最广泛的络合滴定剂是 ED-TA，因此通常所说的"络合滴定"或"螯合滴定"，主要指以 EDTA 为滴定剂的滴定法。

2. 氨羧络合剂及其分析特征

氨羧络合剂是氨或胺类的氢原子被羧酸基取代所成的衍生物，以下主要简要介绍乙二胺四乙酸二钠（EDTA）的分析特性。

（1）EDTA 的性质　在任何酸度下，EDTA 总是以 H_6Y^{2+}、H_5Y^+、H_4Y、H_3Y^-、H_2Y^{2-}、HY^{3-}、Y^{4-} 等七种形式存在于溶液中，在不同的 pH 值时，EDTA 的主要存在形式见表 2-11。这七种形式只有 Y^{4-} 能与金属离子直接络合。溶液的酸度越低，Y^{4-} 的分布系数就越大。因此，EDTA 在碱性溶液中络合能力较强。

表 2-11　不同的 pH 值时 EDTA 的主要存在形式

pH	<1	1~1.6	>1.6~2	>2~2.7	>2.7~6.2	>6.2~10.2	>10.2
存在形式	H_6Y^{2+}	H_5Y^+	H_4Y	H_3Y^-	H_2Y^{2-}	HY^{3-}	Y^{4-}

（2）EDTA 与金属离子形成的络合物特点　结构为五个五环的稳定络合物；通常 EDTA 与金属离子反应的物质的量为 1∶1；与无色离子络合时形成无色络合物，与有色离子络合时形成的络合物颜色更深；与金属离子络合时形成的络合物易溶于水。

（3）EDTA 与金属离子形成的络合物的稳定性　在络合反应中，络合物的形成与离解处于相对的平衡状态中，其平衡常数可以用稳定常数（形成常数）来表示。为简化起见，可略去电荷而写成：

$$M + Y = MY$$

按质量作用定律，其平衡常数为 $K_{MY} = \dfrac{[MY]}{[M][Y]}$

K_{MY} 称为绝对稳定常数，通常称为稳定常数，也可用 $\lg K_{MY}$ 表示，这个值越大，络合物就越稳定。$[M][Y][MY]$ 为溶液中金属离子、EDTA、络合物的摩尔浓度。常见金属离子与 EDTA 所形成络合物的 $\lg K_{MY}$ 值见表 2-12。

表 2-12 常见金属离子与 EDTA 所形成络合物的 $\lg K_{MY}$ 值（20℃，0.1mol/L 的 KNO_3 溶液）

金属离子	$\lg K_{MY}$	金属离子	$\lg K_{MY}$
Ag^+	7.32	Fe^{2+}	14.32
Al^{3+}	16.10	Fe^{3+}	25.10
Ba^{2+}	7.86	Li^+	2.79
Be^{2+}	9.20	Mg^{2+}	8.79
Bi^{3+}	27.80	Mn^{2+}	13.87
Ca^{2+}	10.69	Na^+	1.66
Cd^{2+}	16.46	Pb^{2+}	18.04
Ce^{3+}	16.00	Pt^{3+}	16.40
Co^{2+}	16.31	Sn^{2+}	22.11
Co^{3+}	40.70	Sn^{4+}	7.23
Cr^{3+}	23.00	Sr^{2+}	8.73
Cu^{2+}	18.80	Zn^{2+}	16.50

3. 络合滴定指示剂

在用 EDTA 进行滴定时，理论终点附近被测金属离子浓度的变化有一突跃，因此可以根据这一突跃采取适当的方法来判断理论终点的到达。判断终点的方法有多种，如用电化学方法（电位滴定）、光化学方法（光度滴定）等。最常用的方法是利用指示剂的颜色变化。在络合滴定法中的指示剂也称为金属指示剂。

（1）金属指示剂的作用原理 金属指示剂本身是一种具有络合能力的有机原料，游离态的指示剂颜色与金属-指示剂络合物的颜色不同。滴定时，络合剂夺取金属-指示剂络合物中的金属离子，使指示剂游离，溶液颜色会发生突然的变化。

$$M + In = MIn$$
$$MIn + EDTA = M-EDTA + In$$

（2）金属指示剂及其选择

1）在滴定的 pH 范围内，游离指示剂与金属-指示剂络合物两者的颜色应有显著的差别。

2）指示剂与金属离子的络合物应具有一定稳定性；指示剂与金属离子络合物的稳定性必须小于 EDTA 与金属离子络合物的稳定性。

3）指示剂应有一定的选择性。

4）指示剂与金属离子生成络合物时反应要迅速、灵敏，因络合物易溶于水。

5）指示剂本身应有一定的化学稳定性，易于贮藏和使用。

（3）指示剂的封闭、僵化及消除　当金属离子和金属指示剂形成很稳定的有色络合物，而且比金属和EDTA形成的络合物更加稳定，以致达到理论终点时，微过量的EDTA不能夺取金属离子，因此指示剂不能游离出来，看不到颜色变化，失去了作为指示剂的作用，这种现象称为指示剂的封闭。例如，用铬黑T作指示剂，在pH=10时，用EDTA滴定Ca^{2+}、Mg^{2+}，若溶液中有Al^{3+}、Fe^{3+}、Ni^{2+}或Co^{2+}，则对铬黑T指示剂有封闭作用，这时可加入少量三乙醇胺（掩蔽Fe^{3+}、Al^{3+}）和氰化钾KCN（掩蔽Ni^{2+}、Co^{2+}），以清除干扰离子对指示剂的封闭现象。

有些有色络合物的颜色变化具有不可逆性，这也可引起指示剂的封闭现象。例如，Al^{3+}对二甲酚橙指示剂有封闭现象。在测定Al^{3+}时，可加入过量的EDTA，然后用锌标准溶液进行返滴定，即可克服Al^{3+}对指示剂的封闭现象。

有些指示剂与金属离子形成的络合物的溶解度很小，使终点颜色变化不明显；还有些指示剂与金属离子形成的络合物的稳定性只稍差于EDTA与金属离子形成的络合物，以至于EDTA与MIn之间的反应缓慢而使终点拖长，这种现象称为指示剂的僵化现象。例如，用PAN［1-（2-吡啶基偶氮）-2-萘酚］作指示剂时，可加入少量甲醇或乙醇，也可将溶液适当加热，以加快置换速度，使指示剂变色较明显。

（4）常用的金属指示剂　常用的金属指示剂有铬黑T、钙指示剂、二甲酚橙、PAN、酸性铬蓝K、K-B（酸性铬蓝K-萘酚绿B）指示剂等。

4. 络合滴定法的应用

在滴定分析中，EDTA是最重要的螯合剂。

（1）EDTA标准溶液的配制　EDTA（$Na_2H_2Y \cdot 2H_2O$）的摩尔质量为372.2g/mol，称取7.4450gEDTA基准试剂，溶于100mL温水中，必要时可加热；移入1000mL容量瓶中，用水稀释至标线，摇匀，得0.0200mol/L的EDTA标准溶液。

EDTA标准溶液应贮存于聚乙烯类的容器中，若长久贮于玻璃器皿中，根据玻璃质料的不同，EDTA将不同程度地溶解玻璃中的Ca^{2+}而生成CaY，EDTA溶液的浓度将慢慢降低。因此使用一段时间后应做一次检验性标定。

（2）锌标准溶液的配制　可用纯锌、氧化锌和硫酸锌等基准物质配制。

新制备的纯锌可以直接使用。如果时间较长，可以用（1+1）盐酸溶液洗除表面的氧化物，然后用水洗去HCl，再用丙酮清洗，待丙酮气味散去后，于110℃烘干备用。

准确称取纯锌金属1.3076g，置于250mL烧杯中，加20mL盐酸溶液（1+1），必要时加热，使锌完全溶解；用氢氧化钠调节至pH为4.5~5.0，放置室温；然后小心转移至1000mL容量瓶中，用水稀释至标线，摇匀，即可得到0.0200mol/L的锌标准溶液。

（3）EDTA标准溶液的检验性标定

1）铬黑T作指示剂，用移液管吸取上述锌标准溶液25.00mL，置于250mL锥形瓶中，加水50mL，滴加氨水（1+1）至开始析出白色沉淀，加氨性缓冲溶液（pH=10）10mL，铬黑T指示剂少量（约0.5g混合固体指示剂），摇匀，用EDTA标准溶液滴定至由紫红色变为纯蓝色，即为终点。记下EDTA标准溶液的用量。

2）二甲酚橙作指示剂，用移液管移取上述锌标准溶液25.00mL，置于250mL锥形瓶中，加水50mL，滴加二甲酚橙作指示剂（5g/L）2~3滴，然后加六次甲基四胺溶液

（200g/L）或乙酸缓冲溶液使溶液呈紫红色，再多加 3mL 六次甲基四胺溶液（200g/L）或 10mL 乙酸缓冲溶液；然后用 EDTA 标准溶液滴定至紫红色变为亮黄色，即为终点。记下 EDTA 标准溶液的用量。

EDTA 标准溶液的浓度按下式计算：

$$c_{EDTA} = 0.0200 \text{mol/L} \times 25.00 \text{mL}/V$$

式中　V——滴定消耗的 EDTA 标准溶液的体积（mL）；

　　　c_{EDTA}——EDTA 标准溶液的摩尔浓度（mol/L）。

（4）络合滴定结果的计算　EDTA 通常与各种价态的金属离子以 1∶1 络合，公式如下：

$$w_x = \frac{c_{EDTA} V \dfrac{M}{1000n}}{m_0} \times 100$$

式中　w_x——被测物质的质量分数（%）；

　　　c_{EDTA}——EDTA 标准溶液的摩尔浓度（mol/L）；

　　　V——滴定时消耗的 EDTA 的体积（mL）；

　　　M——被测物质的摩尔质量（g/mol）；

　　　n——1 摩尔被测物质相当于 EDTA 的摩尔数；

　　　m_0——称取试样的质量（g）。

2.2.6　滴定法分析实例

过硫酸铵银盐氧化-亚铁滴定法测定铬含量。

1. 原理

试料用酸溶解后，在硫酸-磷酸介质中，以硝酸银为催化剂，用过硫酸铵将铬氧化为六价，以 N-苯代邻氨基苯甲酸为指示剂，用硫酸铁铵标准溶液直接滴定。根据硫酸亚铁铵标准滴定溶液消耗的体积，计算铬的质量分数。

对含钒的试料，以邻菲罗啉亚铁溶液为指示剂，加过量的硫酸亚铁铵标准溶液，以高锰酸钾溶液进行返滴定，或按钒含量扣除相当的铬含量计算铬的质量分数。

该方法适用于钢铁中质量分数大于 0.2% 的铬的测定

2. 分析步骤

（1）称料　按表 2-13 称取试料，精确至 0.0001g。称取的试料中的钨含量、锰含量以不大于 100mg 为宜。

表 2-13　试料量

试料量/g	铬含量（质量分数）（%）
3.0~2.0	0.10~2.0
2.0~0.50	2.0~10.0
0.50~0.20	10.0~30.0

（2）试料分解　将试料置于 500mL 烧杯中，加入 50mL 硫酸-磷酸混合酸，加热至试料完全溶解（难溶于硫酸-磷酸混合酸的试料，可先用适量的盐酸及硝酸溶解后，再加硫酸-磷酸混合酸。高硅试料溶解时可滴加数滴氢氟酸），滴加硝酸氧化，直至激烈作用停止，继续

蒸发至冒硫酸烟（对高碳、高铬及高铬钼试料，冒硫酸烟时滴加硝酸氧化至溶液清晰、碳化物全部破坏为止），冷却。对含钒、钨的试料，在溶解试料时应按表2-14补加磷酸，并加热蒸发至冒硫酸烟。

表2-14　磷酸和无水乙酸钠加入量

试料		补加磷酸量/mL	加无水乙酸钠量/g
含钨、不含钒	试料中钨含量小于30mg	10	
	试料中钨含量30~100mg	20	
含钒、不含钨	试料小于1g	10	10
	试料1~2g	15	15
钨、钒共存	试料中钨含量小于10mg	15~25	15~25
	试料中钨含量10~100mg	25~30	25~30

（3）氧化　用水稀释至200mL（生铁、铸铁试料用水稀释至100mL，以中速滤纸过滤，用水洗涤5~6次，并稀释至200mL），加5mL硝酸银溶液（10g/L）、20mL过硫酸铵溶液（200g/L），混匀，加热煮沸至溶液呈现稳定的紫红色。如试料中锰含量低，可加数滴硫酸锰溶液（40g/L）继续煮沸5min以分解过量的过硫酸铵。取下，加5mL盐酸，煮沸至紫红色消失（若锰含量高，紫红色高锰酸未完全分解，再补加2~3mL盐酸，煮沸至紫红色消失），继续煮沸2~3min，使氯化银凝聚下沉，流水冷却至室温。

（4）滴定

1）对不含钒试料，用硫酸亚铁铵标准溶液滴定至溶液呈淡黄色，加3滴苯代邻氨基苯甲酸（2g/L），在不断搅拌下继续滴定至由玫瑰红色变为亮绿色为终点。

2）对含钒试料，用硫酸亚铁铵标准溶液滴定至六价的黄色转变为亮绿色前，加5滴邻菲罗啉亚铁溶液，继续滴定至试液呈稳定的红色，并过量5mL；再加5滴邻菲罗啉亚铁溶液，以浓度相近的高锰酸钾标准溶液返滴定至红色初步消失，按表2-14加入无水乙酸钠，待乙酸钠溶解后，继续以高锰酸钾标准溶液缓慢滴定至淡蓝色（铬含量高时为蓝绿色）为终点。

3. 分析结果的计算

（1）不含钒试料　按下式计算不含钒试料中铬的质量分数（%）：

$$w_{Cr} = \frac{c_1 V_1 \times 17.33}{m \times 10^3} \times 100$$

式中　c_1——硫酸亚铁铵标准溶液的浓度（mol/L）；

　　　V_1——滴定所消耗的硫酸亚铁铵标准溶液的体积（mL）；

　　　m——试料的质量（g）；

　　17.33——1/3铬的摩尔质量（g/mol）。

（2）含钒试料　含钒试料也可按不含钒试料进行滴定操作，按下式计算铬的质量分数（%）：

$$w_{Cr} = \frac{c_1 V_1 \times 17.33}{m \times 10^3} \times 100 - 0.34 w_V$$

4. 注意事项

1）试料称取量与其铬含量和滴定用硫酸亚铁铵标准溶液的浓度有关，为保证滴定的准确度和精度，根据硫酸亚铁铵标准溶液的浓度，称取合适的试料量，控制消耗的滴定溶液在 20~50mL，对低含量的铬，滴定溶液不低于 10mL。例如，使用 0.05mol/L 的滴定溶液，对 1% 的试样至少称取 2g，对 20% 的试样称取 0.2g；对低于 1% 的试样应采用 0.010mol/L 或 0.03mol/L 的滴定溶液，使用 0.010mol/L 的滴定溶液时，0.1% 的试样应称取 2g。

2）滴定分析中称取的试料量不必苛求一个整数量，但读数需精确至 0.0001g。

3）根据试样选择合适的溶解酸。对一些低合金钢，可用硝酸（1+3）溶解，对高镍铬钢，可用盐酸过氧化氢或盐酸-硝酸混合酸溶解；对高硅试样，可滴加数滴氢氟酸助溶，然而再加硫酸-磷酸混合酸，蒸发至冒硫酸烟；对高钨试样，在用盐酸-过氧化氢或盐酸-硝酸混合酸溶解时，加 5mL 磷酸，加热溶解，使钨与磷酸络合，再加 7mL 硫酸，加热蒸发至冒烟。无论用哪种方法溶解试料，应将试料中的碳化物分解完全，溶毕后试液应清亮透明。

4）钒、铈在该测量条件下也被过硫酸铵氧化。该方法是加入过量的硫酸亚铁铵溶液，将铬、钒、铈还原至低价，再以高锰酸钾滴定过量的硫酸亚铁铵，则钒、铈重新被氧化至高价，从而消除了它们的干扰。如果已测定了试样中钒、铈的含量，则可用系数扣除法计算，质量分数为 1% 的钒相当于质量分数为 0.34% 的铬，质量分数为 1% 的铈相当于质量分数为 0.124% 的铬。通常钢中的铈含量很低，其系数也小，一般不考虑其影响。有试验指出，在该条件下，9mg 的铈不影响 90mg 铬的测定。

5）采用该方法对含钒试样返滴定时采用邻菲罗啉亚铁为指示剂，变色敏锐。滴定时加入乙酸钠，降低溶液的酸度，以提高指示剂的氧化还原电位，使终点变色敏锐。乙酸钠的加入量随磷酸量的增加而增加。对含钨、钒的试样，补加一定量的磷酸，使钨与磷酸生成稳定的络合物，磷酸的加入也与三价铁生成稳定的络合物，降低了 Fe^{3+}/Fe^{2+} 的氧化还原电位，相应提高了亚铁的还原能力。

6）有些分析方法用高锰酸钾标准溶液进行返滴定时，以过量高锰酸钾本身的微红色指示返滴定的终点。该方法对低铬的试样是合适的，但随着试液中铬含量的增加，在三价铬的绿色溶液中观察高锰酸的微红色终点较难判断，试液由绿色开始转变为稳定的暗绿色时已到终点。对高铬试液，当观察到试液呈微红色时，实际上高锰酸钾可能已过量，使分析结果偏低。曾有报道，在返滴定消耗高锰酸钾标准溶液毫升数中减去一校正值（该校正值随铬含量的增加而增加）。校正值可用以下步骤求得：将返滴定至微红色的试液煮沸 1min，取下，流水冷却至室温，再以高锰酸钾标准溶液滴定到与返滴定时终点深浅相同的微红色，其所消耗高锰酸钾标准溶液的毫升数即为校正值。

7）采用过硫酸铵氧化铬时，溶液的酸度十分重要，它对分析结果的影响很大。一般认为，硫酸浓度以 2~3mol/L 为好。在 10mL 溶液中含 3~8mL 浓硫酸是适宜的。硫酸浓度过大，氧化迟缓；浓度小，易析出 MnO_2 沉淀。

8）氧化铬时，过剩的过硫酸铵一定要通过煮沸分解除去，否则会使分析结果偏高。

9）加盐酸还原高锰酸后应立即用流水冷却或加水调整温度，否则六价铬有被盐酸还原的可能，使分析结果偏低。

10）N-苯代邻氨基苯甲酸具有还原性，若硫酸亚铁标准溶液滴定度以理论值计算时，则须加以校正。

2.3　分光光度法

2.3.1　概述

分光光度法是基于测量溶液中物质对光的选择性吸收程度而建立起来的分析方法，包括比色法、紫外-可见分光光度法及红外光谱法等。目前，广泛应用于金属材料化学分析实验室中的主要是可见分光光度法。

光是一种电磁波，具有一定的波长或频率，如果按照波长或频率排列，则可得到电磁波谱图，如图 2-1 所示。

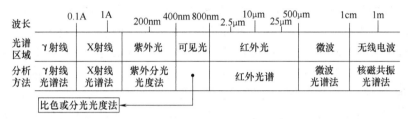

图 2-1　电磁波谱图

注：$1m = 10^6 \mu m = 10^9 nm = 10^{10} \text{Å}$。

按照 GB/T 8322—2008 的划分，波长在 200~380nm 范围的光称为紫外光；肉眼能感觉到的光是波长介于 380~780nm 的电磁波，称为可见光。物质的颜色是由因物质对不同波长的光具有选择性吸收而产生的。如果让一束白光通过三角棱镜或光栅分光后，又可分解成红、橙、黄、绿、青、蓝、紫七种颜色的光。每种颜色的光都具有一定的波长范围（称为波段）。具有一种颜色的光称为单色光。有许多物质都具有一定的颜色，如高锰酸钾溶液呈紫红色，硫酸铜溶液呈蓝色等；也有许多物质本身不具备颜色，但当加入适当的试剂后能生成有特征颜色的化合物，如铝的溶液是无色的，加入显色剂铬天青 S 后生成紫红色的化合物等。当这种有色物质溶液的浓度改变时，溶液颜色的深浅也随之改变，溶液浓度越大，颜色越深；反之，颜色越浅。

有色物质对光的吸收具有选择性。它呈现的颜色与被吸收光线的颜色互为补色，如果要确定某种溶液选择性地吸收何种波长的光，可通过吸收光谱曲线来求得。让各种波长的单色光依次通过一定浓度的某一溶液，测量该溶液对各种单色光的吸收强度，以波长 λ 为横坐标，吸光度 A 为纵坐标作图，可得到一条曲线，称为吸收光谱曲线，它清楚地描述了溶液对不同波长光的吸收情况。

对任何一种有色溶液，都可以测绘出它的吸收光谱曲线。分光光度计波长精度越高，绘制出的吸收光谱曲线的形状越精确。光吸收程度最大处的波长称为最大吸收波长，常用 λ_{max} 表示，如高锰酸钾溶液的 $\lambda_{max} = 525nm$。溶液浓度不同时，吸收光谱曲线的形状相同，其最大吸收波长不变，只是相应的吸光度大小不同。在实际工作中，一般选用最大吸收波长为工作波长。

根据物质对不同波长的单色光的吸收程度不同而对物质进行定性和定量分析的方法称为分光光度法。就仪器分析范畴而言，与各种现代分析方法相比，紫外-可见分光光度法是一种较为古老的方法，但它能发展至今，而且在整个分析化学领域仍占有重要的位置，这主要是由于它具有以下特点。

（1）灵敏度高　分光光度法分析的测定下限一般为 $10^{-5} \sim 10^{-6}$ mol/L，个别的灵敏度还可以更高，它是测量物质质量分数为 $0.001\% \sim 1\%$ 组分的最常用方法。如果将被测组分经预先分离富集，甚至可以测定质量分数为 $10^{-5}\% \sim 10^{-4}\%$ 的痕量组分；如果应用示差分光光度法，则又可以测量常量，如质量分数为 $10\% \sim 50\%$ 的组分。

（2）应用广泛　随着有机显色剂和络合物化学及化学分离技术的迅速发展，在无机分析领域，分光光度法分析可测定元素周期表中的绝大多数金属元素，亦能测定氮、硼、砷、硅、硫、硒、碲、卤素等非金属元素。此外，分光光度法在研究络合物组成、化学平衡及反应动力学方面也有其重要作用。

（3）操作简便、快速　分光光度法分析的操作过程主要包括试样的溶解、被测组分的显色和颜色深浅的测量等，因此不像重量分析法那样烦琐。随着新的高灵敏度、高选择性的显色剂和掩蔽体系的不断出现，以及双波长分光光度法、导数分光光度法和化学计量学等新技术的应用，许多情况下可不经分离而直接进行测定。另外，虽然出现了许多先进的仪器分析方法，如原子吸收光谱、火花光电直读光谱、电感耦合等离子体发射光谱等，但由于分光光度法分析所使用的仪器价格低廉、结构简单、操作简便、容易普及，非常适合众多中小型企业，所以分光光度法仍是目前痕量及常量组分测定的最主要的手段之一。

（4）准确度较高　一般比色法的相对误差为 $5\% \sim 10\%$，分光光度法为 $2\% \sim 5\%$，其准确度虽比重量法和滴定法低，但对于痕量组分的测定，已能完全满足要求。如果采用精密的光度计，相对误差还可更低。

分光光度法虽有这么多优点，但也有一定的局限性。分光光度法目前用于高含量组分的测定还不多，因为用其测定高含量组分时，其相对误差大于重量法和滴定法；对于高纯物质中杂质组分的测定，分光光度法还不够灵敏。此外，某些元素（如一些碱金属和非金属元素）尚无合适的显色剂；有些显色反应的选择性不高，缺乏实用价值等。因此，分光光度法的进一步发展将有赖于发现灵敏度更高、选择性更好的显色体系；通过寻找更有效的掩蔽体系或通过化学计量学等途径来确定测定组分的最佳条件，以达到简捷、方便、准确、可靠之目的。

2.3.2　分光光度法的基本原理

1. 光的吸收定律

光吸收定律是研究光吸收的最基本的定律。实际上它包含了两条定律：第一条定律是波格（Bouguer）在1729年和朗伯（Lambert）在1768年先后发现的，一般称为朗伯定律，它指出入射光被吸收的多少与试样介质的厚度有关；第二条定律则是比尔（Beer）在1852年提出的，它指出入射光被吸收的多少与试样溶液的浓度有关，通常称为比尔定律。这两条定律合称为朗伯-比尔定律，它们是在试验基础上的总结。

$A = KcL$，就是朗伯-比尔定律的数学表达式。它表明，当入射光的强度一定时，溶液的吸光度 A 与溶液浓度 c 和液层厚度 L 的乘积成正比。此公式是分光光度法的依据和基础。

2. 摩尔吸光系数

在朗伯-比尔定律（$A = KcL$）中，K 是比例常数，称为吸光系数。它与溶液的性质、温度和入射光的波长有关，而且因溶液浓度 c 及液层厚度 L 所采用单位的不同，其称谓和单位亦有所不同。

当 c 以 g/L 及液层厚度 L 以 cm 表示时，比例常数 K 以 a 表示，称为吸光系数或消光系数，单位为 L/(g·cm)，这时 $A = KcL$ 变为

$$A = acL$$

当溶液浓度 c 以 mol/L 及液层厚度 L 以 cm 表示时，则比例常数 K 以 ε 表示，ε 称为摩尔吸光系数，单位为 L/(mol·cm)；这时 $A = KcL$ 变为

$$A = \varepsilon cL$$

ε 的物理意义是：1mol/L 浓度的有色溶液放在 1cm 的比色皿中，在一定的波长下测得的吸光度数值。它是每种有色化合物在一定波长下的特征常数，用它来衡量显色反应的灵敏度，ε 值越大，则该反应越灵敏。

应该指出的是，在实际工作中，一般不可能直接取 1mol/L 这样高浓度的有色溶液去测量它的摩尔吸光系数，通常都是通过低浓度溶液测定，经过计算求得 ε 值。

摩尔吸光系数是有色化合物在一定波长下的特征常数，它取决于有色化合物本身的性质及其对光选择性吸收的能力，而与溶液浓度、液层厚度无关。同一种元素与不同的显色剂反应时，生成不同的有色化合物，其 ε 值也不同。ε 值的大小反映有色化合物对一特定波长光的吸收能力，也反映测定方法的灵敏度。ε 越大，表示该化合物对光的吸收能力越大，有色化合物的颜色越深，分光光度法测定的灵敏度就越高。因此，在利用分光光度法进行测定时，为了提高分析的灵敏度，在无干扰的情况下，通常选择摩尔吸光系数大的有色化合物，以及选择具有最大 ε 值的波长作为入射光。

3. 吸光度的加和性

如果溶液中含有多种对某一波长 λ 的光产生吸收的物质，那么该溶液对该波长光的吸光度 $A_{总}$ 等于溶液中每一成分的吸光度之和。这就是说，吸光度具有加和性，称之为吸光度加和定律，可以表示如下：

$$A_{总} = A_1 + A_2 + \cdots + A_n = (\varepsilon_1 c_1 + \varepsilon_2 c_2 + \cdots + \varepsilon_n c_n)L$$

吸光度的这一加和性对多组分的测定极为有用。

4. 朗伯-比尔定律的适用范围

在分光光度法中，朗伯-比尔定律是进行定量测定的依据。当液层的厚度 L 保持不变（即固定比色皿的厚度不变）时，测定一系列浓度不同的标准溶液的吸光度，根据 $A = KcL = K'c$，以 A 对 c 作图，应为一直线（通常称为工作曲线）。但是，在某些试验条件下，常遇到工作曲线一端或两端发生弯曲的情况，如图 2-2 所示。当浓度小于 c_1 或大于 c_2 时，朗伯-比尔定律失效。例如用铬天青 S 测定铝，溶液的 pH 为 4.7，铁含量超过铝 1000 倍，当铝含量 > 20μg/50mL 时，曲线偏向浓度轴；当铝含量 <1μg/50mL 时，曲线不通过原点而向吸光度轴弯曲。

引起朗伯-比尔定律失效的原因很多，主要有以下几个方面：①由于入射光不是单色光而引起失效；②由于化学变化而引起失效；③由于介质的不均匀性而引起

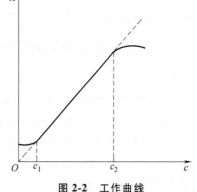

图 2-2　工作曲线

失效。

5. 朗伯-比尔定律的应用

分光光度法测定结果的计算，目前普遍采用两种方法：一种是工作曲线法；另一种是标准样品换算法。

（1）工作曲线法　测定试样时，将试样溶解后制备成合适的溶液，按绘制工作曲线的同样条件显色，测其吸光度，在工作曲线上查得对应的浓度值，从而求得试样中被测组分的含量。

需要注意的是，在实际工作中，由于前面提到的一些原因，往往得不到一条非常理想的通过原点且线性范围很宽的工作曲线。一般情况下只能利用其直线部分，而不能把不符合线性（即不符合朗伯-比尔定律）部分的曲线勉强绘制成直线。若非要在曲线弯曲部分求取结果，则应该在弯曲部分增加几个标准点，根据标准点将工作曲线按实际曲线绘制（一般浓度高的部分偏向浓度轴，即引起负误差），只要弯曲程度不是很大，如每 0.01 吸光度值所表示的含量不超过方法允许误差的还是可以勉强使用的，对于工作曲线过分弯曲的部分，则不能使用，以免造成太大的误差。

还有一些工作曲线的两端都不符合朗伯-比尔定律而呈现 S 形，如邻苯二酚紫-溴化十六烷基三甲基铵（CTMAB）胶束增溶分光光度法测定锡、钨、铬天青 S 光度法测定铝等，同样不能把曲线的下端按直线延长，而应将测试的标准点布置得多一些，特别是弯曲部分，以免引起差错。

（2）标准样品换算法　在实际工作中，特别是在一些中小型企业的实验室中，经常采用标准样品换算法来确定被测组分的含量，即按相同的条件同时测定标准样品和被测试样，按吸光度的比值求得试样中被测组分的含量。

需要注意的是，采用标准样品换算法必须满足以下几个条件：①工作曲线通过原点；②工作曲线呈直线；③试样中被测组分的含量与标准样品的含量接近，且被测试样的组成与标准样品的组成类似。

同时应该指出，工作曲线法比标准样品换算法可以得到更准确的结果，而后者往往不能发现偶然发生的差错。分析方法本身、试剂的配制标准样品数据的可靠性、试剂空白和操作过程都可能引入误差。

作为一种更有效且准确的方法，可以选择一组标准样品代替系列标准溶液来绘制工作曲线，但应注意系列标准样品中被测组分的上限和下限要覆盖被测试样的全部含量，不可任意向两端延伸而求得结果，同时所选的一组标准样品中共存元素对被测元素无干扰，且与被测试样的组成相匹配。这种方法对于受基体元素及共存元素影响较大的方法更为合适。

2.3.3　显色反应及其影响因素

利用分光光度法定量分析某一物质，通常使用下述三种方法：

1）利用被测物质 M 本身在某一波长下有吸收而进行测定，如锰在氧化剂作用下以 MnO_4^- 的紫红色存在，在 525nm 下有特征吸收，可用于锰含量的定量测定。

2）若被测物质 M 本身无吸收，可在一定条件下加入某一试剂 R（称为"显色剂"），使其转化为在可见光区有吸收的有色化合物而进行测定，这类反应就称为显色反应，是分光光度法中最常用的方法。

3）间接法。如果被测物质 M 本身无吸收，可利用某一络合物或化合物 R-B 在可见光区的某一波长有吸收，而在其中加入 M 以夺取 R-B 中的组分 B，通过 R-B 的吸收变化而间接测定被测组分。

利用分光光度法进行测定时，同一组分往往可与若干显色剂发生反应，产生各种不同颜色的化合物，其反应机理和灵敏度亦有差别。因此，如何选择合适的显色剂，控制最适宜的显色条件在分光光度法中具有十分重要的意义。

1. 显色反应的一般要求

（1）选择性要好　一种显色剂最好只与一种被测组分起显色反应，即特效反应。这样干扰少，如采用丁二酮肟分光光度法测镍，或者干扰离子容易被消除，或者显色剂与被测组分和与干扰离子生成的有色化合物的吸收峰相隔较远，彼此无吸收峰重叠现象。

（2）灵敏度足够高　由于分光光度法一般用于测定微量组分，灵敏度高的显色反应更为有利。灵敏度的高低可以从摩尔吸光系数的大小来判断，ε 越大灵敏度越高。但值得注意的是，灵敏度高的显色反应不一定选择性也好，对于高含量组分的测定，就不一定要选用灵敏度高的显色反应，所以要正确理解。一般来说，$\varepsilon = 10^4 \sim 10^5 \, \text{L/(mol·cm)}$，则认为此反应的灵敏度较高。

（3）有色化合物的组成要恒定　符合一定的化学式，有色化合物的组成若不恒定，则测定结果的再现性必然较差。对于形成不同络合比的络合反应，如 SCN^- 与 Fe^{3+} 的反应，必须注意控制试验条件，使其生成一定组成的络合物，否则结果再现性就差。

（4）有色化合物的化学性质应足够稳定　要求有色化合物不易受外界环境条件的影响，如日光照射、空气中氧和二氧化碳等的作用，同时也不应受溶液中其他化学因素的影响，这样才能保证在测量过程中溶液的吸光度变化很小，否则就会引入测量误差。

（5）对比度要大　如果显色剂本身有颜色，则要求有色化合物与显色剂之间的颜色差别要大，这样显色时颜色变化明显，而且试剂空白较小。有色络合物与显色剂的颜色差别通常用对比度（也称反衬度）来表示，它是有色化合物 MR 和显色剂 R 最大吸收波长之差的绝对值，即

$$\Delta\lambda = \left| \lambda_{max}(MR) - \lambda_{max}(R) \right|$$

一般要求 $\Delta\lambda$ 在 60nm 以上。

（6）显色反应的条件要易于控制　如果显色反应的条件过于严格，难以控制，测定结果的再现性就差，容易造成误差。

2. 影响显色反应的因素

显色反应是分光光度法的基础。显色反应的种类很多，按其与被测组分的反应大致可以分为络合反应、氧化-还原反应、离子缔合反应、吸附显色反应和成盐反应等。

要将显色反应用于分光光度法，首先取决于内因——被测离子和显色剂的性质，这是最本质的因素，但同时还要考虑影响显色反应的外因——溶液的酸度、显色剂的用量、反应温度、反应时间及溶剂介质等。这些显色条件有时能起决定性的作用，直接影响测定结果。

（1）溶液的酸度　溶液的酸度对显色反应影响很大，这是由于溶液的酸度直接影响金属离子和显色剂的存在形式，以及有色络合物的组成和稳定性。因此，控制溶液的酸度是保证分光光度法获得良好结果的重要条件之一。溶液酸度的影响主要表现为以下几个方面：

1）溶液的酸度影响金属离子的存在状态。大部分高价金属离子，如 Fe（Ⅲ）、Al

（Ⅲ）、Ti（Ⅱ）、Nb（V）等都容易水解，同时还发生各种类型的聚合反应。聚合度随着时间而增加，在溶液的酸度较小时会产生碱式盐或氢氧化物沉淀。显然，金属离子的水解对于显色反应的进行是不利的，故溶液的酸度不能太低。

2）溶液的酸度影响显色剂本身的颜色。许多显色剂自身带有酸碱指示剂的性质，不同酸度下呈现不同的颜色，如果显色剂在某一酸度时，络合反应和指示剂反应同时发生，两种颜色同时存在，就无法得到正确的结果。例如，二甲酚橙（XO）在 pH>6.1 时呈紫红色，在 pH<6.1 时呈橙黄色，在 pH=6.1 时呈中间色，故 pH=6.1 是它的变色点。而 XO 与金属离子的络合物却呈红色，因此 XO 只有在 pH<6 的酸性溶液中可作为金属离子的显色剂。

3）溶液的酸度影响显色剂的浓度。显色剂大多数是有机弱酸，显色反应进行时，首先是有机弱酸发生离解，其次才是络合剂阴离子与金属离子的络合：

$$HR \rightleftharpoons H^+ + R^-$$

$$R^- + M^+ \rightleftharpoons MR$$

可见，溶液的酸度影响显色剂的离解平衡，从而影响与金属离子结合基团的浓度，继而影响显色反应的完全程度。当然，溶液的酸度对显色剂离解程度影响的大小也与显色剂的电离常数有关。K_a 大时，允许的酸度可大些；反之，允许的酸度要小些。

4）溶液的酸度影响络合物的组成。某些生成逐级络合物的显色反应，在不同酸度时，将生成不同络合比的化合物。例如，Fe（Ⅲ）与磺基水杨酸的反应，当 pH=1.8~2.5 时，生成 1:1 的紫红色络合物；当 pH=4~8 时，生成 1:2 的橙色络合物；当 pH=9~11.5 时，主要是 1:3 的黄色络合物；当 pH>12 时，生成 Fe(OH)$_3$ 沉淀。在这种情况下，必须控制合适的溶液酸度，才能获得好的分析结果。

综上所述，溶液酸度影响着显色反应的各个方面。实际上，每个显色反应都有一定的酸度范围，最适宜的酸度是通过试验获得的。其方法是固定溶液中被测组分与显色剂的浓度，保持其他试验条件不变，调节溶液不同的 pH，分别测定溶液的吸光度 A。以 pH 为横坐标，A 为纵坐标，绘出 A-pH 关系曲线，如图 2-3 所示。从中可以选择最佳的酸度范围。

有些显色反应对酸度很敏感，须用缓冲溶液来保持溶液的 pH 不变。图 2-3a 所示的情况应选 pH>a 条件下显色；图 2-3b 所示的情况下应选 pH<b 条件下显色；图 2-3c 所示的情况最为普遍，应选择 pH 在 c~d 的范围内显色。

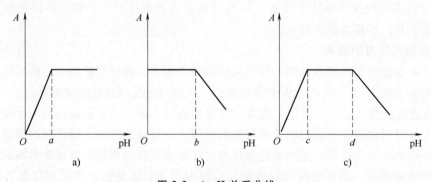

图 2-3　A-pH 关系曲线

（2）显色剂的浓度　显色反应一般是可逆的，从分光光度法的角度考虑，应尽量使被测组分全部转变成有色化合物，这就需要加入过量的显色剂。但是，并不是说显色剂越多越好，对于某些反应，显色剂加入太多，反而可能引起副反应，对测定结果不利。有些显色剂本身颜色很深，若加入过量，将使参比液调零发生困难。当有色化合物的电离常数很小时，显色剂少许过量就可以了。

在实际工作中，通常根据试验结果来确定显色剂的最佳用量。试验方法是固定被测组分的浓度及保持其他条件，分别加入不同量的显色剂，测定其相应的吸光度，作吸光度-显色剂浓度曲线。

（3）显色温度　温度对显色反应的速度有一定的影响，也影响有色化合物的稳定度。因此，在分光光度法中应该重视温度这一因素。

当然，显色反应最好在室温下进行，但也有一些显色反应在室温下进行得很缓慢，需要加热到一定温度才能很快完成显色反应。例如，邻苯二酚紫（PV）与 Sn（Ⅳ）在室温下反应缓慢，通常采用在近沸的溶液中加入显色剂，再用冷水冲冷至室温。当采用硅钼蓝分光光度法测定硅含量时，生成硅钼黄的反应在室温下需要 15~30min 才能完成，而在沸水浴中只需 30s。值得注意的是，有些反应温度过高时，显色反应却不稳定，如丁二酮肟分光光度法测镍，双环己酮草酰二腙（BCO）分光光度法测铜，温度过高时会出现快速褪色现象。另外，温度对光的吸收及颜色的深浅也有一定的影响，因此分析标准样品和试样时的显色温度应保持一致。

（4）显色时间　显色反应的速度有快有慢，而且形成络合物的稳定性也不一样。因此，显色后必须在适当的时间范围内进行测定，否则会给某些测定结果带来较大误差。通常有以下几种情况：

1）络合物立即生成，加入显色剂后即可达到最大吸光度，生成的有色化合物也很稳定，这样在显色后的较长时间内都可进行测定，如偶氮氯膦Ⅲ与稀土的反应。

2）络合物立即形成，但放置过程中可能由于空气的氧化、试剂的分解或挥发、光照等原因，络合物有逐渐离解、褪色的趋势，这种情况必须在显色后的较短时间内完成测定，如磷钼杂多蓝的显色；氨水介质中丁二酮肟分光光度法测定镍含量。

3）络合物的形成需要一定的时间，但生成的络合物很稳定，这种情况需要在显色后放置一定时间，再进行测定，如氯代磺酚 S 与铌的显色反应；二安替比林甲烷与钛的显色反应。

4）络合物的形成需要一定的时间，而络合物的稳定性又较差，这就必须掌握在一定时间内进行测定，否则会产生较大的误差，如铬天青 S 与铝的反应。

因此，必须通过试验来确定适宜的显色时间，了解有色溶液的稳定程度，合理掌握读数时机。

（5）介质的影响　有机溶剂会降低有色化合物的离解，从而提高显色反应的灵敏度。同时还可加快显色反应的速度，以及影响有色络合物的溶解度和组成。

例如，用偶氮氯膦Ⅲ分光光度法测定稀土含量时，在正丁醇介质中，显色反应的灵敏度可显著提高；又如用氯代磺酚 S 分光光度法测定铌含量，在水溶液中显色需几小时，加入丙酮后仅需 30min。

另外，显色反应所处的介质对显色反应的灵敏度也有很大的影响。例如，一些掩蔽剂（包括某些酸的酸根）的影响是大家熟知的，特别是一些不稳定的有色络合物，若掩蔽剂选择不当，显色反应的灵敏度会降低很多，有时甚至不显色。锆与偶氮胂Ⅲ在盐酸介质中的摩尔吸光系数比在高氯酸介质中高约一倍多；铋与二溴磺酸基偶氮氯膦的反应则在高氯酸介质中获得最高的灵敏度，且稳定性也较其他酸介质中好。

（6）溶液中共存离子的影响　在确定某种元素的分光光度法时，既要考虑被测元素的显色方法和最佳测量条件，同时还要注意干扰元素对测定的影响和消除，以使分光光度法的准确性得到保证。对于消除干扰元素的重要性不能忽视，有时它将直接影响被测组分的测定。下面简要讨论一下共存离子的干扰情况及其消除方法。

1）共存离子的干扰作用主要有以下几种情况：

① 共存离子本身有颜色，影响吸光度测定，如 Co（Ⅱ）、Cr（Ⅲ）、Ni（Ⅱ）、Fe（Ⅲ），当用钼蓝杂多酸分光光度法测定不锈钢中硅或磷的含量时，Cr（Ⅲ）和 Ni（Ⅱ）的颜色对吸光度有影响，干扰测定；当用过氧化氢分光光度法测定钛的含量时，Fe（Ⅲ）的黄色就有干扰。

② 共存离子与显色剂也能生成有色化合物而与被测组分的有色化合物的颜色混在一起，干扰测定，如用磷钼蓝分光光度法测定磷含量时，砷会生成砷钼蓝而干扰磷的测定，使结果偏高；再如，用偶氮胂Ⅲ分光光度法测定稀土含量时，如有锆共存，则将产生与稀土相同颜色的锆-偶氮胂Ⅲ络合物而干扰稀土的测定。

③ 共存离子与显色剂生成无色络合物，消耗了大量显色剂，降低了显色剂的浓度，使被测组分与显色剂的络合反应不完全，导致吸光度降低。例如，用磺基水杨酸分光光度法测定 Fe（Ⅲ）时，Al（Ⅲ）的存在能与磺基水杨酸生成无色络合物而消耗显色剂，从而影响铁的测定。当用 BCO 分光光度法测定 Cu（Ⅱ）含量时，Ni（Ⅱ）的存在将消耗显色剂，从而导致铜反应不完全。

④ 干扰离子能与被测组分生成离解度很小的络合物，影响被测离子与显色剂的显色反应，使吸光度大为降低。例如，Fe（Ⅲ）与磺基水杨酸的显色反应。当有 F^- 或 PO_4^{3-} 存在时，都能与 Fe（Ⅲ）形成离解度很小的无色络合物，降低了 Fe（Ⅲ）的有效浓度，干扰了 Fe（Ⅲ）的测定。

⑤ 氧化性或还原性组分的存在，将破坏显色剂而使其结构发生改变，从而影响显色反应的进行。例如，MnO_4^-、$Cr_2O_7^{2-}$ 及 VO^{3-} 等的存在，能破坏偶氮胂Ⅲ、铬黑 T 等显色剂，造成显色反应失效。

2）消除共存离子干扰的途径，首先要选择适当的显色剂和适宜的反应条件，以获得对被测离子选择性高、干扰较少的显色反应；其次是根据不同情况，采取适当的措施，来消除干扰离子的影响，如利用掩蔽剂消除干扰，控制溶液的酸度，利用氧化还原反应改变干扰离子的价态，控制显色条件消除干扰，利用校正系数消除干扰，采用适当的分离方法。

（7）测定条件的选择　除从显色反应本身的影响因素考虑问题，还可以通过测定条件的选择，进一步提高测定结果的准确度。

1）选择合适的测定波长。例如，用丁二酮肟分光光度法测定镍含量时，镍和丁二酮肟形成的络合物的最大吸收在 460~470nm 处。在实际工作中，由于采用酒石酸钾钠或柠檬酸来掩蔽 Fe^{3+} 等干扰离子，而酒石酸铁的络合物在此波长段也有吸收而干扰测定，为此选用波长 530nm 来进行镍含量的测定，虽然此时测定镍含量的灵敏度下降了一些，但消除了 Fe^{3+} 的干扰，准确度也有所提高。

2）选择适当的参比溶液。在光电比色计或分光光度计中，吸光度读数的两个端点分别为 0 和∞（对应的透光率读数为 100 和 0），只有吸光度的这两个端点首先设定以后，对有色溶液吸光度的测定才有意义。通常利用来校正分光光度计透光率为 100%作为测量相对标准的溶液称为参比溶液或空白溶液，在分光光度法中，参比溶液除具有上述作用，还可以抵消显色溶液中其他有色物质的干扰，抵消比色皿及其他因素对入射光强的影响等。因此，正确选用和制备参比溶液是消除影响分光光度法主要因素的有效手段，对提高方法的准确性起着重要的作用。根据实际情况，选择参比溶液的方法有：

① 蒸馏水或溶剂作参比溶液。在被测体系中只有被测化合物有颜色，其他成分本身和显色剂都是无色的，在测定波长下没有吸收或吸收甚微，此时可用蒸馏水或溶剂作为参比溶液。例如，用高碘酸盐氧化测定铝合金中的锰含量时，试剂和试样溶液都是无色的，可以用水作为参比溶液；又如，用乙酸丁酯萃取磷钼杂多酸测定纯铜中的磷含量时，即用乙酸丁酯溶剂作参比溶液。

② 试剂空白作参比溶液。如果只有显色剂有颜色且在测定波长下对光有吸收，而其他均没有吸收或很小，则可按与显色反应相同的条件加入各种试剂，唯独不含试样溶液，即做成试剂空白作参比溶液。例如，用 1-羟基-4-(对甲胺胺基) 蒽醌（HPTA）分光光度法测定钢中硼含量时，显色剂本身在 600nm 处也有较大吸收，所以取 HPTA 和其他相应试剂（不加钢样）作为试剂空白，这样可以消除显色剂对测定的影响。

③ 试样溶液空白作参比溶液。当未经显色的试样溶液本身有颜色，而显色剂无色，且不与共存离子显色，此时可按照与显色反应相同的条件，取相同量的试样溶液，但不加显色剂作为空白溶液，简称试样空白。例如，以 BCO 分光光度法测定铜含量时或以硫氰酸盐分光光度法测定钼、钨含量时，常采用在操作步骤中不加显色剂来消除 Cr^{3+}、Ni^{2+}、Cu^{2+} 等有色离子的影响。

④ 褪色空白。当试样基体有颜色，显色剂也有颜色时，单一使用试样空白或试剂空白都不能完全消除干扰。在此情况下，如能找到一种褪色剂（络合剂、氧化剂或还原剂等），有选择性地将被测离子络合或改变价态，使显色的有色络合物褪色，以此作参比溶液，可同时消除有色试剂及有色共存离子颜色的影响。例如，用邻苯二酚紫（PV）分光光度法测定铜合金中的锡含量时，往往显色后倒出一部分显色液，然后加入氟化铵，褪去 Sn-PV 的颜色，以此作为参比溶液进行测定，这样可以消除 PV 本身及铜基色泽的影响。

⑤ 不显色空白。在某些显色反应中，如果改变试剂加入的顺序，可以使显色反应不发生，这样配制的空白溶液含有试样基体和试剂的颜色，但被测离子又没有显色，简称不显色空白。以此作参比溶液，其作用与褪色空白相同，可以消除试样溶液颜色的干扰。例如，采用硅钼蓝分光光度法测定硅含量时，先加草酸-硫酸混合酸再加钼酸铵，这样不能形成硅钼黄；又如，用亚硝基-R 盐分光光度法测定钴含量时，可先加硫酸，后加亚硝基-R 盐，使钴不显色作为参比溶液。

⑥ 平行操作空白。在微量或精确分析中，为了消除所用试剂颜色的影响，以及在操作过程中可能带来的极微量的被测元素（如试剂中含的杂质元素或所用器皿溶解或沾污、飘尘等）的影响，可以用不含被测元素的试样，或者不称样，只与分析试样同样操作，同样加各种试剂，同样处理，直到最后和试样一样得到一份相应的平行操作空白溶液，简称平行操作空白，以此作参比溶液进行测定。

3）控制适当的吸光度读数范围。影响分光光度法的因素，除上面所述的和仪器本身的问题，在不同吸光度范围内读数也可引入不同程度的误差，对测定产生影响，这种误差称为"光度误差"。通常以单位透光率引起的浓度相对误差来表示（由于吸光度的标线不是等距离，所以用透光率 T 来表示），为了使这个误差达到最小，就应该选择最适当的吸光度范围来读数。当 T 为 36.8%（或 $A = 0.434$）时，吸光度误差最小；当 T 为 20%～65%时，吸光度误差是比较小的，此时读数若相差 1 格（$T = 1\%$），相当于相对误差约 3%，但当 $T < 20\%$ 或 $T > 65\%$ 时，误差剧增，达无限大。也就是说，这种方法不适于高含量或痕量物质的分析。因此，为了控制在适当的范围内读数（吸光度 A 为 0.2～0.8），在实际工作中，可根据试样中被测组分的高低，选择合适的称样量、溶液稀释倍数、显色体积和比色皿的厚度等，以控制有色溶液的吸光度读数。

2.3.4　分光光度计

1. 分光光度计的基本结构

分光光度计是分光光度法所使用的基本仪器，目前基本上替代了比色计。分光光度计的类型很多，但就其结构而言，都是由光源、分光系统（单色器）、吸收池、检测器和测量信号指示系统（记录装置）组成。

（1）光源　对光源的基本要求是在广泛的光谱区内辐射连续光谱并有足够的强度，光源应具有良好的稳定性，辐射能量不随波长而发生明显变化。但是，大多数光源由于发射特性及其在单色器内能量损失的不同，辐射能量实际上是随波长变化的。可见分光光度计通常以钨丝灯或卤钨灯作为光源，波长范围为 320～1000nm。紫外光区通常使用氢弧灯或氘灯作为光源，可提供 165～360nm 的连续紫外辐射。

分光光度计的光源系统由光源和一系列反射镜组成。反射镜的作用是将光源发出的光线集中到单色器并充满单色器的准直镜，能均匀照射到狭缝。

（2）单色器　单色器是将光源辐射的连续光谱散射而提供出单色光的装置。单色器通常由色散元件、入口与出口狭缝及一组透镜组成。单色器的性能直接影响光谱通带的宽度，从而影响测量的灵敏度、选择性和校正曲线的线性关系。色散元件通常有滤光片、棱镜和光栅。滤光片是最简单、价廉的单色装置，但单色性较差，目前已很少使用。

以棱镜和光栅作为色散元件的优点是分光性能好，能分出很窄的光谱通带，辐射纯度高，使用又方便。单色光的纯度既与棱镜有关，也与透镜的聚光性能及狭缝的宽度有关。棱镜色散的特点是其色散率随波长而改变，波长越短，色散率越大。光栅色散的优点是它可用于紫外、可见和近红外等光区，而且色散率不随波长而变化，只与标线数有关。槽距越小，色散率越大。通常光栅的色散能力比棱镜强。现代高级的分光光度计往往采用双单色器，即包含两个光栅或两个棱镜，或一个棱镜加一个光栅，以增大色散率，减少杂散光，进一步提高仪器的分辨率。

（3）吸收池　吸收池即比色皿，用于盛装试液。按其材料可分为两类，即玻璃吸收池和石英吸收池。前者用于可见光区；后者可用于波长 <350nm 的紫外光区。

比色皿的两个透光面必须小心保护，不得与手或一些硬纸、布等物接触；使用比色皿时，用粗滤纸轻轻擦去水后用镜头纸、绸布或软皱纹纸擦拭。

（4）检测器　检测器的作用是检测光信号，并通过光电转换元件转换成电信号，再检测其信号的大小。对检测器的基本要求是灵敏度要高，对辐射的响应时间短，线性关系良好，并对不同波长的辐射具有相同的响应可靠性，以及噪声水平低，有良好的稳定性等。

常用的检测器有：光电池，如硒光电池；光电管；光电倍增管；光电二极管矩阵（PDA）。其中，光电倍增管在现代分光检测系统中使用最为普遍，它由多个倍增极构成，其灵敏度比光电管高得多，电流也可以进一步放大，转换的电信号以毫安表或微型计算机显示出来。

（5）测量信号指示系统　常用的测量信号指示系统有电流表、数字显示仪表、屏幕显示和打印。对于不同型号的分光光度计，测量信号指示系统也有所不同。

2. 分光光度计的分类

目前，国内分光光度计的型号很多，主要的有 72 型、721 型、722N 型、723 型、723N 型、7230 型、751 型、751G 型、752 型、754 型、755 型等。按它们使用单色光的波长范围，可分为可见分光光度计（如 722 型和 723 型）、紫外-可见分光光度计（如 754 型）和紫外-可见-近红外分光光度计（如 755B 型、Agilent8454）三种；按它们的化学系统，则可分为单光束分光光度计、双光束分光光度计和双波长/双光束分光光度计三种。

（1）比色计　比色计是各种分光光度计的雏形，也是分光光度计发展的基础，比色计是用滤光片作单色器进行光吸收分析的仪器。

（2）单光束分光光度计　单光束分光光度计是分光光度计中光路设计最简单的一种，它只有一条光束，通过变换参比溶液和样品溶液的位置，使其分别进入光路。在使参比溶液进入光路时调零，然后将样品溶液移入光路，就可在结果显色器上显示样品溶液的透射率或吸光度值。目前使用最广泛的 721 型、722 型及 723 型分光光度计均属此种类型。

（3）双光束分光光度计　双光束分光光度计是发展最快，使用普通的一种，由于它采用双光束方式，使测量程序大为简化，既可以直接读数，又可以扫描样品吸收光谱，还可以增添许多附件，扩展使用范围。双光束方式还可以排除由于光源强度不稳定而引入的误差。

（4）双波长/双光束分光光度计　双波长分光光度计的结构原理是同一光源发出的辐射通过一个特别的单色器（此单色器中设有两个可以单独调节的光栅，每个光栅色散半束辐射而不遮断或截取另外半束），在离开单色器后，这两支半束光又重新会合，并通过一个液池到光电倍增管上，在出射狭缝外和液池间装置一个机械切光器，以使这两束光交替通过，并配有一个同步开关装置，以区别接通相应于各单色光的电信号。经过仪器内的电子装置可测量两者的比值，并将测定结果显示于仪表或记录器上。

此种仪器适用于两组分混合物的同时测定，浑浊体系中微量吸收物质的测定，以及测定两种吸收物质浓度比值的变化来进行动力学研究等。

双波长分光光度计同时可用作双光束分光光度计测量。一个单色器被光闸关掉，另一个单色器的光束由斩波器分成两路进行双光束测定。

3. 分光光度计的使用和维护

1）仪器应安放在整洁干燥的房间内，并置于平稳的工作台上，避免强烈的或持续的振动。环境温度为 $5\sim35℃$，相对湿度不超过 85%。使用场所不应有腐蚀性气体。

2）仪器使用者在使用仪器前应详细阅读仪器的使用说明书或操作规程，并了解仪器各键盘或按钮的作用与功能。

3）定期检查仪器内的防潮变色硅胶，如发现颜色变红，应及时更换。

4）定期检查仪器波长的准确性，以免引起不必要的测量误差。

5）供给仪器的电源电压为 AC 220V±22V，频率为 50Hz±1Hz，并应接地良好。

6）吸收皿宜配对使用，同一光径的吸收皿之间的透光度读数差不能大于 0.5。

7）吸收皿的光学面不能用手接触，不能沾污。洗涤时，绝对不能用碱或过强的氧化剂（如重铬酸钾洗液），以免腐蚀玻璃或使比色皿脱胶破裂。

8）显色液、参比液不宜装得太满，以吸收皿的 2/3 处为宜。每次测量液体后，应检查样品溶液是否残留在样品室内，如有残留液，则应及时擦干净，以免污染样品室。

9）仪器使用完毕后，用随机提供的防尘套罩住，在套子内应放数袋硅胶，以免光源灯室受潮，使反射镜霉变或沾污，而影响仪器的性能。

4. 分光光度计的检查与一般故障的排除

1）仪器灵敏度的检查。配制含铬 10mg/L 的 $K_2Cr_2O_7$ 的溶液，于 440nm 以水作参比溶液，其吸光度不得小于 0.01。

2）仪器重复性的检查。在同一工作条件下，用同一溶液重复测定，其透光率读数最大误差不得超过 0.5%。

3）波长准确度的校验。当仪器使用一段时间后，必须对波长读数进行校正。通常使用经高一级仪器标定过的钬溶液镨或钕玻璃，用仪器波长扫描功能选择适当的扫描范围，以 0.1nm 的扫描间隔进行扫描后，峰谷检测的波长值与实际标定值的误差是否满足仪器的指标，如有偏差，可按仪器说明书中的波长精度手动调整来进行修正。

4）更换光源灯。在更换光源灯时，应戴上手套以防止沾污灯壳而影响发光能量。更换新的光源灯后，必须仔细上下校正其位置，使其光斑聚焦在入射狭缝正中处。

2.3.5 分光光度法分析实例

硅钼蓝分光光度法测定碳素钢、低合金钢中的硅含量。

1. 方法原理

一般钢中的硅含量不超过 1%（质量分数，下同），但有些钢种，如弹簧钢中的硅含量可达 2%，硅钢中的硅含量可达 4%。高含量硅的测定，常采用重量法；低含量硅的测定，广泛采用硅钼蓝分光光度法。

硅钼蓝分光光度法，以硅钼黄为基础，灵敏度高，适用范围广，在日常分析和标准样品分析中都占有重要地位。

试样用稀酸、低温溶解，使硅转化为可溶性硅酸：
$$3FeSi+16HNO_3 = 3Fe(NO_3)_3+3H_4SiO_4+2H_2O+7NO\uparrow$$
在弱酸性溶液中，硅酸与钼酸铵作用生成硅钼硅钼黄：
$$H_4SiO_4+12H_2MoO_4 = H_8[Si(Mo_2O_7)_6]+10H_2O$$
在草酸存在下，加入硫酸亚铁铵，将硅钼黄还原为硅钼蓝，进行光度测定：
$$H_8[Si(Mo_2O_7)_6]+4FeSO_4+2H_2SO_4 = H_8[SiMo_2O_5 \cdot (Mo_2O_7)_5]+2Fe_2(SO_4)_3+2H_2O$$
硅钼黄的形成：在硅钼分光蓝光度法测定硅含量的过程中，首先是单分子正硅酸与钼酸铵络合形成硅杂多酸。硅钼黄有 α 型和 β 型两种，α 型的形成酸度较低，β 型的形成酸度较高；α 型稳定，β 型不大稳定，易转变为 α 型。

在分光光度法中均采用 β 型，这主要是因为在可见光区，β 型的吸光度较高，而且在 β 型的形成酸度下不易产生大量的钼酸铁沉淀。

为了防止 α 型硅钼黄的形成，控制好 β 型硅钼黄的形成酸度非常重要。在实际分析过程中，硅钼黄的形成酸度是根据溶液中铁量和钼酸铵加入量等因素决定的，一般控制在 0.1~0.6mol/L。由于钼酸铵有一定的缓冲作用，过多的钼酸铵也要消耗一部分酸，所以溶液中最终适宜络合的实际酸度仍为 pH≈1，酸度过大或过小都将影响硅钼黄的完全形成。

硅钼黄形成完全与否与温度和放置时间关系也很大。为确保硅钼黄形成完全，室温在 10~20℃ 时放置 30min，室温高于 20℃ 时放置 15min，室温低于 10℃ 时适当延长放置时间，采用沸水浴时只需加热 30s。

2. 试样溶解

试样溶解是该法的关键步骤，为了使硅在溶液中呈单分子硅酸状态存在，溶样温度不能高，而且溶解酸度也不宜高（一般应小于 2mol/L），溶液中硅的浓度也不宜过高（一般每 100mL 浓度为 2mol/L 酸度的溶液中，硅含量不大于 4mg），这些措施都是为了防止硅酸的聚合。

试样溶解采用哪种酸，主要决定于试样本身的组成和性质。一般碳素钢、低合金钢常用稀硫酸或稀硝酸溶解；高合金钢则常用稀王水溶解，有时也用盐酸-过氧化氢溶解；铬含量较高的试样，宜用稀盐酸溶解，不宜采用氧化性酸，否则试样表面会因 Cr_2O_3 氧化膜的生成更加难溶。

待试样全溶后，再用过硫酸铵或高锰酸钾氧化，以将偏硅酸转化为正硅酸。过剩的过硫酸铵经煮沸除去。高锰酸钾在煮沸形成 MnO_2 沉淀后，用亚硝酸钠将其还原为 Mn^{2+}。

硅钼黄的还原：在硅钼蓝分光光度法中多采用硫酸亚铁铵将硅钼黄还原为硅钼蓝，在硅钼黄的形成酸度下，硫酸亚铁铵不会还原过量的钼酸铵。

3. 干扰元素情况

磷、砷也能与钼酸铵生成磷、砷钼黄，同时被还原为钼蓝，干扰硅的测定，此时可用加草酸的方法来克服。当硅钼黄一旦形成之后，由于它具有较高的稳定性，即使再加入草酸，硅钼黄分解也很缓慢，而磷、砷钼黄却迅速分解，从而消除其干扰。但应注意，当加入草酸使硅钼黄溶解后，必须在 1~2min 内加入还原剂，否则，硅钼黄也会缓慢分解，造成结果偏低。草酸还可以和 Fe^{3+} 形成浅黄色络合物，从而大幅度降低 Fe^{3+} 的有效浓度，使 Fe^{3+}/Fe^{2+} 电对的电极电位降低，相对地提高了 Fe^{2+} 的还原能力。铁的存在会降低测定的灵敏度，在绘制工作曲线时，显色液中的铁含量应尽可能保持与试样中的接近，以抵消其影响。

其他有色离子的干扰，可采用改变试剂加入顺序的方法配制参比液，以此来消除其影响。

4. 测量方法

（1）方法要点　试样以稀硝酸低温溶解，过硫酸铵氧化，在一定酸度下使正硅酸与钼酸铵生成硅钼黄，以草酸消除磷、砷干扰，用硫酸亚铁铵将硅钼黄还原为硅钼蓝，借此进行吸光度测定。

（2）试剂　硫酸亚铁铵溶液：6%，每 100mL 溶液中加硫酸（1+1）2mL。

（3）分析步骤　称取试样 0.2000g，置于 150mL 三角瓶中，加 40mL 硝酸（1+5），低温加热全溶后，加 3mL 过硫酸铵溶液（10%），煮沸 3min，取下冷至室温。移入 100mL 容量瓶中，用水稀释至标线摇匀。

移取试液 10.00mL 两份，分别置于 100mL 容量瓶中，加水 50mL。

显色溶液：加 5mL 钼酸铵溶液（5%），摇匀，放置 10min（视室温而定）。沿瓶壁加 10mL 草酸溶液（5%），摇匀，立即加 10mL 硫酸亚铁铵溶液（6%），用水稀释至标线，摇匀。

参比溶液：于另一份试液中，先加 10mL 草酸（5%），摇匀，再加 5mL 钼酸溶液（5%），加 10mL 硫酸亚铁铵溶液（6%），用水稀释至标线，摇匀。

用适当比色皿于分光光度计波长 650nm 处测其吸光度，在工作曲线上查出相应的百分含量。

（4）工作曲线的绘制　选用 4~6 个标准样品，按分析步骤操作，以硅含量为横坐标，吸光度为纵坐标绘制工作曲线。

（5）注意事项

1）低温溶样，试样难溶时应注意随时补加水，以防硅酸凝聚。

2）加草酸，待硫酸铁溶解后，要立即加硫酸亚铁铵溶液。

3）室温低时，硅钼黄形成缓慢，要延长放置时间。

第 3 章

原子光谱分析方法

3.1 原子吸收光谱法

3.1.1 原子吸收光谱分析原理

原子吸收光谱法，又称原子吸收分光光度法，是基于从光源发出的被测元素特征辐射通过元素的原子蒸气时被其基态原子吸收，由辐射的减弱程度测定元素含量的一种现代仪器分析方法。

1. 原子吸收光谱的产生

在一般情况下，原子处于能量最低状态（最稳定态），即基态（$E_0 = 0$）。当外界提供的辐射能量恰好等于原子核外层电子基态与某一激发态（一般情况下都是第一激发态）之间的能量差时，核外电子将吸收特征能量的光辐射，由基态跃迁到激发态，产生原子吸收光谱。

在通常火焰与电热石墨炉条件下，原子吸收光谱是电子在原子基态和第一激发态之间跃迁的结果，原子对辐射频率的吸收是有选择性的。各原子具有自身所特有的能级结构，由此产生特征的原子吸收光谱。原子吸收光谱通常位于光谱的紫外区和可见区。

原子吸收光谱的波长和频率由产生跃迁的两个能级的能量差 ΔE 决定：

$$\Delta E = hv = \frac{hc}{\lambda} \tag{3-1}$$

式中　ΔE——两能级的能量差（eV）（$1\text{eV} = 1.602192 \times 10^{-19}\text{J}$）；

λ——波长（nm）；

v——频率（s^{-1}）；

c——光速（cm/s）；

h——普朗克常数。

在原子吸收光谱中，仅考虑由基态到第一激发态的跃迁，元素谱线的数目取决于原子能级的数目。原子吸收谱线的数目很少，在原子吸收光谱分析中，一般不存在谱线重叠干扰。

2. 原子吸收光谱的谱线轮廓

原子吸收光谱不是严格几何意义上的线，而是占据有限的、相当窄的频率范围，即有一定的宽度。各单色光强度随频率（或波长）的变化曲线即为谱线轮廓，如图 3-1 所示。表示吸收线轮廓特征的参数是吸收线的中心频率（或中心波长）和吸收线的半宽度。中心频率或中心波长指最大吸收系数所对应的频率或波长；半宽度指最大吸收系数一半处的谱线轮廓上两点间所跨越的频率（或波长），以 $\Delta v/2$（或 $\lambda/2$）表示，它由谱线的自然宽度、多普勒变宽、压力变宽和自吸变宽等共同决定。

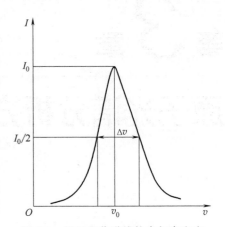

图 3-1　原子吸收谱线轮廓与半宽度
I—吸收光强度　I_0—最大吸收光强度

（1）自然宽度　没有外界影响时谱线仍有一定的宽度称为自然宽度。它与激发态原子的平均寿命有关，平均寿命越长，谱线宽度越窄。不同的谱线有不同的自然宽度，一般情况下约为 10^{-5} nm 数量级，与其他因素引起的变宽相比，可以忽略不计。

（2）多普勒变宽　检测器接收到的不同运动方向和速度的原子所发射的光波频率是不同的，当发光原子的运动方向背离检测器时，则检测器接收到的光波频率较静止原子所发射的光波频率低，反之，接收到的光波频率较高，此现象称为多普勒效应。由此引起的谱线展宽称为谱线的多普勒变宽（或称热变宽），原子吸收线宽度主要由多普勒宽度决定。

（3）压力变宽　光谱变宽的程度随局外气体的压力和性质而改变，称为压力变宽。在原子化器中，原子与不同种类的局外粒子（原子、离子和分子等）发生非弹性碰撞，引起原子的运动状态发生改变，使碰撞前后的辐射能量和相位发生变化。在碰撞的瞬间使辐射过程中断，导致激发态原子寿命缩短，引起谱线变宽。激发态原子与其他粒子碰撞所引起的谱线变宽称为洛伦兹变宽。激发态原子核同类原子发生非弹性碰撞所引起的谱线变宽称为共振变宽，也称赫尔兹马克变宽。

（4）自吸变宽　光源在某区域发射的光子，当其通过温度较低的光路时，被处于基态的同类原子所吸收，致使实际观测到的谱线强度减弱而轮廓增宽，此现象为自吸变宽。由于在发射线中心波长处具有最大的吸收系数，当一条谱线发生自吸时，中心波长的强度低于其两翼，称为自反转。在极端的情况下，一条谱线分裂为两条谱线，称为自蚀。

在通常的原子吸收光谱分析的试验条件下，原子吸收光谱的轮廓主要受多普勒和洛伦兹变宽的影响。

3. 定量分析的基本原理

1955 年，澳大利亚物理学家 A. Walsh 在他发表的著名论文"原子吸收光谱在分析化学中的应用"中，提出了用峰值吸收系数来代替积分吸收系数的测量原理，并提出理想化时用峰值吸收系数代替积分吸收系数测量的峰值吸收公式：

$$A = \left\{ 0.4343aL \sqrt{\frac{\ln 2}{\pi}} \frac{\lambda_0}{\Delta \lambda} \frac{\pi e^2}{mc} f \right\} c \tag{3-2}$$

式中　A——吸光度；

a——比例常数；

L——原子蒸气厚度（cm）；

λ_0——波长（nm）；

$\Delta \lambda$——波长范围；

e——电子电荷；

m——电子质量；

c——光速；

f——振子强度。

在实际应用时，只需测定在最大峰值吸收处的吸光度 A 与样品浓度 c 的线性关系，而无须具体测定最大吸收系数。在某元素某波长被确定和各种条件相对稳定的情况下，式（3-2）大括号中均视为常数，如用大写"K"来表示，则

$$A = Kc \tag{3-3}$$

式（3-3）即是符合比尔定律的原子吸收光谱定量分析的基础公式。

原子吸收光谱实际工作原理：点亮用被测元素纯金属制成的空心阴极灯，它发出特征波长光，通过分光系统，寻找该谱线并置于峰线极大位置。此时，吸收池、原子化器在高温中生成的该元素的基态原子（能量处于最低状态）立即吸收该灯发出的特征波长的光而上升到激发态，同时伴随经光电转换、放大、解调、对数转换和积分电路的吸收电信号迅速增强；在符合比尔定律的浓度范围内配制已知的该元素浓度的工作曲线，并与未知浓度的样品一起测量，将样品的吸光度在工作曲线中查得浓度值换算成相应的质量分数。

3.1.2　原子吸收光谱仪

原子吸收光谱仪亦称原子吸收分光光度计（AAS），是基于蒸气相中被测元素的基态原子对其共振辐射的吸收强度来测定试样中该元素含量的一种光谱分析仪器。因其定量准确、结构简单、操作方便、价格低廉等特点被广泛应用。

常规原子吸收光谱仪由五部分组成，分别为光源、原子化器、光学系统、检测和控制系统以及数据处理系统，图 3-2 所示为原子吸收光谱仪的结构原理。

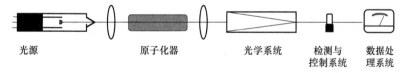

光源　　　　原子化器　　　　光学系统　　检测与　　数据处
　　　　　　　　　　　　　　　　　　　　　控制系统　理系统

图 3-2　原子吸收光谱仪的结构原理

1. 光源

光源的功能是发射被测元素的特征辐射光谱，它的性能直接影响原子吸收光谱分析的检出限、精密度及稳定性等。原子吸收光谱仪采用的光源有锐线光源和连续光源。目前主要使用的锐线光源有空心阴极灯、无极放电灯；连续光源是高压短弧氙灯。

（1）空心阴极灯

1）空心阴极灯的结构。空心阴极灯（HCL）是一种产生原子锐线发射光谱的低压气体放电管，其阴极形状一般为空心圆柱，由被测元素的纯金属或其合金制成。空心阴极灯的阳极是一个金属环，通常由钛制成，表面有吸气材料，以保持灯内气体的纯净。灯的外壳为玻璃筒，工作在紫外区的光窗由石英或透紫玻璃制成。管内抽成高真空，充入几百帕的低压惰性气体，通常是氖气或氩气，如图 3-3 所示。

2）空心阴极灯的作用原理。空心阴极灯是一种特殊的低压辉光放电灯，当阴极与阳极间施加 300~500V 的电压时，极间形成电场，惰性气体分子与电子发生碰撞产生电离，气体

的正离子以极高的速度向阴极运动，并撞击阴极内壁，引起阴极物质溅射，原子进一步与气体离子撞击后被激发至高能态，原子由不稳定的激发态回到基态时以光的形式释放出多余的能量，激发光子的能量等于该原子的激发态与基态的能量差，因此从空心阴极灯射出激发光的波长等于该元素原子的吸收波长。

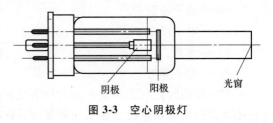

阴极　　阳极　　　　　光窗

图 3-3　空心阴极灯

灯的发射强度由灯电流的大小决定。电流过大，自吸现象增强，谱线变宽，影响测量的检出限和线性指标；电流过小，光源的辐射强度减小，放电不正常，信噪比降低。

（2）无极放电灯　对于大多数元素来说，空心阴极灯能够满足原子吸收光谱仪测定要求，但对于一些测量波长特别短、蒸气压比较高的元素（如 As193.7nm、Se196.0nm 等），空心阴极灯不能提供足够高的能量用于吸收分析，尤其是元素含量较低时。这种情况下可以选择无极放电灯。

1）无极放电灯的结构。无极放电灯（EDL）是在石英管中放入少量被测元素的化合物，通常是卤化物（如碘化物或溴化物），并充有惰性气体制成的放电管。

2）无极放电灯的作用原理。在驱动器提供的高频电场中，石英管内产生气体放电，激发惰性气体原子。随着放电的进行，石英管温度升高，使金属卤化物蒸发和解离。待分析元素原子与被激发的惰性气体原子之间发生非弹性碰撞而被激发发射特征辐射光谱。

无极放电灯的谱线光谱带宽窄、背景干扰小、发射强度大、共振线的自吸小、寿命长，特别适用于共振线在紫外区的易挥发元素的测定。使用前须预热 30~45min，需要配备单独的电源。

（3）氙灯　在连续光源高分辨原子吸收光谱仪中，用短弧氙灯连续光源替代空心阴极灯。这种短弧氙灯在整个光谱范围内（190~900nm）产生连续辐射，可满足 190~900nm 波长内所有元素的原子吸收光谱测定需求，并可以选择任何一条谱线进行分析，也可用于测定部分具有锐线分析光谱的非金属元素。

2. 原子化器

在原子吸收光谱仪中，原子化器的作用是提供能量，将样品中的目标元素从原来的分子状态、离子状态变成处于基态的自由原子，是直接决定仪器分析灵敏度的关键因素。常用的原子化器有火焰原子化器和非火焰原子化器（最常用的为电热石墨炉原子化器）。

（1）火焰原子化器　目前使用的绝大多数是预混合型火焰原子化器，由雾化器、预混合室和燃烧器组成。其优点是操作方便、分析速度快、分析精度高、测定元素范围广、背景干扰较小等。

火焰原子化包括样品溶液的吸喷雾化、脱溶剂、熔融与蒸发、原子化等。图 3-4 所示为火焰原子化过程。

1）吸喷雾化。试液的吸喷雾化效果受雾化器结构、溶液性质及吸喷条件等因素影响。试验结果表明，试液的黏度、吸液毛细管长度和测量液面的相对高度对吸喷速率有影响。因此，制备试液时，应选用黏度较小的溶液介质，且测量时保持液面高度一致，使用同一长度的吸液毛细管。火焰中原子的密度仅在一定范围内随吸喷速率的提高而增加，过分提高吸喷速率可能降低雾化效率而不利于原子化。

在仪器已经调好并点火燃烧的情况下，吸喷一定量（A）的水溶液，收集其废液量（B），记下吸喷时间（t），则单位时间的吸喷量 $Q = A/t$，雾化率 $f = (A-B)/A$。根据经验，一般 $Q = 3 \sim 6\text{mL/min}$ 比较合适，f 以大于 10% 为好，此条件下灵敏度较高。

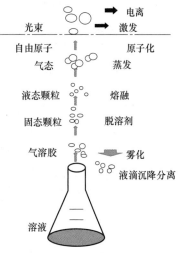

图3-4 火焰原子化过程

2）脱溶剂。试液雾化后在火焰中脱溶剂，脱溶剂越快，在单位时间内就会有更多的干气溶胶熔融、蒸发变为分子蒸气，提供更多的分子并解离为基态原子。雾滴脱溶剂与原子吸收光谱分析灵敏度直接相关。雾珠在雾化室和燃烧器内的传输过程中已部分脱溶剂，当到达火焰时，雾珠完全脱溶剂变成干气凝胶。雾珠和气溶胶粒径是影响脱溶剂的主要因素，因此雾化器产生的雾珠和气溶胶的粒径应尽量小。

3）熔融与蒸发。雾滴经过脱溶剂干燥后，少部分直接由干燥雾滴升华为分子蒸气，绝大部分经过熔融后由液态蒸发为分子蒸气。雾滴越大，熔融时间越长，火焰温度越高，熔融时间越短。当雾滴熔融之后，它在火焰中继续获得能量并蒸发为分子蒸气。熔融雾滴蒸发的时间越短，对原子吸收光谱分析越有利。蒸发一个熔态粒子所需的时间与粒子半径的二次方成正比。

4）原子化。对于火焰原子吸收光谱法，试样中被测元素在火焰中产生的基态原子浓度越高，则火焰原子化能力越强。火焰的原子化能力主要表现为热能及化学反应能。热能与温度有关，化学反应能反映了火焰中的试样与火焰中的产物或半分解产物之间化学反应过程促进原子化的能力。原子吸收光谱分析使用的火焰随着使用的燃料及助燃气体的性质不同而不同，同时每一种燃气-助燃气组合中的气体含量比例也会对火焰性质产生显著影响。

在日常分析工作中，原子吸收光谱法所使用的火焰最常用的有两类，即碳氢火焰（天然气-空气、乙炔-空气等）和氢气火焰（氢气-空气、氢气-氧气等）。碳氢火焰中，应用最广的是乙炔-空气火焰，其优点是温度高，且能产生还原气氛，抢夺单氧化物中的氧，提高原子化效果。

（2）电热石墨炉原子化器　电热石墨炉原子化法是最重要的原子化方法之一，其原理是利用大电流（高达数百安培）通过高阻值的石墨管时所产生的高温（$2000 \sim 3000\text{℃}$），使置于其中的少量试液或固体试样干燥、蒸发和原子化。

1）石墨炉原子化器的结构。石墨炉主要由石墨管、炉体、电源三部分组成，如图3-5所示。炉体两端是金属电极，通过电缆连接到石墨炉电源。两个金属电极中间紧密装配着石墨电极，保证石墨管和金属电极良好接触。石墨

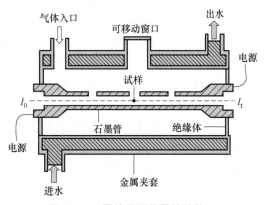

图3-5 石墨炉原子化器的结构

电极把石墨管罩住，其间流通着惰性保护气体，使石墨管与外界空气隔离。石墨管内也充满惰性气体，用作载气。金属电极上的冷却水管能够使石墨管在一个测定周期后迅速冷却。金属电极的通光部分使用石英窗，使管内载气由石英管两端向中心流动，携带样品蒸气从进样孔中逸出。

2）石墨炉原子化过程如图3-6所示。

① 干燥阶段，蒸发除去试样中的溶剂，以避免溶剂的存在导致灰化和原子化过程飞溅。干燥的温度一般稍高于溶剂的沸点。干燥的时间视进样量的不同而有所不同，一般每微升试液需约1.5s。

② 灰化阶段，除去易挥发的基体和有机物，通过化学处理减少干扰物质，同时对被测物质起

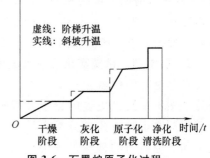

图3-6　石墨炉原子化过程

到富集作用。灰化的温度及时间一般要通过实践选择，通常温度为100~1800℃，时间为0.5~1min。

③ 原子化阶段，使试样解离为中心原子。原子化温度和时间因被测元素的不同而变化，可通过试验选择最佳的原子化条件，这是原子吸收光源分析的关键步骤之一。通常原子化温度为2500~3000℃，时间为3~10s。在原子化过程中，应停止动态惰性气体通过石墨管，以延长原子在石墨炉管中的平均停留时间。

④ 净化清洗阶段，此阶段是样品测定结束后，继续升温并保持一段时间，除去石墨管中残留物的过程。目的是净化石墨管，减少因样品残留所产生的记忆效应。除残温度一般高于原子化温度10%左右，除残时间根据经验而定。

3）石墨炉原子化的特点。与火焰原子化相比，电热石墨炉原子化的特点如下：

① 灵敏度高、检测限低。因为试样直接引入石墨管内，试样的绝大部分都参与吸收；在强还原性介质内原子化，有利于难熔氧化物分解和自由原子的形成，自由原子在石墨管内平均停留时间长，能够积累高浓度自由原子。

② 用样量小。一般固体试样为0.1~10mg，液体试样为5~100μL，所以更适用于微量试样的分析。

③ 抗干扰能力强。石墨炉原子化时经过灰化分离，减少了干扰物质，可以分析共振线位于紫外区的非金属元素，如碘、磷、硫等。

④ 安全。电热石墨炉原子化是在密闭条件下进行的，相对开放的火焰原子化更安全。

存在的局限性：设备比较复杂，成本比较高，操作要求高；精密度、重现性较差；杂散光引起的背景干扰较严重，需要校正。

3. 光学系统

（1）外光路系统　外光路的作用是将元素灯的光汇聚，从原子化器的最佳位置通过原子化区，然后聚焦到单色器的入射狭缝。原子吸收光谱仪的外光路系统一般分为单光束光路系统和双光束光路系统两种类型，如图3-7所示。

1）单光束仪器。如图3-7a所示，单光束仪器因光能量大、信噪比好被广泛应用，但单光束光路系统不能消除光源波动造成的影响，基线漂移较大，空心阴极灯要预热一定时间，

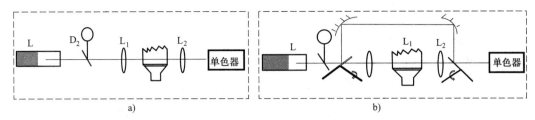

图 3-7　原子吸收光谱仪外光路系统

a）单光束光路系统　　b）双光束光路系统

L—元素灯　D_2—氘灯　L_1、L_2—聚光镜

待稳定后才能进行测定。近年来，随着微型计算机技术的发展和自动进样器的采用，进样过程可以自动进行基线校正，消除了基线漂移的影响，大幅度提高了单光束仪器的性能。

2）双光束仪器。如图 3-7b 所示，用旋转切光器把光源输出的光分为两路光束，其中一束通过原子化器作为样品光束，另一束绕过原子化器作为参比光束，然后用切光器把两束光束合并，交替地进入单色器。检测器根据同步信号分别检出样品信号和参比信号。由于两路光束来自同一光源，光源的波动可以通过参比信号补偿，因此仪器预热时间短，并可以获得长期稳定的基线。其缺点是光能量损失大，会造成仪器基线瞬时抖动噪声增大。

3）实时双光束仪器。美国 Perkin Elmer 公司的 AAnalyst 600/800 原子吸收光谱仪首先推出了光纤实时双光束系统，创造性地采用高透过率的光纤将参比光束聚焦到单色器上。参比光束和通过原子化吸收池的样品光束都经过单色器并进行被相同的色散，通过出口狭缝聚焦到同一固体检测器（采光性优于光电倍增管）的预定位置而被完全同时地检测。由于两束光出自同一光源，检测系统检测出的是它们的信号差，因此光源的任何漂移，都将被同步地补偿消除，这个过程既保持了原双光束的优点，又改正了原双光束仪器分散为两光束后光能量弱、光电倍增管散粒噪声大所造成的基线瞬时抖动噪声较大的不足。

（2）分光系统　光波是一种电磁波，在真空中传播速度 c 等于频率 v 与波长 λ 的乘积：

$$c = \lambda v \tag{3-4}$$

原子吸收光谱法所研究的波段为 190～900nm，大多数元素谱线主要集中在 200～400nm 的远紫外区。因为原子吸收光谱仪使用了锐线光源，所以对单色器分辨率的要求不高，小于 0.03nm 即可使用。采用一般线性衍射光栅，标线在 600～3000 条/mm 范围，焦距为 0.25～0.5m，以艾伯特（Ebert）和利特洛（Littrow）式两种分光装置结构安装。

根据定义，单色器通带：

$$W = DS \times 10^{-2} \tag{3-5}$$

式中　D——单色器色散率（nm/mm）；

　　　S——单色器出口狭缝宽度（μm）。

目前，原子吸收光谱仪的进出口狭缝都是连动式的。单色器通带指在选定缝宽时通过出口狭缝的波长范围（nm）。

单色器是用于从辐射光源的复合光中分离出被测元素分析线的部件。原子吸收光谱仪常用的光栅单色器有利特洛型、艾伯特型、切尔尼-特纳型和濑谷-波冈型凹面光栅单色器，如图 3-8 所示。

4. 检测器

检测器用来检测原子吸收信号，并即将光信号转换为电信号。原子吸收光谱仪常用的检

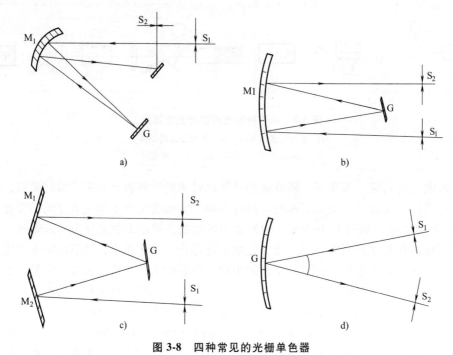

图 3-8　四种常见的光栅单色器
a）利特洛型　b）艾伯特型　c）切尔尼-特纳型　d）濑谷-波冈型

测器是光电倍增管。20 世纪 90 年代，固态传感器性能大幅度提高并开始应用，如光电二极管阵列（photodiode arrays，PDA）、电感耦合器件（charge coupled devices，CCD）及电荷注入器件（charge injection devices，CID）。

（1）光电倍增管　光电倍增管是一种多极的真空光电管，内部有电子倍增结构，内增益极高，是目前灵敏度最高、响应速度最快、动态范围最大的一种光电检测器，被广泛用于各种光谱仪器上。

光电倍增管由光窗、光电阴极、电子聚焦系统、电子倍增系统和阳极五个部分组成。其光谱特性的短波阈值取决于光窗材料，原子吸收光谱仪的光窗材料通常采用能够透过紫外线的玻璃或熔融石英。光电阴极的作用是光电转换，接收入射光，向外发射光电子，光电倍增管的长波阈值取决于光电阴极材料，常用的阴极材料有 Sb-Cs、Sb-K-Cs、Sb-Na-K-Cs 等。前一级发射出来的电子在电场作用下加速并轰击第二级倍增极，发射次级电子，从而导致电子的倍增。阳极是用来收集最末一次倍增极发射出来的电子。图 3-9 所示为光电倍增管的工作原理。

光电倍增管由负高压供电，电压范围为 200~1000V，由于光电倍增管本身的放大倍数很大，需要极其稳定的供电电源。光电倍增管等效于一个恒流源，其内阻极高，除严格的光屏蔽，也需要电磁屏蔽。在原子吸收光谱中，对于不同的元素、不同的工作条件（如允许的灯电流、单色器的光谱通带），进入检测器的光能量相差几千倍，因此其电压调整范围很宽。当接收到的光能量低时，就需要使用高的光电倍增管供电电压，这将使测定的信噪比变坏。因此，观察光电倍增管的电压变化，对检查和判断仪器的光学系统是否受到污染、元素灯是否损坏，具有一定的参考作用。

（2）双检测器　双检测器
（两个完全匹配的光电倍增管）
在原子吸收光谱中的应用解决了
检测过程中由于时间差引起的背
景扣除的误差。其原理是，一方
面，样品中的被测原子在导入磁
场时，分析谱线中与磁场平行的
偏振组分会被原子吸收，而与磁

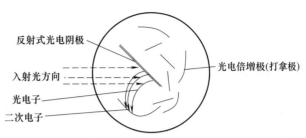

图 3-9　光电倍增管的工作原理

场垂直的偏振组分则不被原子吸收；另一方面，由分子和颗粒物散射所形成的背景吸收在磁
场作用下不发生变化。对这两个偏光成分的测量值进行差减，背景吸收就被消除，从而得到
纯原子吸收信号。

（3）固态检测器　CCD、CID、PDA 等是光谱仪器中常用的固态检测器。光电倍增管的
光电转化是基于外光电效应，而固态检测器是基于内光电效应。

固态检测器主要由光电转换元件及电信号读出电路两部分组成。光电转换元件是由按照
一定规律排列的被称为像素的感光小单元组成，一般为硅光电二极管。将光电二极管通过不
同的技术集成在一起，形成线阵或面。对不同种类的器件，其电信号读出电路的制作工艺及
信号读出方式各不相同。

3.1.3　原子吸收光谱仪的测定方法

（1）标准曲线法　分析过程中以吸光度-浓度或吸光度-含量绘制工作曲线，由此计算浓
度或查得百分含量。标准曲线的校准点包含不少于五个标准溶液。制备标准溶液时应注意，
如果有基体干扰，标准溶液则采用与样品主体元素相同量的纯金属打底（当组成元素干扰
可忽略不计时），并控制酸度和试剂用量。

（2）标准加入法　又称标准增量法，当被测样品的组成不确定，又有基体干扰时，在
平行样品的一份母液中定量地至少取出三份溶液，在第一份溶液中不加标准溶液，后两份溶
液中加入台阶标准（母溶液的另一份平行样品也要吸出一份）。经仪器测定后，以作图法外
推求得样品浓度，或经计算求得。其多点标加计算式为

$$c_x = \frac{A_x \sum\limits_{i=1}^{n} c_i}{\sum\limits_{i=1}^{n} (A_i - A_x)} \tag{3-6}$$

式中　A_x——未知样品吸光度；

　　　n——标准加入点数；

　　　c_i——某点加入标准浓度；

　　　A_i——某点加入标准连同未知样品的叠加吸光度；

　　　c_x——经计算求得的未知样品的浓度。

图 3-10 所示为标准加入法工作曲线。以 O 为圆心，以 OF 为半径画一外圆，外圆与已
知浓度轴的交点为 E，E 到 O 的距离 OE，即为 c_x 的实际浓度。实际工作时是用工作曲线纸
绘制工作曲线的，因此以 OF 的格数等于 OE 的格数即可查出定量浓度值。

使用标准加入法应注意以下几点：

1）只适用符合比尔定律的线性区域（经验得出，无论何种元素，何种吸收线，吸光度弯曲拐点在 0.3～0.4 处），不适用于非线性区域（除非仪器有标准加入法曲线的弯曲拟合校直功能，但在拐点附近要多配几个标准点）。

2）为得到较为精确的外推结果，至少应采用包括本底在内的三点来绘制工作曲线（即标准加入至少两点，而且高标浓度加入尽可能是 c_x 的 2 倍）。

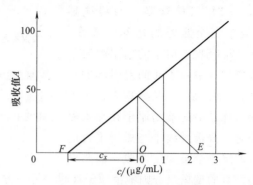

图 3-10　标准加入法工作曲线

3）背景和空白浓度值要加以扣除，特别是空白，也要以标准加入法求出未知浓度。由于和样品标准加入法曲线斜率不一致，所以不能以样品吸收值减空白吸收值，而要以浓度值相减。

4）基体干扰大到在加入标准点范围内，其吸收值明显不成线性或抑制干扰量大于 50% 时，标准加入法不适用（可用 2～3 种不同称样量的该基体标准加入法来测量结果，其结果离散性较大时，标准加入法不能用）。

（3）精密内插法　样品含量较高（质量分数为 5%～10%），读测时，在接近样品吸收值 ±5% 左右配密集的 3～4 个标准点，将最低标准置零，利用量程扩大将高点标准放大至合适倍数，然后将未知样品插入其中读测，能提高测量精度。

3.1.4　原子吸收光谱法测定条件的选择

原子吸收光谱法测定的最佳条件是相对的，最佳条件的选择是通过权衡各种条件后加以选定的，使测定的结果具有一定代表性。

1. 火焰原子吸收法

根据被测元素含量高低及基体光谱干扰与否来选择合适的分析吸收线，并可做谱线轮廓扫描图，观察谱线分辨率及干扰线或背景情况。

1）灯电流大小对灵敏度、工作曲线线性和基线稳定性的影响试验。

2）狭缝大小（或光谱通带大小）对灵敏度、工作曲线线性和基线稳定性的影响试验。

3）原子化器高度（即空心阴极灯光斑中心距燃烧器平面的高度）对灵敏度的影响及对基体干扰改善的影响试验。

4）试液提升量及碰撞球位置对灵敏度及对基线稳定性的影响试验。

5）校正曲线种类、基体干扰状况及加络合掩蔽剂或缓冲剂（加入过量干扰元素使干扰"饱和"而趋于稳定）的效果及回收试验。

6）气体流量、燃助比变化对被测元素的灵敏度、干扰情况及工作曲线线性的影响试验。

通过权衡所有影响因素的利弊，选择出"相对"最佳条件。

2. 石墨炉原子吸收法

1）分析线、灯电流、狭缝宽度的选择要求同火焰法。

2）选择干燥温度及时间时，要根据溶液、溶剂的沸点和进样体积的不同进行试验。有时通过多次干燥的循环来获得低于检出限浓度的分析元素的浓集效果，但对金属试样来说，基体同样被浓集，这也需要增加后续的灰化时间，以便将其除去。

3）选择最佳的灰化温度与时间参数时，须注意制约因素的两个方面的试验条件：为完全除去基体，需采用足够高的灰化温度和足够长的灰化时间，但为保证分析元素的不损失，需采用尽可能低的灰化温度和尽可能短的灰化时间。试验原则是，既要尽可能除去试样基体，又不至于损失分析元素。当基体和分析元素两者的挥发行为无明显差别时，就需要做基体改进剂效果的选择试验。

4）在已选定的干燥、灰化参数条件下，依次改变原子化温度，选择能量最大释放分析元素的"平台"温度。有时不出现原子化曲线的平台，发现温度逐步上升而吸光度逐步增大现象，这就要考虑做石墨管热覆涂的合适耐高温盐的选择试验。

5）足够高的净化温度和足够短的净化时间能除去管中未挥发残渣，以保证下一次不产生影响，还要有利于提高石墨管的寿命。

以上灰化、原子化和净化温度、时间的选择，都可以用元素的吸光度变化与温度变化的关系曲线作图，考虑周全，选择最佳。

3.2 电感耦合等离子体发射光谱法

3.2.1 电感耦合等离子体发射光谱法分析原理和结构

1. 电感耦合等离子体发射光谱法分析原理

电感耦合等离子体发射光谱法既具有原子发射光谱法多元素同时测定的优点，又具有原子吸收光谱法溶液进样的灵活性和稳定性，已成为元素分析最通用的分析技术。

（1）原子发射光谱的产生 原子（离子）受电能或热能的作用，外层电子得到能量，由低能级 E_1 跃迁到较高能级 E_2，这时的原子（离子）处于激发状态。原子（离子）获得的能量（激发能）$\Delta E = E_2 - E_1$，单位是 eV。电子处于激发态时不稳定，当它直接跃迁回原来的能级时，会以辐射的形式释放多余的能量而发射光谱。所发射的谱线对该原子是特征的，其波长由式（3-7）决定。

$$\lambda = \frac{hc}{\Delta E} \tag{3-7}$$

式中 λ——波长（nm）；

h——普朗克常数；

c——光速（m/s）。

任何谱线的波长都不是单一值，而是具有一定的波长范围。谱线强度按波长分布的形状，称为谱线轮廓。谱线波长一般指谱线峰值强度 I_0 处的波长 λ_0，谱线轮廓所覆盖的波长范围称为谱线的宽度，但因谱线轮廓的边沿很难确定，因而习惯上把谱线强度峰值的一半（$I_0/2$）处的宽度，即半宽度 $\Delta\lambda = \lambda_2 - \lambda_1$，称为谱线宽度，如图 3-11 所示。谱线的半宽度越小，则越接近单色光，在高分辨率的仪器上能显示出谱线固有的物理轮廓。

（2）等离子体 等离子体（plasma）通常指电离的气体。等离子体不仅含有中性原子和分子，而且含有大量的电子和离子，其中正、负电荷密度相等，整体呈电中性，故称等离子体。光谱分析常说的等离子体指电离度较高的气体，其电离度约在 0.1% 以上。等离子体按其温度可分为高温等离子体和低温等离子体两大类：当温度为 $10^6 \sim 10^8 K$ 时，气体中所有的分子和原子完全离解和电离，称为高温等离子体；当温度低于 $10^5 K$ 时，气体仅部分电离，称为低温等离子体（光谱分析的光源）。在高频电磁场的作用下，这种等离子体可以达到很高的温度，成为一个具有良好的蒸发-原子化-激发-电离性能的光谱光源。

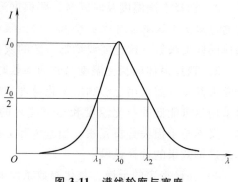

图 3-11　谱线轮廓与宽度

（3）电感耦合等离子体（ICP）的形成　ICP 的形成就是工作气体的电离过程。形成稳定的 ICP 炬焰需要四个条件：高频高强度的电磁场、工作气体、维持气体稳定放电的石英炬管和电子-离子源。等离子体形成的炬管装置如图 3-12 所示。

炬管由直径为 20mm 的三重同心石英管构成。石英外管（一般内径为 18 ~ 20mm）和中间管之间通 10 ~ 20L/min 的氩气，其作用是作为工作气体形成等离子体并冷却石英炬管（石英在 1600℃软化），称为等离子体气或冷却气。中间管（外径为 16 ~ 18mm）通入 0 ~ 1.0L/min 氩气，称为辅助气，用以维持并抬高等离子体焰炬。中心管（直径为 1 ~ 2mm，石英或氧化锆管）通入 0.5 ~ 1.0L/min 氩气，称为载气，用于将试样气溶胶引入等离子体（见图 3-13）。石英炬管外套设有高频感应圈，一般为 2 ~ 4 圈空心铜管。

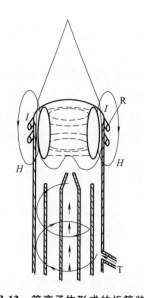

图 3-12　等离子体形成的炬管装置

R—高频感应线圈　　T—氩气流

I—高频电流　　H—高频磁场

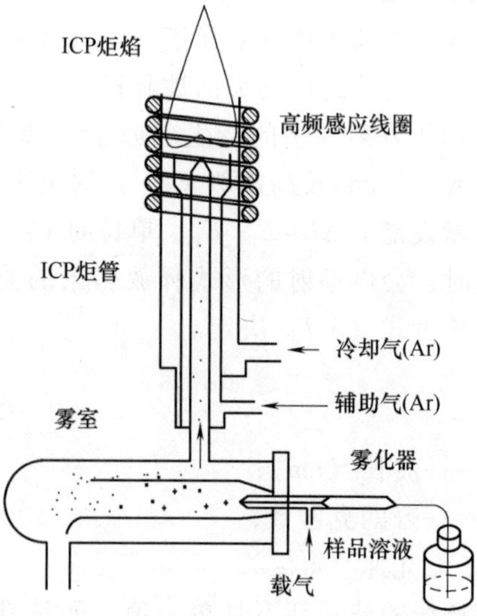

图 3-13　等离子体焰炬生成的过程

ICP炬焰

高频感应线圈

ICP炬管

雾室

冷却气(Ar)

辅助气(Ar)

雾化器

样品溶液

载气

形成 ICP 发射光谱一般分为四步：

1）向石英外管及中间管通入冷却气和辅助气，此时中心管不通气体，在炬管中建立氩气气氛。

2）向高频感应线圈接入高频电源（一般频率为 27～40MHz，电源功率为 1～1.5kW），线圈内有高频电流 I 和高频电流 I 产生的高频磁场。

3）氩气局部电离为导电体，带电粒子在高频交变磁场的作用下高速运动，碰撞气体原子，使之迅速大量电离，形成"雪崩"式放电。电离的气体在垂直于磁场方向的截面上形成闭合环形路径的涡流，在高频感应线圈内形成于相当于变压器的次级线圈，并与相当于初级线圈的感应线圈耦合，这股高频感应电流产生的高温又将气体加热、电离，并在管口形成火炬状的稳定的等离子体炬焰。

4）当载气将试样气溶胶通过等离子体时，便被高温的等离子体间接加热至 6000～7000K，发生原子化-电离、激发，产生发射光谱。

2. 电感耦合等离子体发射光谱仪的基本结构

（1）高频发生器　高频发生器（又称 RF 发生器）是电感耦合等离子体发射光谱仪的基础核心部件，通过高频感应线圈给等离子体输送能量，维持 ICP 光源稳定放电，因此要求其具有高度的稳定性且不受外界电磁场干扰。从功率输出方式上分类，高频发生器可以分为自激式高频发生器和他激式高频发生器两类。自激式高频发生器［斯派克、岛津及国内厂家生产的电感耦合等离子体放射光谱仪（ICP-OES）均使用这种］能将稳定的直流电变成具有一定周期的交流电，不需要外加交变信号控制就可以产生交变输出，具有线路简单、造价低廉，调试容易，当振荡电路参数变化时能自动补偿阻抗的少量变化等优点；缺点是功率输出效率低，振荡频率稳定度不高。他激式高频发生器（热电公司的仪器）由石英晶体控制频率，必须外加交换信号才能产生交变输出，具有功率输出效率高，振荡频率稳定，易实现频率自动控制等优点；缺点是线路复杂、成本高。

目前商品化的高频发生器的振荡频率主要使用 27.12MHz 和 40.68MHz，理论上讲，振荡频率越大，维持等离子体的功率相对就小一些，冷却气用量也相对少一些，产生的趋肤效应也强，便于形成等离子体中心进样通道（一般不会引起等离子体的熄灭），但在实际使用商品化仪器分析时，27.12MHz 和 40.68MHz 的分析性能并没有特别明显的差别，特别是在检出限和测定精度方面几乎没有差异。

高频发生器的另一个指标是其功率，因为功率是影响发射线强度和背景强度的主要因素。采购时，主要考虑其大小可调性和分析样品的性质，一般范围至少也在 800～1500W，对于普通水样品类一般采用 800～1200W 基本可以满足正常分析需要，而以有机物溶剂为基体的样品分析一般需要较高的功率来维持等离子体的正常运行。作为 ICP-OES 的光源主要考虑下列指标：反射功率至少要小于 10W；功率波动不能大于 0.1%（假如输出功率有 0.1%的漂移，发射强度就能产生超过 1%的变化）；频率稳定性要优于 0.1%。

（2）ICP 炬管　ICP 光源由高频电源和 ICP 炬管构成，而炬管的结构和特性对分析性能有更大的影响，是 ICP 发射光谱仪的核心构件。目前，市场上常用的通用炬管多数为 Fassel 炬管，一种是一体化的石英炬管，如图 3-14 所示。它是由透明石英管烧制而成。

另一种是组合式石英炬管，它是将三支石英管插在经精密加工的基座上，如图 3-15 所示。这两种炬管均有广泛应用，各有优缺点：前者容易装卸，各部分尺寸及相对位置均精密固定；后者三支石英管中任一支损坏时，可单独更换，不会报废整个炬管。

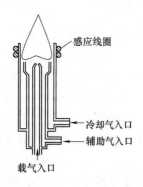

图 3-14　一体化石英炬管

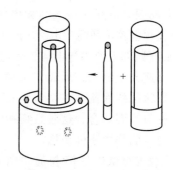

图 3-15　组合式石英炬管

无论何种 ICP 炬管，都是由三支同心石英管组成的，也都有三个进气管，如图 3-14 所示，分别进三股气流：最外层管通入冷却气（也称等离子气），沿切线方向引入，可保护石英管不被烧毁；中间管通入辅助气，可以点燃等离子体；中心管通入载气，载气又称进样气或雾化气，把经过雾化器的试样溶液以气溶胶的形式引入 ICP 光源。

理想的 ICP 炬管应该易点燃，节省工作气体且炬焰稳定。通用 ICP 炬管的不足之处是耗气量大，降低冷却气又易烧毁炬管。为了降低工作气耗量，必须保持高频输入功率和等离子体能量之间平衡，ICP 炬焰才能稳定。等离子体输入功率为高频正向功率，一般为 1kW 左右。输出能量有多项：冷却气流和气流带走的能量；热辐射和光辐射散失的能量；试样和溶剂蒸发、汽化和激发消耗的能量；炬管壁以传导及辐射损失的能量。当这些消耗的能量总和小于输入能量时，等离子体将熄灭；当输入能量过大时，将烧毁等离子体炬管。每一支石英炬管都有其相应的稳定曲线，表明等离子体稳定的范围。

图 3-16 所示为直径 22mm 的 ICP 炬管的等离子体稳定曲线。可以看出，当冷却气流量（外管气流）过低时，炬管很容易烧熔（石英管熔化）。

（3）进样装置　进样装置是 ICP 仪器中尤为重要的部件，一直是 ICP 光谱技术研究的热点。ICP 发射光谱仪的进样装置按试样状态有三种方式，即溶液雾化进样、气体进样和固体进样。其中，最常用的是溶液雾化进样，固体进样的分析性能研究尚不成熟，气体进样

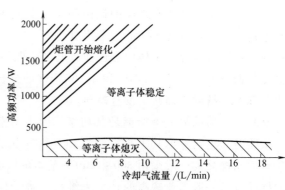

图 3-16　等离子体稳定曲线

主要应用于原子吸收光谱法和原子荧光光谱法。所以，下面主要介绍溶液雾化进样系统。

通用的溶液雾化进样系统的工作流程是：氩气经减压分成三路，其中两路供给炬管，用于产生等离子体，另外一路供给气动雾化器作载气用。各路均配有流量计以控制流量。载气在进入雾化器之前，可以用起泡器（加湿器）增加氩气的湿度，以防止试样盐类堵塞雾化器。试样雾化后经雾室进入 ICP 炬焰内管中心通道。

溶液雾化进样系统由雾化器和雾室组成。最常用的雾化器有同心气动雾化器、交叉（直角）气动雾化器和超声雾化器。

1）同心气动雾化器。同心气动雾化器是 ICP 发射光谱仪中应用较多的一类，其中最为典型的是迈哈德（Meinhard）双流体雾化器。它有两个通路，尾管进试液，支管进载气，材料多采用硬质硼硅玻璃。该雾化器利用通过喷嘴小孔的高速气流产生的负压提升液体，并将其粉碎成微细的雾珠，雾化率为 1%~3%，此时溶液提升量一般控制在 0.5~1.5mL/min，可保证等离子体焰炬的稳定。这种雾化器可分为 A 型、C 型和 K 型三种，主要区别在于喷口形状和加工方法。如图 3-17 所示，A 型为标准型，应用最多，它的喷口处的毛细管和外管处于同一平面，端面用金刚砂磨平；C 型雾化器喷口的中心管缩进约 0.5mm，目的在于防止高盐分溶液雾化时的喷口沉积，并能提高雾化效率，但这种内混式雾化器加工难度较大；K 型雾化器也是内混式，但中心毛细管未经加工磨光。

在分析高盐溶液时，为了抑制盐类在雾化器喷口的沉积，将外管出口制成喇叭状（见图 3-18），这样可以雾化含盐量高的试液，但灵敏度稍低。

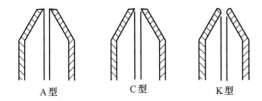

图 3-17 三种 Meinhard 双流体雾化器

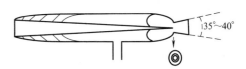

图 3-18 喇叭状气动雾化器

同心雾化器雾化进样过程如图 3-19 所示。

2）交叉气动雾化器。交叉气动雾化器又称直角气动雾化器，因为它是由互成直角的进气管和进液毛细管构成。进液毛细管可使用玻璃或铂-铱合金，后者可用于含氟离子试液，基座多为工程塑料。进液毛细管和基座的连接可以采用固定式或可调节式，进气管和进液毛细管的相对位置对雾化效果极为重要。一般认为，交叉气动雾化器相对于同心气动雾化器具有较强的抗高盐分和悬浮溶液的能力。

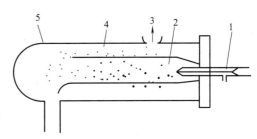

图 3-19 同心雾化器雾化进样过程

1—玻璃同心气动雾化器 2——次气溶胶
3—去 ICP 光源 4—二次气溶胶 5—Scott 雾室

3）超声雾化器。利用超声波振动的空化作用把溶液雾化成高密度的气溶胶，有很高的雾化效率和良好的检出限（比气动雾化器低约一个数量级）。超声雾化器产生气溶胶的速度，不像气动雾化器那样依赖于载气流量，因此产生气溶胶的速度和载气流量可以独立地调节到最佳值；超声雾化法产生高密度的气溶胶，比气动雾化器产生的气溶胶更细、更均匀，进样效率比气动雾化器高一个数量级；在结构上无毛细管及小孔径管道的限制，不会堵塞，试液提升量由蠕动泵控制，黏度等物理特性影响较小。超声雾化器也存在明显的缺点，如结构复杂，价格高，记忆效应大。

4）雾室。与雾化器构成进样系统，对于雾化性能有重要影响。ICP 光源对雾室的要求是：细化雾珠，去除大颗粒雾滴，与雾化器配合，向 ICP 光源提供均匀而细小的高密度试液气溶胶；较小的容积、较低的记忆效应，容易清洗；缓冲由于进样而引起的脉动，使载气气溶胶流能平稳进入光源；能连续地、平稳地排出废液。

（4）分光装置　光栅分光是利用光的衍射现象进行分光。光栅分为透射光栅和反射光栅。光谱仪器主要采用反射光栅作为色散元件。ICP-OES上常用的反射光栅为平面反射闪耀光栅、凹面反射光栅与中阶梯光栅。

光栅的实际分辨率是通过仪器实测方法得到的。通过测量谱线轮廓半宽度的方法计算分辨率。通常，仪器的分辨率能够达到理论分辨率的60%~80%，利用仪器的波长扫描功能在分析线 λ_0 的附近进行波长扫描，记录其谱峰轮廓，测定峰高一半处的宽度，计算仪器的实际分辨率（用 nm 表示）。

光栅装置是将入射狭缝、准直镜、光栅、成像物镜和出射狭缝等光学部件组装成光谱仪的形式，目前最常见的是中阶梯光栅。

中阶梯光栅光谱仪一般与固体检测器（CCD，CID）配用，多用于电感耦合等离子体原子发射光谱仪（ICP-AES）。图3-20所示为典型的中阶梯光栅 ICP 光谱仪的工作原理。由 ICP 发出的光经反射镜进入狭缝后，经准直镜成平行光后射至中阶梯光栅上，分光后再经棱镜分级和聚焦射到出射狭缝和检测器上。由中阶梯光栅光谱仪获得的光谱与平面光栅光谱仪不同，它是由多级光谱组成的二维光谱。不同元素的光谱线分布在不同的光谱级。

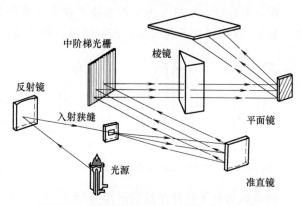

图 3-20　中阶梯光栅 ICP 光谱仪的工作原理

（5）检测装置　检测装置是把光信号转变成电信号，主要参数有量子化效率、暗电流、噪声和线性范围等。

1）光电倍增管。光电倍增管（photomultiplier tube，PMT）由光阴极、倍增极和阳极构成。原子发射光谱分析要求选用低暗电流的管子，其光阴极材料依据分光系统波段范围来选择。光电倍增管只有一个感光点，只能检测一个信号。每个 PMT 每次只记录一维单谱线的信息。在多道发射光谱中，因体积关系，PMT 最多可排列 62 个（同时测 61 根谱线或 61 个元素，另一根作内标线）。优点是测定速度快，成本低；缺点是每次测量只能测定一条谱线强度，或者测量一个波长的背景强度，而且热发射电子产生的暗电流噪声限制了 PMT 的灵敏度。

2）固体检测器。电荷转移器件（charge transfer devices，CTD）是新一代光谱分析用光电转换器件，它是以半导体硅片为基材的平面检测器，一般有多个感光点（像素），可以同时检测多个信号，这是固态检测器的最大优势。性能较好的固态检测器（CCD、CID）具有量子化效率高（可达90%）、光谱响应范围宽（165~1000nm）、暗电流小、灵敏度高、信噪比高、线性动态范围大（5~7个数量级）的特点，而且是超小型、大规模集成的元件。另外，易和计算机连接，构成精密的光学图像的三维数据（波长-强度-时间）采集和处理系统。固体检测器大致有三种结构，即电感耦合器件（charge-coupled device，CCD）、电荷注入器件（charge-injection device，CID）和分段阵列电感耦合器件（segmented-array charge-coupled device，SCD）。

在 ICP 发射光谱仪上，因为是测定发射光谱，样品浓度越低，到达检测器的光就越少，因此对量子化效率、暗电流、噪声的要求都比较高，并要求多元素同时分析，所以固态检测器有取代光电倍增管的趋势。

（6）仪器计算机控制及其软件概况　ICP 厂商一般提供最新 CPU 的计算机，操作系统 DOS 或 Windows 或 Linux 或 UNIX，多任务多用户机制。所有硬件或外接装置设备都可在计算机中实时控制。有的厂商除进行人员培训，还提供学习仪器基本操作的可视光盘，便于用户自学掌握。软件模块大致可分成分析、研究、控制、输出、工具等。通过独立计算机从元素周期表对元素分析进行选择，谱线可从已有谱线库中调用，有的仪器还可以从谱线库以外根据需要临时创建。每条谱线可显示波长、相对强度、级数、干扰元素和检出限等参数。有的仪器还可选择显示组分重叠的三维图形，任意选择较佳扣除背景位置。仪器所进行的定量、半定量分析都可以通过鼠标完成。样品分析完毕后，对全谱仪器若要更换谱线或背景校正位置、内标、谱线间干扰校正等，只需将已存入计算机中的标准和样品数据调出，经确定重组后，即可新建标准曲线，并重新计算样品中各元素的含量，而不必重新进样再分析。这对于量大面广样品分析的质量控制，减轻分析工作强度，特别是样品数量受限制的场合非常有利。

3. 电感耦合等离子体发射光谱仪的测定方法

如按工作曲线类型分，测定方法有工作曲线法、内标法、标准加入法、干扰系数校正法等。

（1）工作曲线法　当无基体或基体对被测元素无干扰时，可配制纯标准工作曲线；当基体有干扰时，可配制匹配基体的工作曲线。由于线性范围宽，比原子吸收更方便的是，质量分数低至 0.000% ~ ×.×% 的组成元素或杂质元素都可以配在一起，形成复合标准。低含量时，要考虑与样品匹配的基体中是否含有该元素的含量，要预先标定确认、定值后使用，也可以用相同基体的有证书的系列标准样品配制工作曲线。需要注意的是，当样品含量低至下限时，须去掉工作曲线中较高的几个标准点，对空白点和低点标准重新预置较高合适的负高压值，再次读测或带同数量级标样校读。切莫错误地以为同一元素在同一负高压值和同一条多点工作曲线下，可从 0.000% 读测到 ×.×% 都是正确的。样品分析时可用绝对强度比较法，亦可选用参比元素（内标）和内参比线（内标线），再根据相对强度来进行比较（内标法）。

（2）内标法　用内标法进行分析时，不只是用一条分析线，而是用分析线对。分析线对由一条分析线和一条内标线组成，参比元素的作用主要是补偿雾化去溶变化和光源波动等非光谱干扰。为了使这种补偿更加有效，参比元素的挥发、原子化、激发能、电离能等参数应尽可能与分析元素一致。其波长和强度应与分析线元素相近，即

$$R = \frac{I_1}{I_0} = \frac{ac^b}{a'c'^{b'}}$$

式中　　　　R——强度比；

　　　　　　I_1——分析线强度；

　　　　　　I_0——内标线强度；

　　　c、c'——分析线、参比线浓度；

a、b 和 a'、b'——分析线和参比线常数。

它的实际运用价值是当非光谱干扰因素发生变化时，分析线对的两条谱线的强度虽然有变化但强度比或相对强度能保持不变，即 R 能保持不变。用内标法时，单道扫描 ICP 仪器需增加单色器，一个作内标用，而多道扫描 ICP 仪器一般用基体元素作内标参比线，全谱仪器则可最灵活地选择最佳参比线。样品测定后，计算机会自动按公式要求计算和打印计算结果。

（3）标准加入法（增量法）　配制方法同原子吸收光谱法，适于多元基体有干扰但难以匹配的场合，并且所测浓度或含量为不太高的情况。常用的有直线外推法，即以分析信号测量值（x）对加入浓度（c_k）作图，得一直线并外推至负浓度轴（$-c_k$）相交，其交点的浓度值（绝对值）即为未知浓度（c）。$x - c_k$ 曲线解析式为

$$x = S(c + c_k) = S_c + S_{ck}$$

式中　S——$x - c_k$ 增量曲线的斜率，即灵敏度。

增量法须扣除基体背景和空白浓度才能得出正确的结果。ICP 发射光谱法的基体化学干扰一般比原子吸收光谱法低得多。另外，用单道扫描的描图功能，抵扣背景和空白浓度后，也可以得到增量法的结果，但不适于高浓度分析。增量法也可采用绝对强度或分析线与内标线强度相对比的方法来完成。

（4）干扰系数校正法　干扰系数校正法可用于多种场合。

1）校准基体工作曲线和纯标准工作曲线的差异。试验表明，基体化学干扰表现为斜率降低或增高，但其余条件一经固定，则它显示为恒值，即常数（波动在允许范围内）。这时采用纯标准工作曲线，以斜率乘以校准系数，它一般小于 1，亦可大于 1。样品用纯标准工作曲线可得到正确的校准结果。

2）特定情况下不得不用有光谱干扰的分析线。在基体量匹配恒定的情况下，其对分析线的干扰显示为一恒值常数（波动在允许范围内），也可用上述方法得到校准系数以对分析浓度和结果进行校准读测。

3.2.2　电感耦合等离子体发射光谱仪的操作和使用

仪器在安装初始化时一般应进行安装设置，只要不改变硬件，以后应用时无须重新设置。仪器应用设置一般包括仪器硬件系统的设置和仪器软件系统的设置，不同仪器的设置方法有所不同，但大同小异。下面以美国 PE OPTIMA7300 DV ICP 光谱仪为例，介绍其操作过程，其他仪器可参考相应的软硬件说明书进行。

1. 仪器的基本操作

（1）开机

1）检查仪器系统及其附属设备的安装连接是否正常。确认有足够的氩气用于连续工作，确认废液收集桶有足够的空间用于收集废液。打开稳压电源开关，检查电源是否稳定等。

2）开启氩气，调整气压为 0.5~0.7MPa。

3）开启循环冷却水泵，调整水压为 0.31MPa±0.034MPa，水温为 20℃±2℃。

4）开启稳压器，按下仪器总电源开关，开启仪器主机，随后开启自动进样器。

5）开启打印机、显示器及计算机主机电源。运行 ICP Winlab32 工作软件，出现待机窗口，等待仪器预热稳定，需 2~3h。

6）重新运行 ICP Winlab32 或在 System 菜单下 Diagostics 窗口标签页单点 Reconnect 按钮，直至 Spectrometer（光谱仪）、Plasma（等离子体）系统、Autosampler（自动进样器）全部与仪器主机连接正常。

7）开启空气压缩机及通风设备，装配进样管和出样管，准备点炬。

启动等离子体控制窗口，单击等离子体开关 ON，45s 后仪器自动点炬，同时仪器面板上红色紧急按钮指示灯亮。否则，查找原因，重新点炬。也可以在 Diagostics 正常状态下，通过软件 System 菜单下 Auto Startup/Shutdown 设置自动点炬的时间。

8）仪器点炬稳定 30min 后即可进行分析测试。

（2）关机

1）点炬状态下用去离子水或 5%硝酸溶液清洗进样系统。

2）单击等离子体控制窗口 Plasma 开关 Off，关闭 Plasma，也可通过软件 System 菜单下 Auto Startup/Shutdown 设置时间，定时自动熄炬。若测试过程中出现紧急情况，应立即按下仪器面板左侧的红色紧急按钮，熄灭等离子体。

3）将进样管提出液面，并重新启动蠕动泵，排空管内及雾化室里的残留液体，随后关闭蠕动泵，松开泵管。

4）退出 ICP Win Lab 软件及操作系统，关闭计算机主机、打印机、显示器电源。

5）在保持仪器主机电源、冷却水及气开启的状态下，重新开机需 13min。

6）关闭仪器主机电源、氩气及循环冷却水泵。

7）关闭稳压器、仪器总电源及通风设备。

8）关闭空气压缩机，排放其中的冷凝水及压缩空气。

2. 软件的基本操作

ICP 发射光谱仪一般配有专用的软件控制和操作，不同仪器公司的软件设计不同，但重要的功能和步骤基本类似。仪器软件操作主要包括软件设置和样品测定。

（1）软件设置　软件设置包括分析方法设置和样品设置，但 ICP 发射光谱法的参数设置要复杂些，其中主要的条件参数有被测元素、分析波长、等离子体条件、标准溶液的浓度、校正曲线的拟合方法等。ICP 谱线干扰比 AAS 严重得多，一般须进行背景校正，而谱线干扰则需要通过采用高分率模式或干扰系数校正法校正，越来越多的软件还带有多元数学校正方法，可适用于某些较复杂的情况。以下介绍 ICP 发射光谱仪的主要参数设置。

1）被测元素及分析波长是 ICP 发射光谱法设置中最重要的参数，ICP 发射光谱法可同时测定多种元素，对同一种元素也可选择多个分析波长进行测定。必须注意的是，有些元素的分析是用作内标，必须与被测元素区分开。

2）等离子体条件包括设置等离子体气流、射频功率、观测距离、等离子体观测方向和光源稳定延迟等。

3）对于具有轴向和径向两种观测方式的 ICP，还必须选择等离子观测方式。

4）由于 ICP 发射光谱仪一般采用标准溶液绘制校准工作曲线来校准仪器，因此在方法设定时，一般须将校准用的标准溶液浓度输入软件，以便仪器测定各标准溶液后能自动利用其谱线强度和其浓度绘制校准工作曲线。对于采用自动进样器进样的，还必须特别注意输入的校准溶液在自动取样器中的位置。

5）仪器软件一般可提供多种校准曲线的拟合方法，可以选择要使用的校准方程式类型，如线性，计算截距、线性通过零点、线性，插入法、非线性，计算截距、非线性，插入法、线性加权等，其中最常用的为线性（最小二乘法）。

（2）样品测定 ICP 发射光谱仪软件均能将方法保存，某类型样品的元素测定方法建立好后，日常样品分析则可直接调用。测定方式有手动和自动两种。样品测定一般包括以下步骤：

1）测定前首先建立样品信息文件，输入欲分析的样品标识、样品质量、样品制备体积，随后在每间隔 20 个样品插入一个标准溶液，作为质量控制样品并保存文件。

2）启动手动分析控制窗口，打开欲分析样品信息文件，并输入分析结果欲保存的文件名。

3）将进样管放入空白溶液中，在手动分析控制窗口中单击"分析空白" Analyze Blank ，再将进样管逐个放入标准溶液中，单击"分析标准溶液" Analyze Standard ，绘制标准校正曲线。待仪器标化完毕，检查各元素的谱线相对发射强度是否在允许的范围（如 1mg/L Ba 相对强度是否大于 50000cps）或校正曲线的线性是否大于 0.999，若谱线相对发射强度或校正曲线的线性不满足要求，应查明原因，重新分析。

4）将进样管按顺序逐个放入被测的样品溶液中，单击"分析样品" Analyze Sample ，仪器软件将自动保存并打印分析结果。

5）检查分析结果，对数据可疑的样品应重新分析，对浓度过高的样品应稀释后再进行分析。

6）分析完成后，按操作规程执行关机程序。仪器软件将根据 ICP 发射光谱法测得的样品溶液中元素的浓度、样品信息文件中的样品质量及样品的制备体积自动计算样品中元素的含量。

3. 维护保养及其故障排除

仪器的维护保养不仅关系到仪器的使用寿命，还关系到仪器的技术性能，有时甚至直接影响分析数据的质量。对 ICP 发射光谱仪来说，一般每天分析完样品后均须继续喷水 5～10min，将其中残存的试样溶液冲洗出去，必要时应拆下雾化器并用超声波清洗。应定期清洗雾化室、雾化器、炬管、样品喷射管等。仪器的循环水冷却系统、光学系统、风扇过滤网也应定期维护保养。对长期使用的仪器，因风扇过滤网积尘太多，有时会进入仪器内部导致电路故障，应定期用洗耳球吹净或用毛刷刷净；对长期不使用的仪器，应保持其干燥，潮湿季节应定期通电。

（1）维护保养

1）使用环境。等离子体光谱仪与其他大型精密仪器一样，需要在一定的环境条件下运行，否则，不仅影响仪器的性能，甚至造成损坏、缩短寿命等。光学仪器对环境温度和湿度都有一定要求，如果温度变化太大，光学组件受温度变化的影响就会产生谱线漂移，造成测定数据不稳定；如果环境湿度过大，仪器的光学器件，特别是光栅容易受潮损坏或性能降低。电子电路系统，特别是印制电路板及高压电源上的器件容易受潮而短路或烧坏。此外，过高湿度有可能使等离子体不容易点燃，甚至导致高频发生器的高压电源及高压电路放电而损坏等。

除应保持实验室温湿度条件，还应尽量减少实验室灰尘对 ICP 发射光谱仪的影响。由于实验室一般都不具备防尘、过滤尘埃的设施，且需要采用排风机排除仪器的热量及其产生的有毒气体，实验室与外部就形成压力差而产生负压，室外含有大量灰尘的空气流入室内，尘埃容易积聚在仪器的各个部位，造成高压元器件或接线短路、漏电等各种故障，因此需要经常进行除尘，包括定期清洗仪器过滤网。必须注意的是，除尘应事先停机并关掉供电电源下进行，对于需要拆卸或打开仪器的电子控制电路、高频发生器的除尘，一般应由仪器维修的专业人员进行。

2）气体控制系统。ICP 发射光谱仪的气体控制系统是否稳定正常地运行，直接影响仪器测定数据的好坏，如果气路中有水珠或其他固体杂质等都会造成气流不稳定，因此对气体控制系统要经常进行检查和维护。首先要做气体密封试验，开启气瓶及减压阀，使气体压力指示在额定值上；然后关闭气瓶，观察减压阀上的压力表指针，应在几个小时内没有下降或下降很少，否则说明气路中有漏气现象，需要检查和排除。另外，由于氩气中常夹杂有水分和其他杂质，管道和接头中也会有一些机械固体杂质脱落，造成气路不畅通。因此，需要定期进行清理，拔下某些区段管道，然后打开气瓶，短促地放一段时间的气体，将管道中的水珠、尘粒等吹出。应定期检查或更换气体过滤芯，确保通入仪器的气体为干燥、洁净的气体。

3）雾化器。雾化器是进样系统中最精密、最关键的部分，需要很好地维护和使用。由于雾化器喷嘴出口很小，容易受样品溶液中盐分或其他不溶物堵塞，易造成气溶胶通道不畅，常常反映出来的是被测元素谱线测定强度下降等。因此应定期对其清理，特别是测定高盐溶液之后，雾化器的喷嘴会积有盐分，更应注意清洗。同心雾化器通常是用硼硅酸盐玻璃或石英制造，因此使用时需要特别小心，以免破碎，任何时候切勿对其施加很大机械力，特别是雾化器嘴，切勿在超声波池中洗刷。切勿尝试使用导线或探头去除雾化器堵塞，这样做很可能造成损坏。在不用时雾化器应加以保护。

每次开始使用同心雾化器时，应首先送入微酸度空白溶剂，然后喷入去离子水几分钟，这样可确保当溶剂在雾化器内变干时，不会形成样品沉积或晶粒。

如果同心雾化器被堵塞，可使用稀硝酸或盐酸（也可两者的混合酸）浸泡，但必须注意不可对玻璃或石英使用 HF（氢氟酸），必要时还可加热清洗。目前，也有专用的酸雾化器清洗工具，如 EIuo 雾化器清洗器可用来定期清洗和维护雾化器。

4）炬管。石英炬管由石英制成，因此应小心对待，不要施加较大的机械力，尤其是在连接气体导管或装到炬管架内的时候。请勿使用金属或陶瓷刷或刮擦工具，以免造成损坏。同样，请勿在超声波清洗器内清洗石英炬管。炬管上的积尘或积炭都会影响点燃等离子体焰炬和保持稳定，也会影响反射功率，因此要定期进行酸洗，如将炬管在 10% 的 HCl 内浸泡，可以去除大部分盐沉积，然后水洗，最后用无水乙醇清洗并吹干，经常保持进样系统及炬管的清洁。

对于采用酸不易清洗的污染，有时也可通过高温方法消除，即将矩管放入 450℃ 的马弗炉内烘烤 30min，这种方法可以很好地去除有机样品导致的碳沉积。

炬管清洗后重新安装时，其安装位置很重要，若炬管安装位置不正确，容易导致等离子体无法点炬或炬管熔化。此外，如果氩气流量设置不正确，或者流量中断，又或者氩气管路内出现裂缝，也可能会引起炬管熔化。当然，随着炬管点燃时间的推移，炬管靠近等离子体一端的石英容易不再透明（析晶现象），主要是由于石英表面污染，如样品盐分或油的沉积，这些污染物在高温下会导致石英快速析晶。因此，应避免裸手操作石英炬管，防止人体的油脂在炬管表面沉积，加速石英的析晶并显著缩短矩管的使用寿命。

5）雾化室。避免接触雾化室内部表面的任何地方，否则可能破坏其湿润性。

有些仪器可配置塑料材质的雾化室，如 SCOTI 雾化室，这种雾化室非常结实，可用于氢氟酸分析，但大多数仪器一般用玻璃或石英特制的旋流雾化室，因此需要小心使用。特别是当连接引流管和喷雾管或雾化器时，切勿对其施加很大的机械力，切勿使玻璃雾化室撞到硬物，或在不用时不加任何保护。切勿使用金属或陶瓷刷或刮擦工具。切勿在超声波池中洗刷雾化室，或使用氢氟酸来清洗，否则很可能造成损坏。

如果雾化室的内部表面上有小滴积聚，或雾化室被样品沉积物所污染，应将其浸泡在清洁溶液（如 Glass Expansion 公司提供的 25%强度 Fluka RBS25 溶液）中 24h 或更长的时间。如果这样做仍无法去除污染，可以使用其他酸来浸泡，但不能使用氢氟酸溶液（塑料雾化室除外）。

一个好的日常维护的做法是，当每次开始使用和结束使用玻璃喷雾室时，在保持 ICP 炬焰的情况下先吸入稀酸空白溶液几分钟，这样可确保当溶液在雾化室内变干时，不会形成样品沉积或晶粒。

6）光学玻璃观察窗。仪器在使用过程中，元素的谱线强度随着时间的推移持续缓慢地下降，这是因为接收光信号的石英窗凸透镜有污点，须拆下来用清水冲洗，或者用 20%的硝酸浸泡后再用二次水冲洗干净即可。

7）维护保养频率。在仪器正常使用过程中，维护保养是一项经常性的工作，但更强调的是日常操作中的维护和保养。因此，应制订仪器的操作规程和维护制度，按照仪器说明书做到定期保养与定期检查，实行仪器操作登记使用制度，这对于延长仪器使用寿命，保证检验工作的正常进行是非常重要的。以下维护保养频率供参考：每月清洗雾化室、炬管、样品喷射管；每月用硝酸浸泡雾化器；每月清洗蠕动泵的滚轴；每三个月取下石英窗，用无水乙醇擦拭；每四个月检查循环水过滤网，更换循环水，清洗水循环系统；每四个月更换光谱仪上的风扇过滤网；测试有机样品后用软布清洁炬室，防止有机成分沉积；进样管、蠕动泵管、废液管、垫圈等消耗品根据使用情况及时更换；每年根据仪器生产商提供的日常维护条款对仪器进行全面保养。

（2）故障排除　常见故障有等离子矩点火故障、使用过程中熄火、仪器无信号显示、信息很不稳定、环境因素造成的故障、气路系统故障等。仪器内部部件出现故障一般要通知仪器生产商并由专业维修工程师来解决，但实验室也有相当的仪器外部条件或进样系统简单的故障可由操作人员预先进行排除。以下从几种常见故障可能的原因来分析，仪器操作人员可结合实验室实际情况对这些故障进行排除。

1）点火故障：①点火时无反应，应检查氩气纯度是否达到规定的纯度（99.99%以上）；②点火时按"IGNITE"键后，即有一类似环形火焰绕在铜线圈上，这种现象表明矩管使用时间过长，需要更换清洗；③在操作过程中，若发现炬管内有螺旋状放电现象，则有可能是矩管内有水汽，需要更换干燥的矩管，也可能是矩管过热，进样系统（如雾化器的前端喷嘴）发生堵塞，因此应仔细检查，确定原因后，采取相应措施；④循环水冷系统是否有充足的冷却液，否则仪器也会出现不点火的情况；⑤点火时，按点火"IGNITE"键，仅听见点火器发出的轻微响声，但点不着火；不加高压射频，现象仍相同，则可初步判定为射频发生器无输出功率，需要联系仪器专业工程师维修。

2）使用过程中熄火：①排风系统排风不畅或不连续，等离子矩区域的热量无法及时排出，影响等离子矩的稳定，因排风故障造成的熄火一般在仪器连续使用 30min 后才会出现；②矩管的安装位置对于等离子矩的稳定至关重要，但其对仪器的启动影响更大，会造成等离子矩无法正常点火或点火后无法持久等现象；③功率、雾化气、冷却气等操作参数对等离子体矩的稳定都有一定影响；④矩管外围的铜线圈外壁结垢、管内壁结垢、循环系统渗漏及管道过滤器堵塞等原因导致循环水量不足和风冷效果不佳（与室内温度有直接关系）均会影响循环水冷却的效果；⑤大功率管老化，运行不稳定；⑥气源压力过低而导致的自动保护，或者载气纯度不够，仪器等离子不稳定；⑦检查循环水冷器是否正常工作，如可能是由于冷却水温度过高；⑧其他的人为操作问题，如触动联锁控制点（开关等）造成熄火；⑨高频发生器是否发生故障。

3）仪器无信号显示：①检测中突然没有数据输出，则可能是雾化器的进样管或载气管脱落而造成的；②检测时采集不到积分的数据，可能是光学系统控制异常，如光栅转动异常导致所选用的某一元素的一些谱线不能准确地照射到出射狭缝上，这时可暂时中断当前的分析，再重新进行一次波长校正。如果同时进行的是多元素的测定，则只需对检测不到的元素进行波长校正，然后再进入分析状态继续进行检测。

4）信号很不稳定：①如果发现相对标准偏差变大，但雾化室并无故障迹象显示，应检查雾化器和氩气导接口及其密封性。聚乙烯或其他聚合物导管用久了有时会变硬，丧失其柔韧的气密性，在许多 ICP 发射光谱分析作业中，即使 1% 的氩气损失都可以产生几个百分比的变化，还须检查雾化器，避免有少量空气进入；②检测中发现元素扫描强度突然降低，或短期精密度达不到要求，应检查雾化器及进样管，如任何一方堵塞，此时可更换或清洗雾化器；如雾化器雾化效率较低，则可以确定是雾化器前端喷嘴破损，此时可更换雾化器。操作过程中发现载气流量大大低于正常设定值，无论怎么调节载气流量也没多大变化时，说明雾化器很有可能堵塞或破损。

5）环境因素造成的故障。若检测过程中，发现仪器性能很不稳定、短期精密度较高（如果不是因为仪器预热时间不够），则检查实验室内温度及湿度是否达到要求。ICP 发射光谱仪的工作温度范围以 15~35℃ 为最佳，且温度变化不应大于 1℃/h；当相对湿度较大时，不容易一次点火成功。

6）气路系统故障。点火时发现等离子气流量不足，调节流量器没有多大变化，此时初步判定为气路泄漏或气路堵塞，处理方法按气体管路接头分段排查；点火时发现等离子体发出"噼啪"声音，而且不易点着，此时初步判定为氩气中水分含量过高或气体纯度不够，更换高纯氩气即可。

3.2.3　电感耦合等离子体发射光谱仪测定参数的选择

电感耦合等离子体发射光谱仪测定参数的选择应尽可能兼顾具有较小的干扰效应（由于已选分析线没有光谱干扰，此处主要考虑非光谱干扰效应）和较大的检出能力（与较大的谱线强度及较小的背景相对应），并使分析校准曲线具有较大的线性分析范围（与低的背景和小的自吸效应相对）。另外，考虑同时或顺序多元素分析中的折中条件，应尽可能遵循对多元素均具有相对较好的分析条件为原则。

1. 仪器参数的影响

（1）分析波长 分析波长选择应尽可能选择灵敏度高而干扰少的分析线测定，重点考察元素间相互扰情况和基体元素对分析元素的影响，通过查阅文献资料或试验测定观察各元素的谱线形状和相互间的干扰情况。

（2）高频功率 输出到等离子体的高频功率变化时，等离子体温度、电子密度及发射强度的空间分布均发生变化，对不同元素及不同谱线的影响也不同。

当高频功率增加时，无论载气流量大小，分析线发射强度明显增强。在 ICP 光源中，"软线"发射的峰值随高频功率的增加而逐渐移向低观测高度处，而"硬线"峰值的观测高度几乎不发生移动。"软线"是电离电位较低元素的原子线及其激发电位较低的一次电离的离子线，"硬线"是较难电离元素的原子线及离子线。

标准温度为 8000K（约 7727℃）的谱线发射强度基本不受高频功率波动的影响；标准温度高于 10000K（约 9727℃）的谱线发射强度随高频功率的增加而增强；标准温度低于 8000K（约 7727℃）的谱线发射强度随高频功率的降低而减弱。

高频功率在影响分析线发射强度的同时，也会影响光谱背景的发射强度。无论其谱线性质如何，光谱背景发射强度随高频功率的增加而急剧增强，所以信背比随高频功率的增加而降低。检出限与信背比有关，增加高频功率将导致信背比下降，也会导致检出限增高，降低检出能力。较低的高频功率可获得较低的检出限，但低的高频功率会导致较明显的基体效应。

（3）气体流量 一般的 Fassel 炬管由三股气流组成，即载气、辅助气和等离子体冷却气。其中，等离子体冷却气及辅助气的波动对谱线发射强度的影响不显著，但载气流量对谱线发射强度有很明显的影响。

载气流量对谱线发射强度的影响是多方面的，首先载气流量影响等离子体中心通道温度、电子密度及分析物在等离子体中心通道的停留时间，同时载气量的大小也会影响试液提升率及雾化效率，多种因素综合作用的结果使载气流量的影响曲线呈现多种形状。在所述条件下，载气流量增加导致较高标准温度的谱线发射强度下降，对低标准温度的谱线强度影响较小。载气流量增加可明显降低光谱背景发射强度是普遍现象，因为它降低了 ICP 中电子密度和温度。

载气流量对基体效应也有显著影响，增加载气流量时，多数元素及谱线的基体效应增加。另外，过低的载气压力会使雾化器的雾化稳定性降低，从而对测量精密度产生不利影响。

（4）样品提升量 随样品提升量的逐渐增大，谱线发射强度一般先增强后减弱，变化幅度较小。样品提升量太少，单位时间进入等离子体的雾化样品气量也就太少，检测的灵敏度不够，但若进样量太多，影响溶液的雾化效率且浪费样品，故样品提升量一般为 $1.0 \sim 2.0 \text{mL/min}$。

（5）观测高度 观测高度指从感应线圈上端到测定轴为止的距离。在 ICP 光源中，谱线发射强度的峰值位置（观测高度）因谱线性质而异。各元素离子线的峰值位置大致相同，而原子线的峰值位置却因元素及谱线而异，在很宽的范围内分布。一般来说，低电离电位易激发的元素的谱线分布在较低观测高度，如碱金属和碱金属元素，难电离及难激发的元素的谱线分布在较高观测高度。

谱线的峰值观测高度和炬管的结构，特别是炬管中心管内径有关，也和高频功率和载气流量有关。增加高频功率将降低峰值观测高度；增加载气流量将使谱线峰值观测高度向上移动。

2. 仪器参数的选择原则

在 ICP 发射光谱分析中，分析线发射强度和光谱背景发射强度受多个因素影响。为了得到最佳的分析结果，需要对各个主要参数进行优化。首先要考虑优化的目标。在 ICP 发射光谱分析试验中，对于不同类型样品有各种不同的优化目标，归纳如下：

（1）分析线发射强度值较大　分析线发射强度作为优化目标的依据是，在 ICP 光源中，谱线发射强度值与光强度测量精密度有关。许多试验表明，不论采用光电倍增管或固态阵列器件检测器，当相对强度值很低时，光强度测量的精密度（简称光度精度）很差，只有分析线相对强度达到一定值后，才能获得良好的测量精密度。以分析线发射强度作为优化目标，对低含量元素测定是有用的，但由于分析线的检出限不是依赖分析线发射强度，而是与信噪比有关。因此，以分析线发射强度为优化目标，往往得不到最好的检出能力。

（2）信背比或信噪比较大　信噪比作为优化目标可以得到较好的检出限，是在 ICP 光谱分析中常用的优化目标。

（3）背景等效浓度较低　以背景等效浓度作为优化目标的结果与以信噪比作为优化目标的结果相同，也可得到较好的检出限。这两个参数互为倒数关系。

（4）基体效应较小　以基体效应较小作为优化目标，在实际样品分析中有实用价值。评价 ICP 光源性能及光谱仪，不仅要看其检出限，还要考察其稳健性（所谓稳健性即激发光源承受基体影响的能力）。良好的 ICP 光源及分析参数应有较强的承受基体影响的能力。

（5）干扰等效浓度较小　分析条件的优化要考虑分析样品的要求和特点。微量元素分析要求有较低的检出限，则优化的目标应是信噪比或相对标准偏差。如果分析的是有机溶剂样品，则高频功率及冷却气流量均应增加；如果考虑降低基体效应，则应采用稳健性条件。

3.3　原子荧光光谱法

3.3.1　原子荧光光谱法概述

原子荧光光谱法是 20 世纪 60 年中期提出并迅速发展起来的一种新型光谱分析方法，是原子光谱法中的一个重要分支。它是通过测量被测元素的原子蒸气在辐射能激发下产生的荧光强度，来确定被测元素含量的方法。

1. 发展简史和最新进展

1964 年，Winefordner 和 Vickers 等人提出并论证了原子荧光光谱法可作为一种新的化学分析方法。自 20 世 70 年代以来，国内外许多专家、学者、企业共同致力于原子荧光光谱商品化仪器的研制和开发。

美国 Technicon 公司于 1976 年生产出世界上第一台原子荧光光谱仪 AFS-6，它采用脉冲调制空心阴极灯作光源，以计算机进行控制和数据处理，能同时测定六种元素。20 世纪 80

年代初，美国 Baird 公司研制出 AFS-2000 型多道无色散原子荧光光谱仪，它采用电感耦合等离子体（ICP）作原子化器，可 12 道同时检测。此后，国外原子荧光光谱商品化仪器的发展非常缓慢。直到 1993 年，才有英国 PSA 公司生产的蒸气发生-无色散原子荧光光谱仪，它能同时检测 As、Sb、Bi、Hg、Se、Te 等六种元素。20 世纪 90 年代末，加拿大 Aurora 公司推出了一款氢化物发生-无色散原子荧光光谱仪（HG-AFS）。21 世纪初，美国 Leeman Labs 公司和德国 Analytik Jena 公司分别研制并推出原子荧光测汞仪。

我国从 20 世纪 70 年代中期开始研制原子荧光光谱仪，原子荧光光谱分析技术及其商品化仪器在我国得到飞速发展和普及推广。1975 年，西北大学研制出以低压汞灯作光源的冷原子荧光测汞仪；同期，中国科学院上海冶金研究所研制出用高强度空心阴极灯作光源、氮隔离空气-乙炔火焰作原子化器的双道无色散原子荧光光谱仪（AFS）。1979 年，北京有色地质研究院成功研制了以溴化物无极放电灯作激发光源的 HG-AFS，为原子荧光光谱仪在我国成功实现商品化奠定了重要基础，该院随后研制开发了 WYD、XDY-1 等双道 AFS。1987 年，刘明钟等人成功研制出脉冲供电特制空心阴极灯，这种高性能激发光源为 HG-AFS 在我国的普及推广创造了条件；在此基础上研制生产的 XDY-2 无色散 HG-AFS 以屏蔽式高温石英炉作原子化器，手动进样、双道同时检测、微型计算机控制，堪称我国 AFS 发展史上具有里程碑的仪器。1996 年，我国推出了第一款全自动 AFS-230 型 HG-AFS，采用断续流动进样装置，实现了氢化物发生反应的自动化。随后，我国相继研制生产出 AFS-610、AFS-230、SK-800、AFS 2202、AFS-830、AFS-9800、SK-锐析、AFS-930、AFRoHS-400 等高灵敏度商品化原子荧光光谱仪，使我国 HG-AFS 的研制和应用水平一直处于国际领先地位。

近年来，随着环境科学、生命科学等领域对元素形态和价态分析的要求，原子荧光联用技术，特别是与色谱的联用，已成为原子荧光光谱分析研究的热点。例如，我国自主研制的 SA-10、LC-AFS9800、AF-610D2 等仪器，就是基于 HPLC（高效液相色谱法）和 AFS 联用的形态分析仪，能够有效地分离和检测不同形态和价态的 As、Hg、Se、Sb 等元素。

2. 原子荧光光谱仪分类

原子荧光光谱仪分为色散型和无色散型两类。其基本结构都包括四个部分，即激发光源、原子化器、光学系统和检测系统，其结构简图如图 3-21 所示。

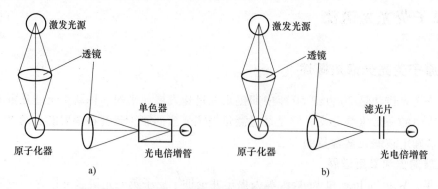

图 3-21　色散型和无色散型原子荧光光谱仪的结构简图

a）色散型　b）无色散型

两类仪器的区别在于色散型仪器多了一个单色器，而无色散型在检测系统前只需加一个光学滤光片。色散型与无色散型 AFS 的优缺点比较见表 3-1。

表 3-1 色散型与无色散型 AFS 的优缺点比较

类别	优点	缺点
色散型	1) 波长范围较为广泛 2) 分离散射光的能力较强 3) 灵活性较大,转动光源即可选择分析元素 4) 可以采用灵敏、宽波长范围的光电倍增管	1) 价格较高 2) 必须调整波长 3) 有可能产生波长漂移 4) 与无色散型相比,接收荧光的立体角较小
无色散型	1) 仪器结构简单、便宜 2) 不存在波长漂移 3) 有较好的检出限	1) 须采用日盲光电倍增管 2) 较易受到散射干扰和光谱干扰 3) 对激发光源的纯度要求较高

在目前的商品化原子荧光光谱仪中,绝大多数是无色散型,而氢化物发生-无色散原子荧光光谱仪是当前应用最为广泛、技术最为成熟的,是本书介绍的重点。

3. 原子荧光光谱法的特点

原子荧光光谱仪(AFS)与原子吸收光谱仪(AAS)和原子发射光谱仪(AES)相比,主要特点是:

1) 谱线简单、选择性好。原子荧光的谱线比较简单,光谱重叠干扰少。

2) 高灵敏度、低检出限。原子荧光的发射强度与激发光源的强度成正比,且从入射光的方向进行检测,即在几乎无背景下检测荧光的强度,可以获得很高的灵敏度和很低的检出限。

3) 分析曲线的线性好,线性范围宽。特别是用激光作激发光源时,分析曲线的线性为 3~5 个数量级。

4) 可实现多元素同时测定,易于自动化。原子荧光是向各个方向进行辐射的,便于制作多道仪器,可同时进行多元素的测定;另一方面,如果采用高强度的连续光源、高分辨的分光系统和电子计算机控制的快速扫描,可以大幅提高仪器的分析效率。

5) 仪器结构简单,价格适宜,便于推广。

尽管原子荧光光谱法有许多优点,但第一,由于荧光猝灭效应的存在,致其在测定复杂基体样品和高含量样品时,还有一定的困难;第二,原子荧光具有固有的散射光干扰,使其对激发光源和原子化器有较高的要求,从而导致在现有技术条件下,原子荧光光谱分析理论上所具有的优势在实际应用中难以充分发挥出来;第三,除 HG-AFS 在测定 As、Sb、Se 等易于生成氢化物的元素和 Hg 等易于生成蒸气的元素具有独特的优势,目前 AFS 测定的元素种类较少;第四,理论上,AFS 分析的线性范围很宽,但在目前的实际应用中部分元素仍未能达到预想的线性范围;第五,气相、液相干扰机理等尚待进一步研究。因此,原子荧光光谱法在应用方面还不如原子吸收光谱法和原子发射光谱法广泛,三者具有各自的优点和适应范围。这三种方法相互补充,构成一个完整的原子光谱分析体系。

3.3.2 原子荧光光谱仪的原理和结构

1. 原子荧光光谱原理

(1) 原子荧光光谱的产生、类型和定量基础 原子荧光光谱是以"原子荧光"现象为基础,其实质是以光辐射激发的原子发射光谱。处于基态的气态自由原子,当吸收外部光源一定频率的辐射能量后,原子的外层电子由基态跃迁至高能态,即激发态;处于激发态的电子很不稳定,在极短的时间($\sim 10^{-8}$s)内自发返回到基态,并以辐射的形式释放能量,所发射的特征光谱就是原子荧光光谱，如图 3-22 所示。

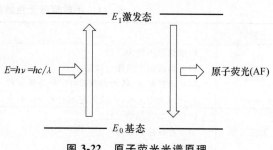

图 3-22　原子荧光光谱原理

原子荧光的类型多达 14 种，应用在分析上的主要有共振荧光、直跃线荧光、阶跃线荧光、敏化荧光和多光子荧光等。共振荧光因其跃迁概率大且用普通线光源即可获得相当高的辐射密度而应用最多。

根据朗伯-比尔定律及有关函数推算，当仪器和工作条件一定且被测元素浓度很低时，荧光强度与浓度成正比，测定原子荧光的强度即可求得样品中该元素的含量。

（2）荧光猝灭和荧光量子效率　激发态的原子从高能态跃迁回基态时发射出原子荧光。但是，受激原子在原子化器中可能与其他粒子发生非弹性碰撞而丧失能量，在这种情况下，荧光将减弱甚至完全不产生，这种现象称为荧光猝灭。荧光猝灭的类型主要有：与自由原子碰撞、与分子碰撞、与电子碰撞，与自由原子碰撞后形成不同的激发态、与分子碰撞后形成不同的激发态、化学猝灭反应等。荧光猝灭的程度取决于原子化器的气氛。

荧光量子效率（ϕ）用于衡量荧光猝灭程度，它表示原子在吸收光辐射后究竟有多少转变为荧光，定义为 $\phi = \phi_F / \phi_A$（其中，ϕ_F 是单位时间内发射的荧光能量，ϕ_A 是单位时间内吸收的光能）。有研究表明，许多元素在氩气中的荧光量子效率最高，即荧光猝灭概率最小。在原子荧光光谱仪设计中，应力求荧光量子效率接近 1。

（3）氢化物发生-原子荧光光谱法（HG-AFS）　氢化物发生进样法，是利用合适的还原剂或化学反应，将样品溶液中的被测元素还原成挥发性共价氢化物或原子蒸气，由载气流导入原子光谱分析系统进行检测。其主要优点是：被测元素容易与样品基体分离，减少了干扰；与溶液直接喷雾进样相比，能将被测元素充分富集，进样效率接近 100%；利用不同条件实现不同价态元素的氢化物转变，从而可进行价态分析；氢化物发生装置易于实现自动化。

原子荧光光谱法最成功的应用是分析易形成氢化物的 10 种元素（As、Sb、Bi、Ge、Sn、Pb、Se、Te、Cd、Zn）和易形成蒸气的 Hg。这些元素氢化物（蒸气）发生的反应条件和原子荧光谱线宽度见表 3-2。

表 3-2　部分元素氢化物发生的反应条件和原子荧光谱线宽度

元素	价态	反应酸介质	谱线宽度/nm	元素	价态	反应酸介质	谱线宽度/nm
As	+3	5%HCl	193.7	Se	+4	20%HCl	196.0
Sb	+3	5%HCl	217.6	Te	+2	15%HCl	214.3
Bi	+3	10%HCl	306.8	Cd	+2	2%HCl	228.8
Ge	+4	20%H_3PO_4	265.1	Zn	+2	1%HCl	213.9
Sn	+4	2%HCl	286.3	Hg	0	5%HNO_3	253.7
Pb	+4	2%HCl	283.3	—	—	—	—

注：五价的 As 和 Sb 也可与氢化物反应，但反应速度较慢，六价的 Se 和 Te 不与氢化物反应，Pb 的复化物为 PbH_4，但在溶液中 Pb 以二价态存在，所以应加入氧化剂。

（4）工作原理 图 3-23 所示为氢化物发生-无色散双道原子荧光光谱仪的工作原理。

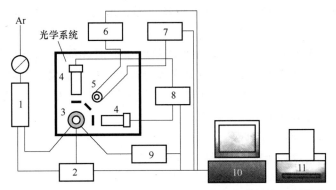

图 3-23 氢化物发生-无色散双道原子荧光光谱仪的工作原理

1—气路系统 2—氢化物发生系统 3—原子化器 4—激发光源 5—光电倍增管 6—前置放大器

7—负高压 8—灯电源 9—炉温控制 10—控制及数据处理系统 11—打印机

样品从引入到得出最终结果的流程如下：

将被测元素的酸性溶液引入氢化物发生系统中，在还原剂（一般为硼氢化钠或硼氢化钾）的作用下生成氢化物或蒸气。气态氢化物或蒸气与反应产生的过量氢气和载气（氩气）混合，进入原子化器，氢气和氩气在特制点火装置的作用下形成氩氢火焰，使被测元素原子化。被测元素的激发光源（一般为空心阴极灯或无极放电灯）发射的特征谱线通过聚焦，激发氩氢火焰中被测原子产生原子荧光；荧光信号被光电倍增管接收、放大，然后解调转变为电信号，再由数据处理系统得到结果。

2. 原子荧光光谱仪组成

原子荧光光谱仪的基本结构与原子吸收光谱仪相似，但激发光源与其他部件不在一条直线上，以避免激发光源发出的光辐射对原子荧光检测信号产生影响。下面对 HG-AFS 的主要组成部分进行逐一介绍。

（1）氢化物发生系统 氢化物发生系统由氢化反应装置、气流调节控制模块、气液分离装置和自动进样器（全自动仪器）等部分组成。氢化反应装置用于实现被测元素反应生成氢化物或蒸气。氢化物发生的实现方法主要有间断法（手动）、连续流动法、流动注射法、断续流动法（间歇泵法）和顺序注射法等。图 3-24 所示为间歇泵进样氢化物发生装置。目前，国内许多中档 HG-AFS 采用了这种装置。

在图 3-24 所示的蠕动泵上部放置所有的泵管。样品管用于将样品（载流）通过固定体积的样品环泵入混合反应块中，还原剂管将还原剂泵入反应块中，两根排废管连接气液分离器。进样及反应过程：由蠕动泵泵入的样品（载流）、还原剂在混合反应块中混合，气液混合物进入第一级气液分离器；气液分离后，

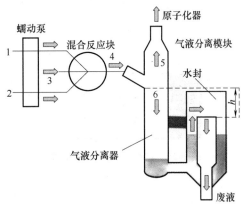

图 3-24 间歇泵进样氢化物发生装置

1—样品（载流） 2—还原剂 3—载气

4—氢化物（气液混合）

5—氢化物（或蒸气） 6—废液

废液由泵管排出，载气和反应生成的氢化物（或蒸气）及多余氢气则通过管路进入原子化器内管，被石英炉芯端口外特制的电点火炉丝点燃，形成氩氢火焰，使氢化物（或蒸气）原子化。

（2）激发光源　激发光源是原子荧光光谱仪的重要组成部分，其性能指标直接影响分析的检出限、精密度和稳定性。在原子荧光光谱分析中，用作激发光源的有空心阴极灯、无极放电灯、等离子体、激光等。在一定状态下，荧光强度与激发光源的发射强度呈线性关系。一个理想的激发光源应满足以下条件：

1）发射的强度大，不产生自吸。

2）发射的谱线窄，纯度高，稳定性好，噪声小。

3）价格合理，使用寿命长。

4）操作简便，对外接电源要求不苛刻。

5）根据实际需要，能制造出各种元素的同类型的灯，以适应多元素分析。

目前，商品化原子荧光光谱仪使用的激发光源基本上都是空心阴极灯（包括高性能空心阴极灯）。空心阴极灯（HCL）是一种产生原子锐线发射光谱的低压气体放电管，其阴极形状一般为空心圆柱，由被测元素的纯金属或其合金制成；其阳极是一个金属环，通常由钛制成，并兼作吸气剂用，以保持灯内气体的纯净。外壳为玻璃筒，窗口由石英或透紫外线玻璃制成，管内抽成高真空，充入几百帕的低压惰性气体（通常是氖气或氩气）。其结构简图如图 3-25 和图 3-26 所示。

原子荧光光谱仪用的空心阴极灯是特制的高强度灯，它与一般原子吸收光谱仪用的空心阴极灯有较大的不同：一是它要适应短脉冲大电流的冲击而不会发生自吸现象；二是其特殊的短焦距设计适应原子荧光光谱仪的结构。在具体操作中，灯的脉冲调制信号由计算机控制，在空闲时间采用小脉冲供电；灯启动时，以集束脉冲方式供电，这样更有利于延长灯的使用寿命并保证灯的稳定性。灯的特性参数主要有工作电流、预热时间、背景和使用寿命等。

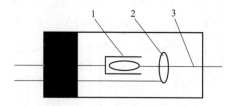

图 3-25　空心阴极灯结构简图
1—空心阴极　2—阳极　3—出射光

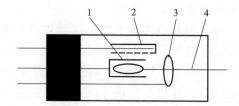

图 3-26　高性能空心阴极灯结构简图
1—空心阴极　2—辅助电极　3—阳极　4—出射光

（3）原子化器　原子化器的作用是将被测元素转化为原子蒸气。常用的原子化器有火焰原子化器、石墨炉原子化器、等离子体原子化器和石英管原子化器等。一个理想的原子化器必须具有下列特点：原子化效率高、均匀性和稳定性好，在检测波长处的背景辐射低，没有物理或化学干扰，荧光量子效率高，猝灭效应低，被测原子在光路中有较长的寿命、操作简便等。

图 3-27 所示为目前 HG-AFS 中使用较为广泛的屏蔽式石英炉原子化器。该原子化器的特点是结构简单、记忆效应小、使用寿命长，它由一个电点火双层石英炉芯及其夹紧机构和

外层金属保护套构成。电点火炉丝是一个缠绕在石英炉芯口上的细电热丝，在正常使用时，会加热发红并可以点燃氢气和氢化物的混合物，形成一个炬状火焰。石英炉芯是一个屏蔽式双层结构，其中外层为屏蔽层，屏蔽气（氩气）切向进入并呈螺旋形上升，在管口上端的氩氢火焰外围形成氩气屏蔽层，阻止了周围空气进入管中心试样原子化区，从而降低了被测元素被周围空气氧化的概率，大幅度提高了原子化效率和分析灵敏度。

（4）光学系统　从图 3-21 可以看出，色散型原子荧光光谱仪的光学系统中多了一个单色器。由于原子荧光发射强度较弱、谱线较少，因此对单色器的分辨率要求不高，但却要求有较强的集光能力。

无色散型原子荧光光谱仪的光学系统不需要单色器，只需要一些聚集透镜、光学滤光片，对于仅检测日盲区内元素的仪器甚至连光学滤光片都不需要，而直接由日盲光电倍增管检测原子荧光，因此其光学系统相对

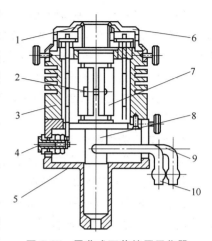

图 3-27　屏蔽式石英炉原子化器

1—电点火炉丝　2—石英炉芯夹紧螺钉
3—原子化器外壳　4—电点火炉丝电源线连
接柱　5—原子化器底　6—原子化器上盖
7—石英炉芯固定块　8—石英炉芯
9—载气与氢化物入口　10—屏蔽气入口

简单。空心阴极灯发出的光束分别经各自聚光透镜汇聚在石英炉原子化器的火焰中心，激发产生原子荧光，以与入射光线成一定角度射向光电倍增管聚光镜，以 1∶1 的成像关系汇聚成像在光电倍增管的光阴极面上。

（5）检测系统　检测系统包括光电信号的转换及电信号的测量。前者采用的检测器件有各种光电倍增管、光电管、光敏二极管、光敏电阻等。最常用的是日盲光电倍增管（见图 3-28），它由光阴极、若干倍增极和阳极三部分组成。在原子荧光光谱分析中，电信号的测量是属于弱电流信号的检测，检测系统必须考虑将分析信号和仪器的光学元件所产生的干扰信号（散射、反射、非特征的热发射等）相区别，还要和光电倍增管的噪声相区别。检测器与激发光束呈直角配置，以避免激发光源对原子荧光信号检测的影响。

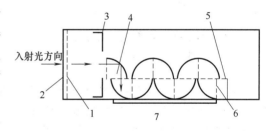

入射光方向

图 3-28　日盲光电倍增管

1—光阴极　2—面板　3—聚焦极　4—二次电子
5—末倍增极　6—阳极　7—电子倍增板

检测电路包括前置放大器、主放大器、积分器和 A/D 转换器。前置放大器的主要作用是将光电倍增管输出的电流信号转变成电压信号，以便于后续电路进行信号处理；主放大器是将前置放大器输出的电压信号进一步放大；积分器和 A/D 转换器主要功能包括背景扣除、积分、峰值保持、A/D 转换等。

（6）数据处理系统　目前，原子荧光光谱仪大多采用计算机控制，仪器主机通过 RS-232 或 USB 串口电缆与计算机进行通信，通过专用工作站，可以方便地设置仪器条件、测量条件、样品参数，进行数据处理等，并能实现仪器自诊、分析处理数据、错误提示、打印测量结果等操作。

（7）气路系统　HG-AFS的气路主要是提供载气和屏蔽气。载气用于将产生的氢化物（或蒸气）、氢气及少量的水蒸气带入原子化器中使其原子化，屏蔽气作为氩氢火焰外围的保护气，可防止原子蒸气被周围空气氧化，且起到稳定火焰形状的作用。所用气体一般为氩气或氮气，相对于氮气而言，许多元素在氩气气氛中的荧光强度要高得多。气路控制模块一般采用电磁阀控制模块和质量流量计，整个气路控制（包括流量设置）都可由计算机完成。

3. 影响检测结果的因素

对检测结果有一定影响的仪器参数主要有光电倍增管负高压、灯电流、原子化器温度、原子化器高度、载气和屏蔽气流量、读数时间和延迟时间。

（1）光电倍增管负高压　光电倍增管负高压指施加于光电倍增管两端的电压。光电倍增管的作用是把光信号转换成电信号并放大，放大倍数与施加在光电倍增管两端的电压（负高压）有关。在一定范围内，荧光强度（I_f）成负高压（-HV）成正比，如图3-29所示。负高压越大，放大倍数越大，荧光强度也越大，但同时暗电流等噪声也相应增大。据研究，当光电倍增管负高压为200~500V时，其信噪比（S/N）是恒定的，如图3-30所示。因此，在满足分析要求前提下，光电倍增管负高压尽量不要设置太高。

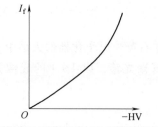

图3-29　荧光强度（I_f）与负高压（-HV）的关系

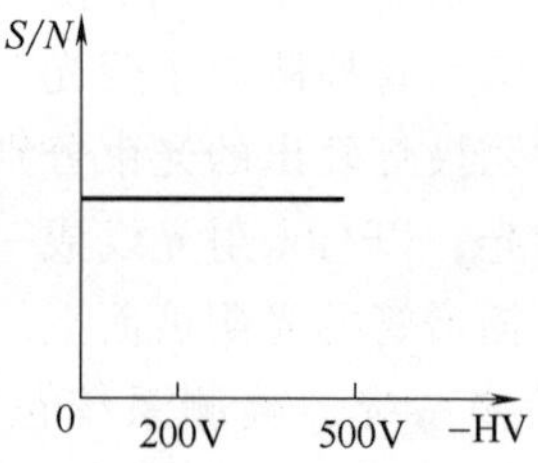

图3-30　光电倍增管的信噪比（S/N）与负高压（-HV）的关系

（2）灯电流　采用脉冲供电方式的激发光源，包括空心阴极灯和高性能空心阴极灯。脉冲灯电流的大小决定了激发光源发射强度的大小，在一定范围内，荧光强度和检测灵敏度随着灯电流的增加而增大，但灯电流过大时，会发生自吸现象，而且噪声也会增大，同时会缩短灯的寿命。不同元素灯的灯电流与荧光强度的关系不尽相同，如图3-31所示。

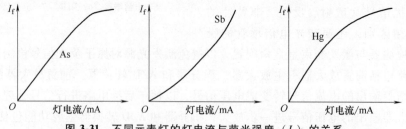

图3-31　不同元素灯的灯电流与荧光强度（I_f）的关系

（3）原子化器温度　原子化器温度指石英炉芯内的温度，即预加热温度。当氢化物通过石英炉芯进入氩氢火焰之前，适当的预加热温度，可以提高原子化效率，减少荧光猝灭效应和气相干扰。有试验表明，对于屏蔽式石英炉原子化器，200℃是较佳的预加热温度，一般通过点燃石英炉芯出口外围缠绕的电点火炉丝10~15min就可达到较佳的预加热温度。原子化器温度与原子化温度（即氩氢火焰温度）不同，氩氢火焰温度约为780℃。

（4）原子化器高度　原子化器高度指原子化器顶端到透镜中心水平线的垂直距离（见图3-32中的h），即火焰的相对观测高度。原子化器的高低在一定程度上决定了激发光源照射在氩氢火焰的位置，从而影响荧光强度。高度越大，原子化器越低，氩氢火焰的位置越低。一般而言，氩氢火焰中心线的原子蒸气密度最大，而火焰中部的原子蒸气密大于其他部位，因此合适的原子器高度能使激发光源照射到氩氢火焰中原子蒸气密度最大处，从而获得最强的原子荧光信号。

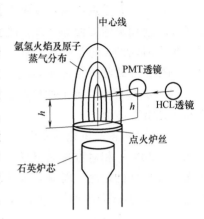

图3-32　氩氢火焰的高度

（5）载气和屏蔽气流量　目前，多数原子荧光光谱仪都采用氩气作为工作气体，氩气在工作中同时起载气和屏蔽气的作用，流量大小多通过专用软件设定后由仪器自动控制。

反应条件一定时，载气流量的大小对氩氢火焰的稳定性和荧光强度的影响较大。偏小的载气流量，会导致氩氢火焰不稳定，测量重现性差；当载气流量极小时，由于氩氢火焰很小，可能检测不到荧光信号；当载气流量偏大时，原子蒸气会被稀释，测量的荧光信号值会降低；过大的载气流量还可能导致氩氢火焰被冲断而无法形成，得不到测量信号。

屏蔽气流量偏小时，氩氢火焰肥大，信号不稳定；屏蔽气流量偏大时，氩氢火焰细长，信号也不稳定，并且灵敏度下降。

（6）读数时间和延迟时间　读数时间$t(r)$指进行分析采样的时间，即空心阴极灯以事先设定的灯电流发光照射原子蒸气激发产生荧光的整个过程。试验中可根据I_f-t关系曲线（见图3-33）来优化读数时间，它与蠕动（注射）泵的泵速、还原剂浓度、进样体积、气流量等因素有关。确定合适的读数时间非常重要，利用峰面积积分计算时以能将整个荧光峰全部纳入为最佳。

延迟时间$t(d)$是当试样与还原剂开始反应后，产生的氢化物（或蒸气）到达原子化器所需要的时间。设置合适的延迟时间，可以有效地延长灯的使用

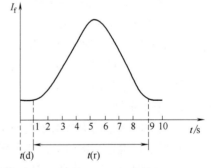

图3-33　读数时间$t(r)$、延迟时间$t(d)$与荧光强度（I_f）的关系

寿命，并减少空白噪声。当读数时间固定时，过长的延迟时间会导致读数采样滞后，损失测量信号；过短的延迟时间会缩短灯的使用寿命，增加空白噪声。

（7）进样量　AFS通常使用间歇式蠕动泵和顺序注射泵作为采样组件。

间歇式蠕动泵的进样量通过样品环的长短、泵速、泵转动时间来决定。样品环包括蠕动泵管及其两端的毛细管三部分。蠕动泵管存在使用时间长会发生疲劳的缺点，长时间使用会造成进样量发生变化，降低测量的准确度。因此，要正确使用蠕动泵泵管，不宜长时间连续运转，注意及时更换。稳定的泵速、准确的泵转动时间也是保证进样量稳定的因素，泵速太快，会使反应过于剧烈，导致测量稳定性下降。

顺序注射泵是近年来才应用于氢化物原子荧光光谱仪的，它具有进样精度高，进样量易于控制，使用灵活方便等特点。注射泵的进样量是通过相应的控制程序决定的，注射泵的推进速度由时间的长短来决定，时间长则泵速慢，时间短则泵速快。如果泵速太快，会使反应过于剧烈，导致测量稳定性下降。

（8）其他因素　除上述仪器参数，影响检测结果的因素还很多，主要包括外部因素和分析方法等几方面。

1）外部因素。氢化物发生-无色散双道原子荧光光谱仪。要求的工作环境条件：工作温度为 15~30℃；相对湿度≤75%；电压电源为 220V±22V（50Hz）或 110V±11V（60Hz），电源要有良好的接地，周围无强磁场，无大功率用电设备。室内无腐蚀性气体，通风良好，无污染。建议配置带净化功能的 1kV 稳压电源。

温度、湿度是影响氢化反应的重要因素，温度过低，氢化反应的速度、效率会降低，稳定性也会变差；温度过高，反应加剧，样品不稳定，还原剂容易分解，导致测量稳定性变差。湿度过大，会造成散射干扰，使测量稳定性变差，还会引起荧光猝灭效应，导致荧光信号值降低。

试验条件还包含气体，即气体纯度不小于 99.99%，带（氩）氧气减压表；硼氢化钠（钾），含量 95% 以上；盐酸、硝酸等（优级纯以上）；纯净水（18MΩ·cm）等。

2）分析方法。分析方法是决定测量结果好坏的关键。目前，钢铁、铜合金、锌合金中部分元素的原子荧光测定有较完整的国家标准方法，在日常检测工作中可供参考。但需要注意的是，来自不同制造商的仪器，或不同型号的仪器，仪器工作条件各不相同，甚至还原剂的条件也不尽相同。所以，有关标准、各种文献资料介绍的样品处理方法、试剂的配制方法、干扰的消除方法等内容可供参考，而仪器工作条件及其他参数，如还原剂浓度，应更多以仪器制造商提供的参数为主。

4. 仪器工作条件的选择原则

1）要初步判断样品中被测元素的大致含量，按照所使用的仪器的检测范围（即最高限和最低限），通过样品（最好使用监控样品）的称样量及定容体积来控制被测溶液中被测元素的大致浓度范围。

2）依被测元素的大致浓度范围来确定工作曲线的标准系列溶液的浓度。

3）根据标准系列溶液的浓度范围设置仪器的各项参数，高浓度的标准系列要把仪器的各项参数（如灯电流、负高压等）降低，反之，则要提高。

3.3.3　原子荧光光谱分析中的注意事项

1. 试剂的纯度及配制方法

（1）水　建议使用电阻大于 18MΩ 以上的纯净水。

（2）酸　在盐酸、硝酸等酸中常含有杂质（砷、汞、铅等），因此试验中必须采用较高纯度的酸。在试验之前必须认真挑选，可将待使用的酸按标准空白的酸度在仪器上进行测试，挑选较低荧光强度值的酸。如果空白酸度值过高，会影响工作曲线的线性、方法的检出限和测定的准确度。

（3）硼氢化钾　要求含量≥95%。硼氢化钾溶液中要含有一定量的氢氧化钾，是为了保证溶液的稳定性。建议氢氧化钾的浓度为 2~5g/L，过低的度不能有效防止硼氢化钾的分解，过高的浓度会影响氧化还原反应的总体酸度。配制后的硼氢化钾溶液应避免阳光照射，密闭保存，以免引起还原剂分解产生较多的气泡，影响测定精度。建议现配现用。

（4）其他试剂　注意试剂的纯度，要考虑试剂中被测元素的含量和干扰元素的含量。

2. 防止污染

污染是影响氢化物发生-原子荧光光谱仪测量准确性的重要因素。产生污染的原因、污染的种类很多，下面介绍几种主要的污染。

（1）容器污染　实验室所用容器，如容量瓶、烧杯、比色管、移液管等由于曾经盛装过某种物质而未清洗干净造成沾污，还有洗净的器皿长时间放置而吸附了空气中的污染物。容易造成污染的元素有汞、砷、铅、锌等。

解决办法：玻璃器皿要在硝酸溶液（1+1）中浸泡12h以上，使用前先用自来水冲洗，再用纯净水冲洗5~6遍。沾污严重的容器可考虑采用超声清洗，或者采用氧化性强的溶剂、加温等手工清洗。无论是什么器皿，切记用前一定要进行清洗。

（2）试剂污染　由于使用、保存不当造成外界的污染物进入试剂中。

解决办法：用移液管吸取试剂前要把移液管清洗干净并保持干燥，盛放试剂的器皿要用完即刻密封好。盛放试剂的容器本身的材质应不含污染物或不易溶出污染物。

（3）环境污染　室内空气、水源等被污染。由于样品、试剂存放不当或长期积累造成试验环境的污染。

解决办法：平时注意实验室的通风、清洁，不存放易污染、挥发性强的物质。已经造成污染的要进行妥善处理。

（4）仪器使用中产生的污染　氢化物发生-原子荧光光谱仪是用来进行痕量分析的仪器，如果进行了很高含量的样品的测试，势必会造成仪器的污染。例如，化妆品、化工产品、环境样品等，可能其中大量含有某种被测元素或干扰元素。

解决办法：尽量事先排查样品，尽量在未上机测试前把样品稀释。如已发生污染，要停止测试，立即清洗反应系统的管道、原子化器等。

3. 测量误差产生的原因

1）样品处理的原因。样品在采样、储存过程中存在问题；样品处理过程中由于方法不当造成被测元素的损失，或者溶解不完全，导致回收率偏低；样品处理过程中由于环境和器皿污染，导致回收率偏高；样品处理过程中所用试剂含有较高的被测元素；样品空白处理不当等。

2）被测溶液的介质条件与标准溶液的介质条件不一致。由于介质不一样，氢化物的发生效率也就不一样。未知样品中干扰元素的存在，可能产生正干扰或负干扰，导致测量误差。

3）储备液保存不当使含量偏低。标准溶液配制有误，标准溶液受污染等。

4）绘制的工作曲线线性和截距欠佳。

5）被测溶液中未知元素的浓度不在工作曲线的范围内，或被测溶液中未知元素的浓度虽在工作曲线的范围内，但标准系列的范围太大，曲线拟合后低（或高）浓度点的偏差较大。如果被测溶液中未知元素的浓度在低（或高）浓度点的附近，就很容易造成测量误差偏大。

6）灯漂移。由于灯长时间工作会产生漂移，使空白曲线和工作曲线发生变化，产生测量误差。

7）测量时稳定性差。影响测量稳定性的主要因素有漂移和波动。

产生热漂移的原因可能是元器件未达到热平衡、点火时间短，原子化器温度未达平衡，可以通过点火预热 15~20min 来解决；对于灯（特别是汞灯）漂移，可使用大电流空启动预热，再用小电流进行实测；泵管疲劳引起漂移会导致进样量逐渐减少，可通过调节泵的压力、更换新泵管来消除。

引起仪器波动的可能原因：电路噪声、灯波动；光路调节不好；氢化反应系统（试剂纯度不够、容器污染）；氢的传输过程（堵塞、漏）；气路系统（流量不准、漏气）；污染（管道、气液分离器、原子化器）。

第 **4** 章

金属材料化学成分分析

4.1　金属材料常用牌号的基础知识

金属材料可分为钢铁材料和有色金属材料两大类。钢铁材料主要指钢和铁，钢又可分为碳素钢和合金钢，机械制造的材料大部分是钢和铁，以钢材、锻钢、铸钢、铸铁、球墨铸铁、可锻铸铁等不同材质形式出现；有色金属材料常见的有铝、铜、锌、铅、锡、镁等，以纯金属及其合金形式出现，并以制作辅件和零部件居多。

4.1.1　常用钢铁材料牌号表示方法

1. 基本原则

1）钢铁材料牌号的表示通常采用大写汉语拼音字母、化学元素符号和阿拉伯数字相结合的方法。为了便于国际交流和贸易，也可采用大写英文字母或国际惯例表示符号。

2）采用汉语拼音字母或英文字母表示产品名称、用途、特性和工艺方法时，一般从产品名称中选取有代表性的汉字汉语拼音的首位字母或英文单词的首位字母。当和另一产品所取字母重复时，改取第二个字母或第三个字母，或同时选取两个（或多个）汉字或英文单词的首位字母。

3）采用汉语拼音字母或英文字母，原则上只取一个，一般不超过三个。

4）牌号中各组成部分的表示方法应符合相应规定，各部分按顺序排列，如无必要，可省略相应部分。除有特殊规定，字母、符号及数字之间应无间隙。

5）牌号中的元素含量用质量分数表示。

2. 生铁牌号表示方法

生铁牌号通常由两部分组成。

第一部分：表示产品用途、特性及工艺方法的大写汉语拼音字母。

第二部分：表示主要元素平均含量（以千分之几计）的阿拉伯数字。炼钢用生铁、铸造用生铁、球墨铸铁用生铁、耐磨生铁为硅元素平均含量，脱碳低磷粒铁为碳元素平均含量，含钒生铁为钒元素平均含量。

生铁牌号表示方法见表4-1。

3. 碳素结构钢和低合金结构钢牌号表示方法

碳素结构钢和低合金结构钢的牌号通常由四部分组成。

第一部分：前缀符号+强度值（以 MPa 为单位），其中通用结构钢前缀符号为代表屈服强度的拼音的字母"Q"，专用结构钢的前缀符号见表 4-2。

表 4-1　生铁牌号表示方法（GB/T 221—2008）

产品名称	第一部分			第二部分	牌号示例
	采用汉字	汉语拼音	采用字母		
炼钢用生铁	炼	LIAN	L	硅的质量分数为 0.85%~1.25% 的炼钢用生铁，阿拉伯数字为 10	L10
铸造用生铁	铸	ZHU	Z	硅的质量分数为 2.80%~3.20% 的铸造用生铁，阿拉伯数字为 30	Z30
球墨铸铁用生铁	球	QIU	Q	硅的质量分数为 1.00%~1.40% 的球墨铸铁用生铁，阿拉伯数字为 12	Q12
耐磨生铁	耐磨	NAI MO	NM	硅的质量分数为 1.60%~2.00% 的耐磨生铁，阿拉伯数字为 18	NM18
脱碳低磷粒铁	脱粒	TUO LI	TL	碳的质量分数为 1.20%~1.60% 的炼钢用脱碳低磷粒铁，阿拉伯数字为 14	TL14
含钒生铁	钒	FAN	F	钒的质量分数不小于 0.40% 的含钒生铁，阿拉伯数字为 04	F04

表 4-2　专用结构钢的前缀符号（GB/T 221—2008）

产品名称	采用的汉字及汉语拼音或英文单词			采用字母	位置
	汉字	汉语拼音	英文单词		
细晶粒热轧带肋钢筋	热轧带肋钢筋+细	—	Hot Rolled Ribbed Bars+Fine	HRBF	牌号头
冷轧带肋钢筋	冷轧带肋钢筋	—	Cold Rolled Ribbed Bars	CRB	牌号头
预应力混凝土用螺纹钢筋	预应力、螺纹、钢筋	—	Prestressing、Screw、Bars	PSB	牌号头
焊接气瓶用钢	焊瓶	HAN PING	—	HP	牌号头
管线用钢	管线	—	Line	L	牌号头
船用锚链钢	船锚	CHUAN MAO	—	CM	牌号头
煤机用钢	煤	MEI	—	M	牌号头

第二部分（必要时）：钢的质量等级，用英文字母 A、B、C、D、E、F 等表示。

第三部分（必要时）：脱氧方式表示符号，即沸腾钢、半镇静钢、镇静钢、特殊镇静钢分别以 F、b、Z、TZ 表示。镇静钢、特殊镇静钢表示符号通常可以省略。

第四部分（必要时）：产品用途、特性和工艺方法表示符号，见表 4-3。

根据需要，低合金高强度结构钢的牌号也可以采用两位阿拉伯数字（表示平均碳含量，以万分之几计）加元素符号（必要时加代表产品用途、特性和工艺方法的表示符号）按顺序表示。例如，碳的质量分数为 0.15%~0.26%、锰的质量分数为 1.20%~1.60% 的矿用钢牌号为 20MnK。

表 4-3　碳素结构钢和低合金结构钢产品用途、特性和工艺方法表示符号（GB/T 221—2008）

产品名称	采用的汉字及汉语拼音或英文单词			采用字母	位置
	汉字	汉语拼音	英文单词		
锅炉和压力容器用钢	容	RONG	—	R	牌号尾
锅炉用钢（管）	锅	GUO	—	G	牌号尾
低温压力容器用钢	低容	DI RONG	—	DR	牌号尾
桥梁用钢	桥	QIAO	—	Q	牌号尾
耐候钢	耐候	NAI HOU	—	NH	牌号尾
高耐候钢	高耐候	GAO NAI HOU	—	GNH	牌号尾
汽车大梁用钢	梁	LIANG	—	L	牌号尾
高性能建筑结构用钢	高建	GAO JIAN	—	GJ	牌号尾
低焊接裂纹敏感性钢	低焊接裂纹敏感性	—	Crack Free	CF	牌号尾
保证淬透性钢	淬透性	—	Hardenability	H	牌号尾
矿用钢	矿	KUANG	—	K	牌号尾
船用钢	采用国际符号				

碳素结构钢和低合金结构钢的牌号示例见表 4-4。

表 4-4　碳素结构钢和低合金结构钢的牌号示例（GB/T 221—2008）

序号	产品名称	第一部分	第二部分	第三部分	第四部分	牌号示例
1	碳素结构钢	最小屈服强度 235MPa	A 级	沸腾钢	—	Q235AF
2	低合金高强度结构钢	最小屈服强度 345MPa	D 级	特殊镇静钢	—	Q345D
3	热轧光圆钢筋	屈服强度特征值 235MPa	—	—	—	HPB235
4	热轧带肋钢筋	屈服强度特征值 335MPa	—	—	—	HRB335
5	细晶粒热轧带肋钢筋	屈服强度特征值 335MPa	—	—	—	HRBF335
6	冷轧带肋钢筋	最小抗拉强度 550MPa	—	—	—	CRB550
7	预应力混凝土用螺纹钢筋	最小屈服强度 830MPa	—	—	—	PSB830
8	焊接气瓶用钢	最小屈服强度 345MPa	—	—	—	HP345
9	管线用钢	最小规定总延伸强度 415MPa	—	—	—	L415
10	船用锚链钢	最小抗拉强度 370MPa	—	—	—	CM370
11	煤机用钢	最小抗拉强度 510MPa	—	—	—	M510
12	锅炉和压力容器用钢	最小屈服强度 345MPa	—	特殊镇静钢	压力容器"容"的汉语拼音首位字母"R"	Q345R

碳素结构钢的牌号和化学成分可参考 GB/T 700—2006，低合金高强度结构钢的牌号和化学成分可参考 GB/T 1591—2018。

4. 优质碳素结构钢和优质碳素弹簧钢牌号表示方法

1）优质碳素结构钢牌号通常由五部分组成。

第一部分：以两位阿拉伯数字表示平均碳含量（以万分之几计）。

第二部分（必要时）：较高锰含量的优质碳素结构钢，加锰元素符号 Mn。

第三部分（必要时）：钢材冶金质量，即高级优质钢、特级优质钢分别以 A、E 表示，优质钢不用字母表示。

第四部分（必要时）：脱氧方式表示符号，即沸腾钢、半镇静钢、镇静钢分别以 F、b、Z 表示，但镇静钢表示符号通常可以省略。

第五部分（必要时）：产品用途、特性或工艺方法表示符号，应符合表 4-3 的规定。

2）优质碳素弹簧钢牌号表示方法与优质碳素结构钢相同。

优质碳素结构钢和弹簧钢的牌号示例见表 4-5。

表 4-5　优质碳素结构钢和弹簧钢的牌号示例（GB/T 221—2008）

产品名称	第一部分	第二部分	第三部分	第四部分	第五部分	牌号示例
优质碳素结构钢	碳的质量分数：0.05%~0.11%	锰的质量分数：0.25%~0.50%	优质钢	沸腾钢	—	08F
	碳的质量分数：0.47%~0.55%	锰的质量分数：0.50%~0.80%	高级优质钢	镇静钢	—	50A
	碳的质量分数：0.48%~0.56%	锰的质量分数：0.70%~1.00%	特级优质钢	镇静钢	—	50MnE
保证淬透性用钢	碳的质量分数：0.42%~0.50%	锰的质量分数：0.50%~0.85%	高级优质钢	镇静钢	保证淬透性钢表示符号"H"	45AH
优质碳素弹簧钢	碳的质量分数：0.62%~0.70%	锰的质量分数：0.90%~1.20%	优质钢	镇静钢	—	65Mn

优质碳素结构钢的牌号和化学成分可参考 GB/T 699—2015，弹簧钢的牌号和化学成分可参考 GB/T 1222—2016。

5. 易切削钢牌号表示方法

易切削钢牌号通常由三部分组成。

第一部分：易切削钢表示符号"Y"。

第二部分：以两位阿拉伯数字表示平均碳含量（以万分之几计）。

第三部分：易切削元素符号，如含钙、铅、锡等易切削元素的易切削钢分别以 Ca、Pb、Sn 表示。加硫和加硫磷易切削钢，通常不加易切削元素符号 S、P。较高锰含量的加硫或加硫磷易切削钢，本部分为锰元素符号 Mn。为区分牌号，对较高硫含量的易切削，在牌号尾部加硫元素符号 S。

例如，碳的质量分数为 0.42%~0.50%、钙的质量分数为 0.002%~0.006% 的易切削钢，其牌号表示为 Y45Ca；碳的质量分数为 0.40%~0.48%、锰的质量分数为 1.35%~1.65%、硫的质量分数为 0.16%~0.24% 的易切削钢，其牌号表示为 Y45Mn；碳的质量分数为 0.40%~0.48%、锰的质量分数为 1.35%~1.65%、硫的质量分数为 0.24%~0.32% 的易切削钢，其牌号表示为 Y45MnS。

6. 合金结构钢及合金弹簧钢牌号表示方法

1）合金结构钢牌号通常由四部分组成。

第一部分：以两位阿拉伯数字表示平均碳含量（以万分之几计）。

第二部分：合金元素含量以化学元素符号及阿拉伯数字表示。具体表示方法为：平均质量分数小于 1.50% 时，牌号中仅标明元素，一般不标明含量；平均质量分数为 1.50%~2.49%、2.50%~3.49%、3.50%~4.49%、4.50%~5.49% 时，在合金元素后相应写成 2、3、4、5 等；化学元素符号的排列顺序推荐按含量值递减排列，如果两个或多个元素的含量相等时，相应符号位置按英文字母的顺序排列。

第三部分：钢材冶金质量，即高级优质钢、特级优质钢分别以 A、E 表示，优质钢不用字母表示。

第四部分（必要时）：产品用途、特性或工艺方法表示符号。

2）合金弹簧钢的表示方法与合金结构钢相同。

合金结构钢和合金弹簧钢的牌号示例见表4-6。

表4-6　合金结构钢和合金弹簧钢的牌号示例（GB/T 221—2008）

产品名称	第一部分	第二部分	第三部分	第四部分	牌号示例
合金结构钢	碳的质量分数：0.22%~0.29%	铬的质量分数：1.50%~1.80% 钼的质量分数：0.25%~0.35% 钒的质量分数：0.15%~0.30%	高级优质钢	—	25Cr2MoVA
锅炉和压力容器用钢	碳的质量分数：0.22%	锰的质量分数：1.20%~1.60% 钼的质量分数：0.45%~0.65% 铌的质量分数：0.025%~0.050%	特级优质钢	锅炉和压力容器用钢	18MnMoNbER
优质弹簧钢	碳的质量分数：0.56%~0.64%	硅的质量分数：1.60%~2.00% 锰的质量分数：0.70%~1.00%	优质钢	—	60Si2Mn

合金结构钢的牌号和化学成分可参考 GB/T 3077—2015。

7. 非调质机械结构钢牌号表示方法

非调质机械结构钢牌号通常由四部分组成。

第一部分：非调质机械结构钢表示符号"F"。

第二部分：以两位阿拉伯数字表示平均碳含量（以万分之几计）。

第三部分：合金元素含量以化学元素符号及阿拉伯数字表示，表示方法同合金结构钢第二部分。

第四部分（必要时）：改善切削性能的非调质机械结构钢加硫元素符号 S。

非调质机械结构钢的牌号和化学成分可参考 GB/T 15712—2016。

8. 工具钢牌号表示方法

工具钢通常分为碳素工具钢、合金工具钢和高速工具钢三类。

（1）碳素工具钢　碳素工具钢牌号通常由四部分组成。

第一部分：碳素工具钢表示符号"T"。

第二部分：阿拉伯数字表示平均碳含量（以千分之几计）。

第三部分（必要时）：较高锰含量碳素工具钢加锰元素符号 Mn。

第四部分（必要时）：钢材冶金质量，即高级优质碳素工具钢以 A 表示，优质钢不用字母表示。

（2）合金工具钢　合金工具钢牌号通常由两部分组成。

第一部分：平均碳的质量分数小于 1.00% 时，采用一位数字表示碳含量（以千分之几计）；平均碳的质量分数不小于 1.00% 时，不标明碳含量数字。

第二部分：合金元素含量以化学元素符号及阿拉伯数字表示，表示方法同合金结构钢第二部分。低铬（平均铬的质量分数小于1%）合金工具钢，在铬含量（以千分之几计）前加数字"0"。

碳素工具钢、合金工具钢的牌号和化学成分可参考 GB/T 1299—2014。

（3）高速工具钢　高速工具钢牌号表示方法与合金结构钢相同，但在牌号头部一般不标明表示碳含量的阿拉伯数字。为了区别牌号，在牌号头部可以加"C"，表示高碳高速工具钢。

高速工具钢的牌号和化学成分可参考 GB/T 9943—2008。

9. 轴承钢牌号表示方法

轴承钢分为高碳铬轴承钢、渗碳轴承钢、高碳铬不锈轴承钢和高温轴承钢四大类。

（1）高碳铬轴承钢　高碳铬轴承钢牌号通常由两部分组成。

第一部分：（滚珠）轴承钢表示符号"G"，但不标明碳含量。

第二部分：合金元素"Cr"符号及其含量（以千分之几计）。其他合金元素含量以化学元素符号及阿拉伯数字表示，表示方法同合金结构钢第二部分。

高碳铬轴承钢的牌号和化学成分可参考 GB/T 18254—2016。

（2）渗碳轴承钢　在牌号头部加符号"G"，采用合金结构钢的牌号表示方法。高级优质渗碳轴承钢在牌号尾部加"A"。

例如，碳的质量分数为 0.17%~0.23%、铬的质量分数为 0.35%~0.65%、镍的质量分数为 0.40%~0.70%、钼的质量分数为 0.15%~0.30% 的高级优质渗碳轴承钢，其牌号表示为 G20CrNiMoA。

渗碳轴承钢的牌号和化学成分可参考 GB/T 3203—2016。

（3）高碳铬不锈轴承钢和高温轴承钢　在牌号头部加符号"G"，采用不锈钢和耐热钢的牌号表示方法。

例如，碳的质量分数为 0.90%~1.00%、铬的质量分数为 17.0%~19.0% 的高碳铬不锈轴承钢，其牌号表示为 G95Cr18；碳的质量分数为 0.75%~0.85%、铬的质量分数为 3.75%~4.25%、钼的质量分数为 4.00%~4.50% 的高温轴承钢，其牌号表示为 G80Cr4Mo4V。

高碳铬不锈轴承钢的牌号和化学成分可参考 GB/T 3086—2019，高温轴承钢的牌号和化学成分可参考 GB/T 38886—2020。

10. 不锈钢及耐热钢牌号表示方法

不锈钢和耐热钢的牌号采用化学元素符号和表示各元素含量的阿拉伯数字表示。各元素含量的阿拉伯数字表示应符合下列规定：

（1）碳含量　用两位或三位阿拉伯数字表示碳含量最佳控制值（以万分之几或十万分之几计）。

1）只规定碳含量上限者，当碳的质量分数上限不大于 0.10% 时，以其上限的 3/4 表示碳含量；当碳的质量分数上限大于 0.10% 时，以其上限的 4/5 表示碳含量。

例如，碳的质量分数上限为 0.08%，碳含量以 06 表示；碳的质量分数上限为 0.20%，碳含量以 16 表示；碳的质量分数上限为 0.15%，碳含量以 12 表示。

对超低碳不锈钢（即碳的质量分数不大于 0.030%），用三位阿拉伯数字表示碳含量最佳控制值（以十万分之几计）。

例如，碳的质量分数上限为 0.03% 时，其牌号中的碳含量以 022 表示；碳的质量分数上限为 0.02% 时，其牌号中的碳含量以 015 表示。

2）规定上、下限者，以平均碳含量乘以 100 表示。

例如，碳的质量分数为 0.16%~0.25% 时，其牌号中的碳含量以 20 表示。

（2）合金元素含量　合金元素含量以化学元素符号及阿拉伯数字表示，表示方法同合金结构钢第二部分。钢中有意加入的铌、钛、锆、氮等合金元素，虽然含量很低，也应在牌号中标出。

例如，碳的质量分数不大于 0.08%、铬的质量分数为 18.00%~20.00%、镍的质量分数为 8.00%~11.00% 的不锈钢，牌号为 06Cr19Ni10；碳的质量分数不大于 0.030%、铬的质量分数为 16.00%~19.00%、钛的质量分数为 0.10%~1.00% 的不锈钢，牌号为 022Cr18Ti；碳的质量分数为 0.15%~0.25%、铬的质量分数为 14.00%~16.00%、锰的质量分数为 14.00%~16.00%、镍的质量分数为 1.50%~3.00%、氮的质量分数为 0.15%~0.30% 的不锈钢，牌号为 20Cr15Mn15Ni2N；碳的质量分数不大于 0.25%、铬的质量分数为 24.00%~26.00%、镍的质量分数为 19.00%~22.00% 的耐热钢，牌号为 20Cr25Ni20。

不锈钢和耐热钢的牌号和化学成分可参考 GB/T 20878—2007。

11. 焊接用钢牌号表示方法

焊接用钢包括焊接用碳素钢、焊接用合金钢和焊接用不锈钢等。

焊接用钢牌号通常由两部分组成。

第一部分：焊接用钢表示符号 "H"。

第二部分：各类焊接用钢牌号表示方法。其中优质碳素结构钢、合金结构钢和不锈钢应分别符合相关规定。

4.1.2 常用有色金属材料牌号表示方法

1. 有色金属材料的分类

（1）纯金属 有色纯金属可分为重金属、轻金属、贵金属、半金属和稀有金属等五类。

（2）有色金属合金 按合金可分为重有色金属合金、轻有色金属合金、贵金属合金和稀有金属合金等；按合金用途可分为变形合金（压力加工用）、铸造合金、轴承合金、印刷合金、硬质合金、钎料、中间合金及金属粉末等；按化学成分可分为铝及铝合金、铜及铜合金、锌及锌合金、铅及铅合金、镍及镍合金、钛及钛合金等；按产品形状可分为板、条、带、箔、管、棒、线和型材等。

2. 几种常用有色金属产品牌号的表示办法

（1）铝及铝合金牌号（代号）表示方法

1）铸造铝及铝合金牌号表示方法。

① 铸造纯铝按 GB/T 8063—1994《铸造有色金属及其合金牌号表示方法》的规定，其牌号由铸造代号 "Z"（"铸" 的汉语拼音第一个字母）和基体金属的化学元素符号 Al，以及表明产品纯度百分含量的数字组成，如 ZAl99.5。

② 铸造铝合金按 GB/T 8063—1994《铸造有色金属及其合金牌号表示方法》的规定，其牌号由铸造代号 "Z" 和基体金属的化学元素符号 Al、主要合金的化学元素符号，以及表明合金元素名义含量的数字组成。示例如下：

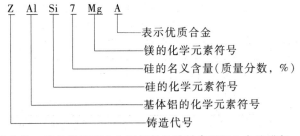

注：除铸造铝及铝合金外，其他铸造有色金属材料的牌号参照以上方法进行。

a. 当合金元素多于两个时，合金牌号中应列出足以表明合金主要特性的元素符号及其名义含量的数字。

b. 合金元素符号按其名义含量递减的次序排列。当名义含量相等时，则按元素符号字母顺序排列。当需要表明决定合金类别的合金元素首先列出时，不论其含量多少，该元素符号均应置于基体元素符号之后。

c. 除基体元素的名义含量不标注外，其他合金元素的名义含量均标注于该元素符号之后。当合金元素含量规定为大于或等于 1%（质量分数）的某个范围时，采用其平均含量的修约化整值，必要时也可用带一位小数的数字标注；当合金元素含量小于 1%（质量分数）时，一般不标注，只有对合金性能起重大影响的合金元素，才允许用一位小数标注其平均含量。

d. 数值修约按 GB/T 8170—2008 的规定进行。

e. 对具有相同主成分，需要控制低间隙元素的合金，在牌号后的圆括弧内标注 ELI。

f. 对杂质限量要求严、性能高的优质合金，在牌号后面标注大写字母"A"。

③ 压铸铝合金牌号由压铸铝合金代号"YZ"（"压"和"铸"的汉语 拼音第一个字母）和基体金属的化学元素符号 Al、主要合金元素符号，以及表明合金元素名义含量的数字组成，如 YZAlSi10Mg。

2) 变形铝及铝合金牌号表示方法（见表 4-7）。

表 4-7 变形铝及铝合金牌号表示方法（GB/T 16474—2011）

类型	牌号表示方法
四位字符体系牌号命名方法	四位字符体系牌号的第一、三、四位为阿拉伯数字，第二位为英文大写字母（C、I、L、N、O、P、Q、Z 字母除外）。牌号的第一位数字表示铝及铝合金的组别，见表 4-8。除改型合金，铝合金组别按主要合金元素（6×××系按 Mg_2Si）来确定，主要合金元素指极限含量算术平均值为最大的合金元素。当有一个以上的合金元素极限含量算术平均值同为最大时，应按 Cu、Mn、Si、Mg、Mg_2Si、Zn、其他元素的顺序来确定合金组别。牌号的第二位字母表示原始纯铝或铝合金的改型情况，最后两位数字用以标识同一组中不同的铝合金或表示铝的纯度
纯铝的牌号命名方法	铝的质量分数不低于 99.00% 时为纯铝，其牌号用 1××× 系列表示。牌号的最后两位数字表示最低铝含量（质量分数，%）。当最低铝的质量分数精确到 0.01% 时，牌号的最后两位数字就是最低铝含量中小数点后面的两位。牌号第二位的字母表示原始纯铝的改型情况。如果第二位的字母为 A，则表示为原始纯铝；如果是 B~Y 的其他字母，则表示为原始纯铝的改型，与原始纯铝相比，其元素含量略有改变
铝合金的牌号命名方法	铝合金的牌号用 2×××~8××× 系列表示。牌号的最后两位数字没有特殊意义，仅用来区分同一组中不同的铝合金。牌号第二位的字母表示原始合金的改型情况。如果牌号第二位的字母是 A，则表示为原始合金；如果是 B~Y 的其他字母（按国际规定用字母表的次序运用），则表示为原始合金的改型合金。改型合金与原始合金相比，化学成分的变化仅限于下列任何一种或几种情况： 1) 一个合金元素或一组组合元素[①]形式的合金元素，极限含量算术平均值的变化量符合表 4-9 的规定 2) 增加或删除了极限含量算术平均值不超过 0.30%（质量分数）的一个合金元素；增加或删除了极限含量算术平均值不超过 0.40%（质量分数）的一组组合元素[①]形式的合金元素 3) 为了同一目的，用一个合金元素代替了另一个合金元素 4) 改变了杂质的极限含量 5) 细化晶粒的元素含量有变化

① 组合元素是指在规定化学成分时，对某两种或两种以上的元素总含量规定极限值时，这两种或两种以上的元素的统称。

表 4-8　铝及铝合金的组别（GB/T 16474—2011）

组别	牌号系列
纯铝（铝的质量分数不小于 99.00%）	1×××
以铜为主要合金元素的铝合金	2×××
以锰为主要合金元素的铝合金	3×××
以硅为主要合金元素的铝合金	4×××
以镁为主要合金元素的铝合金	5×××
以镁和硅为主要合金元素并以 Mg_2Si 相为强化相的铝合金	6×××
以锌为主要合金元素的铝合金	7×××
以其他合金元素为主要合金元素的铝合金	8×××
备用合金组	9×××

表 4-9　合金元素极限含量算术平均值的变化量（GB/T 16474—2011）

原始合金中的极限含量（质量分数）算术平均值范围	极限含量（质量分数）算术平均值的变化量=	原始合金中的极限含量（质量分数）算术平均值范围	极限含量（质量分数）算术平均值的变化量=
≤1.0%	0.15%	> 4.0%~5.0%	0.35%
> 1.0%~2.0%	0.20%	> 5.0%~6.0%	0.40%
> 2.0%~3.0%	0.25%	> 6.0%	0.50%
> 3.0%~4.0%	0.30%	—	—

注：改型合金中的组合元素极限含量的算术平均值，应与原始合金中相同组合元素的算术平均值或各相同元素（构成该组合元素的各单个元素）的算术平均值之和相比较。

3）状态代号。相同牌号的铝及铝合金，状态不同时，力学性能也不相同。按照 GB/T 16475—2023《变形铝及铝合金产品状态代号》，状态代号分为基础状态代号和细分状态代号。基础状态代号用一个英文大写字母表示，如 F——自由加工状态，O——退火状态，H——加工硬化状态，W——固溶热处理状态，T——不同于 F、O 或 H 的热处理的稳定状态；细分状态代号用基础状态代号后缀一位或多位阿拉伯数字或英文大写字母来表示，这些阿拉伯数字或英文大写字母表示影响产品特性的基本处理或特殊处理。

基础状态代号后缀有"×"或"_"时，代表具有某些相同特征的细分状态代号系列，其中"×"表示未指定的任意一位阿拉伯数字或英文大写字母，"_"表示未指定的任意一位或多位阿拉伯数字或英文大写字母，如"H2×"表示"H21~H29"中的任意状态，"H××4"表示"H114~H194"或"H224~H294"或"H324~H394"中的任意状态；"T_51"表示状态代号后缀的末位为"51"的任意状态，如"T351、T651、T6151、T7351"等。

变形铝及铝合金产品状态代号所对应的关键工艺及细分状态含义见 GB/T 16475—2023。

铝及铝合金的牌号和化学成分可参考 GB/T 3190—2020。

（2）铜及铜合金牌号表示方法

1）铸造铜及铜合金牌号表示方法。

① 铸造铜及铜合金牌号表示方法应符合 GB/T 8063—2017《铸造有色金属及其合金牌号表示方法》的规定。示例如下：

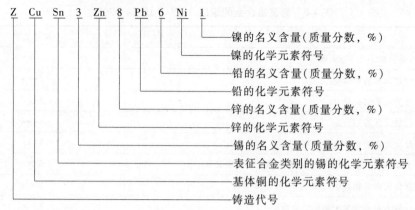

② 压铸铜合金牌号表示方法应符合 GB/T 15116—2023《压铸铜合金及铜合金压铸件》的规定。压铸铜合金牌号由压铸代号"YZ"（"压"和"铸"的汉语拼音第一个字母）和铜及主要合金元素的化学符号组成，主要合金元素后面跟有表示其名义含量的数字（名义含量为该元素平均质量分数的修约化整值），如 YZCuZn30Al3。

2）加工铜及铜合金牌号表示方法。按 GB/T 29091—2012《铜及铜合金牌号和代号表示方法》的规定，加工铜及铜合金牌号表示方法如下：

① 铜和高铜合金牌号表示方法。高铜合金是以铜为基体金属，在铜中加入一种或几种微量元素以获得某些预定特性的合金。一般铜的质量分数为 96%～< 99.3%，用于冷、热压力加工。铜和高铜合金牌号中不体现铜的含量，其命名方法如下：

a. 铜以"T+顺序号"或"T+第一主添加元素化学符号+各添加元素含量（质量分数，数字间以"–"隔开）"命名。示例如下：

铜的质量分数≥99.90% 的二号纯铜（含银）的牌号为

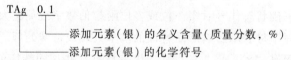

银的质量分数为 0.06%～0.12% 的银铜的牌号为

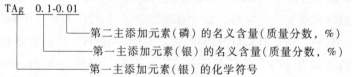

银的质量分数为 0.08%～0.12%、磷的质量分数为 0.004%～0.012% 的银铜的牌号为

b. 无氧铜以"TU +顺序号"或"TU +添加元素的化学符号 +各添加元素含量（质量分数）"命名。示例如下：

氧的质量分数≤0.002% 的一号无氧铜的牌号为

银的质量分数为 0.15%～0.25%、氧的质量分数≤0.003% 的无氧银铜的牌号为

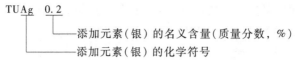

TUAg　0.2
——添加元素（银）的名义含量（质量分数，%）
——添加元素（银）的化学符号

c. 磷脱氧铜以"TP +顺序号"命名。示例如下：

磷的质量分数为 0.015%~0.040% 的二号磷脱氧铜的牌号为

TP2
——顺序号

d. 高铜合金以"T +第一主添加元素化学符号 +各添加元素含量（质量分数，数字间以"-"隔开）"命名。示例如下：

铬的质量分数为 0.50%~1.50%、锆的质量分数为 0.05%~0.25% 的高铜合金的牌号为

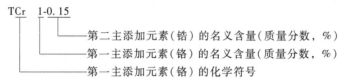

TCr　1-0.15
——第二主添加元素（锆）的名义含量（质量分数，%）
——第一主添加元素（铬）的名义含量（质量分数，%）
——第一主添加元素（铬）的化学符号

② 黄铜牌号表示方法。黄铜中锌为第一主添加元素，但牌号中不体现锌的含量。其命名方法如下：

a. 普通黄铜以"H +铜含量（质量分数）"命名。示例如下：

铜的质量分数为 63%~68% 的普通黄铜的牌号为

H65
——铜的名义含量（质量分数，%）

b. 复杂黄铜以"H +第二主添加元素化学符号 +铜含量（质量分数）+锌以外的各添加元素含量（质量分数，数字间以"-"隔开）"命名。示例如下：

铅的质量分数为 0.8%~1.9%、铜的质量分数 57.0%~60.0% 的铅黄铜的牌号为

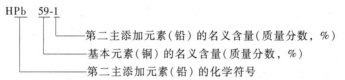

HPb　59-1
——第二主添加元素（铅）的名义含量（质量分数，%）
——基本元素（铜）的名义含量（质量分数，%）
——第二主添加元素（铅）的化学符号

③ 青铜牌号表示方法。青铜以"Q +第一主添加元素化学符号+各添加元素含量（质量分数，数字间以"-"隔开）"命名。示例如下：

铝的质量分数为 4.0%~6.0% 的铝青铜的牌号为

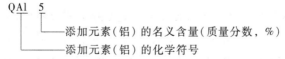

QAl　5
——添加元素（铝）的名义含量（质量分数，%）
——添加元素（铝）的化学符号

锡的质量分数为 6.0%~7.0%、磷的质量分数为 0.10%~0.25% 的锡磷青铜的牌号为

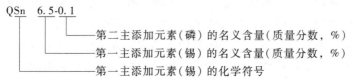

QSn　6.5-0.1
——第二主添加元素（磷）的名义含量（质量分数，%）
——第一主添加元素（锡）的名义含量（质量分数，%）
——第一主添加元素（锡）的化学符号

④ 白铜牌号表示方法。白铜牌号命名方法如下：

a. 普通白铜以"B +铜含量（质量分数）"命名。示例如下：

镍的质量分数（含钴）为 29%~33% 的普通白铜的牌号为

B30

└─── 镍的名义含量（质量分数，%）

b. 复杂白铜包括铜为余量的复杂白铜和锌为余量的复杂白铜。对于铜为余量的复杂白铜，以"B+第二主添加元素化学符号 +镍含量（质量分数）+各添加元素含量（质量分数，数字间以"-"隔开）"命名，对于锌为余量的锌白铜，以"B+Zn 元素化学符号+第一主添加元素（镍）含量（质量分数）+第二主添加元素（锌）含量（质量分数）+第三主添加元素含量（质量分数，数字间以"-"隔开）"命名。

示例如下：

镍的质量分数为 9.0%~11.0%、铁的质量分数为 1.0%~1.5%、锰的质量分数为 0.5%~1.0% 的铁白铜的牌号为

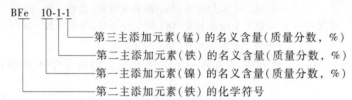

铜的质量分数为 60.0%~63.0%，镍的质量分数为 14.0%~16.0%，铅的质量分数为 1.5%~2.0%、锌为余量的含铅锌白铜的牌号为

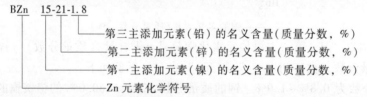

3）再生铜及铜合金牌号表示方法。按 GB/T 29091—2012《铜及铜合金牌号和代号表示方法》的规定，再生铜及铜合金牌号表示方法为在加工铜及铜合金牌号的命名方法的基础上，牌号的最前端冠以"再生"英文单词"recycling"的第一个大写字母"R"。

铜及铜合金的牌号和主要化学成分可参考 GB/T 5231—2022。

4.1.3 常见元素的作用和存在形态及对分析的影响

1. 非金属元素

（1）碳　碳是钢铁材料中的一个重要元素，它对钢铁产品的性能起到非常重要的作用。碳是区别铁与钢的主要元素，决定钢号和品种的主要标志。通常钢中碳含量为 0.05%~1.7%（质量分数），铁中碳含量都大于 1.7%（质量分数）。把 $w(C) \leqslant 0.03\%$ 的钢称作超低碳钢，不锈钢的碳含量一般均很低。正是由于碳的存在，才能用热处理的方法来调节和改善其力学性能。一般来说，随着碳含量的增加，钢铁的硬度和强度也相应提高，而韧性和塑性却变差。钢中碳含量的高低直接决定了热处理工艺和焊接条件，从而改善钢的力学性能。

碳在钢铁材料中主要以两种形式存在：一种是游离碳，如铁碳固溶体、无定型碳、退火碳、石墨碳等，可直接用"C"表示；另一种是化合碳，即铁或合金元素的碳化，如 Fe_3C、

Mn_3C、Cr_3C_2、WC、VC、MoC、TiC等，可用"MC"表示。前者一般不与酸作用，即使是高氯酸发烟也无济于事，后者一般能溶解于酸而被破坏，这正是将二者分离与测定的依据。在钢中，碳一般是以化合碳为主，游离碳只存在于铁及经退火处理的高碳钢中。各种形态的化合碳的测定属于相分析的任务，在成分分析中，通常只测其总量。

碳对生铁性能的影响，主要是由存在形态来决定的。炼钢用生铁中碳大多数以化合碳Fe_3C的形态存在，此类生铁质硬而脆，断面呈白色，故称"白口铁"。铸适用生铁中碳大多以游离态石墨的形态存在，具有良好的铸造性能，质软且易于切削加工，断口呈灰色，故称"灰口铁"。如果将熔化后的铸铁用稀土和镁进行处理，则其中的片状石墨转化为球状石墨，称为球墨铸铁。鉴于铸铁和生铁中有较多游离态的石墨存在，所以这些试样在化学分析取样中有特殊的规定。

（2）硫　硫是一种非金属元素，在钢中是有害元素，当硫的含量超过规定范围时，要降低硫的含量，生产中称为"脱硫"。硫在钢中的固溶量极小，但能形成多种硫化物，如FeS、MnS、VS、ZrS、TiS、CrS、NbS等，当钢中有大量锰存在时，主要以MnS的形态存在，其次以FeS的形态存在，因而在炼钢过程中常常加入锰铁进行脱硫，使其进入炉渣中。

硫对钢铁产品性能的影响是产生"热脆"，即在热变形时，工件产生裂缝，因而其危害性大；硫还能降低钢的力学性能，特别是使疲劳极限、塑性和耐磨性显著下降，影响钢件的使用寿命。硫含量高时，还会造成焊接困难和耐蚀性下降等不良影响。但加入一定量的硫能改善钢的加工性能，易切削钢中的硫含量（质量分数）可达0.2%以上。

钢中硫含量（质量分数）：普通钢中一般不超过0.05%；优质钢、工具钢不超过0.045%、0.03%；高级优质钢不超过0.02%；生铁中硫含量较高，可达0.35%，球墨铸铁中一般不超过0.025%；一般有色金属中的硫含量很少。

（3）磷　磷是钢铁中普遍存在的元素之一，通常由冶炼原料、燃料带入，它主要以固溶体磷化物的形态存在，有时呈磷酸盐夹杂物形态。磷在钢中能降低高温性能和增加脆性，影响钢的塑性和韧性，易发生冷脆，在凝结过程中易发生偏析，降低力学性能等。因此，磷一般是钢中的有害元素。一般钢中把磷的质量分数控制在0.05%以下，而优质钢中磷的质量分数要求小于0.03%。但为了达到某些特殊性能，有时特意在钢中加入磷，磷在钢中可提高钢的抗拉强度和耐蚀性，改善钢材的可加工性，故易切削钢中磷的质量分数可达0.4%左右，生铁和铸铁中磷的质量分数高达0.5%左右。

在有色金属材料中，锡青铜中的磷可改善铸造和力学性能，加磷的目的有三个：一是为了脱氧，锡青铜中的氧以硬而脆的SnO_2形态存在，影响铸件的质量，作为脱氧剂加入的磷的质量分数要求其在合金中的残留量不大于0.015%；二是为了改善合金的韧性、强度、耐磨性和流动性，如在锡青铜中加入质量分数为0.1%~0.3%的磷就可使合金具有很好的力学性能和工艺性能，并具有较高的弹性极限，能进行挤压和冷加工，适于制造各种耐磨和弹性机械零件，由于磷在锡青铜中的溶解度小，当磷的质量分数超过0.3%时，即开始形成Cu_3P化合物，使合金发生热脆，故用于作热加工的锡青铜中磷的质量分数应小于0.25%；三是在轴承用锡青铜中加入质量分数为1%~1.2%的磷，可使形成硬而耐磨的Cu_2P化合物作为轴承材料中不可缺少的耐磨组织。

在测定磷含量时，分解试样不能直接用还原性酸（如盐酸、硫酸等），否则就可能有部分磷呈磷化氢而逸失，造成结果偏低。因此，必须用氧化性酸，如硝酸、$HCl-H_2O_2$ 等。试样处理过程中应保证磷酸呈正磷酸性（H_3PO_4）状态，并确保磷化物分解完全及使聚磷酸盐解聚。

（4）硅　硅是钢中常见的有益元素之一。在钢铁产品中主要是以固溶体的形态存在，还可以形成 $MnSi$、$FeMnSi$ 等硅化物，有时也会以硅酸盐及游离的 SiO_2 的形式形成钢铁中非金属夹杂物，如 $2FeO \cdot SiO_2$、$2MnO \cdot SiO_2$。除高碳硅钢外，一般不存在 SiC。由于硅和氧的亲和力次于铝和钛，强于铬、锰、钡，因此在炼钢过程中常被用作还原剂和脱氧剂。硅固溶于铁素体和奥氏体中，能显著提高钢的强度、硬度和弹性极限，对冶炼弹簧钢十分有利。另外，硅还能提高钢的抗氧化性、耐磨性、耐酸性，又能增大钢的电阻率等，但硅的存在却能增加钢的过热和脱碳敏感性，使钢中碳石墨化的倾向增大。硅被广泛应用于结构钢、弹簧钢、不锈钢、耐热钢及硅钢中。

普通钢中硅的质量分数一般为 0.1%~0.4%，合金钢中一般为 0.5%~2.0%，硅钢中可达 4%。

铸铁中硅是重要的石墨化元素，承担着维持碳当量的重要任务，并能细化石墨，提高球状石墨的圆整性。生铁中 $w(Si)$ 一般为 0.3%~1.5%，而铸铁中 $w(Si)$ 一般在 3%左右。

有色金属中硅是铸铝合金的重要合金元素，这类材料在高温下具有足够的强度和热加工性能，某些含硅的黄铜和青铜也具有良好的力学性能、铸造性及较高的耐磨性和耐蚀性。硅在镁合金中含量（质量分数）大于 0.3%时，会使合金易于发生偏析和缩孔，降低耐蚀性和可加工性。

硅只与氢氟酸作用是其一大特点，但它却能溶解于强碱之中。而硅的化合物易溶解于稀酸中，为使之分解彻底常滴加 HF，但必须使用塑料杯及低温，且应加硼酸等配位。

（5）硼　硼是非金属元素，为了改善钢的某些性能，常常向钢中加入一定量的硼。在普通钢中加入微量硼（质量分数为 0.003%左右），可增加钢的淬透性，从而能提高零件截面的均匀性。在珠光体型耐热钢中加入微量硼，可提高钢的高温强度，而在奥氏体钢中加入质量分数为 0.025%的硼，可提高铬镍钢的蠕变强度。硼还能提高钢的力学性能，并使钢的焊接性有所改善。

硼在钢中主要以固溶体的形态存在，还能形成氮化硼、氧化硼及铁碳硼等硼化物。关于钢中硼的形态，至今尚无统一的划分。金属学上分为有效硼、无效硼；金相学上分为固溶硼和硼化物；化学分析中分为酸溶硼和酸不溶硼。三者之间既有联系，又不尽相同。

由于钢中硼的形态十分复杂，而各种形态的硼对酸的稳定性又有很大的不同，这就给硼钢的分解与测定造成了一定的困难，因而在分析中出现了"酸溶硼""酸不溶硼"和"全硼"的概念。

酸溶硼最初并无严格的定义，而是泛指能为酸所分解的那部分硼，由于采用酸的种类、浓度及加热方式的不同，往往使酸溶硼的分析结果各异。1971 年，鞍钢标准会议建议，统一规定以 $c_{1/2H_2SO_4} = 5mol/L$ 硫酸（不加任何氧化剂）溶解试样，测得的硼为酸溶硼。酸溶硼主要为固溶硼、硼氧化物、铁碳硼化合物，而酸不溶硼则主要是氮化硼。由于氮化硼有高度的稳定性，酸不溶硼的分解一般采用碳酸钠熔融的方法。一般高合金钢、镍基高温合金中含有铌、钽、钛、铝等元素，对氮的亲和力远大于硼，因此很少形成氮化硼，但经硫磷酸冒烟后可得全硼。碳素钢、中低合金钢有时可得全硼，有时介于酸溶硼和全硼之间。因此，对于酸不溶硼的直接分解，仍需广大分析工作者继续探索。另外，有人指出，尽管酸溶硼不等于有效硼，但酸溶硼与淬透性之间有着良好的对应关系，所以对常规的化学分析来说，以分析酸溶硼为宜，但这一建议尚未得到确认。因此，对于硼的分析，仍须分别测定酸溶硼和全硼，两者之差即为酸不溶硼。

（6）氮 氮是人们所熟悉的一种非金属元素。一般认为，氮是一种有害的杂质元素，氮随着炉料和炉气进入钢中，若含量较高时，将导致钢的宏观组织疏松，甚至形成气泡，使钢的韧性下降，硬度增加，同时也造成缺口敏感性增加，而产生蓝脆现象。在不锈钢中，过量的氮将导致产生晶间腐蚀。氮如同硫、磷一样，也会起液析作用，而使钢的强度下降。

但是，合理地在钢中加入一些氮，能使钢的晶粒得到细化，从而提高钢的强度和硬度，所以氮又被认为是一种重要的合金元素，而采用中间合金和渗入的方法加入钢中。目前，在一些桥梁用钢和建筑用的钢筋中有意地加入氮来改善钢的力学性能。在许多情况下，氮在钢中的作用和铜、钨相似，是一种形成和稳定奥氏体能力很强的元素，从而提高钢的强度，其效用约为镍的 20 倍，因此可以代替一部分的镍使用。

钢中的氮主要以氮化物的形态存在，如 FeN、CrN、Mo_2N_2、VN、TiN 等，只有少部分以原子形态固溶于钢中；极少数情况下，氮以分子形态夹杂于气泡中或吸附于钢的表面。如果氮是停留在钢件的表面，那么在测定时一定要特别小心。钢中的氮含量因冶炼和热处理工艺的不同而不同，普通钢和不锈钢中的氮含量较低，一般为 $0.001\% \sim 0.05\%$（质量分数），但含氮的合金钢和不锈钢一般要大于 0.10%（质量分数），有的甚至高达 0.5%（质量分数）。

由于氮与钢中共存元素都能形成氮化物，而各种氮化物的溶解特征很不一致，有些氮化物易溶于酸，如 Fe_4N、Cr_2N 及一些钼的氮化物，而铌、钽、钒、锆、钼等形成的氮化物不溶于单独的盐酸或硫酸中，需要经"湿法熔融"处理才能使氮化物分解。CrN 需要以硫酸冒烟处理，因此一般而言，试样溶解后最好进行冒烟处理。AlN 在水中和酸中溶解很少，但能溶于碱溶液中。

测定氮的方法有很多，化学方法一般采用把氮转化为氨的形式来测定，仪器法则采用把试样高温熔融后以氮气的形式来测定。

2. 金属元素

（1）锰 锰是金属材料中的主要合金元素之一，又是钢铁冶炼的脱氧剂和脱硫剂。锰与硫作用，可以降低钢的热脆性。其含量大于 0.8%（质量分数）就可以称作锰合金钢。高锰钢具有较高的硬度和强度。锰对提高钢的耐磨性作用明显。

锰在钢中的主要存在形态是硫化锰，有的也是其他形态的化合物，如 Mn_3C、$FeSiMn$、$MnSi$ 等。锰在钢中的含量一般是 $0.3\% \sim 0.8\%$（质量分数）。生铁中锰的质量分数为 $0.5\% \sim 2\%$，高锰钢则大于 13%。另外，如 $Mn_{30}Al_2$、$BNiMnFe$ 等合金中，锰的质量分数为 $30\% \sim 40\%$。

在有色金属材料中，少量的锰能提高其压力可加工性及耐磨性、耐蚀性，是各类铜合金、铝合金、镍锰合金的主要成分。

锰可溶解于稀酸（硝酸、硫酸、磷酸等）中，生成 Mn^{2+}。锰是多价元素（2、3、4、6、7），而且 Mn^{3+}、Mn^{7+} 的化合物具有灵敏的紫红色，这些都是其分析的重要特征。

（2）铬 铬是钢中常见的残余元素及合金元素之一。铬能增加钢的力学性能和耐磨性，可以增加钢的淬火度和提高淬火后变形能力，同时又可以增加钢的硬度、弹性、抗磁力和抗张力，增强钢的耐蚀性和耐热性等。如果在铸铁中同时加入铬和镍，能使之具有硬而韧的特性。

铬在钢中的存在形态较为复杂，有与铁生成的固溶体、碳化物（Cr_4C、Cr_7C_3、Cr_3C_2等）、硅化物（Cr_3Si等）、氮化物（CrN、$Cr2N$等）及氧化物（Cr_2O_3）等形态，其中铬的碳化物及氮化物较为稳定。

在含铬钢的分解中，一定要使那些较稳定的铬的碳化物及氮化物分解完全。一般来说，铬钢可被热的盐酸及稀硫酸所分解，遇浓硝酸被钝化而很难再被溶解。为了将碳化物分解完全，通常是在溶解后滴加硝酸、过氧化氢或在硫磷酸发烟时（或在近发烟时）滴加硝酸来分解。此外，高氯酸发烟也是一种十分有效的常用方法。

通常，普通碳素钢、低合金钢、部分易溶的高合金钢等可采用硫磷混合酸溶解，然后再用硝酸分解氧化；难溶的高合金钢则采用王水溶解、高氯酸氧化，或用盐酸-过氧化氢溶解、高氯酸冒烟氧化；生铁、普通碳素钢也可采用稀硝酸溶解、高氯酸分解氧化；铝合金可采用碱溶解再酸化；其他合金（如铬青铜）可采用盐酸-过氧化氢溶解、高氯酸氧化。

（3）镍　镍是钢中重要的合金元素之一。镍可以提高钢的力学性能，增加钢的强度、韧性、耐热性，增强钢的耐蚀性、耐酸性及其导磁性等。镍还能细化晶粒，提高钢的淬透性和增加钢的硬度。此外，在钢的热加工中，镍又有防止铜对金属表面产生有害影响的功能，所以在不锈钢、高温合金等耐热、耐酸高合金钢中加入质量分数为×%～××%的镍。然而，它又是钢中的残余元素之一，结构钢、弹簧钢、滚珠轴承钢等要求镍的质量分数小于0.5%，普通钢小于0.25%（或0.2%）。

镍在钢中主要以固溶体和碳化物的形态存在。正是由于钢中不存在更稳定的镍的化合物，所以多数镍钢都溶于酸中。镍与盐酸、稀硫酸反应缓慢，而与稀硝酸反应快，生成硝酸镍，但又易被浓硝酸钝化。

（4）钛　钛是一种银白色金属，在许多钢中是重要的合金元素。钛在钢中除了以固溶体的形态存在，还能和氮、氧、碳等形成化合物TiN、TiO_2、TiC，从而防止钢中产生气泡，改善钢的品质，提高钢的强度。低合金高强度结构钢中钛的质量分数一般在0.05%～0.15%之间；不锈钢中钛的质量分数一般为碳含量的4～8倍，这样可防止不锈钢的晶间腐蚀。含钒、钛和稀土的合金铸铁则具有良好的耐磨性。

在铜、铝和镍等合金中，加入钛能改进其物理、机械特性及耐蚀性。同时，由于钛具有很高的强度和质量比（比铁和铝高），以及能在很宽的温度范围内保持优良的力学性能，现已广泛应用于航空工业。此外，钛基合金被用于要求具有高抗蠕变能力、抗疲劳能力和耐腐蚀能力的金属材料中。

钛可溶解于盐酸、浓硫酸、王水及氢氟酸中，但在金属中（主要指钢铁）由于其存在形态不同，溶于各种酸的能力也不同。当其以金属形态固溶于钢铁中时，用（1+1）盐酸即可溶解；而当其以TiN、TiC的形态存在时，则必须有氧化性酸（如硝酸、高氯酸等）存在才能溶解；当其以TiO_2的形态存在时，则难溶于稀酸中，如需将之迅速溶解，则可用焦硫酸钾熔融，此时生成$Ti(SO_4)_2$而迅速溶解于稀酸中，亦可用硫酸铵及浓硫酸加热溶解。

（5）铝　铝是自然界中分布最广的金属元素，也是最重要的有色金属材料之一，铝及铝合金在国民经济各行业中有着广泛的应用。铝也是铜、镁、锌、镍、钛等合金及某些钢种的重要合金元素，同时也是炼钢的脱氧剂、去气剂和致密剂。钢脱氧剂时常加入质量分数为0.01%~0.10%的金属铝。

铝对钢的影响不一，机械制造钢中如有铝存在，则对力学性能有着不良的影响，含碳高的工具钢中，铝能使它的淬火性恶化并增加其淬火脆性。低碳钢中加入质量分数为0.5%~1%的铝后，对钢的强度和硬度有所帮助。铝作为一种合金元素加入要氮化的铬钼钢或铬钢等中，可使氮化物更加稳定。在这些牌号的钢中，铝的质量分数为0.7%~6.0%。耐热钢中加入质量分数为8%~10%的铝后，能大幅度增强钢对生成铁鳞的抵抗性，但它很脆，不能锻造和切削。在铝-镍或铝-镍-钴的磁性合金钢中，加入质量分数为12%~15%的铝，可作为永久磁石。

铝一般不溶于硝酸或浓硫酸中，易溶于盐酸，但氯化铝在过热状态下容易蒸发损失。铝是两性金属，溶解于酸形成相应酸的盐，溶于强碱则生成偏铝酸盐。

钢中的铝主要是以金属固溶体的形态存在，少部分以氧化物和化合物的形态存在。存在于钢中的氧化铝一般不溶于酸，称为"酸不溶铝"。当要求测定全铝时，则将残渣过滤，用焦硫酸钾熔融后检出，加到酸溶铝的结果中。一般认为，金属铝和氮化铝溶解于酸称作"酸溶铝"，用"Als"表示。另外，铝具有两性及在盐酸介质中存在的 $AlCl_3$ 在过热状态下容易逸散的性质，应在分析中注意。

（6）铅　铅是有色金属材料中非常重要的一种元素。铅与锡、锑等形成各类合金，如钎料、低熔合金及轴承合金等。此外，在某些金属材料（如铜合金、钢等）中有时也加入一定量的铅作为合金元素，黄铜中加入铅可改善其可加工性。铅青铜是一种重要的耐磨轴承合金，被广泛应用于制造高负荷轴瓦；铅基轴承合金性能虽低于锡基合金，但耐磨阻力小，贴附性优良，铸造性好，且价廉，可用于制作中、小负荷机械设备的轴瓦。

一般钢中残留的铅很少，但在易切削钢中加入质量分数为0.1%~0.2%的铅能显著改善其可加工性。不过，铅和铁不生成固溶体，它只以微小的球状形态存在于钢中，而且容易发生偏析现象，这一点在取样时应特别注意。

含铅试样的溶解方法随合金的具体组成而改变。一般地说，铜合金、锌合金及易切削钢可以用稀硝酸溶解；轴承合金、钎料及易熔合金等以铅、锡、锑为主要组成的合金可用 $HBr+Br_2$ 混合酸溶解并蒸发至近干，经过2~3次反复处理，可使锡、锑、砷等元素挥发而残留的铅经稀硝酸处理即可转化为硝酸铅溶液；铝合金则可用氢氧化钠或盐酸溶解；钢铁试样也可用盐酸处理。

（7）锌　锌是在工业上具有广泛用途的一种有色金属。大量锌用于制造黄铜、锌合金、原电池和阳极板、印刷用的锌板，以及用于钢和铁的表面保护。锌与铝、铜、镁等元素组成的锌基合金，主要用于压铸件、制造轴承合金和压力加工制品，其主要优点是熔点低，流动性好，容易充满压铸模，并有较高的力学性能，故在汽车制造及电机工业等广泛采用锌合金压铸件。此外，锌合金的耐磨性也很好，常应用于不太重要的轴承制造中，代替价格较贵的锡青铜、铅青铜和铅基巴氏合金。锌合金在200~300℃时可进行压力加工，由于它在变形状态下的力学性能接近于黄铜，因此在机械工业中常用作黄铜的代用品。锌还常常作为合金元素加入铜基耐磨合金（如锡青铜）、白铜、镁合金、超硬铝合金中。锌在钢铁中是不太起眼的杂质元素，一般含量甚微。

锌是两性物质，溶于酸生成 Zn^{2+} 的水合物，溶于碱则生成锌酸物 [$Zn(OH)_4^{2-}$ 或 ZnO_2^{2-}]；越纯的锌溶于酸中的速度越慢。锌也可以在氧的存在下溶于水而生成氢氧化物，而其溶解速度可因络合剂（如 CN^- 的存在）而大为加快。在进行锌合金的分析时，溶样必须在氧化的状态下进行。这样除使含铜、铅等元素的试样易于溶解，还可防止砷、磷、锑，甚至铋在溶解时挥发造成损失，因上述诸元素在金属锌的强还原状态下，能与酸作用生成易挥发的氢化物。另外，当锌合金溶于浓盐酸或含氯根的硫酸、高氯酸时，必须注意加热温度，切忌过高，否则 Ge、As、Sb、Cd、Hg、Ga、In、Tl、Cr、Se 及 Fe 等元素均可能以氯化物的状态挥发而损失。

（8）铁　铁主要用于炼钢，是钢铁材料中的基体元素。在粉末冶金中，铁粉也是重要的原料之一。铁在有色合金中大致有两种情况，一种情况是作为合金元素加入其中以改善和提高合金的品质与性能，如果铜中含有微量的铁，将能阻滞黄铜的再结晶并细化其晶粒。当铁含量（质量分数）大于 0.03% 时，黄铜会有磁性。当铁与锰、镍、铝共存时可显著提高铜的强度和耐磨性、耐蚀性。铁铝青铜中铁的存在，则不仅可改善其力学性能，而且可在一定程度上防止脆性成分的生成。铁在有色合金中的另一种情况是残留于合金中的杂质，属于有害成分，要求含量越低越好，如在绝大多数铝合金和锌合金中。

铁一般都能直接溶于稀酸中，如盐酸、硝酸、硫酸或混合酸（如 $HCl-HNO_3$、$H_2SO_4-HNO_3$ 等）。有时尚需同时加入高氯酸、磷酸或氢氟酸助溶（如不锈钢、钨钢、硅钢等），但铁又易被浓硝酸、浓硫酸所钝化而不再被溶解。以铅、锡、锑为主要成分的合金也可用氢溴酸-溴的混合酸溶解。对一些不溶或部分不溶于酸的试样，则须借助熔融方法。

（9）镁　镁是矿物、岩石、耐火材料、炉渣、水泥、海水及泥土中的重要成分。镁及其合金在有色金属材料中占有重要的地位，近几年来正成为新材料研究的热点之一。某些金属及其合金中，如铝合金、球墨铸铁、锌合金等，常作为合金元素加入一定量的镁，而这些材料在机械行业中有着广泛的应用。

在实际工作中，常利用沉淀法、汞阴极电解法或萃取法实现镁与其他元素的有效分离。在铵盐存在时，用氨水经二次沉淀，可以从铁（Ⅲ）、铝（Ⅲ）及类似金属中分离镁。如果有足够的铁、铝存在，磷酸根也同时被分离。锰可用硫化铵沉淀分离，铁、锌、镍、钴及许多其他金属也被沉淀。氢氧化铁转化为硫化铁时，可以不吸附镁。锰也可以成为含水氧化锰而得到分离。

三乙醇胺、乙二胺四乙酸存在的溶液中，过量的氢氧化钠只沉淀 Mg、RE、Ti、Zr（Hf）、Hg、Ag 及 Th 等元素，可用于球墨铸铁、铝合金、铜合金等材料中分离测定微量镁。含过氧化氢的溶液可以从多量钛中沉淀分离氢氧化镁。

当溶液的 pH 为 8.5 左右时，铜试剂可以沉淀 Ag、As、Au、Bi、Cd、Co、Cr、Cu、Fe、Hg、Mn、Mo、Nb、Ti、Ni、Pb、Sb、Sn、Te、V、Zn、W、Se 及 Ti 等元素而镁不被吸附。Al、RE、Ta、Zr 等元素不被铜试剂沉淀，但在此 pH 值时生成氢氧化物沉淀，往溶液中通氧数分钟，可促使 Mn^{2+} 生成溶解度较小的四价锰络合物，而使其沉淀完全。通过上述沉淀分离后，滤液中只有 Ca、Mg、Ba、Sr，可应用铬黑 T、铬变酸 2R、二甲基苯胺蓝Ⅱ、甲基百里酚蓝或偶氮氯膦Ⅰ等显色剂光度测定球墨铸铁、锌、镍及铜合金中的痕量镁。

（10）锡　锡在工业上用于制造各种合金，是有色金属的重要原料。以锡为主要成分的锡青铜、锡磷青铜具有较高耐磨性、耐蚀性及良好的力学性能、铸造性能。锡还是钎料、印刷合金和易熔合金的主要组成元素。钢铁中的锡是有害的杂质元素之一，主要源于矿石、废钢和其他添加剂。锡可以增加钢的抗拉强度却降低了钢的冲击性能，不利于钢的加工。因此，一般应严格控制锡的含量。但是，当铸铁中含有少量锡时，能改善其耐磨性，又可影响铁液流动性。同时，锡还可以显著提高含铜钢的耐硫酸腐蚀性等，因此又常加入质量分数<0.4%的锡。

纯锡可溶于盐酸（1+1）或浓硫酸中。锡基合金及其他以 Sn、Pb、Sb 为主的合金可用 $HBr+Br_2$、浓硫酸、王水或 $HCl+H_2O_2$ 溶解。用浓硫酸溶解含铅较高的试样时，将有 $PbSO_4$ 沉淀析出，而用 $HBr+Br_2$ 溶样时，Sn、Sb 及 As 将以溴化物状态挥发。含锡的铜合金可用 $HCl+H_2O_2$ 或 HNO_3 溶解，用 HNO_3 溶解时，锡以偏锡酸沉淀析出。锡可以借助沉淀、挥发、蒸馏、萃取等方法达到与共存元素的分离。

（11）铜　铜在工业上具有十分重要的意义，绝大多数的工业部门都离不开铜及铜合金。利用其优良的导电性，铜被用作电线和导线。品种繁多的铜合金是机械工业的常用材料。在其他各种有色金属材料（如铝合金、锌合金、铅基合金、锡基合金等）中，铜也是主要的合金成分。铜在钢中不形成碳化物，多以固熔体或金属夹杂物的形态存在。在钢中加入少量铜，能提高其屈服点和疲劳强度，改善冲击韧性和耐大气腐蚀性等。此外，少量铜的存在对改善钢液的流动性也有好处。但铜在钢中通常是有害杂质，使钢的力学性能降低，当加热时导致金属表面氧化，有时会引起钢在锻轧热加工时发生热脆现象，出现鱼鳞状开裂并影响焊接性。

溶解含铜的有色金属及钢铁试样一般可采用酸溶法，但必须在氧化条件下进行；铝合金不宜用硝酸溶解，可用盐酸加适量过氧化氢或用盐酸加适量硝酸溶解，更方便方法是用氢氧化钠溶解后再加酸酸化。分离铜的方法除电解，主要有沉淀分离法和萃取分离法。

（12）钒　钒是钢中重要的合金元素之一，它在钢中的主要作用是细化晶粒，降低钢的热过敏性，提高钢的强度和韧性，以及耐磨性和热硬性，因此广泛应用于结构钢、弹簧钢、工具钢和高速钢中。在一般的低合金钢、合金结构钢、弹簧钢、合金工具钢和耐热钢中，钒的质量分数在 0.5% 以下，高速钢中钒的质量分数可达到 4%。有色合金中也含有少量钒，如 LF11（曾用牌号）铝合金中钒的质量分数为 0.02%~0.2%。

钒在钢中主要以碳化物和固溶体的形态存在。钢中的碳化钒很稳定，很难溶解于盐酸或硫酸中，只有高氯酸冒烟、硫磷酸冒烟或在硫酸冒烟时滴加硝酸氧化才能完全溶解；铝合金采用强碱溶解，再酸化。

（13）钴　钴为银白色金属，外形似铁，具有铁磁性。硬度和延展性较铁强，而磁性则不及铁。钴为稀有的贵重金属，是钢中贵重的合金元素之一，仅用于冶炼特殊钢种和合金。钴可以提高和改善钢的高温性能，增加钢的热硬性，提高钢的抗氧化性和耐蚀性，因此常被作为超硬高速钢及许多高低合金钢中的合金元素，也用于耐热钢、耐热合金、精密合金和磁性材料。

钴在钢中不形成碳化物，而是一种石墨化的促成元素，在钢中主要以固溶体的形态存在。钴在高速钢中的含量（质量分数，后同）不应超过 10%，某些特殊合金、高温合金中为 15%~20%，永磁合金中为 20%~35%。钴含量过高，则增加钢的脆性，但在原子能工业用钢和某些专用钢中，则要求钴含量低于 0.01%。由此可见，钢中钴的含量范围跨度很大。

钴在稀硫酸、稀盐酸中反应缓慢，但易溶解于稀硝酸和王水中，钴离子在水中形成粉红色的水合钴离子。钴的分离方法主要有沉淀法、萃取法和离子交换法。

（14）钼　钼主要用于钢铁工业，作为合金元素加入钢中，能增加钢的强度又不降低钢的可塑性和韧性，同时能使钢在高温下有足够的强度，改善钢的耐蚀性和冷脆性，因此广泛应用于结构钢、耐热钢、耐酸钢及工具钢中。钼对磁性有良好的影响，它作为加制剂加入钨钢及铬磁钢中，可提高其矫顽磁力。钼在钢中主要以碳化物（Mo、Mo_2C）的形态存在。耐热钢及工具钢中常加入质量分数为 0.15%~0.7% 的钼，结构钢中钼的质量分数为 1% 左右。而像一些耐热、耐酸及耐碱蚀等不锈钢及某些高速钢、高温合金中，钼的含量（质量分数）5%~9%。

钼不溶于稀硫酸和盐酸中，但可溶于硝酸。硝酸不仅能分解钼的碳化物，且能溶解以金属固溶体存在的钼。对稳定的钼碳化物，须加热至冒硫酸烟或高氯酸烟才能使其分解，这在测定钼时应予以注意。钼的分离方法主要有沉淀法、萃取法和离子交换法。

（15）钨　钨呈银白色，粉末状则呈灰色或黑色，是金属中熔点最高的元素。自然界中主要以钨锰铁矿和钨酸钙矿存在。钨作为钢中的合金元素之一，可以提高钢的蠕变强度，又是钢中碳化物的强促进剂。钨能增加钢的回火稳定性、热硬性、热强性，以及由于形成特殊的碳化物而增加耐磨性。因此，钨通常用于高温合金和各种工具钢中。钨还用于制作各种硬质合金、永久磁铁及电灯的钨丝等。

钨在钢中主要以简单的碳化物（WC、W_2C 或 W_3C）或复式碳化物（$Fe_2C.W_2C$、$Fe_3C.3WC$、$3W_2C.2FeC$ 等）形态存在，也有一部分固溶体。钢中钨的含量差别很大，可以为 0.3%~20%（质量分数）。

钨可溶于硝酸和氢氟酸及高氯酸与磷酸的混合酸中，不溶于其他酸。含钨钢通常用盐酸（1+1）或硫酸（1+4）溶解，金属钨及其碳化物常以黑色粉末状物沉淀于容器底部。在溶解过程中加入硝酸，一般均能将这些碳化物溶解。用硝酸氧化时要慢慢将硝酸加入，否则会使较多的铁、铬、钒、钼、钛、锆、锡、硅、磷等夹杂在钨酸中。对于一般含钨较高的合金钢，使用硫磷混合酸分解，再滴加硝酸以溶解碳化物，则能较迅速地使溶液达到清亮。

在分析上接触较多的钨的化合物是钨酸及其酸酐。当用盐硝混合酸分解含钨试样或以酸处理钨酸盐时，均会生成钨酸。当用冷、稀酸处理钨酸盐时，生成 $WO_3 \cdot nH_2O$，它为白色非晶状的胶体。当用浓酸和在热的环境下处理钨酸盐时，则析出 H_2WO_4 或 $WO_3 \cdot H_2O$，它是黄色晶体。灼烧钨酸即可得到黄色的三氧化钨。钨类似于钼，能生成多种同多酸及杂多酸，在分析化学上较常见的有磷钨酸和硅钨酸。另外，由于钨能与多种有机酸，如酒石酸、柠檬酸、草酸等形成稳定的络合物，常利用这一性质来分离钼。钨的分离方法主要有沉淀法、萃取法及离子交换法。

（16）铌　铌是一种稀有金属元素，和钽的化学性质相似，在自然界总是共生的。主要的矿物是铌铁矿和钽铁矿，金属铌的外形和铂相似，属于高熔点金属，质硬而富有延展性。作为一种合金元素，铌在钢中形成铌化物的能力很强，除可形成微量的固溶体，还可形成 Fe_3Nb、NbC、NbN、NbO、Nb_2O 及 Fe_2Nb 等，但主要以 Fe_3Nb 和 NbC 的形态存在。钢中加入铌，能显著提高钢的强度和耐蚀性，改善钢的焊接性，还能使钢具有极好的抗氢性能，并能降低钢的碱脆性，可用来制造无磁钢，并能提高其强度。钢中铌的含量（质量分数，后同）通常为 0.1%～1%。低合金钢中低于 0.05%，高温合金中可高达 3%。

铌不溶于盐酸、硝酸及硫酸中，但铌及其化合物却易溶于氢氟酸和硝酸的混合酸中，硫酸冒烟对其完全溶解常常奏效。在熔融的碱中可迅速生成相应的铌酸盐，铌在水中极易水解成铌酸析出沉淀，但在酒石酸、柠檬酸、草酸、过氧化氢、氢氟酸等中发生配位反应，生成溶解于水的络合物。铌的分离方法主要有沉淀法、萃取法和离子交换法。

（17）稀土　稀土元素包括原子序数为 57～71 号的 15 个镧系元素和钇（Y），共 16 个元素。它们的化学性质十分相似，因此常将它们放在一起研究和测定。根据它们在性质上的某些差异，以及分离工艺和分析测定的要求，将这 16 个稀土元素分为轻、重两组或轻、中、重三组。

我国稀土资源十分丰富，其重要性逐渐被人们认识，稀土元素广泛应用于各个生产部门，特别是冶金工业。在炼钢过程中，稀土金属被作为脱硫、脱氧剂使用，主要是利用稀土对硫、磷、砷等元素有很强的亲和力而生成难熔的化合物进入渣内或漂浮在铸件上部，起到脱硫磷和除去或降低非金属夹杂物的作用，从而改善钢的质量，提高钢材的力学性能、热加工性及力学特性。在铸铁中，稀土元素起着球化剂的作用，使铸铁中的片状石墨变为球状，即所谓球墨铸铁，改善铸造工艺，使其力学性能显著提高。在有色合金中添加少量的稀土金属，能提高合金的强度、延伸性、耐热性和导电性。在钢中使用的主要是铈组混合稀土，因此若对稀土总量无特殊说明，一般指铈组稀土，即轻稀土总量。由于铈具有氧化还原性，所以可以利用其氧化还原性单纯测定其含量。

随着稀土的科研、生产和应用，稀土元素的分析化学也得到了迅速发展。在冶金、机械和化工等稀土的应用部门，从具体要求来看，稀土定量分析可分为两类，一是稀土总量的测定，包括稀土分组含量的测定；二是单一稀土含量的测定。机车行业一般需要稀土总量的测定，稀土总量的测定采用的方法有重量法、滴定法和光度法，前两种方法一般用于稀土含量较高的试样，如稀土中间合金、金属稀土等；光度法则主要用于稀土含量较低的试样，如钢、铸铁及其他合金材料等。

稀土元素在钢中主要以硫化物、氧化物、硫化物、固溶体和金属间的化合物等形态存在，稀土元素及化合物易溶于各种酸中。

4.2　分析试样处理的一般步骤

4.2.1　试样的采取

试样的采取与制备是化学分析工作中的第一个环节，分析试样必须具备足够的稳定性、均匀性和代表性。如果制备不当，再仔细、认真的分析操作和最终结果也不能代表试样的真实组成。因此，化学分析人员应了解对取样的要求，熟悉试样的制备方法。

1. 金属矿、地质固体原料试样的采取

对一些颗粒大小及组成不均匀的（如矿石、煤焦、砂土等）原始样品的采取，一般按物料质量的 0.1%～0.3% 采集。将物料堆成一定的高度，按纵横方向分隔，每 0.5～1m 画一直线，然后在 2～3m 取一点，在深度 0.3～0.5m 处取样，总和为平均试样。

要获得均匀的、供分析用的少量试样，必须经过多次粉碎和缩分才能得到。制备试样一般包括四个步骤，即粉碎、过筛、混匀、缩分。可先用大型破碎机，再用实验室小型破碎机将样品制成小的颗粒，最后用球磨机或钢钵等粉碎成更小颗粒。每经过一次粉碎就过筛、混匀、缩分一次。缩分采样用四分法：将试样混匀后，堆成圆锥形（见图 4-1a）并略微压平（见图 4-1b），通过中心分为四等分，把任意对角的两份弃去（见图 4-1c），其余对角的两份收集在一起混匀，这样就缩减了一半（也可借助于自动缩分仪），但为了避免造成缩分偏差，试样粒度未通过 10 目筛（$d = 2mm$）之前不宜用四分法缩分。根据需要可将试样再次粉碎至更细的颗粒并重新缩分，如此反复处理直至留下所需量为止（见图 4-1）。

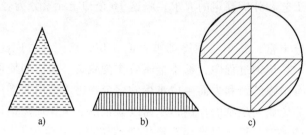

图 4-1　试样的缩分

（1）取样量

1）根据样品最大颗粒质量。计算取样量的经验公式为

$$m_s = \frac{m_{max} \times 100}{b} \tag{4-1}$$

式中　m_s——取样的最小质量（kg）；

　　　m_{max}——最大颗粒的质量（kg）；

　　　b——比例系数（一般取值 0.2）。

2）根据样品最大颗粒直径。计算取样量的经验公式为

$$m_q \geqslant kd^2 \tag{4-2}$$

式中　m_q——试样的最小质量（kg）；

　　　k——缩分常数的经验值（一般取 $0.05 \sim 1 kg/mm^2$）；

　　　d——试样的最大颗粒度（mm）。

（2）采样与缩分取样量计算示例

【例 4-1】　采集矿石样品，若试样的最大直径为 10mm，$k = 0.2 kg/mm^2$，则应至少采集多少试样？

解：$m_q \geqslant kd^2 = 0.2 kg/mm^2 \times 10^2 mm^2 = 20kg$

【例 4-2】　有一样品 $m_q = 20kg$，$k = 0.2 kg/mm^2$，用 6 号筛网过筛，问应缩分几次？

解：$m_q \geqslant kd^2 = 0.2 kg/mm^2 \times 3.36^2 mm^2 = 2.26kg$

缩分一次剩余试样为 $20kg \times 0.5 = 10kg$，缩分三次后剩余试样为 $20kg \times 0.5^3 = 2.5kg > 2.26kg$，故应缩分三次。

从分析成本考虑，样品量应尽量少；从分析误差考虑，不能少于临界值 $m_q \geqslant kd^2$。

试样的最后细度应便于试样的分解，一般矿样、耐火材料应全部通过筛孔边长 $\leqslant 0.125mm$ 的筛网，铁合金应全部通过筛孔边长 $\leqslant 0.085mm$ 的筛网，特别难溶的试样要求能通过筛孔

边长≤0.053mm 的筛网。以铁合金为例，交货批量为 5t，额定最大粒度为 100mm；从中取出大样为 55kg，破碎到 10mm，缩分三次，缩分后试样重 7kg，再破碎到 2.8mm，又缩分三次，缩分后试样重 0.8kg，磨碎至 1.0mm，缩至试样重 300g，研磨至 0.16mm，分出四个试验样，每个重 50g。用于化学分析的试验样质量不应<50g，除钒铁和钒铝合金，其他铁合金试验样的最大粒度不能超过 0.16mm，钒铁和钒铝合金试验样的最大粒度不能超过 0.25mm（各种铁合金的取样规范见 GB/T 4010—2015）。

2. 钢铁或其制件试样的采取

钢铁或其制件试样的采取依照 GB/T 20066—2006/ISO 14284：1996《钢和铁　化学分析测定用试样的取样和制样方法》执行。

（1）炉前样

1）过程监控。为了监控生产过程，需要在整个生产过程中的不同阶段从熔体中取样进行炉前分析，以调整合金元素的组成。从熔体中取得的样品，在冷却时应保持其化学成分和金属组织前后一致。值得注意的是，样品的金属组织可能会影响某些物理分析方法（如光电直读光谱、X 射线荧光光谱）的准确性，特别是铁的白口组织与灰口组织，钢的铸态组织与锻态组织。所采用的取样方法应保证分析试样能代表熔体或抽样产品的化学成分平均值。

熔体取样一般有勺式取样和管式取样两种，通过特定条件制备形成分析试样。由喷磨砂机装置来清洁试料的表面，通过铣床、磨床、平板抛光机反复操作，将试样加工到预定的深度；商业上出售的系统装置，可以完成从熔体中取样到自动完成各阶段的处理。有两种厚度的管式样品（见 GB/T 20066—2006 附录 A 中 A.2.3.c）的表面自动制备系统装置和冲压加工试料的系统装置。

2）磨料选择。根据分析方法所测定元素的要求，用于制备分析试样的最后阶段的磨料应选择避免污染表面的材料。磨料的粒度应该与分析方法所需要的表面粗糙度要求相一致。对于光电发射光谱法，所用磨料的粒度在 60～120 级较合适；对 X 射线荧光光谱法，其选择的表面制备方法应该确保样品与样品间的表面抛光级别具有较好的再现性。

3）炉前取样的代表性。

① 勺式取样，用作铸铁生产过程中的铁液取样组合模如图 4-2 所示。用取样勺从熔体中取样，在取样勺内的铁液中加入已知量的脱氧剂，当铁液静置 10s 后，立即将其注入具有一定锥度的组合模中，冷却后脱模即可得到分析试样。

② 管式取样，铁液静压浸入式取样管如图 4-3 所示。通过铁液（钢液）静态压力使铁液（钢液）充满样品腔从而进行取样。这种取样管的钢分模由耐火

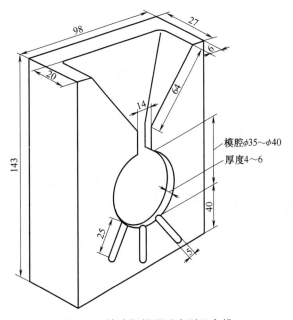

模腔φ35～φ40
厚度4～6

图 4-2　铁液取样用垂直型组合模

材料包住的保护纸管所保护。模子的底部有一硅管入口，并带有一小的钢保护帽，以防止炉渣和其他杂物进入。

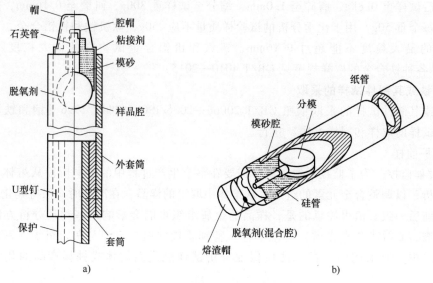

图 4-3　铁液静压浸入式取样管

a）样品腔中脱氧　b）单独混合腔中脱氧

③ 保护纸管。保护纸管长度为 200～1500mm，或者更长，可以部分地涂上耐火材料，以尽量减少铁（钢）液浸入时产生的飞溅。图 4-4 所示为一种较为典型的装配，包括测量液相线变相点、温度、氧气量的测量传感器，并包括一个有侧开口的长方形模子，用于在测量过程中进行取样。在氧气顶吹转炉炼钢过程中，副氧枪上装配的测量传感器可以包括一个从钢液中取样的模子。模子可以在副氧枪吹氧（吹氧操作）的情况下和未吹氧（吹氧操作结束）的情况下使用。在吹氧操作的情况下，可以使用不同设计的模子取样，模子横截面为长方形，其尺寸为 40mm×30mm，厚度为 20mm。另外，还有测氢气等的取样管。

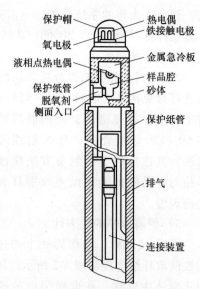

图 4-4　与副氧枪取样配套的样品腔

（2）成品样　用钻、刨、割、切削、击碎等方法，按锭块或制件的采样规定采取试样。如送检单位有特殊要求，可协商采取，具体如下。

1）生铁。用机械加工方法制备屑状样品时，应该用低速（100～150r/min）新磨的刀具（必要时，用直径 12～14mm 的碳化钨钻头）进行钻取。屑状样品应尽可能压紧，以避免石墨的粉化和损失。用于测定碳的屑状样品颗粒直径为 1～2mm。由于会产生高比例的细粉，不应使用铣取。制备好的样品不能用溶剂清洗或进行磁选处理，因为这些操作可能改变金属与石墨的分布。

对于机械加工的样品，在中部位置沿长度和宽度方向打磨出一暴露的金属表面，其直径>50mm，从穿过截面的方向开始钻取，钻至距对面近 5mm 处。如果有必要，可与第一个孔平行的方向再钻一孔（见图 4-5a～d）。对于不用机械加工的样品，在中部沿长度方向破碎样品，再取断口面块（不含表面）并破碎成约 5mm 的小块，然后用振动研磨机将其磨至<150μm。将从每块生铁制得的样品进行等量混合，从混合物中用对角四分法取得足量的分析用样品。

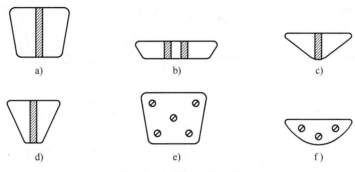

图 4-5　生铁的取样位置

2）铸铁。要求同生铁。在取得的样品和铸态或铸件整体间可能会存在着化学成分的差异，特别是碳、硫、磷、锰、镁的含量。偏析元素集中在铸件上部表面和下部中心；在采取原始样品或分析试样时，应该避开这些部位。灰铸铁在铸件中央取样，此铸件取自整块铸件截面的约 1/3 处，不得使用铸态表面的屑状样品用于分析。对较大型的铸件，不能钻穿整个铸件时，应钻至铸件的 1/2 处。对管状类的空心铸件，从管的两端和中间位置分别钻穿管壁，三个取样孔的中心轴互呈 120°夹角。对可锻铸铁分析试样，应先进行退火处理。

3）钢产品。原始样品或分析试样可以按产品标准中规定的位置，从用于力学性能试验所选用的抽样产品中取得。含铅钢、测定氧和氢的钢产品的取样和制样要采取特别的措施。

对于型材，从抽样产品上切取原始样品，其形状为片状。制备块状的分析试样时，应按照分析方法需要的尺寸从原始样品上切取。制备屑状的分析试样时，应在原始样品的整个横截面区域铣取。当样品不适合铣取时，可用钻取，但对沸腾钢不推荐用钻取。最合适的钻取位置取决于截面的形状，如下所述。

① 对称形状的型材，如方坯、圆坯和扁坯，在横截面上平行于纵向的轴线方向钻取，位置在边缘到中心的中间部位（见图 4-6a、b）。

② 复杂形状的型材，如角钢、工字钢、槽钢和钢梁，按图 4-6c～g 所示位置钻取，钻孔周围至少留有 1mm。

③ 钢轨的取样是在轨头的边缘和中心线的中间位置钻一个 20～25mm 的孔来制取屑状样品（见图 4-6h、i）。

在钻取的端部或切取截面不合适的情况下，可在垂直于主轴线的平面上钻取来制取屑状样品。

④ 对于板材或板坯，可在板材或板坯的中心线与外部边缘的中间位置切取原始样品来制备合适尺寸的块状分析试样（图 4-6j 所列示例中的原始样品宽度为 50mm），如果这种取样方法不合适，可由供需双方商定能代表板材成分的取样位置进行取样。

⑤ 对于轻型材、棒材、盘条、薄板、钢带和钢丝，当抽样产品的截面积足够充分时，

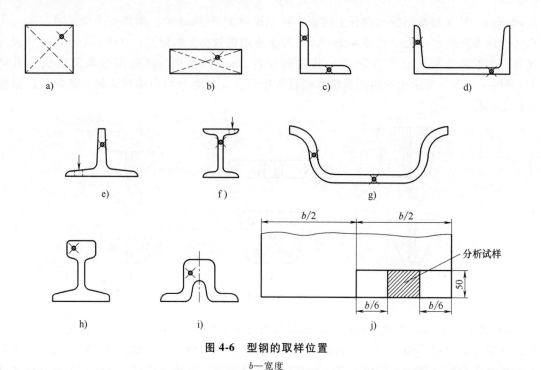

图 4-6 型钢的取样位置

b—宽度

横向切取一片作原始样品；当抽样产品的横截面积不够充分时，如薄板、钢带、钢丝，可通过将材料捆绑或折叠后切取适当长度，铣切全部折叠后的横截面来制备样品；当薄板或钢带薄但有足够的宽度时，可在薄板或钢带的中心线和外部边缘之间的中央位置铣取全部折叠后的纵向或横向截面（见图 4-6j）来制备样品。如果不知道板材或带材的轧制方向，可按直角的两个方向切取一定长度的样品，折叠后制取样品。

⑥ 对于管材，可按下列方法之一进行取样：焊管在与焊缝呈 90°的位置取得原始样品；横切管材可通过车铣横切面来制备屑状分析试样，当管材截面小时，铣切之前压扁管材；在管材圆周的数个位置钻穿管壁，来制取屑状分析试样。

当无法参考国家标准中的示例采制点时，也可参考 HB/Z 205《钢和高温合金化学分析用试样的取样规范》附录 A 和 HB/Z 206《钢和高温合金光谱分析用试样的取样规范》等中介绍的办法。

3. 有色金属锭块或其制件试样的采取

（1）变形铝及铝合金 GB/T 17432—2012 对变形铝及铝合金化学成分分析时的试样采取进行了相应的规定。

1）铸造（或铸轧）时取样。

① 在铸造（或铸轧）稳定时，用取样勺或撇渣工具将流槽中取样区的所有浮渣推开，然后立即将取样勺斜插入流槽液面下的清洁区域，快速搅拌，取样勺达到熔体温度时舀样、收回。取样勺舀取的金属熔液不应接触固态金属、渣子、湿气、铁或灰尘。

② 立即将取样勺舀取的金属熔液以均匀、平缓的流速注入已经加热的取样模具中，用金属熔液将取样模具中的空气全部赶出，直至金属熔液注满浇口。注入金属熔液时，不应倾斜取样模具，以免熔液溢出注入口。

注：宜通过在取样模具中预浇铸一个样品（非试验用样品）的方式加热取样模具。

③ 待取样模具中的金属熔液在无搅拌的情况下慢慢凝固后，开启取样模具取出样品。样品表面应无缩孔、无包裹物、无夹渣、无裂纹，表面不粗糙。

④ 每熔次至少抽取一个样品。对于连续铸造，每班应至少取一个样品。

⑤ 为取得成分均匀、具有代表性（代表整炉的化学成分）的样品，生产企业应制定适宜的取样程序。

2）产品或半成品上取样。

① 产品或半成品的熔次可区分时，每一熔次抽取一件产品或半成品；熔次不可区分时，应按表 4-10 的规定（或按供需双方协商结果）抽取产品或半成品。

表 4-10　产品或半成品取样数量

产品或半成品分类		取样数量
铸锭		每批产品中至少取一件
铸轧产品		
板材		每2000kg 产品中至少取一件。不足 2000kg 的部分应取一件
带材		
管材		
棒材		
型材		
线材		
锻件	单件锻件小于或等于 2.5kg	
	单件锻件大于 2.5kg	每3000kg 产品中至少取一件。不足 3000kg 的部分应取一件
箔材		每500kg 产品中至少取一件。不足 500kg 的部分应取一件

② 从没有偏析的产品或半成品上切取试样坯料时，应在抽取的产品或半成品的任意部位随机选取（应注意减少材料的取样损耗）试样坯料。从有偏析的产品或半成品上切取试样坯料时，应在抽取的产品或半成品的不同部位［如同一铸锭（或铸轧产品）的头、尾部，必要时可加取中部］选取（应注意减少材料的取样损耗）等数量的试样坯料。

注：各试样坯料的化学成分分析结果均应满足 GB/T 3190 或订货单（或合同）的规定。各试样坯料的化学成分分析平均结果可代表整批或整个订货合同的产品或半成品的化学成分。

③ 试样坯料表面应洁净无氧化皮（膜）、无脏物、无油脂、无刻痕。必要时可用适当的机械方法或化学方法去除表面的氧化皮（膜）、脏点、刻痕；也可用丙酮（4.1）洗净表面，再用无水乙醇（4.2）冲洗后干燥。

④ 生产企业如果在其生产过程中已确定材料化学成分［如已在铸造（或铸轧）时取样分析化学成分］，则交付前不必再对产品进行取样分析。

（2）铜及铜合金　YS/T 668—2020 规定了铜及铜合金熔炼铸造和加工产品（包括中间产品）的化学成分、力学性能、工艺性能、物理性能、化学性能分析检测样品取样的一般要求、取样部位、取样数量和取样尺寸。

1）化学成分检测取样一般要求。

① 用于铜及铜合金的化学成分熔炼分析和成品分析的试样，应在铜液或铜材具有代表性的部位采取。试样应均匀一致，能充分代表每一熔次或批次，并应具有足够的量，以满足分析项目的要求。

② 取样之前，个样应干净，无锈皮、污垢和其他杂物。如有必要，样品可用丙酮等清洗，再用乙醇漂洗，然后晾干。锈皮、污垢可用适当的机械或化学方法去除。

③ 化学成分分析用试样样屑，可以钻取、刨取，或用某些工具机制取，取样用的锯、钻头、铣刀或其他刀具在使用前应清洁处理，取样速度应适当控制，以防止样品过热而氧化。制取样屑时，不能用水、油或其他润滑剂，并除掉在取样时引入的任何外来物质。

④ 化学成分仪器分析用试样样块，使用前应根据分析仪器的要求，用车床或铣床制成具有一定锥度或足够面积并具有一定表面粗糙度的样面。

2）力学及工艺性能检测取样一般要求。

① 应在外观及尺寸合格的产品上取样。样坯应具有足够的尺寸，以保证制出合格的试样进行规定的试验及重复试验。

② 取样时，应防止样坯过热、加工硬化、变形等影响其力学性能或工艺性能。样坯不应有夹渣、皱褶、飞边、开裂等缺陷。

③ 取样时，应对样坯做出标记，以保证始终能识别取样的位置及方向。

④ 取样方向、数量应遵循产品标准或供需双方协议规定。

⑤ 对于板材、带材及箔材，切取的样坯应保持其原表面不损伤。从盘卷上切取线材和薄板（带）材样坯时，可以进行矫直和矫平，但不应改变其原横截面形状和材料的力学及工艺性能。板带材硬度试验所取样坯应平直。对于不测伸长率的试样可不经矫直，当需要矫直样坯时，应在冷状态下进行，除非产品标准另有规定。

⑥ 管、棒材样坯的端面应与轴线垂直。

3）物理及化学性能检测取样。物理及化学性能检测取样包括金相试样、晶粒度试样、物理性能试样、化学性能试样的采取，具体方法可参考 YS/T 668—2020。

有关取样部位、取样数量和取样尺寸的相关规定见 YS/T 668—2020。

（3）锌及锌合金 GB/T 26043—2010《锌及锌合金取样方法》，修改采用 ISO 20081: 2005《锌及锌合金取样方法》，适用于 GB/T 470 和 GB/T 8738 中的锌及锌合金。YS/T 310—2021 规定了热镀用锌合金锭的分类、技术要求、试验方法及检验规则等，适用于钢材热镀用锌合金锭。热镀用锌合金锭按合金的主要成分可分为锌铝合金、锌铝镁合金、锌铝锑合金、锌镍合金、锌铝稀土合金和锌铝硅合金六类。热镀用锌合金锭的表面不得有熔渣、外来夹杂物和污染物。热镀用锌合金锭的取样锭数，大锭从该批锭的每 10 块锭中任取 2~3 块锭；小锭按批等间隔抽取，每批抽取 6~12 块。对于大锭，在每一锭正反两表面各画两条对角线，在对角线上均匀分布 5 点，1 点在两对角线交点处，其余 4 点各在顶角与对角线交点之间的 1/2 处（见图 4-7）。

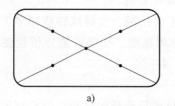
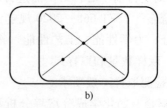

a） b）

图 4-7 热镀用锌合金锭大锭布点位置
a）正面 b）反面

对于热镀用锌合金锭小锭，其是将锭按每 6 锭一组分组，不足 6 锭时补足 6 锭。样锭按长边相靠对齐摆放，第一锭浇铸面向上，第二锭浇铸面向下，依次交替排列成矩形，在此矩形上画出两条对角线，再在每锭表面画出平行于样锭长边的中心线。每锭上中心线与对角线的交点是布点位置（见图 4-8）。

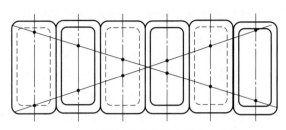

图 4-8　热镀用锌合金锭小锭布点位置

取样钻头直径为 10~15mm。钻孔时，应先去掉表皮钻屑，不得使用润滑剂。钻孔速度以钻屑不氧化为宜，每个锭表钻孔深度不小于锭厚的 1/2。将所得每批次样锭的钻屑剪碎至 2mm 以下，混匀，用四分法缩分至不少于 50g，用磁铁吸去加工时可能带入的铁质，分成 4 等份，2 份用于分析，其余由供需双方各存一份。

（4）特殊试样的采取

1）铅锡、铅锑、铅钙等样品：视大小以网格形式围环，锯成粉屑采用。焊件先把堆焊部分清理干净，根据堆焊部位的大小选择合适的钻头，在钻床上钻取堆焊部分成屑即可。钻样时切不可钻到母材上。

2）焊丝：当其中夹有松香时，先应烧熔去除松香，然后锯成粉屑使用。

3）涂层样：根据客户要求，有时须溶去涂层后做内层样品分析，也有利用内层不溶、外层溶解进行涂层中有关元素分析，但要注意换算时两部分质量的归属问题。

4）极为不均匀的试样：根据客户要求，须选择有统计意义的不均匀分散样品进行重熔烧铸，取样后分析。

5）其他有色金属材料试样的取样：其他有色金属材料试样的取样标准可参考 HB/Z 207—1991《有色金属材料化学分析用试样的取样规范》、HB/Z 208—1991《有色金属材料光谱分析用试样的取样规范》及 HB/Z 209—1991《金属材料气体分析用试样的取样规范》。

4.2.2　试样的制备

制备分析试样的一般规则与注意事项：

（1）制样现场和工具设备　制样现场和工具设备，如钻床、铣床、刨床、锯床、车床、磨床、砂轮机、破碎试样机、研磨试样机、钢钵、捣杆、玛瑙研钵、筛网等及盛样器具等应清洁油污或其他杂物，以确保试样的纯净。

（2）试样表面　试样表面如有油污，应在制备样品前用汽油、乙醚等溶剂洗净，风干；如有锈垢及其他附着物，应清除后再制样。

（3）钢铁试样　钢铁试样有缩孔及气泡（这种样品成分往往会有严重偏析）的，应及时与送检单位联系，重新送样。

（4）捣碎试样　捣碎试样用的钢钵、捣杆宜选用高锰钢材料制成。钢钵、捣杆用完后应将附着的残余试样清除干净。在用玛瑙、陶瓷研钵研磨试验后，如发现研钵有痕迹时，应用少许浓盐酸进行清洗，蒸馏水洗净。

（5）钻取、车床制取样　钻取或车床制取试样（特别是有色金属）时，转速不能太快，以避免材料表面发生氧化。若钢铁试样呈蓝黑色则应重新取样。一般金属制成的试样应为细屑，不得制取细粉或大块薄片、长卷屑。

（6）制样工具必须专用　钻取各种有色金属材料的钻头要各自分开，不能混用。制取试样时不得使用水、油或其他润滑剂进行润滑。

（7）试样装袋　机器或人工粉碎、研磨、过筛及试样装袋时，应防止试样粉末漏失。粉碎、研磨时，用力不当溅出的颗粒必须回收。在粉碎、研磨一种试样的现场不应同时进行另一种试样的粉碎、研磨工作。

（8）过筛处理　在过筛处理时，没有通过筛的颗粒不能随意丢弃，而必须反复粉碎、研磨，使所有颗粒都能通过筛孔进入原样，以保证所得样品能真实反映被测物料的平均组分。

（9）盛样器具　盛样用的磨口玻璃瓶洗净后，应在 $105\sim110℃$ 烘箱中烘干。如果用纸袋盛样，则纸袋必须使用细密、光滑、不带绒毛的纸质制成。

（10）分析试样要求　除非标准有特别规定，供分析用的试样数量，一般要求是单项目或全分析所需用量的 $6\sim8$ 倍。

（11）试样的标识和保管　装试样的瓶或袋的标记应在制样前填写清楚，在试样装入前应进行仔细核对；母样和制备好的试样应按规定的期限予以妥善保管，以备复验时用。

4.2.3　试样的分解

对于金属材料分析，除采用光电直读光谱仪、X 射线荧光光谱仪和气体分析仪，通常都需要将试样用溶剂进行分解，使其被测成分完全成为溶液状态，然后才能进行分析。因此，试样分解是进行化学分析的重要步骤，对制订快速、准确的分析方法，取得可靠的分析结果意义重大。分解试样的方法一般有两种：溶解分解法和熔融分解法。

1. 溶解分解法

试样以溶解方式分解比较简单、快速，应尽可能采用溶解分解法，在试样不能溶解或溶解不完全时才采用熔融分解法。

（1）盐酸　盐酸是分解试样的重要强酸之一，它能分解许多金属活动顺序表在氢以前的元素，如铁、钴、镍、铝、铬、锡、镁、锌、钛、锰等。它与金属元素作用放出氢气，生成可溶性的氯化物，盐酸还能分解许多金属的氧化物及碳酸盐矿物。

盐酸也是弱酸还原剂，如在溶解锰矿时，可还原 MnO_2 而加速溶解：

$$MnO_2 + 4Cl^- + 4H^+ \rightarrow 2H_2O + Cl_2\uparrow + MnCl_2$$

磷酸盐、硫化物、氟化物一般都可溶于盐酸。

（2）硝酸　硝酸具有强氧化性，硝酸溶样同时具有酸的分解作用及氧化作用，溶解能力强，溶解速度快。除铂、金和某些稀有金属，浓硝酸能分解绝大多数的金属试样，但铁、铝、铬等在硝酸中由于生成氧化膜而钝化会阻碍试样的进一步溶解，钨、锑、锡与硝酸作用则生成不溶性的酸，硫化物及矿石皆可溶于硝酸中。

（3）硫酸　稀硫酸没有氧化性，而热浓硫酸是一种相当强的氧化剂，除钡、锶、钙、铅的硫酸盐，其他硫酸盐一般都溶于水。硫酸可溶解钛、锑、铌、钽等金属及其合金和铝、铍、锰、钛等的矿物石。硫酸的沸点高（338℃），可在高温下分解矿石，加热蒸发到冒出三氧化硫白烟，可除去试样中挥发性的盐酸、硝酸、氢氟酸及水等。

（4）氢氟酸　氢氟酸主要应用于分解硅酸盐，生成挥发性的四氟化硅，还能与许多金属离子形成络合能力很强的络离子。在分解硅酸盐及含硅化合物时，它常与硝酸混合使用，分解试样在铂坩埚或聚四氟乙烯器皿中于通风柜内进行。

（5）高氯酸　浓的高氯酸（72.4%，是水、酸恒沸混合物）在加热时能与绝大多数金属（除金和一些铂族金属）起作用，并能把它们氧化成最高氧化态，只有铅和锰仍然保持较低的氧化态，分别呈铅（Ⅱ）、锰（Ⅱ），但在有过量的磷酸的情况下，锰也可以被氧化为锰（Ⅲ）。

非金属也能与高氯酸反应。特别重要的是磷及其各种化合物能被氧化为磷酸盐，硫化物样品中的硫会部分成为硫化氢而损失，因此湿法测定金属中的硫时，不能单用高氯酸分解样品。高氯酸常用来分析钢和其他铁合金，因为它不仅能快速溶解这些样品，而且能把常见元素同时氧化为最高氧化态。高氯酸使硅酸迅速脱水后所得到二氧化硅很容易滤出。

（6）磷酸　磷酸可用于溶解并测定铬铁矿及不溶解于氢氟酸的各种硅酸盐中的二价铁。很多硅酸盐都溶于磷酸（高岭土、云母、长石）。磷酸还可以用来溶解氧化铁矿、炉渣，剩下不溶解的二氧化硅以便测定。磷酸长期和硫酸一起混合使用，在冒烟时络合钨、铌、钛、钼等离子，使这类试样中的上述离子不沉淀析出。

（7）混合溶剂　混合溶剂具有溶解能力强，溶解速度快，所以在实际工作中常使用混合溶剂。常用的混合溶剂有以下几种。

1）混合酸：硫酸-磷酸、硫酸-硝酸、盐酸-硝酸、盐酸-高氯酸等。

2）酸中加氧化剂：盐酸-过氧化氢、盐酸-溴水等。

3）酸中加络合剂：硫酸-氢氟酸、硝酸-酒石酸等。

4）酸中加氧化剂和络合剂：盐酸-过氧化氢-氢氟酸等。

5）常用混合酸：由3份浓盐酸和1份硝酸混合而成的王水，由于硝酸的氧化作用及盐酸的络合能力，因此它的溶解能力更强，可溶解铂、金等贵金属及耐蚀合金等。钢铁分析中还常采用硫酸与磷酸的混合酸分解难溶试样，解决单独使用硫酸或磷酸冒烟时容易飞溅的问题。盐酸和过氧化氢的混合液具有很强的溶解能力，溶解速度快，常用于溶解铜合金试样。

（8）氢氧化钠　质量浓度为 $300\sim400g/L$ 的氢氧化钠溶液加过氧化氢能分解铝及铝合金样品，溶样可在银烧杯或聚四氟乙烯烧杯中进行。将氢氧化钠溶解后的溶液再用硝酸酸化所得到的溶液可用于铝及铝合金中许多组分的测定。

2. 熔融分解法

对于某些不被溶剂分解的金属或化合物，可以采用熔融分解法。熔融反应都是在高温下的复分解反应，为了使反应进行完全，往往使用过量的熔剂，一般为试料量的 $6\sim8$ 倍。碱性物质选用酸性熔剂，酸性物质采用碱性熔剂，所以根据熔剂性质将熔融分解法分为酸熔法和碱熔法两种。

（1）酸熔法　常用的酸性熔剂有焦硫酸钾（$K_2S_2O_7$）或硫酸氢钾（$KHSO_4$），硫酸氢钾加热脱水后也生成焦硫酸钾：

$$2KHSO_4 \rightarrow K_2S_2O_7 + H_2O$$

所以二者是同一作用物，这种溶剂的氧化性很弱，在300℃以上可以与碱性或中性氧化物作用而生成可溶性硫酸盐。例如，分解金红石（二氧化钛）：

$$TiO_2+2K_2S_2O_7 \rightarrow Ti(SO_4)_2+2K_2SO_4$$

其他如三氧化二铝、三氧化二铬、四氧化三铁、二氧化锆、钛铁矿、中性耐火材料（铝砂、高铝砖）及碱性耐火材料（如镁砂、镁砖）等也都可用此溶剂分解。

（2）碱熔法　常用的碱性熔剂有碳酸钠、碳酸钾、氢氧化钠、氢氧化钾、过氧化钠或它们的混合溶剂等。酸性试样，如酸性氧化物（硅酸盐、黏土等）、酸性炉渣 $[w(CaO):w(SiO_2)<1]$ 及酸不溶性残渣等均可用碱性熔剂分解之。例如，长石（$2SiO_2 \cdot Al_2O_3$）的分解：

$$2SiO_2 \cdot Al_2O_3+3Na_2CO_3 \rightarrow 2NaAlO_2+2Na_2SiO_3+3CO_2 \uparrow$$

经高温熔融后转化为可溶于酸的化合物，由于熔融分解法均在高温下进行，而熔剂又具有很高的化学活性，所以合理选择熔融的容器至关重要，不仅要使用坩埚使其不受损坏，还要保证分析结果的准确、可靠。例如，用焦硫酸钾（$K_2S_2O_7$）进行熔融时，可以在铂、石英、瓷坩埚中进行，但在分析含有铝、钛的试样时，就不能在瓷坩埚中熔融，否则将会引入瓷中的组分（铝、钛）。

3. 其他溶解法

1）密封溶解法。内胆为聚四氟乙烯，加盖有气孔的溶解小杯，内置样品和合适的酸，中胆的杯和盖无孔，压紧，具有不漏气的密闭性。外罐为不锈钢体，较厚，坚固，具有加热升压时的防爆作用。放入烘箱升温（温度一般控制在 180℃，最高不能超过 220℃），恒温时间一般为 4~8h。关闭电源，自然冷却，开启取用已溶解好的样品。该方法的优点是能溶解有些常压下不能溶解的物质，如高温烧结过的三氧化二铝、氧化锆等；测定碱和碱土金属元素的试样；一般情况下可避免被测元素形成挥发性的反应产物而损失。

2）微波消解法。一个或多个溶解小罐，计算机自动调控加热温度，用光导纤维或红外传感器校准监测溶解反应温度和压力正常与否，有紧急泄气阀门。该方法的优点是溶样酸简单，用量少，溶解速度快，不易沾污，甚至生物样品、有机颗粒也能迅速消解干净，但设备较为昂贵。

4. 溶（熔）剂的选择

要得到准确的分析结果，试样必须分解完全，这是选择分解方法和选择溶（熔）剂时首先要考虑的问题。

1）试样的化学组分、结构和有关性质，如绝大部分的碱金属化合物、大多数氯化物（银、亚汞、铅的氯化物除外）、硝酸（锡、锑的硝酸盐除外）、硫酸盐（钙、锶、钡、铅的硫酸盐除外）等都可用水溶解。

2）金属活动次序位置排在氢以前的金属，可用非氧化性的强酸分解；金属活动次序位置排在氢以后的金属，可用氧化性的强酸或混合酸溶解。如果试样为混合物，则酸性试样（如酸性炉渣）用碱溶（熔）解法；碱性试样（如镁砂）用酸溶（熔）解法；对还原性试样（如硫化物矿石），则用氧化性的溶（熔）剂来分解。

3）试样化学组成相同而结构不同的，则需要采用不同的溶（熔）解法。例如，用作试剂的三氧化二铝可溶盐酸，但天然的三氧化二铝（刚玉之类）就不溶于盐酸而须用熔融法分解，也可用高压釜溶解。

4）分解试样及选择溶（熔）剂还应考虑样品中被测组分的性质。一般地讲，一个试样经分解后可测定多种组分，但有时同一个试样中的几种被测组分必须采用不同的分解方法。

通常要求试样溶解成溶液后被测元素应呈离子形态，或者是不影响测定的络离子形态，而不能使其呈气体逸出或固体沉淀析出而影响测定。

5）试样分解过程中会引进阴离子或其他金属离子，因此选择分解方法时要考虑对以后测定的影响，尽可能不引进干扰离子，如果必须引进，则需要进一步消除。

以上讨论的是一般在选择分解方法和溶（熔）剂时的一些原则。在实际工作中，还需要根据具体情况，对各种因素进行全面考虑。

5. 试样分解过程中引入的误差

在试样分解过程中往往会引入误差，可能引入误差的主要原因有以下几个方面：①组分没有全部转化成分析状态；②分解过程中被测成分呈雾状损失；③分解过程中挥发损失；④分解过程中与容器反应造成损失；⑤分解过程中由于污染而引入误差。

4.3 ICP 发射光谱法的应用

4.3.1 ICP 分析技术的特点

1. ICP 分析技术的优势

1）ICP 发射光谱法具有同时或顺序多元素测定能力，特别是固体成像检测器的开发和使用及全谱直读光谱仪的商品化更增强了它的多元素同时分析的能力。

2）ICP 光源具有良好的原子化、激发和电离能力，所以它具有很好的检出限。对于多数元素，其检出限一般为 $0.1 \sim 100 \text{ng/mL}$。

3）ICP 发射光谱法的分析校正曲线具有很宽的线性范围，在一般场合为 5 个数量级，好时可达 6 个数量级。

4）ICP 发射光谱法在一般情况下无须进行基体匹配，且分析校正曲线具有很宽的线性范围，所以它操作简便、易于掌握，特别是对于液体样品的分析。

5）ICP 光源具有良好的稳定性，所以它具有很好的精密度，当分析物含量不是很低，即明显高于检出限时，其相对标准差（RSD）一般在 1% 以下，好时可在 0.5% 以下。

6）ICP 发射光谱法受样品基体的影响很小，参比样品无须进行严格的基体匹配，同时在一般情况下亦可不用内标，也不必采用添加剂，因此它具有良好的准确度。这是 ICP 发射光谱法最主要的优点之一

ICP 分析技术也存在明显的不足：

1）在经典分析中，影响谱线强度的因素较多，尤其是试样组分的影响较为显著，所以对标准参比的组分要求较高。

2）含量（浓度）较大时，准确度较差。

3）只能用于元素分析，不能进行结构、形态的测定。

4）大多数非金属元素难以得到灵敏的光谱线。

2. ICP 仪器主要的计量性能

（1）主要的性能指标　参考检定规程 JJG 768—2005《发射光谱仪》中对 ICP 光谱仪的有关内容，按照检定规程和仪器的说明书，在检定周期内对仪器进行关键指标的检查，以确保仪器性能正常。表 4-11 列出了 A 级 ICP 光谱仪的主要检定项目及计量性能要求。

表 4-11 A 级 ICP 光谱仪的主要检定项目及计量性能要求

检查项目	性能指标			检查方法
波长示值误差/nm	±0.03			1)
波长重复性/nm	≤0.005			
最小光谱带宽	Mn 257.610nm,半峰宽≤0.015nm			2)
检出限/(mg/L)	Zn213.856nm,≤0.003	Ni231.604nm,≤0.01	Mn257.610nm≤0.002	3)
	Cr267.716nm,≤0.007	Cu324.754nm,≤0.007	Ba455.403nm,≤0.001	
重复性(%)	Zn、Ni、Cr、Mn、Cu、Ba(浓度为0.50~2.00mg/L)≤1.5			4)
稳定性(%)	Zn、Ni、Cr、Mn、Cu、Ba(浓度为0.50~2.00mg/L)≤2.0			5)

（2）检定方法 仪器开机进行基线扫描后按以下步骤检定。

1）波长示值误差和波长重复性。进样 5~20mg/L 的 Se、Zn、Mn、Cu、Ba、Na、Li、K 混合标准溶液,以其对应的峰值位置的波长示值为测量值,从短波到长波依次重复测量 3 次,波长测量值的平均值与波长的标准值之差即为波长示值误差,测量波长示值中的最大值与最小值之差即为波长重复性。

2）最小光谱带宽。进样 5mg/L 的 Mn 标准溶液,用仪器的最小狭缝测量 Mn257.610nm 的谱线,计算谱线的半高宽,即为最小光谱带宽。

3）检出限。进样 0~5mg/L 的 Zn、Ni、Mn、Cr、Cu、Ba 系列混合标准溶液,制作工作曲线,连续 10 次测量空白溶液,以 10 次空白值的标准偏差的 3 倍所对应的浓度为检出限。

4）重复性。连续进样 0.5~2.0mg/L 的 Zn、Ni、Mn、Cr、Cu、Ba 混合标准溶液 10 次,计算 10 次测量值的相对标准偏差（RSD）即为重复性。

5）稳定性。在不少于 2h 内,间隔 15min 以上,进样 0.5~2.0mg/L 的 Zn、Ni、Mn、Cr、Cu、Ba 混合标准溶液测定 6 次,计算 6 次测量值的相对标准偏差（RSD）即为稳定性。

3. 影响 ICP 光源稳定性的因素

（1）高频发生器频率和功率的稳定 ICP 等离子焰频率为 27.12MHz 或 40.68MHz,其稳定性要求为 0.1%,如频率发生波动,将引起趋肤效应,即集肤深度的变化,从而影响等离子体的稳定。

在以上频率下,等离子焰所用功率为 800~1250W,分析有机溶剂时增加为 1300~1500W,其功率若小至 500W,则一定用 40.68MHz,否则稳定性差。对功率的要求是波动小于 0.1%,有的甚至要求小于 0.01%。从反射功率也可看出其稳定性,即反射功率小于 10W。

（2）进样装置的稳定 ICP 光谱仪通常都是液体进样,也有固体进样和通过氢化物发生器发生气体的进样。

1）液体进样。主要与雾化器有关,玻璃同心雾化器在高速载气流（150~200m/s）形成的负压下吸入液体并被气流粉碎形成气溶胶,经雾化室分离去除大颗粒雾滴,进入 ICP 通道。在此过程中,任何方面的变化都会影响提升量和雾化效率,从而影响测量的稳定性。例如,当盐含量高时,会因为积盐而影响提升量,同时如果工作曲线标准溶液与测量试液的盐含量不同,还会影响光谱背景。一般玻璃同心雾化器适用盐质量分数小于 1% 的溶液,而且每次测量时中间的清洗还要充分,一般还可用载气加湿方式来减少喷口积盐的问题。交叉式雾化器又称直角雾化器，其雾化效率与同心雾化器相近，它的气路与液路是分开的，所以盐的质量分数达5%时也可适用，一般在相同条件下，交叉式雾化器背景要高于同心雾化器。超声雾化器可提高雾化效率达10倍以上，加上去溶剂装置的作用，其检出限要优于气动雾化器一个数量级以上，只是当盐含量高时，记忆效应大，中心管上积盐也会增加，这些方面不注意也会造成不稳定。一般来说，ICP分析的稳定与进样系统稳定性关系最大，当出现不稳定时，首先应检查进样系统。另外，为防止溶样后悬浮碳等物质堵塞雾化器，最好过滤后再测定。

2）固体进样。固体进样一般是用电火花烧蚀样品，或用激光烧蚀样品，也可电加热样品形成气化状样品，由载气带入等离子焰中进行分析。在地质样品分析及纯物质中杂质测定时，此种方式应用较多。这些装置比较复杂，烧蚀过程的稳定性不易保证，因此仅在少数领域有应用。它的好处是不用进行样品湿化学处理，直接测定即可。

3）氢化物发生气体进样。对于可形成氢化物的元素，如As、Sb、Bi、Sn、Pb、Se、Tl等，以及在一般ICP方法中灵敏度达不到直接测定要求时可采用这种进样方式。当测定条件适宜时，其稳定性还是可以的，只是它与还原剂浓度、还原反应程度及氢化物发生器设计优良程度有关，并对操作者要求也较高，这也是其应用不广的一个主要原因。有条件的用ICP-MS来解决以上微量元素的测定还是比较方便的。

（3）化学湿法处理的影响　酸法处理样品时，硝酸的背景最小，盐酸的背景比硝酸大些，所以溶样时所用盐酸量不同会产生不同的影响；硫酸、磷酸溶样产生的影响主要体现在溶液黏度上，当使用量较大时，雾化效率明显不同，因此尽量不用或少用硫酸、磷酸；用酸量大时，可通过冒高氯酸烟使最后的酸度一致；当须添加其他络合用、防水解用的酸，如酒石酸用于铌的测定时，也要控制好总盐量，使盐的质量分数小于1%。碱法处理样品时，由于熔融法一般总盐量为2%（质量分数）以上，所以应采用交叉雾化器，也可以通过稀释降低盐的含量；另外，标准工作溶液打底或加入试剂的量应与样品严格一致，否则，会因为大量钾、钠盐分的存在引起电离干扰和盐分积盐效应，堵塞喷口及中心管口而引起测量的不稳性。

（4）仪器漂移　ICP光谱仪与直读火花光谱仪相比，漂移明显一些，而真空ICP光谱仪与全谱ICP光谱仪相比，后者的漂移又明显一些。所以，当测量时间较长（>1h）时，须及时测量标样或控样，检查漂移，同时用内标法明显改善漂移性。其中，有的还不是仪器的漂移，因为测量时间较长，喷口、中心管口的盐积现象也明显，所以要判断是何原因引起的漂移。

（5）环境因素及其他　稳压装置配置不好，电压波动也会产生影响；室温控制不好，有的仪器对温度要求高，会自动报警；ICP用的氩气质量不好，除影响点火，对测量也会产生影响；高频发生器风冷不好，高频线圈的冷却水系统积垢严重，冷却水量不足，对测量也会产生影响。总之，影响因素较多，操作ICP比操作火花直读要更细心些。

4. ICP光谱分析的干扰

ICP光源的高温特性及稳定性和高效雾化系统的稳定性使发射光谱的应用更广泛，同时这种光源所进行的分析具有较高精度和准确度的原因与光源中的干扰较小是分不开的，但这并不是说它不存在干扰的问题。现就ICP光谱分析中出现的干扰问题分述如下。

（1）物理因素干扰　由于ICP光谱分析的试样为溶液状态，因此溶液的黏度、密度及表面张力等均对雾化过程、雾滴粒径、气溶胶的传输以及溶剂的蒸发等都有影响，而黏度又与溶液的组成、酸的浓度和种类及温度等因素相关。溶液中含有机溶剂时，黏度与表面张力均会降低，雾化效率将有所提高，同时有机试剂大部分可燃，从而提高了尾焰的温度，结果使谱线强度有所提高。当溶液中含有有机溶剂时，ICP 的功率应适当提高，以抑制试剂中碳化物分子光谱的强度。

除有机溶剂，酸的浓度和种类对溶液的物理性质也有明显的影响，在相同的酸度情况下，黏度以下列次序递增：$HCl \leqslant HNO_3 < HClO_4 < H_3PO_4 \leqslant H_2SO_4$，其中 HCl 和 HNO_3 的黏度接近且较小，而 H_2SO_4、H_3PO_4 的黏度大且沸点高，因此在 ICP 光谱分析的样品处理中，尽可能用 HCl 和 HNO_3，而尽量避免用 H_3PO_4 和 H_2SO_4。由上述可见，物理因素的干扰是存在而且应设法避免的，其中最主要的办法是使标准试液与检测试样无论在基体元素的组成、总盐度、有机溶剂和酸的浓度等方面都保持完全一致。目前，进样系统中采用蠕动泵进样对减轻上述物理干扰可起一定的作用；采用内标校正法也可适当地补偿物理因素的影响；基体匹配或标准加入法能有效消除物理干扰，但工作量较大，而且要注意空白和背景影响的扣除。

（2）光谱干扰　　光谱干扰是发射光谱分析中的共性问题，由于 ICP 的激发能力很强，绝大多数存在于 ICP 中或引入 ICP 的物质都会发射出相当丰富的谱线，从而产生大量的光谱"干扰"。光谱干扰主要有两类：一类是谱线重叠干扰，它是由于光谱仪色散率和分辨率的不足，使某些共存元素的谱线重叠在分析线上的干扰；另一类是背景干扰，它与基体成分及 ICP 光源本身所发射的强烈杂散光的影响有关。对于谱线重叠干扰，采用高分辨率的分光系统，绝不是意味着可以完全消除这类光谱干扰，只是当光谱干扰产生时，它们可以减轻至最小强度。因此，最常用的方法是选择另外一条干扰少的谱线作为分析线，或应用干扰因子校正法（IEC）予以校正。对于背景干扰，最有效的办法是利用现代仪器所具备的背景校正技术给予扣除。

（3）化学干扰　　由于 ICP 光源的高温特性，使 ICP 光谱分析中的化学干扰比起火焰原子吸收光谱或发射光谱分析要轻微得多，因此可以忽略不计。

（4）电离干扰与基体效应干扰　　由于 ICP 中试样是在通道里进行蒸发、离解、电离和激发的，试样成分的变化对高频带趋肤效应电学参数的影响很小，因而易电离元素的加入对离子线和原子线强度的影响比其他光源都要小，但实验表明，这种易电离干扰效应仍对光谱分析有一定的影响。对于垂直观察 ICP 光源，适当地选择等离子体的参数，可使电离干扰抑制到忽略不计的程度；对于水平观察 ICP 光源，这种易电离干扰相对要严重一些，目前采用的双向观察技术，能比较有效地解决这种易电离干扰。此外，保持被测的样品溶液与分析标准溶液具有大致相同的组成也是十分重要的，如在铁矿、岩矿、炉渣分析中，常用碱溶法或偏硼酸锂分解样品，给溶液带来大量的碱金属盐类。任何时候，两者在物理、化学各方面性质的匹配是避免包括电离干扰在内的各种干扰，使之不出现系统误差的重要保证。

基体效应来源于等离子体，对于任何分析线来说，这种效应与谱线激发电位有关，但由于 ICP 具有良好的检出能力，分析溶液可以适当稀释，使总盐量保持在 1mg/mL 左右，在此稀溶液中基体影响往往是不明显的。当基体物质的浓度达到 $x$mg/mL 时，则不能对基体效应完全置之不顾。相对而言，水平观察 ICP 光源的基体效应要严重一些。采用基体匹配、分离技术或标准加入法可消除或抑制基体效应。

4.3.2 ICP 分析中溶液的制备

1. 试样溶液的制备

(1) 通用要求　需把被测物质全部分解使其进入溶液中，溶液应清亮透明。处理过程中不得损失被测物质，也不得带入被测物质引起样品的污染，消解后的样品溶液应该在较长时间内是稳定的。

(2) 典型的溶样方法

1) 钢铁产品及原材料检测。

① 低合金钢中 Si、Mn、P、Cu、Als、V、Ti、Mo、B、Nb 等元素含量的测定。称样量 0.25~0.50g，用 HNO_3、HCl 处理试样，其中测 B 只用 HNO_3，测 Nb 用 HNO_3 和酒石酸，用 50mL 容量瓶定容。

② 生铁、中高合金钢中元素含量的测定。用 HCl、HNO_3 处理：称取 0.2g 样品置于两个 100mL 的瓶中，加入 30mL 稀王水（1+2），低温加热至完全溶解；用少量水冲洗瓶壁，加热煮沸，冷却至室温；稀释至刻度，匀后干过滤，待测（含中高 C、W、Nb、Zr 等材料除外）。

用 H_2SO_4、H_3PO_4 处理：称取 0.2g 样品置于 200mL 锥形杯中，加入 10mL 王水并加热至溶解；然后加入 14mL 硫磷混合酸（1+1+2），继续加热至冒白烟，滴加硝酸直至碳化物被氧化完全，稍冷，沿壁加入 30~40mL 水，摇匀，加热溶解盐类，冷却至室温；转移至 100mL 容量瓶中，稀释至刻度，摇匀后干过滤，待测。此方法不能用于测定 Si，而且磷酸的存在影响 P 的测定，适合含中、高 C、W、Nb、Zr 的高合金钢，不锈钢，高温合金，高速工具钢，合金铸铁等材料。

用 HCl、HNO_3、HF 处理：称取 0.2g 样品置于可以密封的聚四氟乙烯瓶中，加入 10mL 王水和 10 滴 HF 酸并迅速密封好，于 60~70℃ 的水浴中加热，直到完全溶解；然后流水冷却至室温，转移至 100mL 聚乙烯容量瓶中，稀释至刻度，摇匀后干过滤，待测。

用 $HNO_3+H_2SO_4+(NH_3)_2S_2O_4$ 处理：称取 0.2g 样品置于 150mL 锥形瓶中，加入 85mL 硫硝混合酸（50+8+942）并加热溶解；然后加入 1g 过硫酸铵继续低温加热，待试样溶解完全后煮沸 2~3min，若有二氧化锰沉淀析出，滴加数滴 1% 亚硝酸钠溶液，煮沸 1min，冷却至室温；转移至 100mL 容量瓶中，稀释至刻度，摇匀后干过滤，待测（适合生铁、合金铸铁等）。

处理样品时 H_2SO_4、H_3PO_4 尽量少用，称样量也应在 1g 左右，以免黏度增大，影响测定。需使用 HF 分解样品时，可加入过量的 H_3BO_3，使多余的 HF 形成氟硼酸络合物，同时用塑料瓶盛装溶液，仪器则用耐 HF 装置，并加强排风。

2) 有色金属及制品检测。

① 铝合金中元素含量的测定。称取 0.2g 试样于 50~100mL 镍或银烧杯中，加入 5g 氢氧化钠和 5mL 水并加热至试样溶解；用水吹洗杯壁，将溶液由中心缓缓倒入已盛有 25mL 硝酸（1+1）的 150mL 烧杯中，用附橡胶头的玻璃棒擦洗杯壁并用少量水洗净；加热至盐类溶解，冷却；将溶液移入 250mL 容量瓶中，用水稀释至刻度，混匀。此溶液可用于铝合金中 Si 元素含量的测定。

或称取 0.2g 试样于 150mL 烧杯中，加入 10mL 王水（1+1），缓缓加热至试料溶解；将溶液移入 100mL 容量瓶中，用水稀释至刻度，混匀。此溶液可用于 Cu、Fe、Mg、Mn、Ca、Li、Zn、Cr、Be、Ni、Ga 等元素含量的测定。

② 铜合金中元素含量的测定。称取 0.1g 试样于 100mL 烧杯中，加入 4mL 王水并加热溶解，冷却；将溶液移入 50mL 容量瓶中，用水稀释至刻度，混匀。

③ 钛合金中元素含量的测定。称取 0.1g 试样于 150mL. 烧杯中，加入 10mL 硫酸（1+1），加热至试料溶解，冷却；将溶液移入（100~200）mL 容量瓶中，用水稀释至刻度，混匀。

或称取 0.1g 试样于 150mL 烧杯中，加入 5mL 盐酸（1+1）及 3 滴氟硼酸，低温加热溶解，加入 1~2 滴硝酸将钛（Ⅲ）氧化；冷却，将溶液移入 100mL 容量瓶中，用水稀释至刻度，混匀。

④ 镁合金中元素含量的测定。称取 0.1g 试样于 150mL 烧杯中，加入 10mL 盐酸（1+1），同时滴入少量硝酸，加热至试料溶解，冷却；将溶液移入 100mL 容量瓶中，用水稀释至刻度，混匀。

3）镍基合金检测。

① 称取 0.1g 试样于 100mL 烧杯中，加入 10mL 混酸（硝酸+盐酸+水 = 1+14+5），加热溶解，冷却；将溶液移入 100mL 容量瓶中，用水稀释至刻度，混匀。

② 称取 0.2g（精确至 0.0001g）试样于 100mL 烧杯中，加入 10mL 盐酸及 2mL 硝酸，加热溶解，冷却；加入 5mL 硫酸，蒸发至硫酸冒烟，冷却；加入 60mL 水，加热至可溶性盐类溶解，将溶液移入 200mL 容量瓶中，用水稀释至刻度，混匀。

③ 称取 0.05g（精确至 0.0001g）试样于 120mL 塑料瓶中，加入 5mL 硝酸+盐酸混合酸（1+14+5）及 0.2mL 10g/L 氯化钾溶液，滴入 5 滴氢氟酸，在热水浴（90~100）℃中加热溶解，冷却；将溶液移入 100mL 塑料容量瓶中，用水稀释至刻度，混匀。此溶液用于 Si 元素含量的测定。

2. 标准溶液的配制

在用 ICP-AES 法对多元素同时进行测定时，常常采用多元素标准溶液。为防止元素之间的相互干扰和减少基体效应，配制标准溶液时应注意以下几点：

1）对多元素的标准溶液，要注意元素之间光谱线的相互干扰，尤其是基体或高含量元素对低含量元素的谱线干扰。

2）标准溶液中酸的含量与试样溶液中酸的含量要相匹配。

3）要考虑不同元素的标准溶液"寿命"，不能配一套标准长期使用，特别是标准中有硅、钨、铌、钽等容易水解或形成沉淀的元素存在时。

4）在混合标准溶液中，要注意不能混入对某些元素敏感的离子，例如，F⁻ 对 Al、B、Si 等元素易形成挥发性化合物，因此如果用金属 Nb 或 Ta 为基准物，溶样时离不了氢氟酸，则 Nb 和 Ta 的混合物标准溶液应与 Al、B、Si 的混合标准溶液分开，配制成两套标准溶液以测定各自的元素。

对于多元素测定，千万不能任意多元素混合配制标准溶液，尤其是用标准溶液配制，由于不同元素的标准溶液的配制方法不同，所用酸、熔剂等是不同的，引入的杂质也不同，所以要考虑混合后的影响。例如，硅铝标准溶液是碱溶解，硅是保持碱性，铝是经过酸化，都引入钠离子；再如，不同元素对酸度要求不同，铌、钛含量高时，酸度不足就会水解；一般 ICP 方法介质中不用硫酸，但铌、钛标准溶液有时会用到硫酸，这时混合标准溶液中就不能有钡、铅等元素，否则会引起沉淀。所以，都要经过试验，证明不会影响测量的准确性时才能混配。一般都应分成所用介质、酸度相同的几组，并且有特别要求时应单一配制，经标准试验证满足要求时测出的结果才有保证。

4.3.3 ICP 发射光谱法应用示例

1. 低合金钢中多元素的测定（GB/T 20125—2006）

（1）方法提要 试料用盐酸和硝酸的混合酸溶解，并稀释至一定体积，如需要，加钇作内标。将雾化溶液引入电感耦合等离子体发射光谱仪，测定各元素分析线的发射光强度，或同时在 371.03nm 处测定钇的发射光强度，从标准曲线上确定其含量。

该方法适用于铁质量分数大于 92% 的碳素钢、低合金钢中硅、锰、磷、铜、铬、镍、钼、钒、钴、钛、铝含量的测定。其测定多元素含量的范围及分析线见表 4-12。

表 4-12 测定多元素含量的范围及分析线

元素	Si	Mn	P	Cr	Mo	Cu	Ni	V	Ti	Al	Co
含量（质量分数，%）	0.01~0.60	0.01~2.00	0.005~0.10	0.01~3.00	0.01~1.20	0.01~0.50	0.01~4.00	0.002~0.50	0.001~0.30	0.004~0.10	0.003~0.20
分析线/nm	251.611 288.158	260.569 293.930	178.280	267.716 206.149	202.030 281.615	324.754 327.396	231.604	309.311 311.071	334.941 337.280	396.152 394.409	228.616

注：不同波长的谱线可能存在的干扰元素见 GB/T 20125—2006 中的表 2。

（2）仪器条件 采用电感耦合等离子体发射光谱仪，氩气纯度应大于 99.9%，以提供稳定清澈的等离子体炬焰。在仪器最佳工作条件下，进行测定。

1）仪器设备。仪器可以是同时型的，也可以是顺序型的，必须具有同时测定内标线的功能。

2）仪器的优化。开启 ICP-AES，进行测量前至少运行 1h。测量最浓校准溶液，根据仪器制造商提供的操作程序和指南，调节仪器参数。

（3）试剂与材料 分析中使用分析纯试剂和二次蒸馏水或相当纯度的水。

1）高纯铁：质量分数大于 99.98%，且被测元素已知。

2）盐酸：$\rho \approx 1.19$g/mL。

3）高氯酸：$\rho \approx 1.67$g/mL。

4）硝酸：$\rho \approx 1.42$g/mL。

5）钇标准溶液：25μg/mL。

6）校准曲线溶液：制作校准曲线的标准溶液系列见表 4-13 和表 4-14。

表 4-13 制作校准曲线的标准溶液系列一

分析元素	标准溶液/（μg/mL）	加入标准溶液的体积							相应试料中元素含量（质量分数，%）
硅	500.0	0	1.00	2.00	3.00	4.00	5.00	6.00	0.01~0.60
锰	1000.0	0	1.00	2.00	3.00	5.00	10.00	—	0.01~2.00
磷	100.0	0	1.00	2.00	3.00	4.00	5.00	—	0.005~0.10

（续）

分析元素	标准溶液/ （μg/mL）	加入标准溶液的体积							相应试料中元素含量 （质量分数，%）
铜	500.0	0	1.00	2.00	3.00	4.00	5.00	—	0.01~0.50
铬	1000.0	0	1.00	2.00	3.00	5.00	10.00	15.00	0.01~3.00
镍	1000.0	0	1.00	2.00	5.00	10.00	15.00	20.00	0.01~4.00
钼	1000.0	0	1.00	2.00	3.00	5.00	6.00	—	0.01~1.20
钒	250.0	0	1.00	2.00	3.00	5.00	10.00	—	0.002~0.50
钴	100.0	0	1.00	2.00	3.00	5.00	10.00	—	0.003~0.20
钛	250.0	0	0.50	1.00	3.00	4.00	6.00	—	0.001~0.30
铝	100.0	0	1.00	2.00	3.00	4.00	5.00	—	0.004~0.10

表 4-14 制作校准曲线的标准溶液系列二

分析元素	标准溶液/ （μg/mL）	加入标准溶液的体积							相应试料中元素含量 （质量分数，%）
硅	50.0	0	1.00	2.00	3.00	5.00	10.00	—	0.01~0.10
锰	100.0	0	0.50	1.00	2.50	5.00	10.00	—	0.01~0.20
磷	10.00	0	2.00	3.00	5.00	10.00	—	—	0.005~0.020
铜	50.00	0	1.00	2.00	3.00	5.00	10.00	—	0.01~0.10
铬	100.0	0	0.50	1.00	2.50	5.00	10.00	—	0.01~0.20
镍	100.0	0	0.50	1.00	2.50	5.00	10.00	—	0.01~0.20
钼	100.0	0	0.50	1.00	2.50	5.00	10.00	—	0.01~0.20
钒	25.00	0	0.50	1.00	2.00	4.00	6.00	10.00	0.002~0.050
钴	10.00	0	1.00	2.00	3.00	5.00	10.00	—	0.001~0.020
钛	10.00	0	1.00	2.00	3.00	5.00	10.00	—	0.001~0.025
铝	10.00	0	2.00	3.00	4.00	5.00	—	—	0.004~0.010

（4）分析步骤

1）试样溶液的制备。称取 0.50g 试料，精确至 0.1mg。将试料置于 200 毫升的烧杯中，加 10mL 水，5mL 硝酸，盖上表面皿，缓缓加热至停止冒泡；加 5mL 盐酸，继续加热至完全分解。如有不溶碳化物，可加 5mL 高氯酸，加热至冒高氯酸烟（3~5min），取下，冷却，加 10mL 水，5mL 硝酸，摇匀，再加 5mL 盐酸，加热溶解盐类。经冒烟的溶液不能用作硅含量的测定。冷却至室温，将溶液定量转移至 100mL 容量瓶中。如果用内标法，用移液管加入 10mL 钇内标溶液（25μg/mL），用水稀释至刻度，摇匀。

2）空白试样。称取 0.500g 高纯铁，随同试料做空白实验。

3）校准溶液的制备。称取 0.500g 高纯铁 7 份，分别于 200mL 的烧杯中，按试样溶液的制备步骤将其溶解，冷却至室温；将溶液转移至 100mL 容量瓶中，按表 4-13、表 4-14 要求加入被测元素的标准溶液。如果发现校准曲线不呈线性，可以增加校准系列（见表 4-14）。在标准溶液中，如存在被测元素以外的共存元素（钠等）影响被测元素发光强度，样品溶液中也应加入与校准曲线系列溶液中等量的此共存元素。

4）发射强度的测量。将系列样品溶液引入电感耦合等离子体原子发射光谱中，输入根据试验所选的仪器最佳测定条件，在各元素选定的波长处测定系列标准溶液中各元素的强度，根据工作曲线，计算机自动给出样品中各元素的质量浓度。

（5）校准曲线（标准曲线和工作曲线）的绘制　以净强度或净强度比为 Y 轴，被测元素的浓度（μg/mL）为 X 轴作线性回归，计算相关系数，校准曲线的线性相关系数应 ≥ 0.9995。

（6）结果表示　根据校准曲线，将试液的净强度或净强度比转化为相应被测元素的浓度，通过计算得到被测元素的含量，数值以%表示。

（7）注释

1）ICP-AES 是多元素同时测定方法，分析时要求被测元素全部被分解进入溶液中。因此，应根据材料品种和被测元素存在的形态选择合适的溶解酸。钢铁中以固溶体形态存在的金属元素及硅化物、硫化物、磷化物易被稀硝酸或硝酸-盐酸混合酸分解。钢或铸铁中的钼、铬、钒、钛、铌、锆、钨等元素易形成碳化物和氮化物，稀硝酸难以分解完全，通常需用硝酸-盐酸混合酸分解，而当其碳化物、氮化物含量高时，尚需冒高氯酸烟或冒硫酸烟再滴加硝酸将碳化物破坏完全。

通常，碳素钢、低碳低合金钢可用稀硝酸分解，测定其中硅、锰、磷、铜、铬、镍、钴、钒、钼及酸溶铝、酸溶硼含量。

碳素钢、低合金钢和某些低碳合金钢可用硝酸-盐酸混合酸分解，测定其中硅、锰、磷、铜、铬、镍、钴、钒、钼、钛及酸溶铝、酸溶硼的含量。

合金钢、高碳钢中合金元素含量的测定宜在酸分解后再采用高氯酸冒烟，将其碳化物、氮化物破坏完全，此时硅脱水成硅胶析出，不能测定试液中的硅含量。

铌是一个极易水解的元素，通常需要在酒石酸或氢氟酸存在下使铌形成相应络离子形态进入溶液。硫酸-酒石酸体系中，ICP-AES 法测量铌含量的同时也可分析钼、钒、钛、铬、锆、钽等合金元素的含量，而在氢氟酸体系中，须采用耐氢氟酸雾化和测量系统进行 ICP-AES 测量。钨在稀酸中一般以"钨酸"析出，在 ICP-AES 法中可使钨呈磷酸络合物或氟络合物于溶液中进行测量。

2）采用稀硝酸和硝酸-盐酸混合酸所分解的试样溶液，可同时用于砷、锑、铋、锡、铅、镁、镧、铈及钙等元素含量的测定。

3）测定低含量元素，如硅、铝、磷，特别测定钙、镁时需注意试剂、器皿和环境可能引起的污染，通常需要在石英或聚四氟乙烯烧杯中分解试样，对某些元素可采用微波消解方式分解试样。

4）虽然 ICP-AES 法可同时进行多元素的测定，但在采用标准溶液绘制工作曲线时，不宜在一份溶液中加入所有元素的溶液。通常一份工作曲线溶液中最多加入 5~6 种元素的标准溶液，同时要考虑所加溶液的酸度、阳离子、阴离子及离子间的影响。如果需要进行多元素（如 5~6 种以上）测量，可将被测元素分组制备工作曲线溶液，分别测量和绘制工作曲线。在某些极端情况下，需要在试样溶液中加入与工作曲线溶液相同的离子来消除干扰。

5）表 4-12 推荐的分析线并不是唯一的，可以选择其他的分析线。选择分析线时，应尽量避免共存元素对被测元素的光谱干扰，必要时采用基体匹配或干扰系数校正法进行校正。

6）配制工作曲线的混合标准溶液时，各种被测元素的加入量可交叉搭配，尽量避免某一标准溶液中各被测元素的浓度都是低的或都是高的。

7）工作曲线的测量范围应控制在两个数量级以内。为提高测量准确度，高含量元素和低含量元素可分段测量。

8）采用内标法可提高测量精度，特别是长期稳定性的精度。低合金钢测量中可用铁作为内标元素，但要注意工作曲线和试样之间铁量必须十分相近。如果铁量相差较大，可用钇作为内标，加入量要一致。加入钇内标后试液中钇的浓度，应不低于 $10\mu g/mL$，也可加入其他元素作为内标元素，原则是试样中不含此元素或含量极低，而且该内标元素对被测元素不存在干扰。样品数量多时宜采用内标法。

9）对于可以扣除背景的仪器，要仔细检查扣除背景位置是否有干扰谱线，如果有，必须另外选择合适的扣除背景位置。

2. 铝及铝合金化学分析方法（GB/T 20975.25—2020）

（1）方法提要 根据铝及铝合金的类型及元素的含量，采用盐酸和硝酸混合酸分解试样，盐酸和过氧化氢分解试样，氢氧化钠溶液和过氧化氢分解试样。试样分解后，以电感耦合等离子体原子发射光谱仪测定，以基体匹配法校正基体对测定的影响。

该方法适用于铝及铝合金中铁、铜、镁、锰、镓、钛、钒、铟、锡、铋、钙、铬、锌、镍、镉、锆、铍、铅、硼、硅、锶、锑含量的测定。测定元素含量的范围及分析线见表 4-15。

表 4-15 测定元素含量的范围及分析线

元素	含量（质量分数，%）	分析线/nm	元素	含量（质量分数，%）	分析线/nm
铁	0.0020~12.00	259.940 239.562	铬	0.0020~5.00	267.716 283.563
铜	0.0005~20.00	324.754	锌	0.0010~12.00	213.856 206.200
镁	0.0010~10.00	285.213 279.553	镍	0.0020~2.50	231.604
锰	0.0010~12.00	259.373 257.610	镉	0.0020~1.00	228.802
镓	0.0050~0.050	294.364	锆	0.0020~16.00	339.198 349.621
钛	0.0010~15.00	334.941 337.280	铍	0.0005~5.00	234.861 313.042
钒	0.0010~10.00	292.402	铅	0.10~1.00	220.353
铟	0.010~0.10	325.609	硼	0.0050~12.00	249.678 249.773
锡	0.020~2.00	189.989	硅	0.50~13.50	288.158 251.611
铋	0.010~11.00	223.061	锶	0.0005~10.00	407.771 346.446
钙	0.020~10.00	317.933 393.366	锑	0.010~6.50	217.581

（2）仪器条件 采用电感耦合等离子体原子发射光谱仪，仪器分光室应具有抽真空或驱气等功能，以保证测试波长在 200nm 以下元素测试信号稳定；仪器的分辨率小于 0.005nm（200nm 处）。

（3）试剂与材料 分析中使用分析纯试剂和实验室二级水。

1）过氧化氢：$\rho = 1.10g/mL$。

2）盐酸：$\rho = 1.19g/mL$（优级纯），盐酸（1+1）。

3）硝酸：$\rho = 1.42g/mL$（优级纯），硝酸（1+1）。

4）氢氟酸：$\rho = 1.14g/mL$（优级纯）。

5）混合酸：3 份盐酸（1+1）和 1 份硝酸（1+1）混合。

6）氢氧化钠溶液：400g/L。

7）纯铝：$w(Al) \geqslant 99.999\%$。

8）高氯酸：$\rho = 1.76g/mL$（优级纯）。

9）铝基体溶液（20mg/mL）：称取 20.00g 高纯铝置于 1000mL 烧杯中，盖上表面皿，分次加入总量 600mL 的盐酸（1+1），待剧烈反应停止后，缓缓加热至完全溶解，然后加入数滴过氧化氢，煮沸数分钟，分解过量的过氧化氢，冷却，将溶液移入 1000mL 的容量瓶中，用水稀释至刻度，摇匀。

10）各分析元素标准贮存溶液：优先使用有证国家标准溶液配制。

（4）分析步骤

1）试料。根据采取的溶样方法，按表 4-16 或表 4-17 称取相应质量（m_0）试料，精确至 0.0001g。

表 4-16 试料量和试液体积（一）

$w(x)(\%)$	试料量 m_0/g	试液体积 V_1/mL	分取体积 V_2/mL	测试体积 V_3/mL
0.0001~0.050	0.50	100	—	—
>0.050~1.00	0.25	250	—	—
>1.00~10.00	0.25	250	10.00	100
>10.00~20.00	0.25	250	5.00	100
>20.00~30.00	0.25	500	5.00	100

表 4-17 试料量和试液体积（二）

$w(x)(\%)$	试料量 m_0/g	试液体积 V_1/mL	分取体积 V_2/mL	测试体积 V_3/mL
0.010~1.00	0.25	250	—	—
>1.00~10.00	0.25	250	10.00	100
>10.00~30.00	0.25	500	5.00	100

2）平行试验。平行做两份试验，取其平均值。

3）空白试验。称取与试料相同量的纯铝，随同试料做空白试验

4）分析试液的制备。

① 溶样方法 I。此溶样方法适用于铝及铝合金中铁、铜、镁、锰、镓、钛、钒、铟、锡、铬、锌、镍、镉、铍、锶、钙、钡、钾、钠、钴、钨、钼、铒、锂、磷、钕、钇、镱、

钪含量的测定。

将按表 4-16 称取的试料置于 250mL 烧杯中，加入 25mL 盐酸，待剧烈反应停止后，低温加热使试料分解，加入适量的过氧化氢，至试料完全溶解，冷却至室温。移入表 4-16 相应体积的容量瓶中，用水稀释至刻度，混匀。必要时根据工作曲线范围，稀释待测溶液。

当硅的质量分数大于 0.5% 时，如有不溶残渣，将试液过滤于表 4-16 中相应体积的容量瓶中，洗涤残渣。将残渣连同滤纸置于铂坩埚中，灰化（勿使滤纸燃烧），然后在 800℃灼烧 5min，冷却。加入 5mL 氢氟酸，并逐滴加入硝酸至溶液清亮，加入 1mL 高氯酸，加热蒸发至干，冷却。用 5mL 盐酸溶解残渣，将此试液合并于原滤液中，稀释至刻度，混匀。必要时根据工作曲线范围，稀释待测溶液。

② 溶样方法Ⅱ。此溶样方法适用于铝及铝合金中铁、铜、镁、锰、镓、钛、钒、铟、锡、铅、铋、锑、铬、锌、镍、镉、铍、硼、锶、钙、银、钡、钴、锂、钼、钕、钇、镱、钪含量的测定。

将按表 4-16 称取的试料置于 250mL 烧杯中，加入 25mL 混合酸，待剧烈反应停止后，低温加热分解至试料完全溶解，冷却至室温。

当硅的质量分数大于 0.5% 时，如有不溶残渣，将试液过滤于表 4-16 中相应体积的容量瓶中，洗涤残渣。将残渣连同滤纸置于铂坩埚中，灰化（勿使滤纸燃烧），然后在 800℃灼烧 5min，冷却。加入 5mL 氢氟酸，并逐滴加入硝酸至溶液清亮，加入 1mL 高氯酸（5.6），加热蒸发至干，冷却。用 5mL 盐酸溶解残渣，将此试液合并于原滤液中，稀释至刻度，混匀。必要时根据工作曲线范围，稀释待测溶液。

③ 溶样方法Ⅲ。此方溶样法适用于铝及铝合金中硅、铁、铜、镁、锰、钛、硼、钒、铬、锌、镍、锆、锶、锡、锑、铅、钙、钨、镱、铒、钕、钪元素的测定。

将按表 4-17 称取的试料置于 400mL，聚四氟乙烯烧杯中，加入少许水，加入 6mL 氢氧化钠溶液，待剧烈反应停止后，低温加热分解，加入适量的过氧化氢，缓慢加热至试料完全溶解，将溶液蒸至浆状，稍冷，加入约 30mL 水，缓慢加热直至完全溶解。

用水将溶液稀释至约 100mL，边搅拌边加入 25mL 硝酸和 25mL 盐酸，低温加热使其完全溶解（若有二氧化锰棕色沉淀时，加入无水亚硫酸钠溶液），冷却。将溶液移入 250mL 容量瓶中，以水稀释至刻度，混匀。必要时根据工作曲线范围，稀释待测溶液。

④ 溶样方法Ⅳ。此方溶样法适用于硅的质量分数小于 0.50% 的铝及铝合金中锆、铪、铁、铜、镁、锰、钛、钒、铬、锌、镍、锶、锡、铅元素的测定。

将按表 4-16 称取的试料置于 100mL 聚四氟乙烯烧杯中，加入 25mL 混合酸，待剧烈反应停止后，加入适量的氢氟酸，低温加热至溶解完全，冷却至室温，移入表 4-16 相应体积的容量瓶中用水稀释至刻度，混匀。必要时根据工作曲线范围，稀释待测溶液。

若测定易水解的元素，如 Ti、Sn、Zr、Sb 时，试液应保持 10% 的酸度；若测定低含量易污染元素，如 Ca、Pb、B 时，应使用高纯酸和石英亚沸蒸馏水。

5）系列标准溶液的配制。

① 采用溶样方法Ⅰ、Ⅱ、Ⅳ时，根据试液中铝含量，移取适量的铝基体溶液于一组 100mL 容量瓶中，使标准溶液中的铝量与测试液中的铝量基本一致，加入适量的待测元素标准贮存溶液或标准溶液，使标准曲线溶液的酸度与测试液的酸度基本一致，用水稀释至刻度，混匀。以不加标准溶液的试液作为空白溶液，待测元素含量应在所做工作曲线范围之

内，系列标准曲线溶液的数量由精度要求决定，一般 3 个~5 个。

② 采用溶样方法Ⅲ时，根据样品中铝含量，称取适量纯铝于一系列聚四氟乙烯烧杯中，盖上表面皿，以下操作按溶样方法Ⅲ步骤进行，在未稀释到刻度前加入适量的待测元素标准贮存溶液或标准溶液，使标准曲线溶液的酸度与测试液的酸度基本一致，用水稀释至刻度，混匀。以不加标准溶液的试液作为空白溶液，待测元素含量应在所做工作曲线范围之内，系列标准曲线溶液的数量由精度要求决定，一般 3 个~5 个。

③ 根据样品牌号也可选择相应的标准样品（国家一级标样），按分析试液的制备方法配制系列标准溶液，系列标准曲线溶液的数量由精度要求决定，一般 3 个~5 个。

6）测定。选择仪器合适的分析条件及各个元素的分析谱线，将系列标准曲线溶液引入电感耦合等离子体原子发射光谱仪中，在各元素选定的波长处，测量系列标准溶液中各元素的强度。当工作曲线的线性相关系数≥0.9995 时，即可进行分析溶液的测定。

（5）试验数据处理　各待测元素的含量以各待测元素质量分数 $w(x)$ 计，按式（4-3）计算，也可由计算机自动给出。

$$w(x) = \frac{(\rho - \rho_0) V_1 V_3 \times 10^{-6}}{m_0 V_2} \times 100\% \tag{4-3}$$

式中　ρ——自工作曲线上查得被测元素的质量浓度（μg/mL）；

ρ_0——自工作曲线上查得空白试验溶液中被测元素的质量浓度（μg/mL）；

V_1——试液体积（mL）；

V_3——测试体积（mL）；

m_0——试料的质量（g）；

V_2——分取体积（mL）。

待测元素质量分数<0.0010%时，计算结果保留一位有效数字；待测元素质量分数≥0.0010%~1.00%时，计算结果保留两位有效数字；待测元素质量分数≥1.00%时，计算结果表示至小数点后两位。数值修约执行 GB/T 8170—2008 中 3.2、3.3。

3. 铜及铜合金化学分析方法（GB/T 5121.27—2008）

（1）方法提要　试样用硝酸和盐酸混合酸或硝酸分解。在酸性介质中，使用电感耦合等离子体原子发射光谱仪，于各元素所对应的波长处测质量浓度，硒和锑的质量分数不大于 0.001%时，以砷作载体共沉淀富集微量硒、锑与基体铜分离；铁、镍、锌、镉的质量分数不大于 0.001%时，电解除铜分离富集；磷、铋、锑、砷、锡、锰的质量分数不大于 0.001%、铅的质量分数不大于 0.002%时，用铁基作载体，氢氧化铁共沉淀磷、铋、锑、砷、锡、锰、碲、铅与基体铜分离、富集；镍的质量分数不大于 14%时，以镧作内标。

本方法适用于铜及铜合金中磷、银、铋、锑、砷、铁、镍、铅、锡、硫、锌、锰、镉、硒、碲、铝、硅、钴、钛、镁、铍、锆、铬、硼、汞元素含量的测定。测定元素含量的范围及分析线见表 4-18。

表 4-18　测定元素含量的范围及分析线

元素	质量分数（%）	分析线/nm	元素	质量分数（%）	分析线/nm
P	0.0001~1.00	187.28	Se	0.0001~0.0020	196.09
Ag	0.001~1.50	328.06	Te	0.0001~1.00	214.28

（续）

元素	质量分数(%)	分析线/nm	元素	质量分数(%)	分析线/nm
Bi	0.00005~3.00	190.24	Al	0.001~14.00	396.15
Sb	0.0001~0.10	206.83	Si	0.001~5.00	288.15
As	0.0001~0.20	189.04	Co	0.01~3.00	228.61
Fe	0.0001~7.00	259.94	Ti	0.01~1.00	334.94
Ni	0.0001~35.0	231.60	Mg	0.01~1.00	286.21
Pb	0.0001~7.00	220.35	Be	0.01~3.00	313.10
Sn	0.0001~10.00	189.98	Zr	0.01~1.00	339.19
S	0.001~0.10	182.03	Cr	0.01~2.00	267.71
Zn	0.00005~7.00	206.20	B	0.0005~1.00	249.77
Mn	0.00005~14.00	257.61	Hg	0.0005~0.10	194.22
Cd	0.00005~3.00	226.50	—	—	—

注：Ni、Mn 质量分数大于 3% 时，波长选择为 Ni341.47nm、Mn279.48nm，内标 La 波长 408.67nm。

（2）仪器条件　采用电感耦合等离子体原子发射光谱仪，分光室具有抽真空或驱气功能，200nm 处的光谱分辨率应小于 0.01nm。

备有自动搅拌装置的恒电流电解器，附网状铂阴极、螺旋状铂阳极。

（3）试剂与材料　分析中使用分析纯试剂和蒸馏水或去离子水或相当纯度的水。

1）纯铜：$w(Cu) \geqslant 99.99\%$。

2）次亚磷酸钠：分析纯。

3）氨水：$\rho = 0.9g/mL$，优级纯。

4）硫酸：$\rho = 1.84g/mL$。

5）高氯酸：$\rho = 1.67g/mL$，优级纯。

6）氢氟酸：$\rho = 1.13g/mL$，优级纯。

7）碳酸铵。

8）硝酸：$\rho = 1.42g/mL$，优级纯。

9）盐酸：$\rho = 1.19g/mL$，优级纯。

10）硝酸锰（1+10）：优级纯。

11）硼酸饱和溶液：分析纯。

12）硝酸铅溶液：10g/L，优级纯。

13）氢氧化钠溶液：100g/L。

14）酚酞乙醇溶液：10g/L。

15）砷溶液：4g/L。

16）次亚磷酸钠-盐酸混合洗液：每升洗液中含 10g 次亚磷酸钠和 50mL 盐酸。

17）待测各元素标准溶液：有证系列国家或行业标准样品/溶液。

（4）分析步骤

1）试料。按要求称取表 4-19 中规定质量的试料，精确至 0.0001g。

表 4-19 试料量和试液体积

质量分数(%)	0.00005~0.0005	>0.0005~0.001	>0.001~0.1	>0.1~7.0	>7.0~35.0
试料量/g	5.000	5.000	1.000	0.100	0.100
试液体积/mL	25	50	100	100	200

2）试样溶液的制备。

① 一般试样：将试料置于 150mL 烧杯中，加入 10~15mL 混合酸（盐酸+硝酸+水 = 1+3+4），盖上表面皿，加热至试料完全溶解，用水洗涤表面皿及杯壁，冷却，按表 4-19 移入容量瓶中，用水稀释至刻度，混匀。

② 含硅、锆、钛的试样：将试料置于 150mL 聚四氟乙烯烧杯中，加入 10~15mL 混合酸（盐酸+硝酸+水 = 1+3+4），2 滴氢氟酸，加热（硅为被测元素时加热温度不能超过 60℃）溶解。待试料完全溶解后，加入 5mL 硼酸饱和溶液，混匀，按表 4-19 移入容量瓶中，用水稀释至刻度，混匀，立即转移到原聚四氟乙烯烧杯中。

③ 含铬的试样：将试料置于 150mL 烧杯中，加入 5~10mL 硝酸（1+1），3~5mL 高氯酸，盖上表面皿，加热至试料溶解并蒸发至冒高氯酸烟（1~2min），使溶液澄清，取下冷却。用水洗涤表面皿及杯壁，按表 4-19 移入容量瓶中，用水稀释至刻度，混匀。

④ 含银的试样：将试料置于 150mL 烧杯中，加入 10~15mL 混合酸（盐酸+硝酸+水 = 1+3+4），盖上表面皿，加热至试料完全溶解，用水洗涤表面皿及杯壁，补加 10mL 盐酸，冷却。按表 4-19 移入容量瓶中，用水稀释至刻度，混匀。

⑤ 被测元素质量分数不大于 0.001% 时。

a. 硒、碲：将试料置于 400mL 烧杯中，加入 50mL 硝酸（1+1），盖上表面皿，低温加热至试料完全溶解，稍冷，加入 10mL 高氯酸，加热至冒高氯酸烟 2~3min，用水洗涤表面皿及杯壁，取下冷却。

加入 120mL 盐酸（1+1），低温加热使盐类溶解，加入 1.5mL 砷溶液、10g 次亚磷酸钠，搅拌至溶解，加热至溶液呈棕色，于水浴上加热至还原析出单体砷、硒、碲（需 1~1.5h），冷却至室温。

用脱脂棉过滤，以次亚磷酸钠-盐酸混合洗液洗涤烧杯 3 次，沉淀 3~5 次，再用水洗涤烧杯 3 次，沉淀 3~5 次。

将脱脂棉及沉淀移入原烧杯，从漏斗上缓缓加入 10mL 硝酸，3mL 高氯酸，在电热板上加热消化脱脂棉并溶解氧化砷、硒、碲至冒高氯酸白烟 1~2min，使溶液澄清，取下冷却。用水洗涤表面皿及杯壁，按表 4-19 移入容量瓶中，用水稀释至刻度，混匀。

b. 铁、镍、锌、镉：将试料置于 250mL 高形烧杯中，加入 40mL 硝酸（1+1），盖上表面皿，加热至试料完全溶解，煮沸除尽氮的氧化物，用水洗涤表面皿及杯壁。

加入 3mL 硝酸铅溶液，1mL 硝酸锰，1 滴盐酸（1+120），用水稀释至 130mL 左右。

用两块半圆表面皿盖上，在搅拌下用 4A/dm^2 电解除铜。待溶液褪色后，在不切断电流的情况下，提起电极并用水清洗。

将溶液于低温炉上加热，蒸发至体积 25mL 以下，冷却。按表 4-19 移入容量瓶中，用水稀释至刻度，混匀。（此溶液也可用于磷、锑、砷、硒、碲的测定）

c. 磷、铋、锑、砷、锡、锰：将试料置于 400mL 烧杯中，加 50mL 硝酸（1+1），盖上表面皿，低温加热至试料完全溶解，煮沸除尽氮的氧化物。

加入 10mL 铁溶液（8g/L），用水稀释至 200mL 左右，在搅拌下缓缓加入氨水至深蓝色，过量 20mL，加入 10g 碳酸铵，将溶液加热煮沸 5min，放置 1h。

沉淀用滤纸过滤，用热洗涤液洗涤烧杯及滤纸至滤纸无蓝色。弃去滤液，用水将沉淀洗入原烧杯中，滤纸上的残留沉淀用 10mL 热盐酸（1+1）溶解，以热水洗涤滤纸至无色，洗涤并入原烧杯中，低温加热蒸发至 25mL 以下，冷却。按表 4-19 移入容量瓶中，用水稀释至刻度，混匀（此溶液也可用于碲的测定和铅的质量分数不大于 0.002% 时的测定）。

⑥ 镍的质量分数不大于 14% 的试样。将试料置于 150mL 烧杯中，加入 10mL 混合酸（盐酸+硝酸+水 = 1+3+4），盖上表面皿，加热至试料完全溶解，煮沸除尽氮的氧化物，用水洗涤表面皿及杯壁，冷却。按表 4-19 移入容量瓶中，用水稀释至刻度，混匀。

3）空白试验。称取与试料相同量的纯铜，随同试料做空白试验。

4）测定。将系列样品溶液引入电感耦合等离子体原子发射光谱仪中，输入根据试验所选的仪器最佳测定条件，在各元素选定的波长处，测定系列标准溶液中各元素的强度，根据工作曲线，由计算机自动给出样品中各元素的质量浓度。

（5）结果表示　根据校准曲线直接计算被测量元素的含量，数值以 % 表示。

第 **5** 章

化学分析的分离和富集

5.1 概述

当需要对某一个试样中某一组分进行测定时，最好直接取试样测定该组分，或者将试样分解并处理成试液后，选一种方法对该组分直接进行测定。在实际分析工作中，所遇到的样品，常常含有多种组分，而且彼此干扰鉴定或测定，这不仅影响测定结果的准确度，有时甚至无法进行测定，因此一般在进行测定前还需要采用分离或富集的措施。

5.1.1 化学分析中分离和富集的作用

分离和富集可以保证测定结果的准确度，提高方法灵敏度。

（1）准确度 每种分析方法都有一定的选择性，即用一种方法测定某一组分时，并不是仅仅只与该组分发生作用，往往有一些共存的其他组分也同时发生作用，即产生"干扰"，使分析结果带来误差。

为了消除干扰，可以把被测组分从其他干扰组分中分离出来，或者将干扰组分从被测组分中分出去，这就是分离。分离是为了弥补分析方法在选择性方面的不足，以保证方法的准确度。

（2）灵敏度 不同的分析方法对被测组分的量有一定的要求，一种分析方法对不同元素的检出限要求也不同。一种分析方法可用于测定很少量的被测组分，这种方法的灵敏度就高，否则，该方法的灵敏度就低。对于痕量组分而言，往往不能用一种分析方法直接测定它的含量，或者检不出，或者分析的误差很大。

为了满足某组分在测定时有足够的量（或浓度），可以设法将被测的痕量组分富集起来。例如，利用物质将痕量组分"捕集"起来，然后在捕集物中测定该痕量组分。富集是为了弥补分析方法在灵敏度方面的不足。

5.1.2 分析工作中对分离和富集的要求

对分离的要求是分离必须完全，即干扰组分减少到不再干扰的程度；而被测组分在分离过程中的损失要小至可忽略不计的程度。被测组分在分离过程中的损失可用回收率（R_A）来衡量，即

$$R_A = \frac{\text{分离后 A 的质量}}{\text{试样中 A 的总质量}} \times 100\%$$

实际工作中，被测组分的含量不同，对 R_A 的要求也不同。常量组分（质量分数>1%），要求回收率能达到99.9%，甚至更高些；微量组分（质量分数为0.01%~1%），要求回收率能达到99%或更高；痕量组分（质量分数<0.01%），要求回收率能达到90%~95%，甚至更低些。

对分离来讲，有时也用到分离系数（或分离因子），通常用 β 表示。

$$\beta = \frac{A\text{ 组分的回收率}}{B\text{ 组分的回收率}}$$

如果 A 组分的回收率很高，而 B 组分的回收率低（即 B 组分的残留量很少），那么这两种组分将分离得比较完全。不同的分离方法，有不同的分离系数处理方法。

对富集来讲，有时会用到富集倍数，如将 1L 中某痕量组分经"捕集"后并处理成 10mL 试液，即将该痕量组分的浓度提高了 100 倍，痕量组分被富集倍数为 100；有时也用富集系数来表示，如分析某基体中的某痕量组分，采用富集的措施，测定富集后的物质（固体或试液）中基体元素及痕量组分的回收率，则

$$\text{富集系数} = \frac{\text{痕量组分的回收率}}{\text{基体元素的回收率}}$$

痕量元素的回收率越高，基体元素的回收率越低，则这种方法的富集系数越好。需要富集多少倍，或者富集系数应有多大，这与痕量组分的相对含量和所选用的测定方法有关。

5.2 常用的分离、富集方法

由于富集往往包含在分离过程之中，习惯上常把分离和富集统称为分离。化学分析中常用的分离、富集方法包括：

（1）沉淀分离法 这是一种传统分离方法，采用沉淀剂，液-固分离。

（2）溶剂萃取分离法 被分离物质由一液相转入互不相溶的另一液相的过程，液-液两相互不相溶。

（3）离子交换分离法 通过带电荷溶质与固体（或液体）离子交换剂中可交换的离子进行反复多次交换而达到分离。

其他还包括色谱分离方法，如柱色层法、纸色层法、薄层色层法等。

5.2.1 沉淀和共沉淀分离法

沉淀分离法是利用沉淀反应有选择地沉淀某些离子，而其他离子则留在溶液中以达到分离的目的。沉淀分离法主要包括常规沉淀分离法和共沉淀分离法，前者主要用于常量组分的沉淀分离，后者主要用于痕量组分的沉淀分离。

1. 常量组分的沉淀分离

（1）沉淀的类型 一般地讲，沉淀分为两类，即晶形沉淀和无定形沉淀。这主要与沉淀的溶解度有关，溶解度较大的沉淀，容易得到晶形沉淀，如 $BaSO_4$、CaC_2O_4 等；溶解度较小的沉淀，容易得到无定形沉淀，如一些硫化物和水合氧化物沉淀。当然，晶形沉淀和无定形沉淀的划分也不是绝对的，这与混合时处理的好坏有很大关系。处理得不好，如将浓的 Na_2SO_4 溶液和 $BaCl_2$ 溶液迅速混合，得到的却是无定形的 $BaSO_4$；处理得好，如用尿素水

解均匀沉淀法沉淀三价铁离子，得到的氢氧化铁沉淀却具有一定的晶形沉淀特性。

（2）沉淀的纯度　要获得绝对纯净的沉淀是不可能的，因为在进行沉淀反应的同时，也伴随有共沉淀现象的发生，使杂质混杂于沉淀之中。共沉淀现象有下列几种：

1）吸附共沉淀。构晶阳、阴离子按一定的晶格排列，形成沉淀而析出。在沉淀与溶液接触的表面，存在"剩余引力"，即具有吸引相反电荷离子的能力。一般地讲，杂质的浓度越高、价数越大，则越易被吸附。此外，同样质量的沉淀，其颗粒越小，即它的比表面越大，则吸附杂质的量也多。吸附作用是一个放热反应，所以在热溶液中沉淀吸附杂质的倾向也会小一些。对表面上吸附的杂质，可借洗涤而除之。

2）内部包藏共沉淀。对无定形沉淀而言，沉淀微粒很快聚集，使一些杂质（包括母液）夹杂在沉淀之中。用洗涤的方法，可以除去表面上吸附的部分杂质，但包藏在沉淀内部的杂质却不能洗涤除去，而需要用"再沉淀"的方法，即将已得的沉淀过滤，将分出的沉淀溶解，并稀释至一定的体积，再用同样的方法重新沉淀一次，包夹的杂质就会减少，从而提高了沉淀的纯度。

3）混晶共沉淀。如果杂质离子占据了沉淀的晶格，就会生成混晶。例如，沉淀硫酸钡时，若溶液中存在铅（Ⅱ）和镭（Ⅱ），它们可以替代钡（Ⅱ）进入晶格，形成混晶。形成混晶应具备一定的条件，离子半径相近、形成沉淀的晶形相似的共存离子，则容易生成混晶。

4）后沉淀。要使沉淀析出，则需要溶液中构晶离子的浓度积达到并超过该沉淀的溶度积（K_{sp}）。例如，饮用水中铅（Ⅱ）的含量是很低的，即使加入足够量的 S^{2-}，也难以达到硫化铅的溶度积，析不出沉淀。如果在溶液中存在（或加入）一定量的铜（Ⅱ），则硫化铜析出，其表面上吸附有溶液中过剩的硫离子，当铅（Ⅱ）与硫化铜表面吸附的硫离子之间的浓度积超过硫化铅的溶度积时，硫化铅在硫化铜的表面上沉淀出来，这种现象称为后沉淀。显然，沉淀放置在溶液中的时间长一些，后沉淀也会严重一些。当然，最后还是达到平衡状态。

（3）沉淀条件的选择　从沉淀分离的角度来讲，总希望沉淀要完全、纯净，但两者是有矛盾的。要沉淀完全，则要求沉淀的溶解度要小，而沉淀的溶解度越小，越容易形成无定形沉淀，则获得沉淀的纯度就差。矛盾的解决主要依赖于选择合适的沉淀条件。

1）晶形沉淀的沉淀条件。一般地讲，溶液应适当稀一些，沉淀剂加入的速度适当地慢一些，并边加边搅拌。沉淀剂加入完毕后，使沉淀在溶液中放置一定时间（或保温一定时间）后再过滤，即进行"陈化"处理。这样得到的沉淀颗粒大、易滤易洗，沉淀的纯度也较高。

2）小体积沉淀和无定形沉淀。例如，沉淀为氢氧化物，可先将试液蒸发至近干，加入固体的 NaOH，或加入氨水和固体 NH_4Cl，使其呈糊状，然后加入较多量的热水稀释，趁热过滤。这样得到的沉淀比常规方法得到的氢氧化物沉淀，无论从沉淀的性质、纯度来讲，都要好些。沉淀条件对沉淀纯度的影响（对于沉淀分离杂质而言）见表 5-1。

表 5-1　沉淀条件对沉淀纯度的影响

沉淀条件	混晶	吸附	内部包藏	后沉淀
稀溶液	O	+	+	O
缓慢沉淀	+	+	+	-

（续）

沉淀条件	混晶	吸附	内部包藏	后沉淀
陈化	-	+	+	-
热溶液	-	+	+	O
搅拌	+	+	+	O
洗涤沉淀	O	+	O	O
再沉淀	+	+	+	+

注："+"—提高纯度；"-"—纯度降低；"O"—影响不大。

（4）无机沉淀分离方法　沉淀分离方法主要包括无机沉淀剂分离法和有机沉淀剂分离法。无机沉淀剂种类很多，形成的沉淀也很多，最常用的沉淀剂有氢氧化钠、氯化铵、氢氧化铵、硫化物等。

1）氢氧化物沉淀分离法。沉淀为氢氧化物时，通常用 NaOH 或 NH_3+NH_4Cl 作沉淀剂，前者用于两性氢氧化物溶于 NaOH 而与其他氢氧化物分离，后者用于能形成可溶性的络氨离子的组分而与其他氢氧化物分离。

此外，将一些氧化物（如 ZnO、HgO、MgO 等）的悬浊液加入酸性溶液中，也能达到调节溶液 pH 值的目的，可以使一些金属离子形成氢氧化物（见表 5-2）。

表 5-2　氢氧化物沉淀剂

沉淀剂	沉淀介质	适用性与沉淀的离子
NaOH 过量	pH = 14	主要用于两性元素与非两性元素分离，如 Mg^{2+}、Fe^{3+}、稀土、Th^{4+}、Zr^{4+}、Hf^{4+}、Cu^{2+}、Cd^{2+}、$Ag+$、Hg^{2+}、Bi^{3+}、Co^{2+}、Mn^{2+}、Ni^{2+}
$NH_3 \cdot H_2O$ 过量	NH_4Cl 存在 pH = 9～10	使高价金属离子（如 Fe^{3+}、Al^{3+} 等）与大部分一、二价金属离子分离，如 Be^{2+}、Al^{3+}、Fe^{3+}、Cr^{3+}、稀土、Ti^{4+}、Zr^{4+}、Hf^{4+}、Th^{4+}、Nb^{4+}、Ta^{4+}、Sn^{4+}；部分沉淀，如 Fe^{2+}、Mn^{2+}、Mg^{2+}（pH = 12～12.5）
ZnO 悬蚀液	在酸性溶液中加入 ZnO 悬蚀液，pH 约为 6	通过控制 pH 值使金属离子分离，以 Zn^{2+} 不干扰测定为前提，如 Fe^{3+}、Al^{3+}、Ce^{4+}、Ti^{4+}、Zr^{4+}、Hf^{4+}、Sn^{4+}、Bi^{3+}；部分沉淀，如 Be^{2+}、Cu^{2+}、Pb^{3+}、Sb^{3+}、Sn^{2+}、稀土等

以 ZnO 悬浊液为例，它在水溶液中存在下列平衡：

$$ZnO+H_2O \Longleftrightarrow Zn(OH)_2 \Longleftrightarrow Zn^{2+}+2OH^-$$

$Zn(OH)_2$ 的 K_{sp} 值为 1.2×10^{-17}，则

$$[OH^-] = \sqrt{\frac{1.2\times10^{-17}}{[Zn^{2+}]}}$$

ZnO 加入酸性溶液后，部分溶解而生成 Zn^{2+}，当溶液中的 $[Zn^{2+}] = 0.010～1.0mol/L$ 时，溶液的 pH 值为 5.5～6.5，因此 ZnO 悬浊液通常用来调节溶液的 pH 值（约为 6），可以使一些金属离子形成氢氧化物，继而达到分离的目的。

2）硫化物沉淀分离法。能形成难溶硫化物沉淀的金属离子有四十余种，除碱金属和碱土金属的硫化物能溶于水，重金属离子可在不同的酸度下形成硫化物沉淀。因此，在某些情况下，利用硫化物进行沉淀分离还是有效的。

硫化物沉淀分离法所用的沉淀剂主要是 H_2S、Na_2S 和（NH_4）$_2S$ 等（见表 5-3）。H_2S 是

二元弱酸，溶液中的 $[S^{2-}]$ 与溶液的酸度有关，随着 $[H^+]$ 的增加，$[S^{2-}]$ 迅速地降低。因此，通过控制溶液的 pH 值，即可控制 $[S^{2-}]$，使不同溶解度的硫化物得以分离。

表 5-3 硫化物沉淀剂

沉淀剂	沉淀介质	可以沉淀的离子
H_2S	稀 HCl 介质（0.2～0.5mol/L）	Ag^+、Pb^{2+}、Cu^{2+}、Cd^{2+}、Hg^{2+}、Bi^{3+}、As(Ⅲ)、Sn(Ⅳ)、Sn^{2+}、Sb(Ⅲ)、Sb(Ⅴ)
Na_2S	碱性介质（pH>9）	Ag^+、Pb^{2+}、Cu^{2+}、Cd^{2+}、Bi^{3+}、Fe^{3+}、Fe^{2+}、Co^{2+}、Zn^{2+}、Ni^{2+}、Mn^{2+}、Sn^{2+}
$(NH_4)_2S$	氨性介质	Ag^+、Pb^{2+}、Cu^{2+}、Cd^{2+}、Hg^{2+}、Bi^{3+}、Fe^{3+}、Fe^{2+}、Co^{2+}、Zn^{2+}、Ni^{2+}、Mn^{2+}、Sn^{2+}

根据硫化物溶解度及其酸碱性，能形成硫化物沉淀的元素一般可分为三组。

① 在 0.3mol/L 的 HCl 介质中，能析出单质或硫化物沉淀的元素有 Ag、Cu、Bi、Cd、Pb、Hg、Os、Pd、Rh、Ru（属铜分组），As、Sb、Sn、Ge、Se、Te、Au、Ir、Pt、Mo（属砷分组）。当有铜分组元素存在时，Ga、In、Tl 也会部分沉淀。砷分组中 Se、Te 以单质的形式析出，Mo_3S 易形成胶体溶液，当有砷、铜分组存在时，W、V 也会部分沉淀。

② 在弱酸性的介质中能生成硫化物沉淀的元素除①还有 Zn（pH≈2），Co、Ni（pH=5~6），In、Tl（pH≈7）。

③ 在氨性介质中，上述的①②中除 As，其余都能生成硫化物沉淀。此外，还有 Mn、Fe^{3+}（大部分被还原生成 FeS 沉淀）。Al、Ga、Cr、Be、Ti、Zr、Hf、Th 及稀土元素等，则在此介质中析出生成氢氧化物沉淀。

硫化物沉淀大多是胶体，共沉淀现象比较严重，甚至还存在继沉淀现象，对此可以采用硫代乙酰胺在酸性或碱性溶液中水解进行均相沉淀。

在酸性溶液中：

$$CH_3CSNH_2 + 2H_2O + H^+ \Longrightarrow CH_3COOH + H_2S + NH_4^+$$

在碱性溶液中：

$$CH_3CSNH_2 + 3OH^- \Longrightarrow CH_3COO^- + S^{2-} + NH_3 + H_2O$$

3）沉淀为其他微溶化合物的分离方法。

①沉淀为硫酸盐。该方法可用于生成 $CaSO_4$、$SrSO_4$、$RaSO_4$、$PbSO_4$ 沉淀而与组分分离，其中 $CaSO_4$ 的溶解度较大，要使它定量沉淀，可在溶液中加入乙醇类的与水互溶的有机溶剂。根据 $PbSO_4$ 可溶于 NH_4Ac 的性质，也可从硫酸盐沉淀中分离出 Pb^{2+}。

② 沉淀为氟化物。该方法常用于 Ca、Mg、Sr、Th 及稀土元素生成微溶性氟化物沉淀而与其他组分分离，常用的沉淀剂为 HF 或 NH_4F。

③ 沉淀为磷酸盐。该方法可用于在 1∶9 H_2SO_4 介质中沉淀 Zr、Hf，Ti 也会析出沉淀，但加入 H_2O_2，由于生成可溶性的络合物而留在溶液中，借此可使 Zr、Hf 与 Ti 分离。Nb、Ta、Th、Sn、Bi 也有部分进入沉淀中。

④ 冰晶石法分离 Al。该方法可用于在 pH≈4.5 的介质中加入 NaF，使 Al^{3+} 生成微溶性的 Na_3AlF_6（天然的 Na_3AlF_6 称为冰晶石），可使 Al 与 Fe、Cr、V、Mo 等元素分离。

（5）有机沉淀分离方法 无机沉淀剂用于沉淀分离可以分离许多元素，但选择性差、灵敏度低，并伴随着共沉淀现象，影响分离效果。有机沉淀剂在一定程度上克服了无机沉淀剂的缺点，应用比较普遍，但有机沉淀剂在水中的溶解度小，易包夹在沉淀中，附着在器壁上，引起被测组分损失。

1）草酸为沉淀剂。以草酸或草酸盐为沉淀剂的离子主要是碱土金属和稀土元素，当 pH 值小于 1 时，主要沉淀的有 Th^{4+}、Re^{3+}，当 pH 值约为 5 时，沉淀的是碱土金属离子。

2）形成螯合物或内络盐的沉淀剂。这种沉淀剂一般含有两种基团：一种是酸性基团，如—OH、—COOH、—SO_3H，这些基团中的氢质子可以被金属离子置换；另一种是碱性基团，如—NH_3、$=NH$、$=CO$、$=CS$ 等，这些基团以配位键与金属离子结合生成环状结构的螯合物，其不带电荷，分子中有较大的疏水基团，因而微溶于水。

① 二肟类是含有 $HON{=}C{-}C{=}NOH$ 基团的一类试剂，可用作沉淀剂。已知的有 α-二肟类试剂，可以沉淀 Fe、Co、Ni、Cu、Pt、Pd，部分 α-二肟类试剂也可以沉淀 Ag、Au、Ru、Rh、Re 等。典型的为沉淀 Ni 的丁二酮肟。

Ni^{2+} 在氨性溶液中与丁二酮肟生成鲜红色的内络盐，Fe^{3+}、Co^{2+}、Cu^{2+} 可与此试剂分别生成深红色、棕色和紫色的可溶性配合物。

② 羟基肟类是含有 $HO{-}C{=}C{-}C{=}NOH$ 基团的一类试剂，可用于沉淀一些二价金属离子。典型的试剂是水杨酸肟，在 pH = 2.6 的介质中可沉淀 Cu^{2+}、Pd^{2+}，在 pH = 5.7 的介质中可沉淀 Ni^{2+}，在 pH = 7~8 的介质中可沉淀 Zn^{2+}；在浓氨溶液中使 Pb^{2+} 与 Ag^+、Cd^{2+}、Zn^{2+} 分离，在酸性介质中使 Pd^{2+} 与 Pt^{2+} 分离。

α-安息香肟（试铜灵）$[C_6H_5CH(OH)C({=}NOH)C_6H_5]$ 也属于这一类，它在氨性介质中可使 Cu^{2+} 定量地沉淀，当有酒石酸存在时，可使 Cu 与 Al、Cd、Co、Fe、Ni、Pb、Zn 分离。在酸性介质中，它可以沉淀 Mo(Ⅵ)、W(Ⅵ)、Cr(Ⅵ)、Nb(Ⅴ)、Ta(Ⅴ)、Pb(Ⅱ)、V(Ⅴ)，Si(Ⅳ) 有部分沉淀，其他元素基本上不沉淀。

③ 亚硝基化合物。这类试剂中应用较多的是铜铁试剂 [又称 N-亚硝基-β-苯胲铵，$C_6H_5N(-N{=}O)ONH_4$] 和新铜铁试剂 [又称 N-亚硝基-α-萘胺，$C_{10}H_7N(-N{=}O)ONH_4$]。在稀酸介质中（0.6~2mol/L 的 HCl 或 0.9~2.5mol/L 的 H_2SO_4）可以使若干种高价的离子形成沉淀，包括 Fe(Ⅲ)、Ga(Ⅲ)、Sn(Ⅳ)、U(Ⅳ)、Ti(Ⅳ)、Zr(Ⅳ)、Ce(Ⅳ)、Nb(Ⅴ)、Ta(Ⅴ)、V(Ⅴ)、W(Ⅵ) 定量沉淀。在酸性较弱的介质中能与 In(Ⅲ)、Cu(Ⅱ)、Mo(Ⅵ)、Bi(Ⅲ) 生成沉淀，从而与其他离子分离开来。就沉淀的溶解度而言，新铜铁试剂生成的沉淀的溶解度更小。

④ 含硫化合物。二乙基胺二硫代甲酸钠（又称铜试剂，DDTC）是这类试剂中典型的实例。该试剂能与许多金属离子，如 Ag^+、Cu^{2+}、Cd^{2+}、Co^{2+}、Ni^{2+}、Hg^{2+}、Pb^{2+}、Bi^{3+}、Zn^{2+}、Fe^{3+}、Sb^{3+}、Sn^{4+}、Tl^{3+} 形成沉淀，但不与 Al^{3+}、碱土金属离子形成沉淀，故常用来除去重金属离子。铜试剂在不同介质中用于沉淀分离的情况见表 5-4。

表 5-4　铜试剂在不同介质中用于沉淀分离的情况

介质	能沉淀的元素	乙二胺四乙酸（EDTA）存在下能沉淀的元素	KCN 存在下能沉淀的元素
pH = 5~6	Ag、Cu、Cd、Co、Ni、Hg、Pb、Bi、Zn、Fe、Sb、Sn、Tl 等 部分沉淀的有 Mn、Au、Ga、Pt 等	Ag、Cu、Hg、Pb、Tl、Bi、Sb 等 部分沉淀的有 Co、Ni、Zn、Fe、Sn、Cd、In、Au、Pt 等	

（续）

介质	能沉淀的元素	乙二胺四乙酸（EDTA）存在下能沉淀的元素	KCN 存在下能沉淀的元素
pH = 8 ~ 9	Ag、Cu、Cd、Co、Ni、Hg、Pb、Bi、Zn、Fe、Sb、Sn、Tl、In、Mn 等 部分沉淀的有 Au、Pt 等	Ag、Cu、Hg、Tl、Bi 部分沉淀的有 Au、Pt	Cd、Pb、Tl、Bi、Mn、Sb 部分沉淀的有 Cu、Hg、Fe
pH = 11	Ag、Cu、Cd、Co、Ni、Tl、Pn、Zn、Fe、Sb、Sn 等 部分沉淀的有 Mn、Au、In、Pt 等	Ag、Cu、Hg、Tl、Bi 部分沉淀的有 Au、Pt。	Cd、Pb、Tl、Bi 部分沉淀的有 Mn、Fe

⑤ 苯胂酸及其衍生物。苯胂酸在 3mol/L HCl 介质中可定量沉淀 Zr，也可以用来沉淀 Hf、Th、Sn、Bi 等。它的一些衍生物，如对羟基苯胂酸、对氨基苯胂酸、间硝基苯胂酸等也都是 Zr 的良好沉淀剂。

⑥氨基酸类。几种芳香族氨基酸也可用作沉淀剂，如邻氨基苯甲酸，它可与那些能和 NH_3 形成络合物的元素，如 Cu、Zn、Cd、Co、Ni、Ag 发生沉淀反应，也能使 Mn、Hg、Pb、Fe 定量沉淀，所以该试剂的选择性也不高。

3）形成离子缔合物的沉淀剂。某些有机沉淀剂在溶液中电离成阳离子或阴离子，它们与带相反电荷的离子结合，生成离子缔合物沉淀。

① 2,4,5-三甲氧基苯甲酸，又称苦杏仁酸或扁桃酸，可用作 Zr 和 Hf 的沉淀剂。如果在试剂的对位上引入 Cl、Br 的取代基，则形成对氯苦杏仁酸或对溴苦杏仁酸，其分离 Zr 的效果更好。

$$4C_6H_5CHOHCOO^- + Zr^{4+} \longrightarrow (C_6H_5CHOHCOO)_4Zr \downarrow$$

② 六硝基二苯胺（也称为二苦酰胺）及四苯硼化钠，它们都是 K、Rb、Cs 的良好沉淀剂。

③ 氯化四苯胂，主要用于沉淀高锰酸根、铼酸根以及汞、铂、锌、镉、锡的络阴离子。

$$(C_6H_5)_4As^+ + MnO_4^- \longrightarrow (C_6H_5)_4As \cdot MnO_4 \downarrow$$

$$2(C_6H_5)_4As^+ + HgCl_4^{2-} \longrightarrow [(C_6H_5)_4As]_2 \cdot HgCl_4 \downarrow$$

④ 碘化三苯甲基胂，主要用来沉淀 CdI_4^{2-}。

⑤ 吡啶，是有机弱碱，可用于调节溶液的 pH 值，使一些元素析出氢氧化物沉淀。它也是一个络合剂，与一些二价金属离子形成可溶性的络合物（铬阳离子），并能与 SCN^- 缔合而析出沉淀。所以，在 SCN^- 存在的情况下，吡啶可用于沉淀 Cd、Co、Cu、Mn、Ni、Zn 等。

以沉淀 Cu^{2+} 为例：

$$Cu(C_6H_5N)_2^{2+} + 2SCN^- \longrightarrow Cu(C_6H_5N)_2(SCN)_2 \downarrow$$

这时生成的是三元络合物，也是离子缔合物沉淀。

2. 痕量组分的共沉淀分离

共沉淀分离法是通过加入某种离子与沉淀剂生成沉淀作为载体（共沉淀剂），将痕量组分定量地沉淀下来，然后将沉淀分离（溶解在少量溶剂中、灼烧等方法），以达到分离和富集目的的一种分离方法。

共沉淀分离法中所使用的常量沉淀物质称为载体（也称共沉淀剂），应具有以下特点：①良好的选择性；②定量性，能定量沉淀微痕量物质；③不干扰测定（或者至少易被除去或掩蔽）；④便于与母液分离，易洗涤和过滤；⑤共沉淀效率高。

例如，自来水中微量 Pb 的测定。测定前需要预富集，若采用浓缩的方法，虽然可以使 Pb^{2+} 浓度提高，但水中其他组分的含量也相应提高，势必影响 Pb^{2+} 的测定；如果采用共沉淀分离并富集的方法则较合适。上述方法中所用的共沉淀剂是 $CaCO_3$，又称载体或聚集体。为了富集水中的 Pb^{2+}，也可用 HgS 作共沉淀剂。

（1）无机共沉淀剂沉淀分离法　无机共沉淀剂的作用主要是对痕量元素的表面吸附、吸留或与痕量元素形成混晶，而把微量组分载带下来。

1）表面吸附的共沉淀剂。利用表面吸附作用的这类无机共沉淀剂在痕量元素的分离与富集上应用很多。

例如，欲从金属铜中分离出微量铝：

$$溶解试样\begin{cases}Cu^{2+}\\Al^{3+}\end{cases}\xrightarrow{过量氨}\begin{cases}[Cu(NH_3)_4]^{2-}\ 留在溶液中\\难以形成\ Al(OH)_3\downarrow\ 或沉淀不完全\end{cases}$$

$$试样\begin{cases}Cu^{2+}\\Al^{3+}\end{cases}\xrightarrow{过量氨}\begin{cases}[Cu(NH_3)_4]^{2-}\ 留在溶液中\\Fe(OH)_3\downarrow\ 表面吸附一层\ OH^-\\\longrightarrow 进一步吸附\ Al^{3+}\\\longrightarrow 使微量\ Al\ 全部共沉淀以便测定\end{cases}$$

2）混晶作用的共沉淀剂。如果两种金属离子生成沉淀时具有相似的晶格，就能生成混晶而共同析出。

例如，$BaSO_4$ 和 $RaSO_4$ 的晶格相同，当大量 Ba^{2+} 和痕量 Ra^{2+} 共存时，就会与 SO_4^{2-} 生成混晶同时析出，借此可以分离和富集 Ra^{2+}。

3）形成晶核的共沉淀剂。有些痕量元素由于含量实在太少，即使转化成难溶物质，也无法沉淀出来。但是可把它作为晶核，使另一种物质聚集在该晶核上，使晶核长大成沉淀而一起沉淀下来。

例如，溶液中含有极微量的金、铂、钯等贵金属的离子，要使它们沉淀析出，可以在溶液中加入少量亚碲酸的碱金属盐（$NaTeO_3$），再加还原剂，如 H_2SO_3 或 $SnCl_2$ 等。

总的说来，无机共沉淀剂具有强烈的吸附性，选择性不高，而且无机共沉淀剂除极少数（如汞化合物）可以经灼烧挥发除去，大多数情况下还需增加载体元素与痕量元素之间的进一步分离步骤。因此，只有当载体离子容易被掩蔽或不干扰测定时，才能使用无机共沉淀剂。

（2）有机共沉淀剂沉淀分离法　以有机试剂来富集分离微量组分的分离方法称为有机共沉淀分离法。利用有机共沉淀剂中有机的微量元素离子沉淀溶解在共沉淀之中被带下来，或者有机共沉淀剂与微量元素的离子形成大分子胶体、离子缔合物、螯合物等沉淀出来。

1）分离的特点如下：

① 富集效率较高，对于 ppb 级（10^{-9}）的痕量组分，利用有机共沉淀剂富集常常可以获得满意的结果。

② 选择性较好，在共沉淀过程中几乎完全不会吸附其他离子。

③ 有机载体容易通过高温灼烧除去，从而获得无载体的被共沉淀的元素。

2）分离方法如下：

① 利用带不同电荷的胶体的凝聚作用，使被测元素的化合物胶体与共沉淀剂的胶体带有不同性质的电荷，彼此结合而沉淀下来。

② 利用形成离子缔合物，即阴离子和阳离子以较强的静电引力相结合而形成的化合物实现沉淀分离。

例如，欲分离富集试液中微量的 Zn^{2+}，它们之间发生如下反应：

$$Zn^{2+}+4SCN^- = Zn(SCN)_4^{2-}$$

$$2MVH^+ + Zn(SCN)_4^{2-} = \left[Zn(SCN)_4^{2-} \cdot (MVH^+)_2\right] \text{形成缔合物}$$

$$MVH^+ + SCN^- = \left[MVH^+ \cdot SCN^-\right] \downarrow \text{形成载体}$$

$\left[Zn(SCN)_4^{2-} \cdot (MVH^+)_2\right]$ 与 $\left[MVH^+ \cdot SCN^-\right]$ 发生共沉淀，因而将痕量的 Zn^{2+} 富集于沉淀中。

③ 利用惰性共沉淀剂，加入一种有机试剂与被测金属离子生成螯合物或离子缔合物，同时再使溶液中形成一种含有相同有机结构的固体萃取剂，两者结合发生共沉淀作用，如分离富集试液中微量的 Ni^{2+}。

从以上可以看出：固体萃取剂与被共沉淀的物质分子中含有相似的组成，所以这类共沉淀作用是符合溶剂萃取过程中的"相似相溶规则"的，因此称为固体萃取剂的萃取作用。

5.2.2　溶剂萃取分离法

溶剂萃取分离法，也称为液-液萃取分离法。将试液（通常是水溶液，也称为水相）与一种和水不相混溶的有机溶剂（也称为有机相）密切接触，利用各个组分在两相中的分配情况不同，使一些组分留在水相，另一些组分进入有机相，以达到分离的目的。习惯上把物质从水相转入有机相的操作称为萃取，物质由有机相返回水相的操作称为反萃取。

溶剂萃取分离法适用于常量元素的分离和微量元素的分离与富集，主要用于低含量组分的分离和富集，萃取分离后再用适当方法进行测定。如果被萃取组分是有色化合物，就可以用分光光度法测定，这种方法称为萃取光度法。

1. 溶剂萃取的基本知识

（1）萃取过程的本质　一般无机盐，如 $CaCl_2$、$La(NO_3)_3$ 具有亲水性，有机化合物，如酚酞、PAN 指示剂及常用的有机溶剂具有疏水性。萃取分离就是利用物质溶解性质上的差异，用与水不相混溶的有机溶剂，从水溶液中把无机离子萃取到有机相中，以实现分离的目的。

例如，镍的萃取。在氨性溶液（$pH \approx 9$）中加入丁二酮肟，使其与 Ni^{2+} 形成螯合物。

（2）萃取体系的组成　萃取体系由两个互不混溶的液相组成，通常为水相和有机相。

水相中含有待萃取的组分，为了创造合适的萃取条件，也可能含有酸或碱、络合掩蔽剂、盐析剂等。有机相中则含有萃取剂和萃取溶剂。萃取剂是一些能与被测组分生成可被萃取化合物的试剂，由于它们大多是疏水的，所以直接配制在有机溶剂中。萃取溶剂有的不参与反应，仅仅起溶剂的作用，则称为是"惰性的"，有的也参与反应又作为溶剂，则称为是"活性的"。有时萃取溶剂的黏度较大，不利于被萃取物质在两相中的分配，还需要加入另一种有机溶剂（稀释剂）进行稀释。

（3）分配系数　当某一溶质 A 同时接触到两种互不混溶的溶剂时，溶质 A 就分配在这两种溶剂中：

$$A_{水} \Longleftrightarrow A_{有}$$

到达平衡状态时，两相中 A 组分的浓度（严格讲应是活度）均保持不变，用平衡常数 K_D 表示，则

$$K_D = \frac{[A]_{有}}{[A]_{水}}$$

K_D 也称为分配系数，不同的物质在不同的萃取体系中有不同的 K_D 值，因此可达到分离的目的。

【例 5-1】　含有 0.120g 碘的碘化钾溶液 100mL，25℃时用 25.0mL 四氯化碳与之一起振摇，假设碘在四氯化碳和碘化钾溶液之间的分配达到平衡后，在水中测得有 0.00539g 碘，试计算碘的分配系数。

解：0.00539g 碘存在于水中，则有 0.120g−0.00539g＝0.115g 碘进入 CCl_4 中，所以

$$K_D = \frac{[I_2]_{有}}{[I_2]_{水}} = \frac{\dfrac{0.115}{25}}{\dfrac{0.00539}{100}} = 85$$

故碘的分配系数为 85。

（4）分配比　在萃取过程中，待萃取的组分往往在两相中（或者在某一相中）存在有副反应，如在水相中可能发生离解、络合作用等，在有机相中可能发生聚合作用等。作为分析工作者，主要关心的是萃取物到底有多少进入有机相，有多少仍留于水相，因此通常用分配比来衡量分配的情况。表示溶质 A 在两相中以各种形式存在的总浓度的比值，就是分配比，用 D 表示，即

$$D = \frac{A 组分在有机相中的总浓度}{A 组分在水相中的总浓度} = \frac{\sum[A]_{有}}{\sum[A]_{水}}$$

只有在简单的萃取体系中，溶质在两相中的存在形式相同时，分配比 D 才等于分配系数 K_D。

例如，碘在四氯化碳和水中的分配过程，是溶剂萃取最典型的简单示例。如果水溶液中有 I^- 存在，I_2 和 I^- 形成络离子 I_3^-：

$$I_2 + I^- \Longleftrightarrow I_3^-$$

$$稳定常数\ K_f = \frac{[I_3^-]}{[I_2][I^-]}$$

I_2 分配在两种溶剂中：

$$I_{2水} \Longleftrightarrow I_{2有}$$

$$K_D = \frac{[I_2]_{有}}{[I_2]_{水}}$$

$$D = \frac{[I_2]_{有}}{[I_2]_{水}+[I_3^-]} = \frac{\dfrac{[I_2]_{有}}{[I_2]_{水}}}{\dfrac{[I_2]_{水}}{[I_2]_{水}}+\dfrac{[I_3^-]}{[I_2]_{水}}} = \frac{K_D}{1+K_f[I^-]}$$

当 $[I^-]=0$ 时，$D=K_D$；当 $[I^-]$ 渐渐增加时，D 值渐渐下降；当 $K_f[I^-]\gg1$ 时，上式可以简写为

$$D = \frac{K_D}{K_f[I^-]} = K'\frac{1}{[I^-]}$$

（5）萃取率　萃取率表示物质萃取到有机相中的程度，用 E 表示，即

$$E = \frac{被萃取物质在有机相中的总量}{被萃取物的总量}\times100\%$$

$$E = \frac{A\ 在有机相中的总量}{A\ 在两相中的总量} = \frac{c_{有}V_{有}}{c_{有}V_{有}+c_{水}V_{水}}\times100\%$$

分子分母同除以 $c_{水}V_{有}$，则

$$E = \frac{c_{有}/c_{水}}{c_{有}/c_{水}+V_{水}/V_{有}} = \frac{D}{D+V_{水}/V_{有}}\times100\%$$

式中　$c_{有}$、$c_{水}$——有机相和水相中溶质的浓度；

$V_{有}$、$V_{水}$——有机相和水相的体积。

当 $V_{有}=V_{水}$ 时，则

$$E = \frac{D}{D+1}\times100\%$$

当两相的体积比为 1 时，D 值与 E 的相应关系如下：

D	1000	100	10	1	0.1	0.01	0.001
$E(\%)$	99.9	99	90	50	10	1	0.1

从分析的角度看，当 $E\geqslant99\%$ 时，已可认为达到定量萃取；当 $E\leqslant1\%$ 时，可认为基本不被萃取。

若连续萃取，萃取率可推导如下：

假设用 $V_{有}$（mL）溶剂萃取，$V_{水}$（mL）试液中含有溶质 A 为 m_0（g），一次萃取后水相中剩余溶质 A 为 m_1（g），则 m_1 为

$$m_1 = m_0\left(\frac{V_{水}}{DV_{有}+V_{水}}\right)$$

$$E_1 = \frac{m_0-m_1}{m_0} = \left(1-\frac{V_{水}}{DV_{有}+V_{水}}\right)\times100\%$$

经几次萃取，水相中剩余溶质 A 为 m_n（g）为

$$m_n = m_0\left(\frac{V_{水}}{DV_{有}+V_{水}}\right)^n$$

$$E_n = \left[1-\left(\frac{V_{水}}{DV_{有}+V_{水}}\right)^n\right]\times100\%$$

这表明水相中的物质需几次才能达到定量输入有机相，也表明用同量的有机萃取剂分几次萃取比一次萃取效果好。如果用连续萃取数次的办法，只需用较少量的有机溶剂就可达到同样的萃取率。

例如，已知 $D=10$，在原来水溶液中溶质 A 的总浓度为 c_0，溶液的体积为 $V_水$。用 $V_有$（mL）有机溶剂萃取之，达到平衡后，水溶液中及溶剂层中 A 的总浓度分别等于 c_1 及 c_1'。当 $V_水 = V_有$ 时，在萃取 1 次后水溶液中 A 的总浓度 c_1 为

$$c_0 V_水 = c_1 V_水 + c_1' V_有 = c_1 V_水 + c_1 D V_有$$

$$c_1 = \frac{c_0 V_水}{V_水 + D V_有} = \frac{c_0 V_水 / V_有}{V_水 / V_有 + D} = \frac{c_0}{1+D} = c_0 \left(\frac{1}{11}\right)$$

萃取两次后，水相中 A 的总浓度 c_2 为

$$c_2 = c_1 \left(\frac{1}{1+D}\right) = c_0 \left(\frac{1}{1+D}\right)^2 = c_0 \left(\frac{1}{121}\right)$$

第 3 次萃取后，水相中 A 的总浓度 c_3 为

$$c_3 = c_2 \left(\frac{1}{1+D}\right) = c_0 \left(\frac{1}{1+D}\right)^3 = c_0 \left(\frac{1}{1331}\right)$$

连续萃取 3 次，用有机溶剂的体积为 $3V_水$ 时，萃取已定量完全。

如果用增加有机溶剂用量的办法，使 $V_有 = 10 V_水$，则在萃取 1 次后，水相中溶质 A 的总浓度 c_1 为

$$c_1 = \frac{c_0 V_水}{V_水 + D V_有} = \frac{c_0}{1+100} = c_0 \left(\frac{1}{101}\right)$$

对于分配比较小的物质，为了萃取完全，应采用连续萃取数次的办法。

【例 5-2】 在盐酸介质中，用乙醚萃取镓时，分配比等于 18，若萃取时乙醚的体积与试液相等，求镓的萃取率。

解： 已知 $D=18$，$V_水 = V_有$，则

$$E = \frac{D}{D+1} \times 100\% = \frac{18}{18+1} \times 100\% = 94.7\%$$

【例 5-3】 某溶液含 Fe^{3+} 10mg，将它萃取于某有机溶剂中，分配比 $D=99$，问用等体积溶剂萃取 1 次、2 次各剩余 Fe^{3+} 多少？萃取率各为多少？

解： 已知 $m_0 = 10mg$，$D=99$，$V_有 = V_水$，则

$$m_n = m_0 \left(\frac{V_水}{D V_有 + V_水}\right)^n = m_0 \left(\frac{1}{D+1}\right)^n$$

$$E = \left[1 - \left(\frac{V_水}{D V_有 + V_水}\right)^n\right] \times 100\% = \left[1 - \left(\frac{1}{D+1}\right)^n\right] \times 100\%$$

萃取 1 次，$n=1$，剩余 Fe^{3+} 的量为

$$m_1 = m_0 \left(\frac{1}{D+1}\right) = 10mg \times \left(\frac{1}{99+1}\right) = 0.1mg$$

萃取率为

$$E_1 = \left[1 - \left(\frac{1}{D+1}\right)\right] \times 100\% = \left(1 - \frac{1}{99+1}\right) \times 100\% = 99\%$$

萃取 2 次，$n=2$，剩余 Fe^{3+} 的量为

$$m_2 = m_0 \left(\frac{1}{D+1} \right)^2 = 10 \mathrm{mg} \times \left(\frac{1}{99+1} \right)^2 = 0.001 \mathrm{mg}$$

萃取率为

$$E_2 = \left[1 - \left(\frac{1}{D+1} \right)^2 \right] \times 100\% = \left[1 - \left(\frac{1}{99+1} \right)^2 \right] \times 100\% = 99.99\%$$

（6）分离系数　分离系数又称分离因数，它是两种不同组分分配比的比值，即

$$\beta_{A/B} = \frac{D_A}{D_B} = \frac{[A]_{有}/[A]_{水}}{[B]_{有}/[B]_{水}} = \frac{[A]_{有}/[B]_{有}}{[A]_{水}/[B]_{水}}$$

分离系数 β 表明了两种溶质在有机相中的平衡浓度之比与在水相中平衡浓度之比相差的倍数。它表征两种溶质的分离效率。

一般地讲，容易被萃取的物质的分配比大，不容易被萃取的物质分配比小，两者相差越大，则分离系数 β 就越大，两种物质的分离效率就越高。

2. 重要萃取体系

（1）金属螯合物萃取体系

1）常用的螯合剂。

① 8-羟基喹啉，这是一种通用的有机试剂，在沉淀分离中它是重要的有机沉淀剂之一，在溶剂萃取中它是常用的萃取剂。它的结构式为

② 双硫腙，俗称铅试剂，是比色分析中应用广泛的有机显色剂，可用于测定微量重金属离子，如 Pb、Hg、Zn、Cd 等。它的结构式为

③ 铜铁试剂，这种试剂最初用来作为 Cu 和 Fe 的沉淀剂，又名铜铁灵，实际上它可以和许多金属离子形成易溶于有机溶剂的内络盐。它的结构式为

④ 乙酰丙酮既是萃取剂，也可作溶剂。它的结构式为

⑤ 二乙基胺二硫代甲酸钠，最初用它作为铜离子的沉淀剂，因此又称为铜试剂。实际上，它和许多种金属离子络合形成内络盐后，可用四氯化碳或乙酸乙酯萃取之。

2）金属螯合物的萃取平衡为

$$M_{水}^{n+} + nHR_{有} \Longrightarrow MR_{n有} + nH_{水}^{+}$$

包括四个平衡过程：①萃取剂在水相和有机相中的分配平衡；②萃取剂在水相中的电离平衡；③被萃取离子和萃取剂的络合平衡；④生成的内络盐在水相和有机相中的分配平衡。

$$
\begin{array}{c}
\text{HR} \underset{②}{\rightleftharpoons} \text{H}^+ + \text{R}^- \\[2pt]
\text{M}^{n+} + n\text{R}^- \underset{③}{\rightleftharpoons} \text{MR}_n \\
\end{array}
$$

水相 —— $\quad$ HR $\qquad\qquad$ $\qquad\qquad$ MR_n

$\qquad\qquad \Big\updownarrow ①\qquad\qquad\qquad\qquad\qquad \Big\updownarrow ④$

有机相 —— $\quad$ HR $\qquad\qquad\qquad\qquad\qquad\qquad$ MR_n

螯合剂（HR）本身在两相间的分配为 $\text{HR}_{水} \rightleftharpoons \text{HR}_{有}$，则螯合剂的分配系数 K_{DR} 为

$$K_{DR} = \frac{[\text{HR}]_有}{[\text{HR}]_水} \tag{5-1}$$

螯合剂在水相中的离解为 $\text{HR}_水 \rightleftharpoons \text{H}^+_水 + \text{R}^-_水$，则螯合剂的离解常数 K_a 为

$$K_a = \frac{[\text{H}^+]_水 [\text{R}^-]_水}{[\text{HR}]_水} \tag{5-2}$$

M^{n+} 与 R^- 在水相中形成螯合物 MR_n：$\text{M}^{n+}_水 + \text{HR}^-_水 \rightleftharpoons \text{MR}_{n水}$，则螯合物的稳定常数 K_f 为

$$K_f = \frac{[\text{MR}_n]_水}{[\text{M}^{n+}]_水 [\text{R}^-]_水^n} \tag{5-3}$$

螯合物 MR_n 在两相间的分配为 $\text{MR}_{n水} \rightleftharpoons \text{MR}_{n有}$，则螯合物的分配系数 K_{DX} 为

$$K_{DX} = \frac{[\text{MR}_n]_有}{[\text{MR}_n]_水} \tag{5-4}$$

在这样简单的萃取体系中，分配比 D 为

$$D = \frac{\text{有机溶剂中 } \text{M}^{n+} \text{ 的总浓度}}{\text{水溶液中 } \text{M}^{n+} \text{ 的总浓度}} = \frac{[\text{MR}_n]_有}{[\text{M}^{n+}]_水 + [\text{MR}_n]_水} \tag{5-5}$$

分子分母同时除以 $[\text{MR}_n]_水$，并把式（5-3）和式（5-4）代入式（5-5），得

$$D = \frac{K_{DX} K_f [\text{R}^-]^n}{1 + [\text{R}^-]_水^n K_f} \tag{5-6}$$

由式（5-2）得

$$[\text{R}^-]_水 = K_a \frac{[\text{HR}]_水}{[\text{H}^+]_水}$$

代入式（5-6），得

$$D = \frac{K_{DX} K_f K_a^n \dfrac{[\text{HR}]_水^n}{[\text{H}^+]_水^n}}{1 + K_a^n \dfrac{[\text{HR}]_水^n}{[\text{H}^+]_水^n} K_f} = \frac{K_{DX} K_f K_a^n}{\dfrac{[\text{H}^+]_水^n}{[\text{HR}]_水^n} + K_a^n K_f} \tag{5-7}$$

由式（5-1）得

$$[\text{HR}]_水 = \frac{[\text{HR}]_有}{K_{DR}}$$

代入式（5-7），得

$$D = \frac{K_{DX}K_f K_a^n}{\dfrac{[H^+]^n K_{DR}^n}{[HR]_有^n} + K_a^n K_f} = \frac{K_{DX}K_f K_a^n}{K_{DR}^n}\left(\frac{[H^+]^n}{[HR]_有^n} + \frac{K_f K_a^n}{K_{DR}^n}\right)^{-1} \tag{5-8}$$

由于所形成的内络盐在水中的溶解度很小，即 $[M^{n+}] \gg [MR_n]_水$，相应的在式（5-8）中：

$$\frac{[H^+]^n}{[HR]_有^n} \gg \frac{K_f K_a^n}{K_{DR}^n}，则$$

$$D = \frac{K_{DX}K_f K_a^n}{K_{DR}^n}\left(\frac{[HR]_有}{[H^+]}\right)^n$$

即分配比除与 $[HR]_有^n$ 成正比、与 $[H^+]_水^n$ 成反比，还与螯合物的分配系数、螯合物的稳定常数、螯合剂的离解常数和螯合剂的分配系数有关。

3）螯合物萃取条件的选择。

① 螯合剂的选择。要使 M^{n+} 以螯合物的形式定量地转入到有机相中，那么所选择的螯合剂应该是：它的离解度要大，即 K_a 值要大；它与 M^{n+} 形成螯合物的稳定性要好，即 K_f 值要大；它与 M^{n+} 形成的螯合物易溶于有机相，即 K_{DX} 值要大。此外，要求它在有机相中的浓度要高，而又要求它在两相中的分配系数要小，这两者看上去是相互矛盾的。实际上，要达到较好的萃取效果，螯合剂一般都是加入过量的，这样可以提高体系的分配比。

② 水相酸度的选择。当选定了某一个螯合剂，而且螯合剂加入又是过量的，其在有机相中的浓度可以看作为一个定值，则在这个螯合物萃取体系中：

$$D = K\frac{1}{[H^+]_水^n}$$

从表面上看，水相的酸度越低，越有利于萃取。实际上并不完全如此，螯合物萃取体系中对水相的酸度还是有一定要求的。

③ 萃取溶剂的选择。原则上讲，生成的螯合物在所选用的溶剂中的溶解度越大越好。这可以用"相似相溶"的规律来选择，如含芳香烃的螯合物可用苯、甲苯等作为萃取剂。当然，选择的萃取溶剂应该是无毒、不易挥发、易与水相分层，而且是价廉、易得的。

④ 干扰离子的消除。可以通过控制酸度进行选择性萃取，将被测组分与干扰组分分离。如果通过控制酸度尚不能消除干扰时，还可以加入掩蔽剂，使干扰离子生成亲水性化合物而不被萃取。例如，测定铅合金中的银含量时，用双硫腙-CCl_4 萃取，为了避免大量 Pb^{2+} 和其他元素离子的干扰，可以采取控制 pH 与加入 EDTA 等掩蔽剂的办法，把 Pb^{2+} 及其他少量干扰元素掩蔽起来。常用的掩蔽剂有氰化物、EDTA、酒石酸盐、柠檬酸盐和草酸盐等。

（2）离子缔合物萃取体系

1）离子缔合物的分类。

① 金属阳离子的离子缔合物。金属阳离子与大体积的络合剂作用，形成没有或很少配位水分子的络阳离子，然后与适当的阴离子缔合，形成疏水性的离子缔合物。

② 金属络阴离子的离子缔合物。金属离子与溶液中简单配位阴离子形成络阴离子，然后与大体积的有机阳离子形成疏水性的离子缔合物。

③ 形成烊盐的缔合物。含氧有机溶剂中的氧原子提供孤对电子，与 H^+ 或其他阳离子形成络离子，称为烊离子。烊离子是一类大阳离子，带正电荷，故易于同带负电荷的金属络离子结合形成电中性的烊盐。烊盐不带电荷，又含疏水基，故易溶于有机溶剂。

例如，在 HCl 溶液中用乙醚萃取 Fe^{3+}。溶剂乙醚与 H^+ 键合生成离子 $(CH_3CH_2)_2OH^+$，该离子与铁的络阴离子 $FeCl_4^-$ 缔合成称为烊盐的中性分子，可被有机溶剂萃取。

$$C_2H_5—O—C_2H_5+H^+ = \left[\begin{array}{c} C_2H_5—O—C_2H_5 \\ | \\ H \end{array} \right]^+$$

$$Fe^{3+}+4Cl^- = FeCl_4^-$$

$$\begin{array}{c} C_2H_5 \\ \diagdown \\ \diagup \\ C_2H_5 \end{array} OH^+ + FeCl_4^- = \left[\begin{array}{c} C_2H_5 \\ \diagdown \\ \diagup \\ C_2H_5 \end{array} OH \right]^+ [FeCl_4]^-$$

④ 形成铵盐的缔合物。含氮有机物中的 N 原子提供孤对电子，与 H^+ 结合形成带正电荷的铵离子型的大阳离子，进而与带负电荷的络离子形成电中性的铵盐型缔合物。这类大分子缔合物难溶于水，易溶于有机溶剂。

⑤ 形成其他离子缔合物。如用含砷的有机萃取剂萃取铼，是基于铼酸根与氯化四苯砷反应，生成可被苯或甲苯萃取的离子缔合物。

近年来，含磷的有机萃取剂发展很快，如磷酸三丁酯萃取铀的化合物等，它具有不易挥发、选择性高、化学性质稳定等优点。

2）离子缔合物萃取条件的选择。

① 萃取溶剂的选择。

a. 烊盐类型的离子缔合萃取体系要求使用含氧的溶剂。

含氧溶剂形成烊盐的能力一般按下列顺序逐渐加强：

$$R_2O<ROH<RCOOR'<RCOR'$$
$$\quad 醚 \quad\quad 醇 \quad\quad 酯 \quad\quad 酮$$

萃取溶剂一般通过试验来选择，常用的醚类有乙醚和异丙醚，醇类有异戊醇，酯类有乙酸乙酯和乙酸戊酯，酮类有甲基异丁酮。

b. 其他类型的离子缔合物萃取体系常用甲苯、苯、二氯乙烷等溶剂。

② 溶液的酸度。离子缔合物萃取体系最适宜的酸度应最有利于离子缔合物的形成。例如，用乙醚萃取 $FeCl_3$，溶液中 HCl 的浓度应大于 6mol/L，因为只有在这样高的 H^+ 和 Cl^- 浓度下，才能形成 $R_2OH^+ \cdot FeCl_4^-$ 缔合物而被萃取。

③ 干扰离子的消除。

a. 控制酸度。例如，在 HBr 溶液中用乙醚取 Tl^{3+} 时，若酸度太低，就不能形成稳定的 $R_2O \cdot H^+ \cdot TlBr_4^-$ 缔合物。当 HBr 的浓度大于 0.5mol/L 时，Tl^{3+} 的萃取率达 99.9% 以上，但若 HBr 的浓度太高，则共存的 In^{3+} 也将被萃取。因此，通常在 1mol/L HBr 溶液中用乙醚萃取 Tl，使其与 In^{3+}、Fe^{3+} 等分离。

b. 使用掩蔽剂。例如，在 HNO_3 溶液中用甲基异丁酮苯取 U（Ⅵ）时，少量 Fe^{3+}、Zr^{4+} 等有干扰，可用 H_3PO_4 掩蔽。又如，在 6mol/L HCl 溶液中用罗丹明 B-苯-乙醚比色法测定

Ga^{3+} 时，Fe^{3+} 有干扰，于溶液中加 $TiCl_3$ 将 Fe^{3+} 还原为 Fe^{2+} 后，即可消除其干扰。

④ 盐析作用。在离子缔合物萃取体系中，如果加入某些与被萃取化合物具有相同阴离子的盐类或酸，往往可以提高萃取效率，这种作用称为"盐析作用"，加入的盐类称为"盐析剂"。例如，用甲基异丁酮萃取 $UO_2(NO_3)_2$ 时，加入 $NaNO_3$ 或 $Mg(NO_3)_2$，可显著提高萃取铀的分配比，使用 $Mg(NO_3)_2$ 的效果比 $NaNO_3$ 好。

盐析剂的作用：使溶液中某种阴离子的浓度增加，产生同离子效应，有利于萃取平衡向发生萃取作用的方向进行；盐析剂是电解质，其离子的水化作用可使溶液中水分子的活度减小，从而降低被萃取物质与水分子结合的能力，有利于萃取；由于高浓度电解质的存在，水的介电常数大为降低，有利于形成离子缔合物。

化学分析中常用的盐析剂有铵盐、锂盐、镁盐、铝盐、铁盐等。一般来说，离子的价态越高，其盐析作用越强。铝盐和铁盐虽然有较强的盐析作用，但仅在不干扰测定的情况下才能使用。

作为盐析剂，必须满足以下几个条件：盐析剂要易溶于水，而不溶于有机溶剂；盐析剂与被萃取物及共存的其他盐类应不发生化学反应；加入的盐析剂要对以后的分析没有影响。

⑤ 加入适当的配位剂。使金属离子先形成亲水性小的络阴离子，然后才能与烊离子或铵离子形成离子缔合物。

3. 萃取分离的基本操作

（1）萃取　目前常用的萃取操作是单效萃取法，又称间歇萃取法，通常使用容积为 6~125mL 的梨形分液漏斗。

萃取所需的时间取决于达到萃取平衡的速度。它受到两种速度的影响：一种是化学反应速度，即形成可被萃取的化合物的速度；另一种是扩散速度，即被萃取物质由一相转入另一相的速度。具体的萃取时间应通过试验确定，一般自 30s 到数分钟不等。

（2）分层　萃取后应让溶液静置一下，待其分层，然后将两相分开。分开两相时，不应让被测组分损失，也不要让干扰组分混入。

在两相的交界处，有时会出现一层乳浊液，其产生的原因可能是：

1）因振荡过于激烈，使一相在另一相中高度分散，形成乳浊液。

2）反应中生成某种微溶化合物，既不溶于水相，也不溶于有机相，以致在界面上出现沉淀，形成乳浊液。

3）金属离子水解析出胶状沉淀。

由于产生乳液的原因很多，应该具体分析，找出解决办法。一般来说，采用增大萃取溶剂用量、加入电解质、改变溶液酸度、振荡不过于激烈等方法，都有可能使相应的乳浊液消失。

（3）洗涤　在萃取分离时，当被测组分进入有机相时，其他干扰组分也能进入有机相中。杂质被萃取的程度决定于其分配比，若杂质分配比很小，可用洗涤的方法除去。

洗涤液一般相当于试剂空白溶液，其基本组成与试液相同，不含试样。将分出的有机相与洗涤液一起振荡，由于杂质的分配小，容易转入水相。但此时被测组分也会损失一些。在被测物的分配比较大的前提下，一般洗涤 1~2 次，不至于影响分析结果的准确度。

5.2.3 离子交换分离法

1. 离子交换分离的原理

离子交换分离是通过一种称为离子交换剂的物质，达到带正电荷的组分与带负电荷的组分间分离的目的。常用的离子交换剂是合成的离子交换树脂，阳离子交换树脂只与带正电荷的组分发生交换反应，阴离子交换树脂只与带负电荷的组分发生交换反应。

$$Na^+ + R-H \underset{再生}{\overset{交换}{\rightleftharpoons}} R-Na^+ + H^+$$

$$Cl^- + R-OH \underset{再生}{\overset{交换}{\rightleftharpoons}} R-Cl + OH^-$$

R 为不溶于水的离子交换树脂的骨架，它可用于除去大量干扰组分及痕量组分的富集，也可用于制取去离子水或化学试剂的提纯。

（1）离子交换树脂的结构和性质　离子交换树脂是具有网状结构的复杂的有机高分子聚合物。网状结构的骨架部分一般十分稳定，对于酸、碱、某些有机溶剂和一般的弱氧化剂都不起作用，对热也比较稳定。

1）阳离子交换树脂，即能交换阳离子的树脂。

磺酸型离子交换树脂是一种阳离子交换树脂，其中不能交换的离子称为固定离子，可交换的离子称为平衡离子。

能交换阳离子的活泼基团：

$$-SO_3H \qquad -CH_2SO_3H \qquad -PO_3H_2 \qquad -COOH \qquad -OH$$

2）阴离子交换树脂，即能交换阴离子的树脂，含有一个可以交换的阴离子和一个不能交换的阳离子。

① 强碱性阴离子交换树脂具有强碱性的活泼基团季胺基$-N(CH_3)_3$。

② 弱碱性阴离子交换树脂具有伯胺基 $R-NH_2$、仲胺基 $R-NH(CH_3)$ 及叔胺基 $R-N(CH_3)_2$。

3）特殊的离子交换树脂，包括具有高选择性的离子交换树脂；在合成离子交换树脂时，将一些螯合剂的螯合基团引入树脂上，形成螯合树脂；能使离子发生氧化还原反应的离子交换树脂称为电子交换树脂（称为氧化还原树脂更为合适）。

（2）离子交换树脂的性质

1）交联度。在合成离子交换树脂的过程中，将链状聚合物分子相互连接而形成网状结构的过程称为交联。树脂中交联剂所占的质量百分数称为树脂的交联度，即

$$交联度 = \frac{交联剂质量}{干树脂总质量} \times 100\%$$

例如，用 90 质量份苯乙烯和 10 质量份二乙烯苯合成制得的树脂，其交联度为 10%。

交联度大小对离子交换树脂性能的影响见表 5-5。交换过程为

$$R—SO_3H+Na^+ \xrightleftharpoons[\text{洗脱或再生过程}]{\text{交换过程}} R—SO_3Na+H^+$$

表 5-5　交联度大小对离子交换树脂性能的影响

交联度	大	小
磺化反应	困难	容易
离子交换反应速度	慢	快
大离子及水化半径大的离子进入树脂	难	易
离子交换的选择性	好	差
溶胀程度	小	大

2）交换容量。通常以每克干树脂或每毫升溶胀后的树脂能交换的相当于一价离子的物质的量来表示，是表征树脂交换能力大小的特征参数，不随试验条件变化，也称总交换量。

$$交换容量 = \frac{被交换离子的物质的量}{干树脂的质量}$$

3）始漏量。离子交换分离通常在柱中进行，即将离子交换树脂填充在离子交换柱中。实际应用时，不可能将交换树脂上的可被交换基团全部交换下来。例如，将 NaCl 溶液通过 H^+ 式强酸性阳离子交换树脂，Na^+ 将交换在树脂上而 H^+ 被置换下来，流出的是 HCl。但是，当树脂上还有 H^+ 被置换下来，而 Na^+ 已经流出交换柱，刚开始在流出液中发现 Na^+ 时的那一点，称为始漏点，此时交换柱中的离子被交换上去的物质的量称为始漏量，也用每克干树脂支柱中离子的物质的量表示。显然始漏量总是小于总交换量。

始漏量是实际交换容量，与柱上操作条件有关，如树脂的粒度大小、柱的形状、试液通过交换柱的流速等，是需要通过实际操作来测得。

【例 5-4】　称取 0.5000g 氢型阳离子交换树脂，装入交换柱中，用 NaCl 溶液冲洗，至流出液使甲基橙呈橙色为止。收集全部洗出液，用甲基橙作指示剂，以 0.1mol/L NaOH 标准溶液滴定，用去 24.51mL，计算树脂的交换容量。

解：用去 NaOH 溶液的物质的量等于被交换到树脂上 Na^+ 的物质的量，也等于树脂上被交换下来的 H^+ 的物质的量，则

$$交换容量 = \frac{c_{NaOH}V_{NaOH}}{G_{干树脂重}} = \frac{0.1mol/L \times 24.51mL}{0.5000g} = 4.902mmol/g$$

测定阳离子交换容量：称取干燥的氢型阳离子树脂约 1.0g（称准至 mg 附近），放入 250mL 干燥的锥形瓶中。于锥形瓶中准确放入 100.0mL 浓度为 0.1mol/L NaOH 标准溶液，其中含 5%（质量分数）NaCl，密闭，静置过夜，取出清液 25.00mL，用 0.1mol/L HCl 标准溶液滴定到酚酞变色。阳离子交换容量根据下式计算：

$$交换容量 = \frac{c_{NaOH}V_{NaOH} - 4c_{HCl}V_{HCl}}{G}$$

【例 5-5】　称取 1.000g 干燥离子交换树脂放入干燥的锥形瓶中，加入浓度为 0.1242mol/L 的 HCl 溶液 200.00mL，放置过夜。移取上层清液 50.00mL，加入甲基橙数滴，用浓度为 0.1010mol/L 的 NaOH 溶液滴定至溶液呈橙红色，用去 NaOH 溶液 48.00mL，求该树脂交换容量。

解：

$$交换容量 = \frac{c_{HCl}V_{HCl} - 4c_{NaOH}V_{NaOH}}{G}$$

$$= \frac{\left[(200.00 \times 0.1242) - 4 \times (0.1010 \times 48.00)\right] \times 10^{-3} mol}{1.000g}$$

$$= 5.45 mmol/g$$

4）亲和力，即离子在离子交换树脂上的交换能力。例如，

$$RA^+ + B^+ \rightleftharpoons RB^+ + A^+$$

达到平衡时，其平衡常数为

$$K_{B/A} = \frac{[B^+]_r[A^+]}{[A^+]_r[B^+]}$$

其中，$[B^+]_r$ 是树脂相的平衡浓度，$[B^+]$ 是溶液相的平衡浓度。

$$\frac{[B^+]_r}{[B^+]} = D_B \qquad \frac{[A^+]_r}{[A^+]} = D_A \qquad K_{B/A} = \frac{D_B}{D_A}$$

当 $K_{B/A} > 1$ 时，树脂对 B^+ 的亲和力大于 A；当 $K_{B/A} < 1$ 时，树脂对 B^+ 的亲和力小于 A。

【例 5-6】 称取 1.0g 氢型阳离子交换树脂，加入 100mL 浓度为 0.010mol/L 的 HNO_3 溶液（其中含有 1.0×10^{-4}mol/L 的 $AgNO_3$）中，使交换达到平衡。计算银的分配系数和银被交换到树脂上的百分率各为多少？已知 $K_{Ag/H} = 6.7$；树脂的交换容量为 5.0mmol/g。

解：

$$RH^+ + Ag^+ \rightleftharpoons RAg^+ + H^+$$

Ag^+ 的分配系数为：

$$D_{Ag} = \frac{[Ag^+]_r}{[Ag^+]} = K_{Ag/H} \times \frac{[H^+]_r}{[H^+]}$$

$$K_{Ag/H} = \frac{[Ag^+]_r[H^+]}{[Ag^+][H^+]_r}$$

已知 $K_{Ag/H} = 6.7$，达平衡时：

$$[H^+] = 0.010mol/L + 1.0 \times 10^{-4}mol/L = 0.0101mol/L \approx 0.010mmol/mL$$

$$[H^+]_r = \frac{5.0 \times 1.0 - 1.0 \times 10^{-4} \times 100}{1.0}mmol/g = 4.99mmol/g$$

$$D_{Ag} = \frac{[Ag^+]_r}{[Ag^+]} = K_{Ag/H} \times \frac{[H^+]_r}{[H^+]} = 6.7 \times \frac{4.99}{0.010} = 3.34 \times 10^3$$

树脂中的 $[Ag^+]_r$ 为溶液中 $[Ag^+]$ 的 3.34×10^3 倍。

$$\frac{树脂中的 Ag^+}{溶液中的 Ag^+} = \frac{3.34 \times 10^3 \times 1.0}{1 \times 100} = 33.4$$

即树脂中银的量为溶液中银的量的 33.4 倍，所以银被交换的百分率为

$$\frac{33.4}{33.4 + 1} \times 100\% = 97.1\%$$

离子交换树脂对不同离子亲和力的大小与离子所带电荷及它的水化半径有关：对于不同

价态的离子，电荷越高，亲和力越大；对于相同价态的离子，水化半径越小（对阳离子而言，原子序数越大），树脂对它们的亲和力就越大。

5）分离因子。若溶液中存在有 A^+、B^+ 两种离子，与在离子交换树脂上的 C^+ 发生交换反应：

$$A_{水}^+ + C_R^+ \rightarrow A_R^+ + C_{水}^+$$
$$B_{水}^+ + C_R^+ \rightarrow B_R^+ + C_{水}^+$$

根据上述的平衡关系，有

$$K_{A^+/C^+} = D_A \frac{[C^+]_{水}}{[C^+]_R} \qquad K_{B^+/C^+} = D_B \frac{[C^+]_{水}}{[C^+]_R}$$

如果 C^+ 在树脂上存在是大量的，A^+、B^+ 在试液中是痕量组分，则可认为树脂上的 C^+ 的浓度在交换前后基本上没有发生变化，即 $[C^+]_R$ 是个常数，则

$$D_A = K_A \frac{1}{[C^+]_{水}} \qquad D_B = K_B \frac{1}{[C^+]_{水}}$$

分离因子 S（对 A、B 两组分而言，为 $S_{A/B}$）为

$$S_{A/B} = D_A/D_B = \frac{[A^+]_R/[A^+]_{水}}{[B^+]_R/[B^+]_{水}} = K_{A/B}$$

由上述可知，当 A、B 两离子所带的电荷相同时，分离因子就与 A、B 两离子间的亲和力有关。

（2）离子交换色谱分离　离子交换色谱分离是借助离子交换剂进行性质相似的组分间的分离。

以强酸性阳离子交换树脂分离 K^+ 和 Na^+ 为例。

交换反应：

$$RH^+ + K^+ \rightleftharpoons RK^+ + H^+ \qquad RH^+ + Na^+ \rightleftharpoons RNa^+ + H^+$$

洗脱反应：

$$RNa^+ + H^+ \rightleftharpoons RH^+ + Na^+ \qquad RK^+ + H^+ \rightleftharpoons RH^+ + K^+$$

2. 离子交换分离法的操作

1）树脂的选择。例如，Ca^{2+}、Mg^{2+} 的测定，PO_4^{3-} 有干扰。通过 Cl^- 型强碱性阴离子交换树脂，交换除去 PO_4^{3-}，则 Ca^{2+}、Mg^{2+} 就能顺利地测定。

当需要测定某种阴离子，而受到共存的阳离子干扰时，应选用强酸性阳离子交换树脂，交换除去干扰的阳离子，阴离子仍留在溶液中可供测定。如果需要测定某种阳离子，而受到共存的其他阳离子的干扰，则可先将阳离子转化为络阴离子，然后再用离子交换法分离。

在分析中，必须根据需要选择一定粒度的树脂，见表5-6。

表 5-6　交换树脂粒度选择表

用途	粒度/目
制备分离	10～100
分析中离子交换分离	80～100
	>100～120
离子交换层析法分离常量元素	100～200
	>200～1400

2）树脂的处理。一般商品树脂中仍含有一定量的杂质，所以在使用前必须进行净化处理。处理过程包括研磨、过筛和浸泡、净化等。

对强碱性和强酸性阴阳离子交换树脂，通常用浓度为 4mol/L 的 HCl 溶液浸泡 1~2 天，以溶解各种杂质，然后用蒸馏水洗涤至中性。

3）装柱。离子交换通常在离子交换柱中进行。离子交换柱一般用玻璃制成，安装交换柱时，先在交换柱的下端铺上一层玻璃丝，灌入少量水，然后倾入带水的树脂，树脂就下沉而形成交换层。

装柱前，树脂须经净化处理和浸泡溶胀，否则干燥的树脂将在交换柱中吸收水分而溶胀，使交换柱堵塞。

装柱时，应防止树脂层中存留气泡，以免交换时试液与树脂无法充分接触。树脂高度一般约为柱高的 90%。为防止加试液时树脂被冲走，在柱的上端亦应铺一层玻璃纤维。交换柱装好后，再用蒸馏水洗涤，关上活塞，以备使用。应当注意，不能使树脂露出水面，因为树脂暴露于空气中，当加入溶液时，树脂间隙中会产生气泡，而使交换不完全。

交换柱也可以用滴定管代替。

4）交换和洗脱。将试液加到交换柱上，用活塞控制一定的流速进行交换。经过一段时间之后，上层树脂全部被交换，下层未被交换，中间则部分被交换，这一段称为"交界层"，如图 5-1a 所示。随着交换的进行，交界层逐渐下移（见图 5-1b），至流出液中开始出现交换离子时，称为始漏点（亦称泄漏点或突破点），此时交换柱上被交换离子的物质的量称为始漏量。当到达始漏点时，交界层的下端刚到达交换柱的底部，而交界层中尚有未被交换的树脂存在，所以始漏量总是小于总交换量。

当某阳离子被交换到柱上后，于柱上加入 HCl 淋洗，由于此溶液中的 H^+ 浓度大，故最上层的该种阳离子随被 H^+ 置换下来，这一过程称为"洗脱"。被洗脱下来的离子，流到交换柱的下层，遇到未交换的树脂，又会交换上去，如图 5-2a 所示。因此，在淋洗（或洗脱）过程中，开始的流出液中没有被交换上去的离子。随着 HCl 的不断加入，流出液中该种离子的浓度逐渐增大。待大部分离子被淋洗出来之后，该种离子的浓度将逐渐降低，直至流出液中查不到该种离子为止。在洗脱过程中，如果不断地测定洗出液中该种离子的浓度（如每取 10mL 测定一次），就可得到如图 5-2b 所示的曲线，此曲线称为洗脱曲线或淋洗曲线。根据洗脱曲线，接取 $V_1 \sim V_2$ 这一段流出液，从中可以测定该种离子的含量。

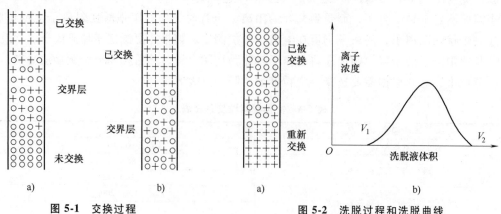

图 5-1　交换过程　　　　　　　　　图 5-2　洗脱过程和洗脱曲线

① 柱上操作。以 Ca^{2+} 在氢型强酸性阳离子交换树脂上的交换反应为例：

$$2R—SO_3H^+ + Ca^{2+} \rightleftharpoons (RSO_3)_2Ca^{2+} + 2H^+$$

例如，分离 Fe^{3+} 和 Al^{3+} 时，可在 9mol/L HCl 溶液中进行交换，这时铝以 Al^{3+} 存在，而铁则成为 $[FeCl_4]^-$ 络阴离子。如果采用阴离子交换树脂进行分离，则 $[FeCl_4]^-$ 交换留在柱上，Al^{3+} 进入流出液中，从而将 Fe^{3+} 和 Al^{3+} 分开。

② 交换过程及交换条件的选择。在流出液中开始出现未被交换的阳离子（或阴离子）的这一点，称为"始漏点"或"流穿点"。到达始漏点为止，交换柱的交换容量称为"始漏量"或"工作交换容量"。柱中树脂的全部交换容量称为"总交换容量"或"全交换容量"。

影响始漏量的因素包括离子的种类、树脂颗粒的大小、溶液的流速与温度、交换柱的形状、溶液的酸度。

③ 洗脱及条件的选择。洗脱过程是交换过程的逆过程，洗脱情况与许多因素有关，如树脂颗粒的大小、洗脱剂的浓度、流速等。

5）注意事项。在装柱和整个交换、洗脱过程中，要注意使树脂层经常全部浸在液面下，切勿让上层树脂暴露在空气中，否则在这部分树脂间隙中会混入空气泡，这种空气泡在以后加水或加溶液时不会逸出。当树脂间隙中夹杂气泡时，溶液将不是均匀地流过树脂层，而是顺着气泡流下，不能流经某些部位的树脂，即发生了"沟流"现象，使交换、洗脱不完全，影响分离效果。

3. 离子交换分离法的应用

（1）纯水的制备　自来水中常含有一些无机离子，在生产和科研中普遍采用离子交换分离法进行纯化，这样制得的纯水又称去离子水，其纯度可以符合一般分析工作的要求。

交换除去各种阳离子：

$$R—SO_3H^+ + M^+ \rightleftharpoons R—SO_3M + H^+$$

交换除去阴离子：

$$H^+ + X^- + R—N(CH_3)_3OH \rightleftharpoons R—N(CH_3)_3X^- + H_2O$$

如水中的 $CaCl_2$：先交换除去 Ca^{2+}，再交换除去 Cl^-。

$$2R—SO_3H^+ + Ca^{2+} \rightleftharpoons (RSO_3)_2Ca^{2+} + 2H^+$$

$$Cl^- + R—N(CH_3)_3OH \rightleftharpoons R—N(CH_3)_3Cl + OH^-$$

交换下来的 H^+ 和 OH^- 结合成 H_2O。

$$H^+ + OH^- \rightleftharpoons H_2O$$

（2）干扰离子的分离

1）阴阳离子的分离。如用重量法以 $BaSO_4$ 沉淀形式准确测定 SO_4^{2-} 时，Fe^{3+}、Ca^{2+} 等阳离子存在时常常发生共沉淀现象而产生误差。为此，在 $BaSO_4$ 沉淀前先把试液中的阳离子交换除去，然后以 $BaCl_2$ 溶液为沉淀剂，用重量法测定流出液中的 SO_4^{2-}。

为了分离除去干扰的阳离子，也可使被测定的阳离子络合成络阴离子，再通过阴离子交换树脂以分离除去。

2）同性电荷离子的分离，如分离 Li^+、Na^+、K^+ 三种离子。让此溶液通过氢型阳离子交换柱，三种离子均被交换在树脂上，然后用 1mol/L 稀 HCl 淋洗，三种离子都被洗脱；当它们向下流动时，遇到新鲜的树脂层，又被交换上去，接着又被 HCl 洗脱。如此反复地吸着、洗脱。由于树脂对 Li^+、Na^+、K^+ 的亲和力由大到小的顺序是 $K^+>Na^+>Li^+$，因此 Li^+ 先被洗脱，然后是 Na^+，最后是 K^+。将洗脱下来的 Li^+、Na^+、K^+ 分别用容器承接后进行测定。

3）痕量组分的富集，如矿石中铂、钯的含量是极低的，通常用 g/t 计。取试样 50g，分解后处理成 $6\sim9mol/L$ 的 HCl 介质，使钯、铂以 $RtCl_6^{2-}$、$PdCl_4^{2-}$ 形式存在。向试液中加入少许 Cl^{-1} 型强碱性阴离子交换树脂，搅拌，让其静态吸附，则铂、钯交换在离子交换树脂上；取出树脂，灼烧并灰化（也可以用洗脱剂洗脱，但富集效果差），用很小体积的酸溶解残渣，可用光度法测定其中的铂和钯含量。

例如，测定天然水中 K^+、Na^+、Ca^{2+}、Mg^{2+}、SO_4^{2-}、Cl^- 等组分。可取数升水样，让它流过阳离子交换柱，再流过阴离子交换柱，然后用数十毫升至 100mL 的稀盐酸溶液把交换在柱上的阳离子洗脱，另用数十毫升至 100mL 的稀氨液慢慢地洗脱各种阴离子。经过这样交换、洗脱处理，这些组分的浓度就增加数十倍至 100 倍，于是在流出液中测定这些离子就比较方便了。

蔗糖中金属离子的测定、饮用水中碘（131）的测定、牛奶中锶（90）的测定，都可利用离子交换法预先进行富集。

4）价态分析。例如，废液中含有铬，人们需要知道其中 Cr^{3+} 的含量是多少？$Cr_2O_7^{2-}$ 的含量是多少？当然用氨水法可将 $Cr(OH)_3$ 沉淀而 Cr^{6+} 以 CrO_4^{2-} 形式存在于溶液中，也可将废液通过阴离子交换树脂柱，Cr^{6+} 被交换上去，而 Cr^{3+} 流出。柱上的 Cr^{6+} 可用酸性 Na_2SO_3 溶液洗脱（将 Cr^{6+} 还原为 Cr^{3+} 而很快流出），这样可分别测出废液中 Cr^{6+} 和 Cr^{3+} 的含量。

5.3 分离、富集应用示例

5.3.1 载体沉淀-二甲酚橙分光光度法测定钢铁及合金中的铅含量

钢铁及合金中铅含量的测定按照 GB/T 223.29—2008《钢铁及合金 铅含量的测定 载体沉淀-二甲酚橙分光光度法》进行。

（1）方法提要 在硫酸介质中，以锶为载体沉淀分离铅，用碳酸钾转化硫酸盐为碳酸盐，用盐酸溶解。在 pH 值为 $5.2\sim5.5$ 时，铅与二甲酚橙生成橙红色络合物，测量其吸光度。

（2）试剂与材料 分析中使用分析纯试剂和蒸馏水或相当纯度的水。

1）盐酸：$\rho\approx1.19g/mL$，优级纯。

2）盐酸（1+1）：优级纯。

3）盐酸（1+10）：优级纯。

4）盐酸（5+95）：优级纯。

5）硝酸：$\rho\approx1.42g/mL$，优级纯。

6）硫酸：$\rho\approx1.84g/mL$，优级纯。

7）硫酸（1+100）：优级纯。

8）磷酸：$\rho\approx1.70g/mL$，优级纯。

9）氨水：$\rho \approx 0.90g/mL$，优级纯。

10）氨水（1+10）：优级纯。

11）氯化锶溶液：15g/L。

12）碳酸钾溶液：100g/L，优级纯。

13）碳酸钾溶液：10g/L，优级纯。

14）乙酸-乙酸钠缓冲溶液：pH 值=5.3。

15）百里酚蓝溶液：1g/L，用乙醇（1+4）配制。

16）抗坏血酸溶液：10g/L，用时配制。

17）亚铁氰化钾溶液：1g/L，用时配制。

18）氟化铵溶液：5g/L，存储于塑料瓶中。

19）二甲酚橙溶液：0.5g/L。

20）铅标准溶液：$10.0\mu g/mL$。

（3）分析步骤

1）试料量。按表5-7称取试料量，精确至0.0001g。

表 5-7　试料量

铅的质量分数(%)	试料量/g	铅的质量分数(%)	试料量/g
0.0005~0.001	2.000	>0.05~0.10	0.200
>0.001~0.01	1.000	>0.10~0.25	0.100
>0.01~0.05	0.500	—	—

2）空白试验。随同试料做空白试验。

3）测定。

① 将试料置于300mL石英或不含铅的烧杯中，根据称取试料量加入15~70mL适宜比例的浓盐酸、浓硝酸混合酸，缓慢加热溶解，取下稍冷，加入10mL浓磷酸和20mL浓硫酸，摇匀。于电热板上加热至冒硫酸烟，取下冷却。

② 加水低温溶解盐类，稀释至体积约150mL，加热煮沸，在不断搅拌下，加10mL氯化锶溶液，煮沸2~5min，于低温电热板上保温1h后，冷却至室温。冷却过程中注意搅拌几次。

③ 用慢速纸过滤，用硫酸（1+10）洗烧杯及沉淀数次，水洗2~3次。打开滤纸将沉淀用水仔细冲入原烧杯中，充分洗净滤纸。加入25mL碳酸钾溶液（100g/L），加热至沸，微沸1~2min，于低温电热板上保温30min，冷却至室温。

④ 用浓盐酸中和并过量1mL，加热使沉淀溶解，用水稀释至100mL，加10~15mL浓硫酸煮沸2~5min，于低温电热板上保温1h，冷却至室温，冷却过程中注意搅拌几次。以下按③进行（如称取0.1000~0.2000g时可省去此步操作）。

⑤ 用慢速滤纸过滤并将沉淀全部转入滤纸上，用擦棒擦净烧杯，用10g/L碳酸钾溶液洗涤沉淀及烧杯数次，水洗2~3次。用8~10mL热盐酸（5+95）分5次溶解沉淀于25mL的容量瓶中，用水洗涤滤纸3~4次，总体积不超过15mL（试料中含铅量超过50μg时，将溶液稀释至刻度，混匀，分取5mL显色）。

⑥ 加入1~2滴百里酚蓝溶液（1g/L），用浓氨水中和至黄色，用盐酸（1+10）中和至

微红色，再用氨水（1+10）中和至黄色。加入 1mL 抗坏血酸溶液（10g/L）、1mL 亚铁氰化钾溶液（1g/L）、3mL 乙酸乙酸钠缓冲溶液，用水稀释至约 22mL，混匀，加入 1mL 氟化铵溶液（5g/L）、1mL 二甲酚橙溶液（0.5g/L），稀释至刻度，混匀。放置 10min，将部分溶液倒入 3cm 吸收皿（含量高时用 2cm 吸收皿）中，以水为参比，于分光光度计波长 580nm 处测其吸光度，减去随同试料所做空白试验的吸光度，从校准曲线上查出相应的铅量。

4）工作曲线的绘制。取 0、0.50mL、1.00mL、2.00mL、3.00mL、4.00mL、5.00mL 铅标准溶液，分别置于 7 个 25mL 容量瓶中，用水调节至体积约 5mL，以下按上述 3）中⑥进行，测量其吸光度，减去空白试验溶液的吸光度。以铅量为横坐标，吸光度为纵坐标绘制工作曲线。

（4）结果计算　铅含量以质量分数 $w(\mathrm{Pb})$ 计，按下式计算：

$$w(\mathrm{Pb}) = \frac{m_1 V}{m V_1} \times 100\%$$

式中　V_1——分取试液体积（mL）；

m_1——从校准曲线上查得的铅量（g）；

V——试液总体积（mL）；

m——试料的质量（g）。

5.3.2　甲基异丁基酮萃取分离-石墨炉原子吸收光谱法测定高温合金中砷、锡、锑、碲、铊、铅和铋含量

高温合金中砷、锡、锑、碲、铊、铅和铋含量的测定按照 GJB 5404.15—2005《高温合金痕量元素分析方法　第 15 部分：甲基异丁基酮萃取分离-石墨炉原子吸收光谱法测定砷、锡、锑、碲、铊、铅和铋含量》进行。

（1）方法提要　试料用适宜比例的盐酸、硝酸溶解，加入硫酸并加热至冒烟，驱除氮的氧化物。于氨性介质中，用柠檬酸铵掩蔽钨、钼等元素。在硫酸介质中，以碘化物形式用 4-甲基-戊酮-2（甲基异丁基酮）萃取被测元素。用稀硝酸反萃取后，稀释至一定体积。于石墨炉原子吸收光谱仪上，采用砷、锡、锑、碲、铊、铅和铋的空心阴极灯或无极放电灯，测量被测元素的吸光度，从校准曲线上查出被测元素的质量。

该方法适用于高温合金中砷、锡、锑、碲、铊、铅和铋含量的测定，测定范围见表 5-8。

表 5-8　测定范围

元素	测定范围（质量分数,%）	元素	测定范围（质量分数,%）
As	0.0002 ~ 0.002	Tl	0.00005 ~ 0.002
Sn	0.0001 ~ 0.002	Pb	0.0001 ~ 0.002
Sb	0.0001 ~ 0.002	Bi	0.00005 ~ 0.002
Te	0.00005 ~ 0.002	—	—

（2）仪器条件　石墨炉原子吸收光谱仪，备有微量取样器或自动进样器，砷、锡、锑、碲、铊、铅和铋空心阴极灯或无极放电灯，附带背景校正系统及高速记录仪或联机读取装置。灯电流按照灯或仪器制造商的推荐电流选取。光谱仪应满足下列指标：

1）按照分析步骤处理的溶液中，各被测元素特征浓度不大于表 5-9 所列值。

2）按照分析步骤处理的溶液中，各被测元素检出限优于表 5-9 所列值。

3）各元素的推荐分析线见表 5-9。

4）校准曲线在 0~0.2μg/mL 范围内，校准曲线的线性不低于 0.995。

5）最小精度：①用最高浓度的校准系列标准溶液，测量 10 次吸光度，计算其平均值和标准偏差，该标准偏差应不超过平均值的 10%；②用最低浓度的校准系列标准溶液，测量 10 次吸光度，计算其标准偏差，该标准偏差应不超过最高浓度的校准系列标准溶液的平均吸收值的 4%。

表 5-9 各被测元素特征浓度、检出限、分析线

元素	As	Sn	Sb	Te	Tl	Pb	Bi
特征浓度/Pg	40	90	55	50	53	50	60
检出限/Pg	150	25	15	50	20	10	10
分析线/nm	193.7	286.3	217.6	214.3	276.0	283.3	306.7

（3）试剂与材料 分析中使用高纯试剂和二次蒸馏水或相当纯度的水。

1）盐酸：$\rho \approx 1.19g/mL$。

2）硝酸：$\rho \approx 1.42g/mL$。

3）硫酸：$\rho \approx 1.84g/mL$。

4）氨水：$\rho \approx 0.90g/mL$。

5）甲基异丁基酮。

6）盐酸：1+1。

7）硝酸：1+1。

8）硫酸：1+1。

9）硫酸：1+3。

10）盐酸-硝酸混酸：3+1。

11）柠檬酸铵溶液：500g/L。

12）碘化铵溶液：200g/L，现用现配。

13）洗涤液：20g/L 碘化铵的硫酸（1+3）溶液，现用现配。

14）砷、锡、锑、碲、铊、铅、铋标准溶液：1.0μg/mL，0.1μg/mL。

（4）分析步骤

1）试液的制备。称取 0.25g 试料，精确到 0.0001g；将试料置于 150mL 烧杯中，加入 15mL 浓盐酸、2mL 浓硝酸，低温加热溶解；待试料溶解完全后，加入 5mL 硫酸（1+1），加热至冒硫酸烟，冷却。加入 10mL 柠檬酸铵溶液、15mL 氨水，低温加热使钨、钼等溶解，冷却后加入 2mL 硫酸（1+1），再加入 12mL 硫酸，冷却至室温。

于上述溶液中加入 5mL 碘化铵溶液，移入 100mL 分液漏斗中，用少量水冲洗烧杯，控制溶液总体积约为 50mL。加入 20mL 甲基异丁基酮，振荡 2min，静置分层后弃去水相；有机相用洗涤液洗涤两次，每次 10mL，弃去水相。于洗涤后的有机相中加入 10mL 硝酸（1+1），轻轻摇动数次，放置至红色褪去，再加入 10mL 水，振荡 2 min，静置分层后将水相放入 50mL 容量瓶中。再用 15mL 水反萃取 1 次，将水相合并于 50mL 容量瓶中，用水稀释至刻度，混匀。

2）空白试验：随同试料做空白实验。

3）校准溶液的制备。于 6 个 150mL 烧杯中，分别加入 1.00mL、3.00mL、5.00mL 被测元素标准溶液（0.1μg/mL），1.00mL、3.00mL、5.00mL 被测元素标准溶液（1.0μg/mL），其余同试液的制备。

4）测量。移取 20μL 试液至石墨管中，分别于被测元素的波长处测量吸光度，减去空白试验溶液的吸光度后，从校准曲线上查得试液中被测元素的质量。

5）校准曲线的绘制。移取 20μL 校准系列标准溶液，测量吸光度，减去空白试验溶液吸光度后，以被测元素的质量（μg）为横坐标、吸光度为纵坐标，绘制校准曲线。

（5）结果计算　被测元素的含量以被测元素的质量分数 $w(\mathrm{M})$ 计，按下式计算：

$$w(\mathrm{M}) = \frac{m_1 \times 10^{-5}}{m} \times 100\%$$

式中　m_1——从校准曲线上查得的试液中被测元素的质量（μg）；

　　　　m——试料的质量（g）。

第 6 章

统计技术的应用

6.1 一元线性回归分析

6.1.1 一元线性回归直线

一元线性回归分析是研究只有一个自变量（自变量 x 和因变量 y）线性相关关系的方法。

例如，两个变量（x，y）存在线性关系 $y = a+bx$，对其独立测得若干组数据（x_1，y_1），（x_2，y_2），……，（x_n，y_n），$n>2$，欲求取参数 a、b 及其标准不确定度，以及预期估计值及其标准不确定度，则需要应用最小二乘法。图 6-1 所示为直线拟合的最小二乘法。图中（x_i，y_i）是观测数据，v_i 是残差，a 是拟合直线的截距，b 是拟合直线的斜率。

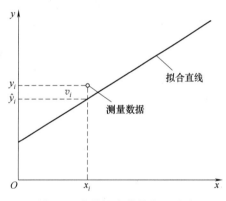

图 6-1　直线拟合的最小二乘法

1. 一元线性回归分析的特点

1）两个变量不是对等关系，必须明确自变量和因变量。

2）如果 x 和 y 两个变量无明显因果关系，则存在着两个回归方程：一个是以 x 为自变量，y 为因变量建立的回归方程；另一个是以 y 为自变量，x 为因变量建立的回归方程。若绘出图形，则是两条斜率不同的回归直线。

3）直线回归方程中，回归系数 b 可以是正值，也可以是负值。若 $b>0$，表示直线上升，说明两个变量同方向变动；若 $b<0$，表示直线下降，说明两个变量是反方向变动。

2. 建立一元线性回归方程的条件

任何一种数学模型的运用都是有前提条件的，建立一元线性回归方程应具备以下两个条件：

1）两个变量之间必须存在高度相关的关系。两个变量之间只有存在着高度相关的关系，回归方程才有实际意义。

2）两个变量之间确实呈现直线相关关系。两个变量之间只有存在直线相关关系，才能建立直线回归方程。

3. 建立一元线性回归方程的方法

（1）一元线性回归方程　一元线性回归方程应根据最小二乘法原理建立，因为只有用最小二乘法原理建立的回归方程才可以同时满足两个条件：①因变量的实际值与回归估计值的残差之和为零；②因变量的实际值与回归估计值的残差平方和为最小值。只有满足这两个条件，建立的直线方程的误差才能最小，其代表性才能最强。

直线用下式表示：

$$y = a + bx \tag{6-1}$$

式中　　a——截距；

　　　　b——直线的斜率（回归系数）。

各试验数据点可表示为 (x_i, y_i)，$i = 1, 2, \cdots, n$。

误差可用残差 v_i 表示为

$$v_1 = y_1 - (a + bx_1)$$
$$v_2 = y_2 - (a + bx_2)$$
$$\vdots$$
$$v_n = y_n - (a + bx_n)$$

通过相关计算，可推导得到如下的斜率 b、截距 a 和相关系数 r 计算公式：

1）斜率：

$$b = \frac{l_{xy}}{l_{xx}} = \frac{\sum_{i=1}^{n}[(x_i - \bar{x})(y_i - \bar{y})]}{\sum_{i=1}^{n}(x_i - \bar{x})} \tag{6-2}$$

2）截距：

$$a = \bar{y} - b\bar{x} \tag{6-3}$$

3）相关系数：

$$r = \frac{l_{xy}}{\sqrt{l_{xx}l_{yy}}} = \frac{\sum_{i=1}^{n}[(x_i - \bar{x})(y_i - \bar{y})]}{\sqrt{\left[\sum_{i=1}^{n}(x_i - \bar{x})^2\right]\left[\sum_{i=1}^{n}(y_i - \bar{y})^2\right]}} \tag{6-4}$$

4）y 对 x 的回归直线：用计算得到的斜率 b 和截距 a 绘制的直线就是拟合得到的最佳直线，称为 y 对 x 的回归直线。y 对 x 的回归直线方程可表示为

$$\hat{y} = a + bx \tag{6-5}$$

式中　　$\hat{y}$——从回归直线上取得的与 x_i 对应的 y_i 计算值。

【例 6-1】　现以 CNAS-GL06：2006《化学分析中不确定度的评估指南》例 A5 中测定镉浓度为例，求回归直线方程和相关系数 r。实验室采用浓度为（500±0.5）mg/L 镉标准溶液，配置浓度分别为 0.1mg/L，0.3mg/L，0.5mg/L，0.7mg/L 和 0.9mg/L 的五种校准标准溶液。用原子吸收光谱仪对五种校准溶液的每一个分别进行三次平行测量，被测物品浓度和吸收值见表 6-1 中第 2 栏和第 3 栏，求回归直线方程和相关系数 r。

表 6-1 原子吸收法测定镉浓度的实验数据和回归直线中间计算结果

测量次数	x	y	$x_i-\bar{x}$	$(x_i-\bar{x})^2$	$y_i-\bar{y}$	$(y_i-\bar{y})^2$	$(x_i-\bar{x})(y_i-\bar{y})$	$(y_i-\hat{y}_i)^2$ $(\times 10^{-6})$
1	0.1	0.028	-0.4	0.16	-0.1012	0.01024144	0.04048	23.04
2	0.1	0.029	-0.4	0.16	-0.1002	0.01004004	0.04008	14.44
3	0.1	0.029	-0.4	0.16	-0.1.002	0.01004004	0.04008	14.44
4	0.3	0.084	-0.2	0.04	-0.0.405	0.00204304	0.00904	9
5	0.3	0.083	-0.2	0.04	-0.0462	0.00213444	0.00924	4
6	0.3	0.081	-0.2	0.04	-0.0482	0.00232324	0.00964	0
7	0.5	0.135	0	0	0.0058	0.00003346	0	33.46
8	0.5	0.131	0	0	0.0018	0.00000342	0	3.24
9	0.5	0.133	0	0	0.0038	0.00001444	0	14.44
10	0.7	0.180	0.2	0.04	0.0508	0.00258064	0.01016	6.76
11	0.7	0.181	0.2	0.04	0.0518	0.00268324	0.01036	12.96
12	0.7	0.183	0.2	0.04	0.0538	0.00289444	0.01076	31.36
13	0.9	0.215	0.4	0.16	0.0858	0.00736164	0.03432	112.36
14	0.9	0.230	0.4	0.16	0.1008	0.01016064	0.04032	19.36
15	0.9	0.216	0.4	0.16	0.0868	0.00753424	0.03472	92.16
Σ	7.5	1.938	0	1.2	0	0.07008840	0.2892	391.2
—	$\bar{x}=0.5$	$\bar{y}=0.1292$	—	—	—	—	—	—

解： 为便于计算，将有关中间计算结果列于表 6-1 中。

用式（6-2）和表 6-1 的数据计算斜率 b：

$$b = \frac{\sum_{i=1}^{n}\left[(x_i-\bar{x})(y_i-\bar{y})\right]}{\sum_{i=1}^{n}(x_i-\bar{x})^2} = \frac{0.2892}{1.2} = 0.2410$$

用式（6-3）和表 6-1 的数据计算截距 a：

$$a = \bar{y}-b\bar{x} = 0.1292-0.2410\times0.5 = 0.0087$$

校准曲线（回归直线）方程为

$$\hat{y} = 0.0087+0.2410x$$

用式（6-4）和表 6-1 的数据计算相关系数 r：

$$r = \frac{\sum_{i=1}^{n}\left[(x_i-\bar{x})(y_i-\bar{y})\right]}{\sqrt{\left[\sum_{i=1}^{n}(x_i-\bar{x})^2\right]\left[\sum_{i-1}^{n}(y_i-\bar{y})^2\right]}} = \frac{0.2892}{\sqrt{1.2\times0.07008840}} = 0.9972$$

相关系数 r 是一个纯数，在理化检验中，其绝对值通常大于 0.99 而很少小于 0.90。相关系数 r 接近于 +1 和 -1 时，一般应给出三位以上的有效数字。r 的绝对值越接近 1，相关性越好，直线的拟合程度越好，数据离直线越近。

当 x 增加 y 也增加时，称 x 和 y（之间）为正相关，r 为正值；当 x 增加 y 反而减小时，x 和 y（之间）为负相关，r 为负值。

（2）一元回归直线的方差分析及显著性检验　因为对任意两个变量 x 和 y 的一组观测数据 (x_i, y_i)（$i = 1, 2, \cdots, n$），都可以用最小二乘法拟合出一条直线，而回归直线方程（6-5）是否实用，首先需要确定该直线是否基本符合 x 和 y 之间的实际关系，也就是说需要对式（6-5）进行显著性检验；其次，由于变量 x 和 y 之间是相关关系，那么是否可以应用回归直线方程（6-5），依据自变量 x 的值来预报因变量 y 的值？也就是说，回归直线的预报是否准确？因此需要分析评定回归直线的方差或不确定度。

1）回归直线的残差分析。残差指观测值与预测值（拟合值）之间的差，即实际观察值与回归估计值的差。当研究两个变量间的关系时，应粗略判断它们是否线性相关；判断是否可以用回归模型来拟合数据；可以通过残差来判断模型拟合的效果，判断原始数据中是否存在可疑数据。这方面的分析工作称为残差分析。

由上述分析可知，观测值 y_1，y_2，$\cdots$，y_n 之间的差异（或变差）是由两方面的原因引起的：一是自变量 x 的取值不同，二是测量误差等其他因素的影响。为了对观测数据 (x_i, y_i) 线性回归的效果进行检验，必须将上述两个因素造成的结果分离出来。

如图 6-2 所示，将变量 y 的观测值 y_i（$i = 1, 2, \cdots, n$）与其平均值 $\bar{y}$ 的偏差 $(y_i - \bar{y})$ 分解为由变量 x 的不同取值

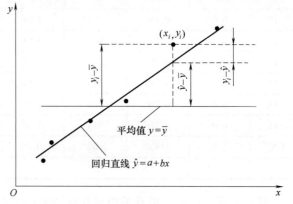

图 6-2　回归直线方差分析

引起的回归偏差 $(\hat{y}_i - \bar{y})$，以及由于测量误差等其他因素引起的残余误差 $(y_i - \hat{y})$，并进一步用 n 个取值的偏离平方和来描述它们，分别记为 S、U 和 Q。

总偏差平方和 S 为

$$S = \sum_{i=1}^{n} (y_i - \bar{y})^2 = \sum_{i=1}^{n} (y_1^2 - 2y_i\bar{y} + \bar{y}^2) = l_{yy} \tag{6-6}$$

参看图 6-2，有

$$S = \sum_{i=1}^{n} (y_i - \bar{y})^2 = \sum_{i=1}^{n} [(y_i - \hat{y}) + (\hat{y} - \bar{y})]^2$$

$$= \sum_{i=1}^{n} (y_i - \hat{y}_i)^2 + \sum_{i=1}^{n} (\hat{y}_i - \bar{y})^2 + 2\sum_{i=1}^{n} (y_i - \hat{y}_i)(y_i - \bar{y}) \tag{6-7}$$

可以证明上式中的交叉项为零，即

$$\sum_{i=1}^{n} (y_i - \hat{y}_i)(y_i - \bar{y}) = 0$$

因此总偏差平方和 S 可以分解为两部分：

$$S = \sum_{i=1}^{n} (y_i - \hat{y}_i)^2 + \sum_{i=1}^{n} (\hat{y}_i - \bar{y})^2 = U + Q \tag{6-8}$$

式（6-8）中的第一项为

$$U = \sum_{i=1}^{n} (y_i - \hat{y}_i)^2 \tag{6-9}$$

U 称作回归平方和，反映了在 y 的总偏差中因为 x 和 y 的线性关系而引起的 y 的变化的大小。

式（6-8）中的第二项为

$$Q = \sum_{i=1}^{n} (\hat{y}_i - \bar{y})^2 \tag{6-10}$$

Q 称作残差平方和，反映了在 y 的总偏差中除 x 对 y 的线性影响外的其他因素而引起的 y 的变化的大小。这些因素包括测量误差，x 和 y 不能用直线关系描述的因素，以及其他未加控制的因素等。正如本章前面所述，回归分析要求"残差平方和最小"，即 Q 越小，回归效果越好。

为了利用本章前面回归分析中的一些结果，U 和 Q 并不是按照它们的定义式（6-9）和式（6-10）进行计算，而是按照呈直线的标准曲线方程 $y = a + bx$ 进行计算：

$$U = \sum_{i=1}^{n} (\hat{y} - \bar{y})^2 = \sum_{i=1}^{n} (a + bx_i - a - b\bar{x})^2 b^2 \sum_{i=1}^{n} (x_i - \bar{x})^2 = b \sum_{i=1}^{n} (x_i - \bar{x})(y_i - \bar{y}) = bl_{xy} \tag{6-11}$$

$$Q = \sum_{i=1}^{n} (y_i - \hat{y}_i)^2 = S - U = l_{yy} - bl_{xy} \tag{6-12}$$

对每一个平方和都有一个称为自由度的数值与之相联系，自由度是独立观测值的个数。因 S 中的 n 个观测值受平均值 $\bar{y}$ 的约束，从而有一个观测值不是独立的，即失去一个自由度，故总偏差平方和 S 的自由度为 $\nu_S = n - 1$。U 中只有 b 是独立变化的，故回归平方和 U 的自由度为 $\nu_U = 1$。如果一个平方和是由几个相互独立的平方和组成，则总的自由度等于各平方和的自由度之和。所以，残差平方和 Q 的自由度 ν_Q 为

$$\nu_Q = \nu_S - \nu_U = n - 2 \tag{6-13}$$

2）残余方差及残余标准差。残差平方和 Q 除以它的自由度 ν_Q 所得商称为残余方差：

$$s^2 = \frac{Q}{n-2} \tag{6-14}$$

它的意义可以看作是在排除了 x 对 y 的线性影响后（或当 x 值固定时），衡量随机变动大小的一个估计量。

残余方差的 s^2 正平方根称作残余标准差 s：

$$s = \sqrt{\frac{Q}{n-2}} = \sqrt{\frac{1}{n-2} \sum_{i=1}^{n} (y_i - \hat{y})^2} \tag{6-15}$$

式中　y_i——相对于 x_i 的测得值；

$\hat{y}$——当 $x = x_i$ 时用式（6-5）计算得到的值，即从回归直线上取得的与 x_i 对应的 y_i 值；

n——数据对 (x_i, y_i) 的数目。

残余标准差 s 可用于评价所有随机因素对 y 的单次观测的平均差的大小，s 越小，回归直线的准确度越好。当回归方程的稳定性较好时，残余标准差 s 可作为应用回归方程时的不

确定度评定参数。

式（6-15）中的 $\sum\limits_{i=1}^{n}(y_i-\hat{y})^2$ 是测得值 y 对拟合的回归直线上相应 $\hat{y}_i$ 值之间的偏差平方和，与计算一组重复测量数据的标准偏差公式相似，所以有些参考书又称其为回归的标准偏差。但是，应当注意不要与回归平方和 U 相混淆。

3）回归显著性检验。回归方程的显著性检验方法有 t 检验法、F 检验法、相关系数 r 检验法等，现讨论 F 检验法。

由回归平方和 U 与残差平方和 Q 的意义可知，一个回归方程是否显著，也就是 y 与 x 的关系是否密切，取决于 U 和 Q 的大小，U 越大、Q 越小，说明 x 与 y 的关系越密切，为此构造统计量 F：

$$F=\frac{U/\nu_U}{Q/\nu_Q} \tag{6-16}$$

对一元线性回归，

$$F=\frac{U/1}{Q/(n-2)} \tag{6-17}$$

再查 F 检验临界值（单侧检验）（见表 8-4），表中的两个自由度分别对应于式（6-16）中的 ν_U 和 ν_Q。对一元线性回归，分别是 1 和 $n-2$。通常需要查出 F 检验临界值表中对三种不同显著性水平 α 的临界值 $F_\alpha(1,n-2)$。将这三个临界值与式（6-17）计算得到的统计量 F 值进行比较，若 $F\geqslant F_{0.01}(1,n-2)$，则认为回归高度显著（或称在 0.01 水平上显著）；若 $F_{0.05}(1,n-2)\leqslant F\leqslant F_{0.01}(1,n-2)$，则认为回归显著（或称在 0.05 水平上显著）；若 $F_{0.10}(1,n-2)\leqslant F\leqslant F_{0.05}(1,n-2)$，则认为回归在 0.1 水平上显著；若 $F<F_{0.10}(1,n-2)$，则认为回归不显著。此时，y 对 x 的关系不密切。

6.1.2　一元回归直线的不确定度评定

1. 对 X 的直线回归的不确定度评定

由计算得到的校准曲线（工作曲线）可用于分析被测试样中的未知物含量，因此必须对其斜率 b 和截距 a 的不确定度进行评定。

（1）斜率 b 的标准偏差 $s(b)$ 及其扩展不确定度 $Up(b)$

1）斜率 b 的标准偏差 $s(b)$：

$$s(b)=\frac{s}{\sqrt{\sum\limits_{i=1}^{n}(x_i-\bar{x})^2}} \tag{6-18}$$

式中　$\bar{x}$——所有 x_i 的平均值；

　　　s——式（6-15）给出的残余标准差（或称为回归的标准偏差）。

2）斜率 b 的扩展不确定度 $U_p(b)$：

$$U_p(b)=t_p s(b) \tag{6-19}$$

式中　t_p——选定置信水准 p（或显著性水平 $\alpha=1-p$）时，t 分布根据自由度 $\nu=n-2$ 查表 8-2得到的 t 值。

（2）截距 a 的标准偏差 $s(a)$ 及其扩展不确定度 $U_p(a)$

1）截距 a 的标准偏差 $s(a)$：

$$s(a) = s\sqrt{\frac{\sum_{i=1}^{n} x_i^2}{n\sum_{i=1}^{n}(x_i - \bar{x})^2}} = s\sqrt{\frac{1}{n} + \frac{\bar{x}^2}{\sum_{i=1}^{n}(x_i - \bar{x})^2}} \qquad (6-20)$$

2）截距 a 的扩展不确定度 $U_p(a)$：

$$U_p(a) = t_p s(a) \qquad (6-21)$$

【例 6-2】　试评定例 6-1 中标准曲线斜率 b 和截距 a 的扩展不确定度。

【解】　①由表 6-1 的数据和式（6-15）计算回归的标准偏差 s。对 5 种校准溶液的每一个分布进行 3 次平行测量，测量次数 $n = 15$ 则

$$s = \sqrt{\frac{1}{n-2}\sum_{i=1}^{n}(y_i - \hat{y})^2} = \sqrt{\frac{1}{15-2} \times (391.2 \times 10^{-4})^2} = 0.005486$$

② 由表 6-1 的数据和式（6-18）计算斜率 b 的标准偏差 $s(b)$：

$$s(b) = \frac{s}{\sqrt{\sum_{i=1}^{n}(x_i - \bar{x})^2}} = \frac{0.005486}{\sqrt{1.2}} = 0.005008$$

由表 6-1 的数据和式（6-19）计算斜率 b 扩展不确定度 $U_p(b)$。通常选取置信水准 $p = 95\%$（显著性水平 $\alpha = 0.05$），查 t 分布表，自由度 $\nu = n - 2 = 8$，得到 $t_{95}(13) = 2.16$，用式（6-19）计算斜率 b 的扩展不确定度 $U_p(b)$：

$$U_p(b) = t_{95}(13)s(b) = 2.16 \times 0.005008 = 0.0108 \approx 1.1\%$$

③ 由表 6-1 的数据和式（6-20）计算截距 a 的标准偏差 $s(a)$：

$$s(a) = s\sqrt{\frac{1}{n} + \frac{\bar{x}^2}{\sum_{i=1}^{n}(x_i - \bar{x})^2}} = 0.005485 \times \sqrt{\frac{1}{15} + \frac{0.5^2}{1.2}} = 0.002877$$

截距 a 的扩展不确定度 $U_p(a)$。查得 $t_{95}(13) = 2.16$，用式（6-21）计算截距 a 的扩展不确定度 $U_p(a)$：

$$U_p(a) = t_{95}(13)s(a) = 2.16 \times 0.002877 = 0.62\%$$

（3）由标准曲线求得的分析结果的不确定度评定　如果用已知 x_i（如已知含量的标准物质）已求得标准曲线的斜率 b 和截距 a，则可由试验测得的 y_0 值用式（6-5）计算相应的被测值 x_0（如被测物的含量）。现对被测物含量 x_0 进行测量不确定度评定。

1）计算被测物含量 x_0 的标准偏差估计值 $s(x_0)$：

$$s(x_0) = \frac{s}{b}\sqrt{1 + \frac{1}{n} + \frac{(y_0 - \bar{y})^2}{b^2\sum_{i=1}^{n}(x_i - \bar{x})^2}} \qquad (6-22)$$

式中　s——式（6-15）给出的残余标准差（或称为回归的标准偏差）；

　　　$\bar{y}$——绘制标准曲线所用全部 y 值的平均值；

　　　$\bar{x}$——全部 x 值的平均值。

式（6-22）是对被测物含量 x_0 进行一次测量，得到一个对应的 y_0 值的标准偏差估计值 $s(x_0)$ 的表示式。如果对同一被测物品平行测量 m 次，得到 m 个对应的 y_0 值和 x_0 值，然后再取 y_0 的平均值 $\overline{y}_0$，并将 $\overline{y}_0$ 值代入式（6-5）计算相应的被测物含量 x_0，此时被测物含量 x_0 的标准偏差估计值 $s(x_0)$ 用下式计算：

$$s(x_0) = \frac{s}{b}\sqrt{\frac{1}{m} + \frac{1}{n} + \frac{(y_0 - \overline{y})^2}{b^2\sum\limits_{i=1}^{n}(x_i - \overline{x})^2}} \qquad (6-23)$$

2）测量 x_0 值的扩展不确定度 $U_p(x_0)$：

$$U_p(x_0) = t_p s(x_0) \qquad (6-24)$$

式中 t_p——选定置信水准 p（或显著性水平 $\alpha = 1-p$）时，t 分布根据自由度 $\nu = n-2$ 查表 8-2 得到的 t 值。

考察式（6-23）可知，测得值越接近 y 的平均值 $\overline{y}$，则计算得到的标准偏差估计值 $s(x_0)$ 越小，因而按式（6-24）计算得到的测量 x_0 值的扩展不确定度 $U_p(x_0)$ 越小，亦即分析结果越可靠。所以，在分析测试中，被测物含量应尽可能接近标准曲线中所对应的标准物质含量（x 值），即应使仪器响应值尽可能接近标准曲线的中心部分所对应的 y 值。

由式（6-23）还可知，为减小测量 x_0 值的标准偏差估计值 $s(x_0)$ 或扩展不确定度 $U_p(x_0)$，还可以增大 n 值，即增加绘制标准曲线的试验点（x,y）。通常，n 至少取 5 或 6。

考察式（6-23）可知，为减小测量 x_0 值的标准偏差估计值 $s(x_0)$ 或扩展不确定度 $U_p(x_0)$，还可以增大 m 值，即最好对被测物平行多测量几次，取相应的仪器响应 y_0 的平均值 $\overline{y}_0$ 计算被测物含量 x_0 值。然而，在式（6-23）中，m 和 $s(x_0)$ 之间并不是一个简单的反比关系，即 m 增加太大时，扩展不确定度 $U_p(x_0)$ 的改善并不显著，而且要花费较多的人力物力。通常 m 取 3~5 次。

【例 6-3】 在【例 6-1】的镉浓度测量中，在作校准曲线 $\hat{y} = 0.0087 - 0.2410x$ 后，试求对被测样品测定一次和平行测定 2 次的镉浓度 x_0 的扩展不确定度 $U_p(x_0)$。两次测量的仪器响应均为 $y_0 = 0.071$。

解： ① 只对被测样品进行一次测量的镉浓度 x_0 的扩展不确定度 $U_p(x_0)$ 评定。由表 6-1 的数据和式（6-22）计算镉浓度 x_0 的标准偏差 $s(x_0)$：

$$s(x_0) = \frac{s}{b}\sqrt{1 + \frac{1}{n} + \frac{(y_0 - \overline{y})^2}{b^2\sum\limits_{i=1}^{n}(x_i - \overline{x})^2}} = \frac{0.005486}{0.2410}\sqrt{1 + \frac{1}{15} + \frac{(0.071 - 0.1292)^2}{0.241^2 \times 1.2}} = 0.024$$

选取置信水准 $p = 95\%$（显著性水平 $\alpha = 0.05$），查 t 分布表，自由度 $\nu = n-2 = 13$，得到 $t_{95}(13) = 2.16$，用式（6-24）计算被测物含量 x_0 的扩展不确定度 $U_p(x_0)$：

$$U_p(x_0) = t_{95}(13)s(x_0) = 2.16 \times 0.024 = 0.052$$

② 对被测样品进行 2 次测量的镉浓度 x_0 的扩展不确定度 $U_p(x_0)$ 评定。由表 6-1 的数据和式（6-23）计算镉浓度 x_0 的标准偏差 $s(x_0)$：

$$s(x_0) = \frac{s}{b}\sqrt{\frac{1}{m} + \frac{1}{n} + \frac{(y_0 - \overline{y})^2}{b^2\sum\limits_{i=1}^{n}(x_i - \overline{x})^2}} = \frac{0.005486}{0.2410}\sqrt{\frac{1}{2} + \frac{1}{15} + \frac{(0.071 - 0.1292)^2}{0.241^2 \times 1.2}} = 0.018$$

选取置信水准 $p=95\%$（显著性水平 $\alpha=0.05$），查 t 分布表，自由度 $\nu=n-2=13$，得到 $t_{95}(13)=2.16$，用式（6-24）计算被测物含量 x_0 的扩展不确定度 $U_p(x_0)$：

$$U_p(x_0)=t_{95}(13)s(x_0)=2.16\times0.018=0.039$$

2. 对 Y 的直线回归方程和不确定度评定

以上讨论了在 X 轴上对变量 X 的直线回归，即以 X 为自变量，以 Y 为因变量的直线回归。例如，在理化分析测试中，以被测物含量 X 为自变量，以仪器响应 Y 为因变量。

有时需要以仪器响应 Y 为自变量，以被测物含量 X 为因变量进行直线回归。实际上就是在进行直线回归时，将变量 X 和 Y 互换。现建立与式（6-1）不同的标准曲线方程：

$$x=b_1y+a_1 \tag{6-25}$$

用下列各式计算斜率 b_1、截距 a_1 和相关系数 r。

（1）斜率

$$b_1=\frac{\sum_{i=1}^{n}\left[(x_i-\bar{x})(y_i-\bar{y})\right]}{\sum_{i=1}^{n}(y_i-\bar{y})^2} \tag{6-26}$$

（2）截距

$$a_1=\bar{x}-b_1\bar{y} \tag{6-27}$$

（3）相关系数

$$r=\frac{\sum_{i=1}^{n}\left[(x_i-\bar{x})(y_i-\bar{y})\right]}{\sqrt{\left[\sum_{i=1}^{n}(x_i-\bar{x})^2\right]\left[\sum_{i-1}^{n}(y_i-\bar{y})^2\right]}} \tag{6-28}$$

（4）x 对 y 的回归直线　用计算得到的斜率 b_1 和截距 a_1 绘制的直线就是拟合得到的最佳直线，称为 x 对 y 的回归直线。显然，试验中测得的各试验点 (y_i, x_i) 并不完全落在该回归直线上，除非相关系数 $r=1$。x 对 y 的回归直线可表示为

$$\hat{x}=a_1+b_1y \tag{6-29}$$

式中　$\hat{x}$——从回归直线上取得的与 y_i 对应的 x 计算值。

（5）用下式计算回归的标准偏差 s_1

$$s_1=\sqrt{\frac{1}{n-2}\sum_{i=1}^{n}(x_i-\hat{x}_i)^2} \tag{6-30}$$

（6）计算被测物含量 x_0 的标准偏差 $s(x_0)$　如果对同一被测物品平行测量 m 次，则

$$s(x_0)=s_1\sqrt{\frac{1}{m}+\frac{1}{n}+\frac{(y_0-\bar{y})}{\sum_{i=1}^{n}(y_i-\bar{y})^2}} \tag{6-31}$$

式中　$\bar{y}$——全部 y_i 的平均值；

　　　m——对被测物品的平行测量次数；

　　　n——确定校准曲线时的测量数据组数。

【例6-4】　为测定镉浓度，实验室获得一系列如表6-2第2栏和第3栏所示数据。

1）试求直线回归方程。

2）对被测样品平行测定两次的镉浓度 x_0 的标准偏差 $s(x_0)$。两次平行测量的仪器响应平均值为 $y_0 = 0.071$。

解： 将测量数据进行整理并列在表 6-2 中。

1）依据式（6-26）和式（6-27）计算斜率 b_1 和截距 a_1：

斜率：
$$b_1 = \frac{\sum_{i=1}^{n} \left[(x_i - \bar{x})(y_i - \bar{y}) \right]}{\sum_{i=1}^{n} (y_i - \bar{y})^2} = \frac{0.2892}{0.07008840} = 4.1262$$

截距：$a_1 = \bar{x} - b_1 \bar{y} = 0.5 - 4.1262 \times 0.1292 = -0.3311$

x 对 y 的回归直线可表示为 $\hat{x} = a_1 + b_1 y = -0.3311 + 4.1262 y$

根据仪器响应值求镉浓度：$\hat{x} = a_1 + b_1 y = -0.3311 + 4.1262 \times 0.071 = 0.260 \text{mg/L}$

2）计算回归的标准偏差 s_1：

$$s_1 = \sqrt{\frac{1}{n-2} \sum_{i=1}^{n} (x_i - \hat{x}_i)^2} = \sqrt{\frac{6699.857 \times 10^{-6}}{13}} = 0.0227$$

根据表 6-2 的相关数据和上述数据，用式（6-31）计算被测物含量 x_0 的标准偏差 $s(x_0)$：

$$s(x_0) = s_1 \sqrt{\frac{1}{m} + \frac{1}{n} + \frac{(y_0 - \bar{y})^2}{\sum_{i=1}^{n} (y_i - \bar{y})^2}} = 0.0227 \times \sqrt{\frac{1}{2} + \frac{1}{15} + \frac{(0.071 - 0.1292)^2}{0.0701}} = 0.018$$

这是与【例 6-3】的计算结果相一致的。

表 6-2　以仪器响应为自变量的试验数据和回归直线中间计算结果

测量次数	y	x	$y_i - \bar{y}$	$(y_i - \bar{y})^2$	$x_i - \bar{x}$	$(x_i - \bar{x})^2$	$(x_i - \bar{x})(y_i - \bar{y})$	$(x_i - \hat{x}_i)^2 (\times 10^{-6})$
1	0.028	0.1	-0.1012	0.01024144	-0.4	0.16	0.04048	308.819
2	0.029	0.1	-0.1002	0.01004004	-0.4	0.16	0.04008	180.822
3	0.029	0.1	-0.1.002	0.01004004	-0.4	0.16	0.04008	180.822
4	0.084	0.3	-0.0.405	0.00204304	-0.2	0.04	0.00904	182.114
5	0.083	0.3	-0.0462	0.00213444	-0.2	0.04	0.00924	87.773
6	0.081	0.3	-0.0482	0.00232324	-0.2	0.04	0.00964	1.246
7	0.135	0.5	0.0058	0.00003346	0	0	0	572.774
8	0.131	0.5	0.0018	0.00000342	0	0	0	55.163
9	0.133	0.5	0.0038	0.00001444	0	0	0	245.851
10	0.180	0.7	0.0508	0.00258064	0.2	0.04	0.01016	92.388
11	0.181	0.7	0.0518	0.00268324	0.2	0.04	0.01036	188.735
12	0.183	0.7	0.0538	0.00289444	0.2	0.04	0.01076	485.583
13	0.215	0.9	0.0858	0.00736164	0.4	0.16	0.03432	3113.288
14	0.230	0.9	0.1008	0.01016064	0.4	0.16	0.04032	253.534
15	0.216	0.9	0.0868	0.00753424	0.4	0.16	0.03472	1750.945
Σ	1.938	7.5	0	0.07008840	0	1.2	0.2892	6699.857
—	$\bar{y} = 0.1292$	$\bar{x} = 0.5$	—	—	—	—	—	—

3. 不确定度评定应用实例

（1）标准曲线斜率和截距的扩展不确定度的评定

【例 6-5】　某比色测定得到表 6-3 所列测量结果。试用统计方法绘制标准曲线，并评定标准曲线斜率和截距的扩展不确定度。

表 6-3　某比色测定的测量结果

浓度值 x/（μg/mL）	0	0.5	1.0	1.5	2.0
仪器响应值 y	0.019；0.024 0.021；0.023 0.020；0.021	0.498；0.521 0.511；0.513 0.515	0.980；1.014 1.002；1.005	1.498；1.491 1.482	1.972；2.025 1.998

解：　本题对同一浓度值 x 值平行测定了多个数目不等的仪器响应值 y，采取用全部 y 值进行计算的方法。

1）求标准曲线。

① 用全部试验点求 $\bar{x}$ 和 $\bar{y}$ 值：

$$\bar{x} = \frac{6 \times 0 + 5 \times 0.5 + 4 \times 1.0 + 3 \times 1.5 + 3 \times 2.0}{6 + 5 + 4 + 3 + 3} = 0.8095$$

$$\bar{y} = \frac{\sum\limits_{i=1}^{21} y_i}{21} = 0.8168$$

② 计算各平方和：

$$\sum_{i=1}^{21}(x_i - \bar{x})^2 = \sum_{i=1}^{21} x_i^2 - \frac{\left(\sum\limits_{i=1}^{21} x_i\right)^2}{21} = 24 - \frac{17^2}{21} = 10.238155$$

$$\sum_{i=1}^{21}(y_i - \bar{y})^2 = \sum_{i=1}^{21} y_i^2 - \frac{\left(\sum\limits_{i=1}^{21} y_i\right)^2}{21} = 23.959155 - \frac{17.153^2}{21} = 9.9484212$$

$$\sum_{i=1}^{21}(x_i - \bar{x})(y_i - \bar{y}) = \sum_{i=1}^{21} x_i y_i - \frac{\sum\limits_{i=1}^{21} x_i \sum\limits_{i=1}^{21} y_i}{21} = 23.9765 - \frac{17 \times 17.153}{21} = 10.090738$$

③ 用式（6-4）计算相关系数 r：

$$r = \frac{\sum\limits_{i=1}^{n}\left[(x_i - \bar{x})(y_i - \bar{y})\right]}{\sqrt{\left[\sum\limits_{i=1}^{n}(x_i - \bar{x})^2\right]\left[\sum\limits_{i=1}^{n}(y_i - \bar{y})^2\right]}} = \frac{10.090738}{\sqrt{10.238095 \times 9.9494212}} = 0.99985$$

由求得的相关系数 r 值可看出，x 和 y 是显著的线性相关。

④ 用式（6-2）计算回归直线的斜率 b：

$$b = \frac{\sum\limits_{i=1}^{n}\left[(x_i - \bar{x})(y_i - \bar{y})\right]}{\sum\limits_{i=1}^{n}(x_i - \bar{x})^2} = \frac{10.090738}{10.238095} = 0.9856$$

⑤ 用式（6-3）计算回归直线的截距 a：

$$a = \bar{y} - b\bar{x} = 0.8168095 - 0.9856069 \times 0.8095238 = 0.0189$$

⑥ 求回归直线（标准曲线）：

$$\hat{y} = 0.9586x + 0.00189$$

2）标准曲线斜率和截距扩展不确定度评定。为了便于计算，将测量值 x_i、y_i、$\hat{y}$ 的计算值列于表 6-4。

① 回归的标准偏差 s。用式（6-15）计算回归的标准偏差 s：

$$s = \sqrt{\frac{1}{n-2} \sum_{i=1}^{n} (y_i - \hat{y})^2} = \sqrt{\frac{0.0029194}{21-2}} = 0.0123956$$

② 斜率 b 的标准偏差 $s(b)$。用式（6-18）计算斜率 b 的标准偏差 $s(b)$：

$$s(b) = \frac{s}{\sqrt{\sum_{i=1}^{n} (x_i - \bar{x})^2}} = \frac{0.0123956}{\sqrt{10.238095}} = 0.0038739$$

③ 斜率 b 的扩展不确定度 $U_p(b)$。通常选取置信水准 $p = 95\%$（显著性水平 $\alpha = 0.05$），查 t 分布表，自由度 $\nu = n-2 = 19$，得到 $t_{95}(19) = 2.093$。用式（6-19）计算斜率 b 的扩展不确定度 $U_p(b)$：

$$U_p(b) = t_{95}(19)s(b) = 2.093 \times 0.0038739 = 0.0081$$

斜率 b 的置信区间为 $b \pm t_p s(b) = 0.9856 \pm 0.0081$ 或 $0.9775 \sim 0.9737$。

④ 截距 a 的标准偏差 $s(a)$。用式（6-20）计算截距 a 的标准偏差 $s(a)$：

$$s(a) = s \sqrt{\frac{\sum_{i=1}^{n} x_i^2}{n \sum_{i=1}^{n} (x_i - \bar{x})^2}} = 0.0123956 \times \sqrt{\frac{24}{21 \times 10.238095}} = 0.0041414$$

⑤ 截距 a 的扩展不确定度 $U_p(a)$。同理，查得 $t_{95}(19) = 2.093$，用式（6-21）计算截距 a 的扩展不确定度 $U_p(a)$：

$$U_p(a) = t_{95}(19)s(a) = 2.093 \times 0.0041414 = 0.0087$$

截距 a 的置信区间为 $a \pm t_p s(a) = 0.0189 \pm 0.0087$ 或 $0.0102 \sim 0.0276$。

表 6-4　某比色测定的计算结果

x_i	0	0	0	0	0	0	0.5
y_i	0.019	0.024	0.021	0.023	0.020	0.021	0.498
$\hat{y}_i$	0.0189	0.0189	0.0189	0.0189	0.0189	0.0189	0.5117
$y - \hat{y}_i$	0.0001	0.0051	0.0021	0.0041	0.0011	0.0021	-0.0137
x_i	0.5	0.5	0.5	0.5	1.0	1.0	1.0
y_i	0.521	0.511	0.513	0.515	0.980	1.014	1.002
$\hat{y}_i$	0.5117	0.5117	0.5117	0.5117	1.0045	1.0045	1.0045
$y - \hat{y}_i$	0.0093	-0.0007	0.0013	0.0033	-0.0245	0.0095	-0.0025
x_i	1.0	1.5	1.5	1.5	2.0	2.0	2.0
y_i	1.005	1.498	1.481	1.482	1.972	2.025	1.998
$\hat{y}_i$	1.0045	1.4973	1.4973	1.4973	1.9901	1.9901	1.9901
$y - \hat{y}_i$	0.0005	0.0007	-0.0063	-0.0153	-0.0181	0.0349	0.0079

（2）被测物含量及其测量不确定度

【例6-6】　在【例6-5】的比色测定中，在作标准曲线$\hat{y} = 0.9856x + 0.0189$的同时，也测定被测样品的仪器读数。表6-5分别给出了样品测定一次、平行测定五次和十次的仪器读数值。求样品中被测物含量及其测量不确定度。

如果【例6-5】的标准曲线是$\hat{y} = 0.9856x + 0.0189$由五个实验点获得，且回归的标准偏差$s$不变，对样品被测物含量$x_0$值只测定一个$y_0$值（0.770），试求用该标准曲线计算得到的被测物含量x_0的扩展不确定度$U(x_0)$。

表6-5　某比色测定不同测定次数的测量结果

仪器响应值 y_0										$\bar{y}_0$	被测物含量 x_0/ （μg/mL）
0.770	—	—	—	—	—	—	—	—	—	0.770	0.762
0.770	0.778	0.761	0.765	0.777						0.7772	0.762
0.770	0.778	0.761	0.765	0.777	0.773	0.772	0.768	0.773	0.763	0.770	0.762

解：　根据【例6-5】的解，试验点$n = 21$，绘制得到的标准曲线为

$$\hat{y} = 0.9856x + 0.0189 \tag{6-32}$$

1）仪器测定一次，得到响应$y_0 = 0.770$。

① 将$y_0 = 0.770$代入式（6-32），得到样品被测物含量$x_0 = 0.762\mu$g/mL。

② 用式（6-22）计算被测物含量x_0的标准偏差估计值$s(x_0)$：

$$s(x_0) = \frac{s}{b}\sqrt{1 + \frac{1}{n} + \frac{(\bar{y}_0 - \bar{y})^2}{b^2\sum_{i=1}^{n}(x_i - \bar{x})^2}}$$

$$= \frac{0.0124}{0.9856}\sqrt{1 + \frac{1}{21} + \frac{(0.770 - 0.8168)^2}{0.9856^2 \times 10.238095}} = 0.0129$$

③ 被测物含量x_0的扩展不确定度$U_p(x_0)$。选取置信水准$p = 95\%$（显著性水平$\alpha = 0.05$），查t分布表，自由度$\nu = n - 2 = 19$，得到$t_{95}(19) = 2.093$。用式（6-24）计算被测物含量x_0的扩展不确定度$U_p(x_0)$：

$$U_{95}(x_0) = t_{95}(19)s(x_0) = 2.093 \times 0.0129 = 0.027$$

2）仪器测定五次，得到响应的平均值$\bar{y}_0 = 0.7702$。

① 将$\bar{y}_0 = 0.7702$代入式（6-32），得到样品被测物含量$x_0 = 0.762\mu$g/mL。

② 用式（6-23）计算被测物含量x_0的标准偏差估计值$s(x_0)$：

$$s(x_0) = \frac{s}{b}\sqrt{\frac{1}{m} + \frac{1}{n} + \frac{(\bar{y}_0 - \bar{y})^2}{b^2\sum_{i=1}^{n}(x_i - \bar{x})^2}}$$

$$= \frac{0.0124}{0.9856}\sqrt{\frac{1}{5} + \frac{1}{21} + \frac{(0.770 - 0.8168)^2}{0.9856^2 \times 10.238095}} = 0.00626$$

③ 被测物含量x_0的扩展不确定度$U_p(x_0)$。选取置信水准$p = 95\%$（显著性水平$\alpha = $

0.05），查 t 分布表，自由度 $\nu = n-2 = 19$，得到 $t_{95}(19) = 2.093$。用式（6-24）计算被测物含量 x_0 的扩展不确定度 $U_p(x_0)$：

$$U_p(x_0) = t_{95}(19)s(x_0) = 2.093 \times 0.00626 = 0.013$$

3）仪器测定十次，得到响应的平均值 $\bar{y}_0 = 0.770$。

① 将 $\bar{y}_0 = 0.770$ 代入式（6-32），得到样品被测物含量 $x_0 = 0.762$。

② 用式（6-22）计算被测物含量 x_0 的标准偏差估计值 $s(x_0)$：

$$s(x_0) = \frac{s}{b}\sqrt{\frac{1}{m} + \frac{1}{n} + \frac{(\bar{y}_0 - \bar{y})^2}{b^2\sum\limits_{i=1}^{n}(x_i - \bar{x})^2}}$$

$$= \frac{0.0124}{0.9856}\sqrt{\frac{1}{10} + \frac{1}{21} + \frac{(0.770 - 0.8168)^2}{0.9856^2 \times 10.238095}} = 0.00484$$

③ 被测物含量 x_0 的扩展不确定度 $U_p(x_0)$。选取置信水准 $p = 95\%$（显著性水平 $\alpha = 0.05$），查 t 分布表，自由度 $\nu = n-2 = 19$，得到 $t_{95}(19) = 2.093$。用式（6-24）计算被测物含量 x_0 的扩展不确定度 $U_p(x_0)$：

$$U_{95}(x_0) = t_{95}(19)s(x_0) = 2.093 \times 0.00484 = 0.010$$

4）根据题意，作标准曲线时，除了试验点由 $n = 21$ 改变为 $n = 5$，测定结果均未发生变化且仪器只测定一次，得到响应 $y_0 = 0.770$。

① 将 $y_0 = 0.770$ 代入式（6-32），得到样品被测物含量 $x_0 = 0.762\mu g/mL$。

② 用式（6-22）计算被测物含量 x_0 的标准偏差估计值 $s(x_0)$：

$$s(x_0) = \frac{s}{b}\sqrt{1 + \frac{1}{n} + \frac{(y_0 - \bar{y})^2}{b^2\sum\limits_{i=1}^{n}(x_i - \bar{x})^2}}$$

$$= \frac{0.0124}{0.9856}\sqrt{1 + \frac{1}{5} + \frac{(0.770 - 0.8168)^2}{0.9856^2 \times 10.238095}} = 0.01378$$

③ 被测物含量 x_0 的扩展不确定度 $U_p(x_0)$。选取置信水准 $p = 95\%$（显著性水平 $\alpha = 0.05$），查 t 分布表，自由度 $\nu = n-2 = 3$，得到 $t_{95}(3) = 3.182$。用式（6-24）计算被测物含量 x_0 的扩展不确定度 $U_p(x_0)$：

$$U_p(x_0) = t_{95}(3)s(x_0) = 3.182 \times 0.01378 = 0.044$$

6.1.3　一元回归直线在化学分析领域的应用

1. 应用范围

（1）化学分析的测量类型　化学分析的测量类型可分为绝对测量法和相对测量法。

1）绝对测量法。绝对测量法是被测参数由仪器、仪表等计量器具直接测量（如 pH 值和电导率的测定），或通过测量与被测参数有已知函数关系的其他量而得到该被测参数量值的测量方法（如重量分析法、滴定分析法等）。

2）相对测量法。相对测量法是通过测量被测参数所表现的物理或化学性质并与标准物质中被测参数表现的物理或化学性质进行比较，从而实现对被测参数进行测量的方法。

化学分析中常见的相对测量法包括标准曲线法和标准加入法，两者都需要制作工作曲线

（也称相对标准工作曲线）。

（2）应用一元回归直线的化学分析方法　主要包括：①分光光度法，以吸光度-浓度（或含量）绘制工作曲线；②原子吸收分光光度法，以吸收光强度-浓度（或含量）绘制工作曲线；③等离子体原子发射光谱法，以发射光强度-浓度（或含量）绘制工作曲线。

（3）其他化学分析方法　一元回归直线还可以应用于其他单点校正/修正的分析方法，如红外碳硫硫分析，Leco 244/344/444 型碳硫仪采用单点校正，以及火花放电原子发射光谱法，有些直读光谱仪只能通过控制样品对检测结果进行修正。

当然，这些分析方法本身是没有问题的，在日常分析中，操作人员只要按标准和仪器制造商的说明书进行操作，其检测结果是能满足分析要求的。但是，对于检测结果要求较高的分析（如参加能力验证等），通过一元回归直线的应用，将单点校正转化为多点校正，检测结果的准确度会更好。具体的做法是：

1）将多个标准物质的证书值和测量值形成数组，求得校准曲线相关系数 r、斜率 a 和 y 轴截距 b。

2）利用样品被测参数的测量值，通过 $y=ax+b$ 进行反计算，即 $x=(y-b)/a$ 求得样品被测参数的修正值。

2. 在 Excel 中制作工作曲线

一元线性回归直线的中间计算量比较大，也容易出错，而 Excel 电子表格提供了强大的计算功能，因此在实际应用中使用 Excel 电子表格，将节省大量运算时间，并减少计算差错，最主要的是 Excel 电子表格提供了涉及一元线性回归直线最主要的三个参数的表达式：

1）斜率：a=INDEX［LINEST（known_y's, known_x's），1］

2）Y 轴截距：b=INDEX［LINEST（known_y's, known_x's），2］

3）相关系数：r=CORREL（array1，array2）

【例 6-7】　某实验室参加中实国金的能力验证，采用 GB/T 4336—2016 测定钢中各元素的含量。分析人员使用标准化样品对仪器进行校正后，对样品进行了 t 次测量，其重复性数据较好，而在测量控制标样【标样 5】时，其测量值较证书值低 0.012；测量【标样 4】时，其测量值较证书值高 0.002。为了慎重起见，该分析人员又继续测量其他标样，初始测量数据如图 6-3 所示。随着试验数据的增多，令人疑惑的是本次试验结果是否需要修正？若需修正，修正值是多少？

本例中应用一元线性回归直线可以很好解决此类问题。以控制标样的证书值为 x，测量值为 y，制作回归曲线 $y=ax+b$，如图 6-4 所示。

C9=CORREL（B2:B6，C2:C6）

C7= INDEX［LINEST（B2:B6，C2:C6），1］

C8= INDEX［LINEST（B2:B6，C2:C6），2］

本例中回归曲线为

$$y = 0.9686x + 0.01118$$

再通过测量值计算修正值，即 $x=(y-0.01118)/0.9686$

例如，B11=（C11-C8）/C7=0.529，即样品第一次测量值的修正值。

本例中通过一元线性回归直线将最终平均测量值 0.526 修正为 0.532，结果更为准确，同时也避免了分析人员在数据处理过程的随意性。

	A	B	C
1	标样	证书值	测量值
2	标样1	0.2	0.207
3	标样2	0.144	0.149
4	标样3	0.288	0.287
5	标样4	0.455	0.457
6	标样5	0.66	0.648
7	样品	测量值	
8	1	0.524	
9	2	0.513	
10	3	0.529	
11	4	0.525	
12	5	0.53	
13	6	0.532	
14	7	0.532	
15	平均	0.526	

图 6-3　某实验室初始测量数据

	A	B	C
1	标样	证书值	测量值
2	标样1	0.2	0.207
3	标样2	0.144	0.149
4	标样3	0.288	0.287
5	标样4	0.455	0.457
6	标样5	0.66	0.648
7	线性	a	0.9686
8		b	0.01118
9		r	0.9999
10	样品	校正值	测量值
11	1	0.529	0.524
12	2	0.518	0.513
13	3	0.535	0.529
14	4	0.530	0.525
15	5	0.536	0.53
16	6	0.538	0.532
17	7	0.538	0.532
18	平均	0.532	0.526

图 6-4　经一元线性回归直线处理的数据

通过本例还可以发现，本次试验还有两个明显的不足：

1）本例中样品的第二次测量数据应舍去。

2）本例控制样品的测试中证书值大于 0.5 的标样应增加 1~2 个。

3. 一元回归直线的应用解释

（1）校准曲线的试验点数　使用两条斜率、截距和回归的标准偏差都相等，但试验点个数不同的标准曲线，被测含量的测量不确定度也不同。使用试验点数多的那条标准曲线，扩展不确定度较小。显然，绘制标准曲线时，增加试验点将降低分析结果的测量不确定度。

（2）样品平行测定次数　由于对样品的平行测定次数不同，使得在同一条标准曲线上计算得到的相同被测物含量的测量不确定度也不同，增加平行测定次数将降低测量不确定度。当平行测定次数 $m = 1$、5、10 时，被测物含量的扩展不确定度分别为 0.027、0.013、0.010。可以看出，平行测定次数从 1 增加到 5，扩展不确定度减小得较多，而从 5 增加到 10 时，减小得不多。

（3）工作曲线的测定范围　由于不同样品的浓度（含量）不同，使得在同一条标准曲线上计算不同样品的浓度（含量）的测量不确定度也不同，缩小工作曲线的测定范围能降低测量不确定度。一些对测定要求较高的（如能力验证），在已知测定样品的大概浓度（含量）的情况下，选择恰当的标准样品，在同一个数量级的浓度（含量）范围内，重新制作一元线性回归直线，使 $\bar{y}_0 - \bar{y}$ 接近于零，可使检测结果的标准不确定度降低。

6.2　质量控制图的应用

6.2.1　控制图的原理

1. 控制图的结构

控制图是对过程质量特性值进行测定、记录、评估，从而监察过程是否处于控制状态的一种用统计方法设计的图。如图 6-5 所示，图上有中心线（CL）、上控制限（UCL）和下控制限（LCL），并有按时间顺序抽取的样本统计量数值的描点序列。UCL、CL 与 LCL 统称为控制线。若控制图中的描点落在 UCL 与 LCL 之外或描点在 UCL 与 LCL 之间的排列不随机，则表明过程异常。

1924 年，沃特·阿曼德·休哈特提出了控制图方法，这是一种基于统计显著性原则进行过程控制的图形工具。

控制图方法有助于评估过程是否已经达到或持续处于统计控制状态。当过程被认为是稳定、可预测时，可以进一步分析过程满足客户要求的能力。在过程活动持续进行时，控制图也可以用来提供过程输出质量特性的连续记录。控制图可以帮助检测重复性过程导致的数据变化的非自然模式，并提供缺乏统计受控的判断准则。控制图的使用和仔细分析可以更好地理解过程，并且经常会识别出有价值的改进方法。

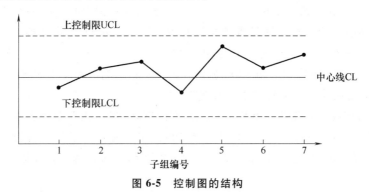

图 6-5　控制图的结构

2. 控制图的原理

（1）正态分布的基础知识

1）若数据越多，分组越密，则直方图也越趋近一条光滑曲线，如图 6-6 所示。连续值最常见的分布为正态分布，其特点为中间高、两头低、左右对称并延伸到无穷。

图 6-6　直方图趋近光滑曲线

2）正态分布是一条曲线，讨论起来不方便，故一般采用两个参数来表示，即平均值（μ）与标准差（σ）。正态分布随平均值（μ）与标准差（σ）的变化如图 6-7 和图 6-8 所示。

由图 6-7 可见，若平均值（μ）增大，则正态分布往右移动。由图 6-8 可见，标准差（σ）越大，分布越分散。注意，标准差（σ）与产品质量特性密切关系。

正态分布的两个参数——平均值（μ）与标准差（σ）是互相独立的。事实上，无论平

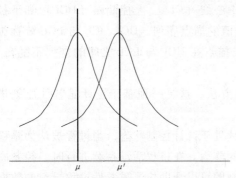

图 6-7　正态分布随平均值（μ）的变化

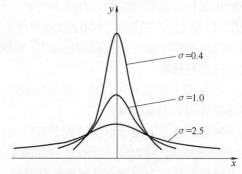

图 6-8　正态分布随标准差（σ）的变化

均值（μ）如何变化，都不会改变正态分布的形状，即标准差（σ）；反之，无论正态分布的形状，即标准差（σ）如何变化，也绝不会影响数据的对称中心，即平均值。

3）正态分布有一个结论对质量管理非常有用，即无论 μ 与 σ 取值如何，产品质量特性值落在（$\mu-3\sigma$，$\mu+3\sigma$）范围内的概率为 99.73%，落在（$\mu-3\sigma$，$\mu+3\sigma$）范围外的概率为 $1-99.73\%=0.27\%$，而落在大于 $\mu+3\sigma$ 或小于 $\mu-3\sigma$ 的一侧的概率为 $0.27\%/2=0.135\%\approx0.1\%$，休哈特就是根据这一事实提出了控制图。

4）控制图的形成。首先将图 6-9 按顺时针方向旋转 90°，由于数值上小、下大不符合常规，故再将图 6-10a 上下翻转 180°，形成图 6-10b，这样就得到了一张控制图。图 6-10b 中的 UCL＝$\mu+3\sigma$，为上控制限；CL＝μ，为中心线；LCL＝$\mu-3\sigma$，为下控制限。

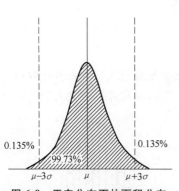
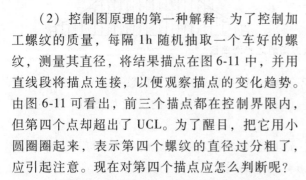

图 6-9　正态分布下的面积分布

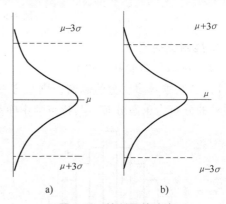

图 6-10　控制图的演变

（2）控制图原理的第一种解释　为了控制加工螺纹的质量，每隔 1h 随机抽取一个车好的螺纹，测量其直径，将结果描点在图 6-11 中，并用直线段将描点连接，以便观察描点的变化趋势。由图 6-11 可看出，前三个描点都在控制界限内，但第四个点却超出了 UCL。为了醒目，把它用小圆圈圈起来，表示第四个螺纹的直径过分粗了，应引起注意。现在对第四个描点应怎么判断呢？

1）若过程正常，即分布不变，则描点超过

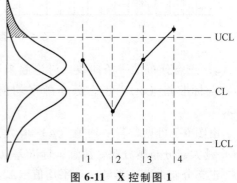

图 6-11　X 控制图 1

UCL 的概率只有 0.1% 左右。

2）若过程异常，如假设是因车刀磨损，则随着车刀的磨损，加工的螺纹直径将逐渐变大，μ 逐渐增大，于是分布曲线上移（见图 6-11），描点超过 UCL 的概率将大为增加，可能为 0.1% 的几十至几百倍。

现在第四个描点已经超出了 UCL，那么在上述两种情形中，如何判断是哪种情形造成的？情形 2 发生的可能性要比情形 1 大几十乃至几百倍，故合乎逻辑地认为上述异常是由情形 2 造成的。于是，得出结论：点出界就判异！

用统计学语言来说，这就是小概率事件原理：概率事件实际上不发生，若发生即判断异常。控制图就是统计假设检验的图上作业法，在控制图上每描一点就是做一次统计假设检验。

（3）控制图原理的第二种解释　现在换个角度再来研究一下控制图原理。根据来源的不同，质量因素可分为人、机、料、法、环五个方面。从对产品质量的影响大小来分，质量因素可分为偶然因素（简称偶因）与异常因素（简称异因，业界成为查明因素或系统因素）两类，偶因是过程固有的，始终存在，对质量的影响微小，但难以除去，如机床开动时的轻微振动等；异因则非过程固有，有时存在，有时不存在，对质量影响大，但不难除去，如车刀磨损等。

偶因引起质量的偶然波动（简称偶波），异因引起质量的异常波动（简称异波）。偶波是不可避免的，但对质量影响微小，故可把它看作背景噪声而听之任之。异波则不然，它对质量的影响大，且采取措施不难消除，故异波及造成异波的原因是需要注意的对象，一旦发生，就应该尽快找出，采取措施加以消除，并纳入标准化，保证它不再出现。将质量波动分为偶波与异波两类并分别采取不同的对待策略，这是休哈特的贡献。

偶波与异波都是产品质量的波动，如何能发现异波的到来呢？可以这样设想：在既定过程中，异波已经消除，只剩下偶波，这当然是最小的波动。根据这最小波动，应用统计学原理设计出控制图相应的控制界限就是区分偶波与异波的科学界限。

因此，可以说，休哈特控制图的实质是区分偶然因素与异常因素。

3. 控制图在贯彻预防原则中的作用

按下述两种情形分别讨论。

情形 1：应用控制图对生产过程进行监控，如出现图 6-12 所示的上升倾向，显然过程有问题，故异因刚一露头，即可发现，于是可及时采取措施加以消除，这当然是预防。但在现场出现这种情形是不多的。

情形 2：常见的是控制图上的描点突然出界，显示异常。这时必须按照下列 "20 字方针" 去做："查出异因，采取措施，加以消除，不再出现，纳入标准"。上述 20 字要牢牢记住！每执行一次这 20 个字，就消灭一个异因，于是对此异因而言，起到了预防作用。不按照这 "20 字方针" 去做，控制图形同虚设，就不必搞控制图了。

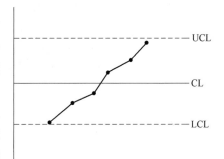

图 6-12　X 控制图 2

控制图的作用是及时告警。只在控制图上描描点子，是不可能起到预防作用的。要贯彻预防原则，必须执行上述"20字方针"。从这点出发，强调要求生产一线的工程技术人员来推行和使用统计过程控制（SPC）与统计过程诊断（SPD），把它作为日常工作的一部分，而质量管理人员则应该起到组织、协调、监督、鉴定与当好领导参谋的作用。

4. 控制图的判断准则

（1）判稳准则　判断过程达到统计稳态依据的是判稳准则。

如果连续在控制界内的描点较多，则即使有个别描点偶然出界，该过程仍可看看作是稳态的。在描点随机排列的情况下，符合下列情况即可判稳：

1）连续 25 个点，界外点数 $d=0$。

2）连续 35 个点，界外点数 $d \leq 1$。

3）连续 100 个点，界外点数 $d \leq 2$。

当然，即使在判稳时，对于界外点也必须按照前文的"20字方针"去做。

（2）判异准则　判断过程偏离统计控制状态依据的是判异准则。

过程偏离统计控制状态主要有两大类：一类是描点出现在控制限外；另一类是描点出现在控制限内但不随机排列，包括从概率和统计学角度给出的可解释的8种异常模式。

1）异常模式1：测量点出现在 A 区之外（见图 6-13）。

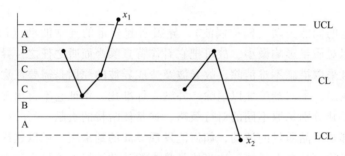

图 6-13　测量点出现在 A 区之外

图 6-13 中 x 点表明出现了异常。异常点出现在 A 区外的概率仅为 0.27%，因此任何测量点出现在 A 区之外均可立即判定为测量过程异常。测量点 x_1 出现在上界，表明统计控制量的均值增大，而测量点 x_2 出现在下界，表明统计控制量的均值减小。

2）异常模式2：连续 9 个测量点出现在中心线的同一侧（见图 6-14）。

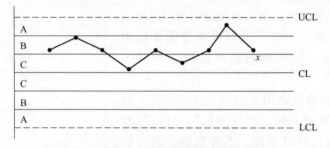

图 6-14　连续 9 个测量点出现在中心线的同一侧

测量点连续出现在控制图中心线的同一侧的现象称为"链"。计算表明，9点链出现的概率为 0.38%，接近规定的显著性水平 0.27%。如图 6-14 所示，当测量点 x 出现时，由于出现了 9 点链，故可以判断测量过程出现异常。这种链的出现，表明统计控制量分布的均值向一侧偏移。

3）异常模式 3：连续 6 个测量点呈现单调递增或单调递减（见图 6-15）。

控制图中测量点的排列出现单调递增或单调递减的状态称为"趋势"。计算表明，6 点趋势出现的概率为 0.27%，与规定的显著性水平 0.27% 一致。如图 6-15 所示，当测量点 x 出现时，由于出现了 6 点趋势，故可以判断测量过程出现异常。趋势的出现表明统计控制量的均值随时间增大或减小。

4）异常模式 4：连续 14 个测量点呈现上下交替排列（见图 6-16）。

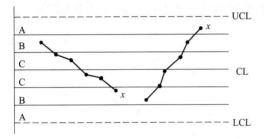

图 6-15　连续 6 个测量点呈现单调递增或单调递减

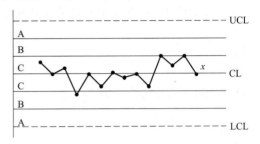

图 6-16　连续 14 个测量点呈现上下交替排列

计算表明，14 个测量点呈现上下交替（即一高一低）排列的概率为 0.37%，接近规定的显著性水平 0.27%。如图 6-16 所示，当测量点 x 出现时，由于有连续 14 个测量点呈现上下交替排列，故可以判断测量过程出现异常。这种情况表明测量过程受到某种周期性效应的影响。

5）异常模式 5：连续 3 个测量点中有 2 个点出现在中心线同一侧的 A 区中（见图 6-17）。

虽然 A 区也在控制范围内，但若测量点频繁出现在 A 区之内仍然是不允许的。计算表明，连续 3 个测量点中有 2 个点出现在中心线同一侧 A 区中的概率为 0.27%，与规定的显著性水平 0.27% 一致。如图 6-17 所示的三种情况，当测量点 x 出现时，由于在连续 3 个测量点中有 2 个点出现在中心线同一侧 A 区中，故可以判断测量过程出现异常。

6）异常模式 6：连续 5 个测量点中有 4 个点出现在中心线的同一侧（见图 6-18）。

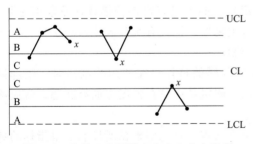

图 6-17　连续 3 个测量点中有 2 个点出现
在中心线同一侧的 A 区中

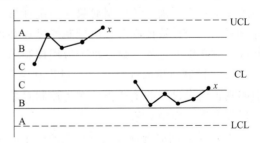

图 6-18　连续 5 个测量点中有 4 个点出现
在中心线的同一侧

同一侧的 B 区或 A 区中的计算表明，连续 5 个测量点中有 4 个点出现在中心线同一侧的 B 区或 A 区中的概率为 0.51%，比较接近规定的显著性水平 0.27%。如图 6-18 所示的两种情况，当测量点 x 出现时，由于在连续 5 个测量点中有 4 个点出现在中心线同一侧的 B 区或 A 区中，故可以判断测量过程出现异常。这种情况表明该控制图所选用的统计控制量向该侧偏移。

7）异常模式 7：连续 15 个测量点出现在中心线两侧的 C 区中（见图 6-19）。

计算表明，连续 15 个测量点出现在中心线两侧的 C 区中的概率为 0.33%，比较接近规定的显著性水平。如图 6-19 所示，当测量点 x 出现时，由于已有连续 15 个测量点出现在中心线两侧的 C 区中，故可以判断测量过程出现异常。

对于这种异常模式，不要误认为是测量过程得到改进的结果。这种情况的出现往往表明是由于控制图设计中的错误而导致控制界限过宽而造成的，此时的控制图已失去对测量过程的控制作用，因而应重新采集数据制作新的控制图。

8）异常模式 8：连续 8 个测量点出现在中心线两侧且全部不在 C 区（见图 6-20）。

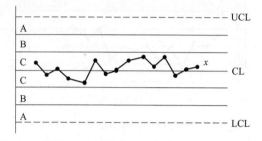

图 6-19　连续 15 个测量点出现在中心线两侧的 C 区中

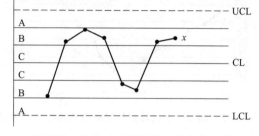

图 6-20　连续 8 个测量点出现在中心线两侧且全部不在 C 区

如图 6-20 所示，当测量点 x 出现时，由于已有连续 8 个测量点出现在中心线两侧，并且全部不在 C 区中，故可以判断测量过程出现异常。

出现这种情况，往往表明统计控制量的分布是两种不同分布的混合，并且其中一个分布的均值与另一个分布的均值有明显的差异，两种分布同时在测量过程中交替地出现。

6.2.2　控制图在化学分析领域的应用

1. 应用控制图需要考虑的事项

（1）控制图的应用场景　理论上，凡需要对质量进行控制的场合都可以应用控制图，但还要求对于所确定的控制对象——统计量应能定量。如果只有定性的描述而不能够定量，那就只能应用计数控制图。所控制的过程必须具有重复性，即具有统计规律，对于只有一次性或少数几次的过程，显然难于应用控制图进行控制。

（2）控制对象的选择　一个过程往往具有各种各样的特性，在使用控制图时，应选择能够真正代表过程的主要指标作为控制对象。例如，假定某产品在强度方面有问题，就应该选择强度作为控制对象。

（3）控制图的选择　选择控制图应主要考虑以下几点：首先应根据所控制质量指标的数据性质来进行选择，如数据为连续值的应选择 X-R 控制图、X-s 控制图等，数据为计件值的应选择 p 或 np 控制图，数据为计点值的应选择 c 或 u 控制图；其次还需要考虑其他要求，如取得数据的难易和是否经济等。例如，要求检出力大可采用成组数据的控制图，如 X 控制图。

（4）控制图的分析　如果在控制图中的描点未出界，同时描点的排列也是随机的，则认为生产过程处于稳定状态或统计控制状态。如果控制图中的描点出界或界内描点排列非随机，就认为为生产过程失控。

对于应用控制图的方法还不够熟悉的工作人员来说，即使在控制图描点出界的情况，也首先应该从下列几方面进行检查：样品的取法是否随机？测量有无差错？数字的读取是否正确？计算有无错误？描点有无差错？然后再来调查过程方面的原因，经验证明这点十分重要。

（5）对于描点出界或违反其他准则的处理　若描点出界或界内描点排列非随机，应执行上述的"20字方针"，立即追查原因并采取措施，防止它再次出现。

对于过程而言，控制图起着告警铃的作用，控制图中的描点出界就好比告警铃响，告诉工作人员现在该执行"20字方针"了，但一般来说，控制图只起告警铃的作用，而不能告知这种告警究竟是由什么异常因素造成的。要找出造成异常的原因，除根据生产和管理方面的技术与经验来解决，应该强调指出，应用两种质量诊断理论和两种质量多因素论断理论进行诊断是十分重要的。

（6）控制图的重新制订　控制图是根据稳态下的条件（人员、设备、原材料、工艺方法、环境、测量，即5M1E）来制订的，如果上述条件发生变化，如操作人员更换或通过学习操作水平显著提高，设备更新，采用新型原材料或更换其他原材料，改变工艺参数或采用新工艺，环境改变等，控制图也必须重新加以制订。由于控制图是科学管理生产过程的重要依据，所以经过相当长的时间使用后应重新抽取数据，进行计算，加以检验。

（7）控制图的保管问题　控制图的计算及日常的记录都应作为技术资料加以妥善保管。对于描点出界或界外排列非随机的异常情况，以及当时的处理情况都应予以记录，因为这些都是以后出现异常时查找原因的重要资料。有了长期的保存的记录，便能对该过程的质量水平有清楚的了解，这对于今后的产品设计和制订规范方面都是十分有用的。

实验室应从目的适宜性原则出发建立控制程序，包括选择合适的控制样品，确定控制图的类型，建立控制限，以及确定控制分析的频度等。在控制程序运行的过程中，还应对控制结果进行定期评估。

2. 化学分析质量控制图的主要类型

化学分析实验室内部质量控制用到的最重要的控制图有两类，即X控制图（单值控制图或均值控制图）和R控制图（极差控制图）。

（1）X控制图　以单个分析结果或多个分析结果的均值绘制的X控制图，可用于监控控制值的系统效应和随机效应。如果使用与被测样品类似的标准物质作为控制样品，则可以监控偏倚（bias）。与均值控制图相比，单值控制图难于区别批内和批间的精密度。

空白值X控制图是X控制图的一个特殊应用，它是基于对不含分析物或分析物含量非常低的样品（空白样品）的分析。空白值X控制图可以提供关于试剂污染和测量系统状态的特殊信息。空白值的期望值是0，因此理想情况下，空白值X控制图的中心线应是零值线。

回收率X控制图是X控制图的另外一个特殊应用。可以通过对样品加标并测定加标回收率的方法来检验基体对分析程序的干扰。回收率的期望值是100%，因此理想情况下，回收率X控制图的中心线应是100%。

（2）R控制图　极差（R）是两个或两个以上独立样品的单个测量结果中最大值和最小值之差。X控制图表明控制值落在控制限内的情况，而R控制图的首要目的是监控重复性。在一个分析批中对被测样品进行双样重复分析，计算两个平行结果之间的差值，然后将差值绘制在控制图上，则可得到最简单的R控制图。极差通常与样品浓度成比例（在检出限水平以上）。因此，控制图中的控制值更宜采用相对极差值即 $r\%$，得到的控制图即为 $r\%$ 控制图。

3. 控制样品的类型

控制样品的基质应与被测样品尽可能相同，应有良好的稳定性、足够的量、合适的分析物浓度并便于保存。同时满足这些条件的控制样品是很难得到的，实验室可以用不同类型的控制样品来满足质量控制的需要。

（1）有证标准物质/标准样品（CRM）　有证标准物质/标准样品的分析结果可以给出分析程序可能存在的系统效应（偏倚）。如果在一个分析批中对 CRM 进行重复分析，还可以用标准偏差（或极差）来估计测量的重复性。由于 CRM 的均匀性通常比被测样品更好，因此使用 CRM 作为控制样品，其重复性通常要优于被测样品。

这类控制样品可以使用 X 控制图，如果对控制样品进行两个或两个以上平行样的重复分析，也可以使用 R 控制图。

（2）标准溶液、室内样品或室内标准物质/标准样品（RM）　这类控制样品可以给出随机效应和部分系统效应。标准溶液可以从外部供应商购买，但通常由实验室自己配制。对实验室收集（或从送检的样品中选择）的稳定、均匀、天然的室内基质样品，应确保样品量足够数年之用。合成的室内控制样品是以纯化学品和纯溶剂（如水）模拟被测样品的基质组成配制的，其浓度标称值的扩展不确定度应小于控制图中标准偏差的 1/5。

制备合成控制样品和方法校正的标准溶液应使用不同的化学品。如果使用同一试剂或同一储备液既配制校正标准又配制控制样品，就不可能发现试剂的纯度误差或储备液的配制误差。由于在大多数情况下合成样品与真实样品分析结果的精密度不同，因此在可能的情况下应选择稳定、均匀的真实样品作为控制样品。

这类控制样品可以使用 X 控制图，如果对控制样品进行两个或两个以上的重复分析，也可以使用 R 控制图。

（3）空白样品　这类控制样品既可用于监控检出限，还可用于监控污染。在低浓度时，空白误差所导致的系统效应也可以用这类控制样品来进行监控。

这类控制样品可以是分析程序中用于空白校正的空白样品。因此，制作空白控制图不用增加额外的分析。

此类控制样品应使用 X 控制图，也可以使用 R 控制图。

（4）被测（常规）样品　当第一类和第二类控制样品精密度小于被测样品时，如在只有合成控制样品或非常均匀的 CRM 可用的情况下，应使用第四类控制样品。当不能获得稳定的控制样品（第二类）时（一个典型的例子是水中的溶解氧和叶绿素 A），以被测样品作为控制样品是非常有价值的。重复分析可以给出被测样品批内随机变化的情况。这类控制样品通常是从实验室接到的被测样品中随机选择。

此类控制样品应使用 $r\%$ 控制图。

4. 控制限

建立控制限有两种方法：最常用的方法是不考虑分析质量要求而仅仅依据分析方法的性能来建立控制限，此为统计控制限（statistical control limits）；另外一种方法是从分析质量的预定要求（包括法律法规的要求、分析方法标准对内部质量控制的要求、实验室内部规定的必须保证的分析数据的精密度和正确度要求以及客户的要求等）或分析结果的预期用途出发估计室内复现性要求，从而建立控制限，此为目标控制限（target control limits）。当控制值不服从正态分布、控制值太少不够统计分析之用，或实验室已有内部或外部规定的控制限值时，应使用目标控制限。

（1）X 控制图的控制限和中心线

1）控制限。一种方法是采用统计控制限，即计算一个长时间段（如一年）内控制值的标准偏差（s），警戒限（WL）设为$+2s$ 和$-2s$，行动限（AL）设为$+3s$ 和$-3s$；另一种方法是采用目标控制限，根据对分析质量的要求，即对实验室内再现性标准偏差 s_{Rw} 的要求估计控制图的标准偏差 s，警戒限设为$+2s$ 和$-2s$，行动限设为$+3s$ 和$-3s$。

2）中心线。通常情况下采用一个长时间段（如一年）内控制值的平均值作为控制图的中心线。当控制样品为标准物质时，中心线也可以是控制样品的参考值。

（2）R 控制图或 $r\%$ 控制图的控制限和中心线　极差图只有上控制限，因为极差总是正值。

1）统计控制限：计算一个长时间段内（如一年）极差的平均值。对双样平行分析（$n=2$），$s=$极差的均值$/1.128$，中心线为极差的平均值，上警戒限为$+2.833s$，上行动限为$+3.686s$。

2）目标控制限：根据对重复性的要求估计控制图中的标准偏差 s。当 $n=2$ 时，中心线为 $1.128s$，上警戒限为$+2.833s$，上行动限为$+3.686s$。

（3）建立控制限的建议

1）启动质量控制。为一个新方法启动质量控制，初始控制限和中心线可以通过 25 个控制值进行估计。只有经过一个长时间段（如一年）的运行，才可以固定控制限和中心线。

2）固定控制限。对稳定的控制样品，建议使用固定的控制限而不是经常变动的控制限。为获得可靠的统计控制限，应根据一年以上且不少于 60 个控制值来计算标准偏差。如果时间太短，会低估标准偏差。

3）固定中心线。建议建立固定的中心。为获得可靠的中心线，一年的时间是合适的。如果时间过短，很可能得到不可靠的估计值。

4）重复分析/样品。建议对被测样品和控制样品分析相同数目的子样品。如果被测样品报告的是双样重复分析（全流程）的平均值，则在 X 控制图中应以控制样品双样重复分析结果的平均值作图。如果在同一分析批中对控制样品进行了多次分析，一个或所有的控制值均可绘制在 X 控制图中。

5）多成分分析。如果在一次质量控制分析有多项检测指标，如电感耦合等离子体、X 射线荧光光谱、气相色谱等，强烈建议用目标控制限，或对次要的分析物设定较宽的统计控制限。如果测定的分析物超过 20 个，且所有的分析物都使用统计控制限，那么平均来说，每 1 次分析会有 1 个分析物的控制值（相当于 5% 的控制值）落在警戒限之外。同样，每 17 次分析会有 1 次分析中的 1 个分析物的控制值落在行动限之外。

5. 控制分析的频度

确定控制分析的频度应考虑分析系统的稳定性，并在质量控制和样品分析之间取得平衡。最低的要求是每个分析批中应至少分析一个控制样品。若样品中分析物浓度范围大，应采用至少两个不同浓度水平的控制样品。原则上，控制样品应按随机的顺序进行分析，但建议每个分析批开始和结束前各分析一次控制样品。

1）试样数量较少（$n<20$ 个）、分析频率较高、样品基质类似：每个分析批中至少插入一个控制样品，绘制单值图或均值图。随机选择至少一个待测样品进行重复分析。至少插入一个空白样品。

2）试样数量较多（$n>20$ 个）、分析频率较高、样品基质类似：每 20 个试样插入一个控制样品。如果每个分析批的试样数量不同，可在每个分析批中插入固定数量的控制样品并绘制均值图，从而予以标准化。否则，应绘制单值图。至少随机选择 5% 的被测样品做重复分析。每 20 个试样插入一个空白样品。

3）分析频率较高、样品基质类似、但分析物浓度范围宽：按 2）的建议插入控制样品，但至少应有两个浓度水平，一个接近典型试样的中位浓度水平，另一个以大约在上十分位或下十分位浓度水平为宜。两个控制值应绘制在独立的控制图上。至少随机选择 5% 的被测样品做重复分析，每 20 个试样插入一个空白样品。

4）非常规分析：统计控制不适用这种情况。建议每个试样均进行重复分析。如果合适，插入足够数量且分析物浓度不同的加标样品或合成控制样品。插入空白试验。由于没有控制限，可将偏倚和精密度与来自目的适宜性的限值或其他既定的判定标准进行比较。

以上建议只适用于一般的情况，对特殊情况，应根据目的适宜性原则决定控制分析的频度。

6. 控制数据的解释及失控的处置

在记录控制数据时，应同时记录对解释控制数据有重要意义的所有信息，以便为此后发生失控时查找失控的原因提供可能。

在日常工作中，如果控制值落在控制限之外，或观察到在一个时间段内控制值呈现一种特定的、系统性的变化模式时，应特别警惕。

（1）控制数据的解释　控制数据的日常解释有三种可能的情况，即方法受控、方法受控但统计失控、方法失控。

1）方法受控。如果控制值落在警戒限之内，或控制值落在警戒限和行动限之间但其前两个控制值落在警戒限之内，则认为方法受控。在这种情况下，可以报告分析结果。

2）方法受控但统计失控。如果所有控制值落在警戒限之内（最后 3 个控制值中最多有 1 个落在警戒限和行动限之间），但连续 7 个控制值单调上升或单调下降，或连续 11 个控制值中有 10 个落在中心线的同一侧，则认为方法受控但统计失控。在这种情况下，可以报告结果，但问题可能正在发展。应尽早发现重要的变化趋势，以避免将来发生更为严重的问题。

3）方法失控。如果控制值落在行动限之外，或控制值落在警戒限和行动限之间且其前两个控制值中至少有一个也落在警戒限和行动限之间（三分之二规则），则认为方法失控。在这种情况下，不得报告分析结果。所有在上一个受控的控制值之后分析的样品均应重新进行分析。

（2）失控的处置　给出失控后实验室应如何行动的一般原则是很难的，不同的情况不可能用完全相同的方式处理。分析人员的经验和常识对纠正行动的选择是非常重要的。

1）识别粗大误差。方法是在与该批样品完全相同的条件下，严格按照分析方法重新分析控制样品，尽可能避免粗大误差。如果新的控制值受控，可以认为前次分析未严格按分析方法进行，或者发生了粗大误差，可以重新分析整个分析批；如果新的控制值仍然失控但可重复，则说明极有可能存在系统误差。

2）消除系统误差。为检查系统误差，可以分析不同类型的能够监控分析程序正确度的控制样品，如基质 CRM、标准溶液、合成样品、加标的被测样品、空白样品等。为检查依赖于试剂和方法的误差，控制样品中分析物的浓度应能覆盖整个分析范围，最少也应包括位于工作范围低浓度端和高浓度端的控制样品各一个。在检查确认存在系统误差的情况下，应逐个步骤进行检查，以找出导致偏倚的原因，如变换试剂、设备和人员等。

3）改善精密度。逐个步骤进行检查，找出对总误差贡献最大的步骤，以改善分析方法总的精密度。发现的问题及其解决方案应予以记录。

（3）控制数据的长期评估　评估一段时间的控制数据，目的是回答以下两个问题：一是实验室当前的质量（随机和系统效应）如何？质量是否发生了显著的变化？二是控制图中用于监测分析失控的控制限和中心线是否仍然最佳？

1）评估当前的分析质量，这主要是评估统计控制限和平均值中心线。评估是对控制图上最后 60 个数据点进行评估。需要注意的是，在这 60 个数据点中，有一些数据点可能已经包括在上一次的评估中了，但必须至少有 20 个新的数据点。评估步骤如下：① 计算控制结果落在警戒限之外的点数，如果落在警戒限之外的点数多于 6 个或少于 1 个，表明（对 60 个数据点）分析的精密度发生了变化；② 计算最近 60 个结果的平均值，与前一次的平均值（中心线）比较，如果两者之差大于 $0.35s$，表明（对 60 个数据点）平均值发生了变化。

2）评估控制限的频度。保持控制限和中心线在一个长时间段内的稳定，对控制图成功使用非常重要。中心线和控制限不应频繁变化，否则将很难监测分析质量的渐变。实验室应有政策规定多长时间评估一次控制限，以及需要改变控制限时如何做出决定。建议每年评估一次控制限和中心线。对不常开展的分析，如每个月进行一次的分析，建议获得 20 个新的控制值后进行评估。

最近一次评估后，如果新的控制值少于 20 个，则不应改变控制限，否则会使控制限的不确定度过大，带来控制限不合理涨落的风险。

3）改变控制限。目标控制限只有在客户要求有变化的情况下才可以改变，因此本部分内容主要与统计控制限相关。

如上所述，控制限和中心线应每年或每新增 20 个数据点后评估一次，但评估并不必然意味着应改变控制限。只有在精密度或偏倚发生显著变化的情况下才可以考虑改变控制限。

如果控制数据的长期评估表明精密度或平均值有变化，应对精密度和平均值分别进行 F 检验和 t 检验，看变化是否显著。F 检验和 t 检验应进行双侧检验，且按惯例取 95% 的置信水平。

如果精密度显著增大，但与客户的要求相比这个变化是可接受的，应计算新的警戒限和行动限。

当控制图中所考虑的 60 个数据点（或更多）中有失控情况时，应予以特别关注。如果在分析时可以识别出失控的原因，那么在计算新的控制限时应将失控的控制值剔除。然而，难免会出现无法识别原因的失控情况，这些数据可能是这个特定分析批中没有检测到的错误所造成的，在计算中将这些数据包括进去可能导致虚大的标准偏差。另一方面，如果剔除这些数据，特别是在一组数据中有不止一个这样的数据时，可能导致过小的标准偏差和虚窄的控制限，从而导致更多表面失控情况的发生。

一个实用的方法是剔除距离中心线超过 4 倍标准偏差的数据而保留其他的数据。如果在所考虑的 60 个数据中这种失控情况不止一个，这就超出了我们的预期，此时有充分的理由对整个分析程序进行仔细的检查，查找重复出现失控情况的原因。

7. 应用示例

（1）目标控制限

1）控制限的建立。

【例 6-8】 ICP-MS 法测定生物样品中的 As。

样品类型	控制图	控制限	中心线
CRM	X 控制图	目标控制限	CRM 证书值

以高浓度 As(18μg/g) 的 CRM 作为控制样品，每个分析批分析一个控制样品：①用单个控制值绘制 X 控制图；②用 CRM 证书值作为中心线；③5% 的目标标准偏差用于计算控制限。

证书值 = 18.0μg/g，s_{target} = 5%×18.0μg/g = 0.9μg/g

CL：18.0μg/g

WL：(18.0±2×0.9)μg/g = (18.0±1.8)μg/g(LWL = 16.2μg/g，UWL = 19.9μg/g)

AL：(18.0±3×0.9)μg/g = (18.0±2.7)μg/g(LAL = 15.3μg/g，UAL = 20.7μg/g)

2）运行数据。ICP-MS 法测定生物样品中 As 的 X 控制图如图 6-21 所示。

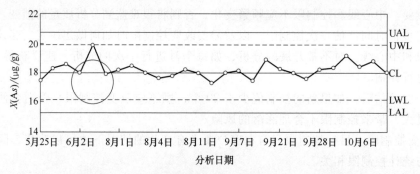

图 6-21 ICP-MS 法测定生物样品中 As 的 X 控制图

UAL—行动上限　LAL—行动下限　UWL—警戒上限　LWL—警戒下限

3）控制评估。X 控制图中有一个控制值落在警戒限之外，但其前一个和后一个控制值均落在警戒限之内，说明方法是受控的。

（2）统计控制限

1）控制限的建立。

【例 6-9】 ICP-OES 法测定水中的 Cu。

控制样品	控制图	控制限	中心线
室内合成标准溶液	X 控制图和 R 控制图	统计控制限	平均值

由购买的标准物质配制的室内标准溶液作为控制样品，其中 Cu 的浓度为 (1.00±0.02) mg/L。每个分析批测定两次控制样品。

初始控制限和中心线由最初的 60 个分析批中的控制值估计得到。

① X 控制图，用每个分析批中控制样品结果的平均值绘制 X 控制图：平均值用作中心线；标准偏差用于计算控制限。

$\bar{x} = 1.055\text{mg/L}$，$s = 0.0667\text{mg/L}$，则

CL：1.055mg/L

WL：$(1.055 \pm 2 \times 0.0667)\text{mg/L} = (1.055 \pm 0.133)\text{mg/L}(\text{LWL} = 0.92\text{mg/L}，\text{UWL} = 1.19\text{mg/L})$

AL：$(1.055 \pm 3 \times 0.0667)\text{mg/L} = (1.055 \pm 0.200)\text{mg/L}(\text{LAL} = 0.85\text{mg/L}，\text{UAL} = 1.26\text{mg/L})$

② R 控制图，双样重复分析的极差用于绘制 R 控制图；与用于绘制 X 控制图相同的 60 个分析批的极差值的平均值用作中心线；由极差的平均值计算得到的重复性标准偏差（s_r）乘以因子 D_{WL} 和 D_2 计算获得控制限。

极差的平均值 $R = 0.110\text{mg/L}$，则

CL：0.110mg/L

$s_r = 0.110\text{mg/L}/1.128 = 0.0975\text{mg/L}$

UWL：$2.833 \times 0.0975\text{mg/L} = 0.28\text{mg/L}$

UAL：$3.686 \times 0.0975\text{mg/L} = 0.36\text{mg/L}$

2）运行数据。ICP-OES 法测定水中 Cu 的 X 控制图和 R 控制图如图 6-22 和图 6-23 所示。

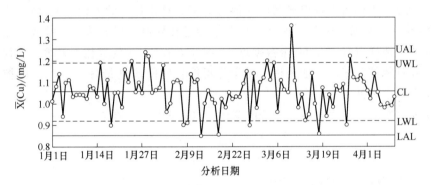

图 6-22　ICP-OES 法测定水中 Cu 的 X 控制图

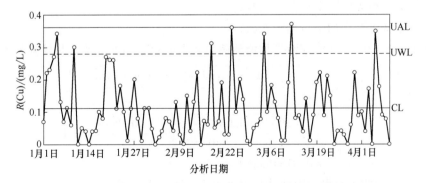

图 6-23　ICP-OES 法测定水中 Cu 的 R 控制图

3）数据评估。如前所述，先看最后的 60 个数据，也就是图中 2 月 9 日以后的数据。计算 2 月 9 日以后落在警戒限之外的数据点。在 X 控制图中，发现有 3 个数据点落在警戒上限

之外，其中一个甚至落在了行动上限之外，有 7 个数据点落在警戒下限之外，总计 10 个数据点落在警戒限之外。因此，有理由改变初始控制限。在 R 控制图中，发现有 5 个数据点落在警戒上限之外，尽管这比改变控制限所需要的 6 次以上要少，仍然需要对两个控制图的控制限进行评估。

在 X 控制图中，3 月 11 日的一个控制值落在了行动上限之外，这天的常规分析数据被拒绝，须重新分析被测样品。这个控制值可以认为是离群值，因为它与中心线的距离大于 4 倍标准偏差，因此在所有的统计分析中剔除这个数据点。

从 X 控制图中最后 59 个数据计算新的平均值和标准偏差（因为剔除了一个离群值），从 R 控制图中的最后 60 个数据计算极差的平均值：

新 $\bar{x} = 1.041\,\text{mg/L}$

新 $s = 0.0834\,\text{mg/L}$

新极差 $R = 0.108\,\text{mg/L}$

① 对 X 控制图，用 F 检验法比较新的标准偏差和初始标准偏差：

$$F = \frac{s_{\text{new}}^2}{s_{\text{original}}^2} = \frac{0.0834^2}{0.0667^2} = 1.563$$

s_{new} 和 s_{original} 的自由度分别为 58 和 59。df_1（新 s）和 df_2（初始 s）可直接取自由度为 60 时的值，从表 8-5 中可以查得 F 的临界值为 1.67，这比计算的 F 值（1.563）大，因此新 s 高于初始 s 但并不显著。但是，这个 F 值非常接近临界值，正如从落在警戒限之外的数据点数可以期望的那样（10 次，60 个数据点）。因经 F 检验，s 的变化不显著，建议根据所有的数据点重新计算控制限。一般来说，基于尽可能长时间段（最好是一年）的控制结果来确定控制限总是合理的。

现在来研究中心线是否发生了显著的变化；这里来用 t 检验法：

$$t = \frac{|\bar{x}_1 - \bar{x}_2|}{s_C}\sqrt{\frac{n_1 n_2}{n_1 + n_2}}$$

式中　$\bar{x}_1$——第 1 组测定结果的平均值；

　　　$\bar{x}_2$——第 2 组测定结果的平均值；

　　　n_1——第 1 组测定的平行测定次数；

　　　n_2——第 2 组测定的平行测定次数；

　　　s_C——给出初始平均值和新平均值的两组数据的合并标准偏差，其计算公式为

$$s_C = \sqrt{\frac{(n_1-1)s_1^2 + (n_2-1)s_2^2 + \cdots + (m_k-1)s_k^2}{n_{\text{tot}} - k}}$$

$$= \sqrt{\frac{(60-1)\times 0.0667^2 + (59-1)\times 0.0843^2}{60 + 59 - 2}}\,\text{mg/L}$$

$$= 0.07545\,\text{mg/L}$$

由于 s_C 是基于两组数据，因此其自由度为 59+58 = 117，则

$$t = \frac{|1.055 - 1.041|}{0.07545} \times \sqrt{\frac{60 \times 59}{60 + 59}} = 1.012$$

查 95% 置信水平下 t 检验的临界值。自由度为 100 和 120 时，t 检验的临界值是相同的，

自由度为 117 时的临界值也是相同的，即 1.98。在检验中，计算的 t 值小于临界值，因此两中心线值（初始均值和最后 60 个数据点的均值）之间没有显著差异。

对初始 X 控制图，$\bar{x} = 1.055\text{mg/L}$，$s = 0.0667\text{mg/L}$，则

CL：1.055mg/L

WL：（1.055±2×0.0667）mg/L（LWL＝0.92mg/L，UWL＝1.19mg/L）

AL：（1.055±3×0.0667）mg/L（LAL＝0.85mg/L，UAL＝1.26mg/L）

对基于长时间段的新 X 控制图，$\bar{x} = 1.048\text{mg/L}$，$s = 0.0822\text{mg/L}$，则

CL：1.048mg/L

WL：（1.048±2×0.0822）mg/L（LWL＝0.88mg/L，UWL＝1.21mg/L）

AL：（1.048±3×0.0822）mg/L（LAL＝0.80mg/L，UAL＝1.30mg/L）

② 对 R 控制图，中心线值与初始数据极差的平均值相等。极差平均值与重复性标准偏差是成比例的。因此，可以通过比较极差平均值来比较重复性标准偏差。同样，用 F 检验法：

$$F = \frac{s_{\text{new}}^2}{s_{\text{original}}^2} = 0.110^2/1.108^2 = 1.037$$

查 95% 置信水平下 F 的临界值为 1.67，大于计算得到的 F 值，因此重复性标准偏差（以及极差）没有发生显著变化，建议用所有的数据重新计算控制限。新的计算给出了相同的极差平均值，因此 R 控制图不变。

这些结果显示，本分析的精密度和偏倚没有发生显著的变化。在此充分利用了更多的数据组，用所有可用的数据计算得到了新的、更为可靠的控制限。

6.3　正交试验设计

6.3.1　正交试验设计的概念及原理

正交试验设计简称正交设计，它是利用正交表科学地安排与分析多因素试验的方法。是最常用的试验设计方法之一。

1. 正交试验设计的原理

正交试验设计是利用正交表来安排多因素试验、分析试验结果的一种设计方法。它从多因素试验的全部水平组合中挑选部分有代表性的水平组合进行试验，通过对这部分试验结果的分析，了解全面试验的情况，找出最优水平组合。

例如，研究淬火温度、介质、冷却时间对某 45 钢热处理性能的影响：A 因素是淬火温度，设 3 个水平（A_1、A_2、A_3）；B 因素是不同的冷却介质，设 3 个水平（B_1、B_2、B_3）；C 因素是冷却时间，设 3 个水平（C_1、C_2、C_3）。

这是一个 3 因素每个因素 3 水平的试验，各因素的水平之间全部可能的组合有 $3^3 = 27$ 种。如果进行全面试验，可以分析各因素的效应，交互作用，也可选出最优水平组合。但全面试验包含的水平组合数较多，工作量大，由于受试验场地、经费等限制而难于实施。如果试验的主要目的是寻求最优水平组合，则可利用正交设计来安排试验。

正交设计的基本特点：用部分试验来代替全面试验，通过对部分试验结果的分析，了解全面试验的情况。它不可能像全面试验那样对各因素的效应、交互作用一一分析。

例如，对于上述 3 因素每个因素 3 水平试验，若不考虑交互作用，可利用正交表 $L_9(3^4)$ 安排（见表 6-7），试验方案仅包含 9 个水平组合，就能反映试验方案包含 27 个水平组合的全面试验的情况，找出最佳的生产条件。

正交设计就是从全面试验点（水平组合）中挑选出有代表性的部分试验点（水平组合）来进行试验。图 6-24 中标有 9 个试验点，就是利用正交表 $L_9(3^4)$ 从 27 个试验点中挑选出来的 9 个试验点。

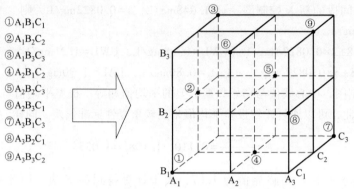

① $A_1B_1C_1$
② $A_1B_2C_2$
③ $A_1B_3C_3$
④ $A_2B_1C_2$
⑤ $A_2B_2C_3$
⑥ $A_2B_3C_1$
⑦ $A_3B_1C_3$
⑧ $A_3B_2C_1$
⑨ $A_3B_3C_2$

图 6-24　3 因素 3 水平试验点的均衡分布图

上述选择，保证了 A 因素的每个水平与 B 因素、C 因素的各个水平在试验中各搭配一次。从图 6-24 中可以看到，9 个试验点分布是均衡的，在立方体的每个平面上有且仅有 3 个试验点；每两个平面的交线上有且仅有 1 个试验点。9 个试验点均衡地分布于整个立方体内，有很强的代表性，能够比较全面地反映全面试验的基本情况。

2. 正交表及其特性

（1）正交表　正交表是根据正交原理设计的、已规范化的表格，它是正交设计中安排试验和分析试验结果的基本工具，以下介绍它的符号、特点及使用方法。

表 6-6 是 $L_8(2^7)$ 正交表，其中"L"代表正交表；L 右下角的数字"8"表示有 8 行，用这张正交表安排试验包含 8 个处理（水平组合）；括号内的底数"2"表示因素的水平数，括号内 2 的指数"7"表示有 7 列，用这张正交表最多可以安排 7 个 2 水平因素。

表 6-6　正交表 $L_8(2^7)$

试验号	列号						
	1	2	3	4	5	6	7
1	1	1	1	1	1	1	1
2	1	1	1	2	2	2	2
3	1	2	2	1	1	2	2
4	1	2	2	2	2	1	1
5	2	1	2	1	2	1	2
6	2	1	2	2	1	2	1
7	2	2	1	1	2	2	1
8	2	2	1	2	1	1	2

表 6-7　正交表 $L_9(3^4)$

试验号	列号			
	1	2	3	4
1	1	1	1	1
2	1	2	2	2
3	1	3	3	3
4	2	1	2	3
5	2	2	3	1
6	2	3	1	2
7	3	1	3	2
8	3	2	1	3
9	3	3	2	1

$L_8(2^7)$、$L_9(3^4)$ 是正交表的符号，等水平的正交表可用如下符号表示：

$$L_n(r^m)$$

其中，L 为正交表代号；n 为正交表横行数（需要做的试验次数）；r 为因素水平数；m 为正交表纵列数（最多能安排的因素个数）。

所以，正交表 $L_8(2^7)$ 总共有 8 行、7 列（见表 6-6），如果用它来安排正交试验，则最多可以安排 7 个 2 水平的因素，试验次数为 8，而 7 因素 2 水平的全面试验次数为 $2^7 = 128$ 次，显然正交试验能大幅度地减少试验次数。

（2）正交表的特性

1）任一列中不同数字出现的次数相同。例如，$L_8(2^7)$ 中不同数字只有 1 和 2，它们各出现 4 次；$L_9(3^4)$ 中不同数字有 1、2 和 3，它们各出现 3 次。

2）任两列中同一横行所组成的数字对出现的次数相同。例如，$L_8(2^7)$ 的任两列中（1,1）、（1,2）、（2,1）、（2,2）各出现两次；$L_9(3^4)$ 任两列中 （1,1）、（1,2）、（1,3）、（2,1）、（2,2）、（2,3）、（3,1）、（3,2）、（3,3）各出现 1 次，即每个因素的一个水平与另一因素的各个水平互碰次数相等，表明任意两列各个数字之间的搭配是均匀的。

3）用正交表安排的试验，具有均衡分散和整齐可比的特点。均衡分散是用正交表挑选出来的各因素水平组合在全部水平组合中的分布是均衡的。由图 6-24 可以看出，在立方体中，任一平面内都包含 3 个试验点，任两平面的交线上都包含 1 个试验点。整齐可比是每一个因素的各水平间具有可比性。因为正交表中每一因素的任一水平下都均衡地包含着另外因素的各个水平，当比较某因素不同水平时，其他因素的效应都彼此抵消。例如，在 A、B、C 3 个因素中，A 因素的 3 个水平 A_1、A_2、A_3 条件下各有 B、C 的 3 个不同水平，见表 6-8。

在这 9 个水平组合中，A 因素各水平下包括了 B、C 因素的 3 个水平，虽然搭配方式不同，但 B、C 皆处于同等地位。当比较 A 因素不同水平时，B 因素不同水平的效应相互抵消，C 因素不同水平的效应也相互抵消，所以 A 因素 3 个水平间具有可比性。同样，B、C 因素 3 个水平间亦具有可比性。

表 6-8 正交表 $L_9(3^4)$ 因素和水平

	B_1C_1		B_1C_2		B_1C_3
A_1	B_2C_2	A_2	B_2C_3	A_2	B_2C_1
	B_3C_3		B_3C_1		B_3C_2

3. 正交表的类别

（1）相同水平正交表 各列中出现的最大数字相同的正交表称为相同水平正交表。例如，$L_4(2^3)$、$L_8(2^7)$、$L_{12}(2^{11})$ 等各列中最大数字为 2，称为 2 水平正交表；$L_9(3^4)$、$L_{27}(3^{13})$ 等各列中最大数字为 3，称为 3 水平正交表。

（2）混合水平正交表 各列中出现的最大数字不完全相同的正交表称为混合水平正交表。例如，$L_8(4^1 \times 2^4)$ 表中有一列最大数字为 4，有 4 列最大数字为 2，也就是说该表可以安排 1 个 4 水平因素和 4 个 2 水平因素。$L_{16}(4^4 \times 2^3)$、$L_{16}(4 \times 2^{12})$ 等都属于混合水平正交表。

4. 正交试验设计的优点

1）能在所有试验方案中均匀地挑选出代表性强的少数试验方案。

【例 6-10】 为了提高 ICP 测试 P 元素的光强信号，可以调整优化仪器 4 个主要因素，即高频发生器的功率（A）、工作气体（载气）的流量（B）、蠕动泵速率（C）和观测高度（D），每个因素各选三个水平进行试验（见表 6-9）。试验的目的是为提高 ICP 测试铜合金中 P 元素的光强信号，寻找最适宜的操作条件。（忽略因素间的交互作用）

表 6-9　因素水平表

水平	（A）功率/W	（B）载气流量/（L/min）	（C）蠕动泵速率/（r/min）	（D）观测高度/mm
1	（A_1）950	（B_1）1.0	（C_1）70	（D_1）10
2	（A_2）1150	（B_2）0.5	（C_2）50	（D_2）12
3	（A_3）1350	（B_3）1.5	（C_3）30	（D_3）8

这是一个 4 因素 3 水平的试验，不同的试验设计方法，试验次数和试验结果的可靠性是不同的。下面通过三种试验设计方案的比较，来说明正交试验设计的这一优点。

① 全面试验。当因素数和每个因素的水平数不多时，一般首先想到的是全面试验，并且通过数据分析获得丰富的信息，而且结论也比较准确。此例的全面试验包括 $3^4 = 81$ 种试验方案，此方案数据点分布的均匀性极好，各因素和水平的搭配十分全面，唯一的缺点是试验次数较多。

② 简单比较法。此方法由于试验次数比较少，所以在科学试验中也常常被采用，具体方法如下。

第一步，先将 B、C 和 D 固定在某水平，只改变 A，观察因素 A 不同水平的影响，做如下三次试验：$B_1C_1D_1A_1$、$B_1C_1D_1A_2$、$B_1C_1D_1A_3$，发现 $A = A_3$ 的那次试验的效果最好，P 元素的光强信号最强，因此认为在后面的试验中因素 A 应取 A_3 水平。

第二步，将 A 固定在 A_3 水平，将 C、D 固定在某水平，改变 B，做三次试验：$A_3C_1D_1B_1$、$A_3C_1D_1B_2$、$A_3C_1D_1B_3$，发现 $B = B_2$ 的那次试验效果最好，因此认为因素 B 宜取 B_2 水平。

第三步，固定 $A_3B_2D_1$，改变 C，做三次试验：$A_3B_2D_1C_1$、$A_3B_2D_1C_2$、$A_3B_2D_1C_3$，最后发现，在 $A_3B_2D_1$ 条件下，因素 C 宜取 C_2 水平。

第四步，固定 $A_3B_2C_2$，改变 D，做三次试验：$A_3B_2C_2D_1$、$A_3B_2C_2D_2$、$A_3B_2C_2D_3$，最后发现，在 $A_3B_2C_2$ 条件下，因素 D 宜取 D_2 水平。

由此可以得出结论：为提高 ICP 测试铜合金中 P 元素的光强信号，最适宜的操作条件为 $A_3B_2C_2D_2$。与第一方案相比，第二方案的优点是试验的次数少（12 次）。但必须指出，第二方案的试验结果是不可靠的，当因素的数目和水平数更多时，常常会得到错误的结论，不能达到预期的目的。这是因为，根据上述试验结论，在 $B_1C_1D_1$ 条件下，A_3 最好，但在 $B_1C_2D_3$ 条件下就不一定了，同样 B_2、C_2、D_2 的确定也缺乏足够的依据；在上述的 12 次试验中，实际上只有 9 种试验方案（$B_1C_1D_1A_3$、$A_3C_1D_1B_2$、$A_3B_2D_1C_2$ 各重复了两次），且各因素的各水平参加试验的次数不相同；各因素的各水平之间的搭配很不均衡，数据点分布的均匀性是毫无保障的；用这种方法比较条件好坏时，只是对单个的试验数据进行数值上的简单比较，不能排除必然存在的试验数据误差的干扰。

③ 正交试验设计。本例可选用正交表 $L_9(3^4)$，只需要做 9 次试验，如果将 A、B、C、D 4 个因素分别安排在正交表的 1 列、2 列、3 列、4 列，参考表 6-7 建立本例正交表，则试验方案

为 $A_1B_1C_1D_1$、$A_1B_2C_2D_2$、$A_1B_3C_3D_3$、$A_2B_1C_2D_3$、$A_2B_2C_3D_1$、$A_2B_3C_1D_2$、$A_3B_1C_3D_2$、$A_3B_2C_1D_3$、$A_3B_3C_2D_1$。

可见，正交试验虽然只有9次，但这9个试验点分布得十分均匀，它们是81次全面试验的很好代表。不难理解，对正交试验的全部数据进行统计分析，所得结论的可靠性肯定会远好于简单比较法。所以正交试验设计，兼有第一和第二两种试验设计方法的优点。

2）通过对这些少数试验方案的试验结果进行统计分析，可以推出较优的方案，而且所得到的优选方案往往不包含在这些少数试验方案中。

3）对试验结果做进一步的分析，可以得到试验结果之外的更多信息。例如，各试验因素对试验结果影响的重要程度、各因素对试验结果的影响趋势等。

6.3.2 正交试验设计的基本步骤

正交试验设计总的来说包括两部分：一是试验设计，二是数据处理，基本步骤可简单归纳如下：

1）明确试验目的，确定试验指标。任何一个试验都是为了解决某一个（或某些）问题，或为了得到某些结论而进行的，所以任何一个正交试验都应该有一个明确的目的，这是正交试验设计的基础。

试验指标是正交试验中用来衡量试验结果的特征量，包括定量指标和定性指标两种，定量指标是直接用数量表示的指标，如产量、效率、尺寸、强度等；定性指标是不能直接用数量表示的指标，如颜色、手感、外观等表示试验结果特性的值。

2）挑选因素，确定水平。影响试验指标的因素往往很多，应对实际问题进行具体分析，并根据试验目的，选出主要因素，略去次要因素。挑选的试验因素不应过多，一般以3~7个为宜。若第一轮试验后达不到预期目的，可在第一轮试验的基础上，调整试验因素，再进行试验。

确定因素的水平数时，一般重要因素可多取一些水平；各水平的数值应适当拉开，以利于对试验结果的分析。当因素的水平数相等时，可方便试验数据处理。最后列出因素水平表。

以上两点主要靠专业知识和实践经验来确定，是正交试验设计的基础。

3）选择正交表，进行表头设计。根据因素数和水平数来选择合适的正交表。一般原则是因素数≤正交表列数，因素水平数与正交表对应的水平数一致，在满足上述条件的前提下，可选择较小的表。例如，对于4因素3水平的试验，满足要求的表有 $L_9(3^4)$、$L_{27}(3^{13})$ 等，一般可以选择 $L_9(3^4)$。但是，如果要求精度高，并且试验条件允许，可以选择较大的表。若各试验因素的水平数不相等，一般应选用相应的混合水平正交表；若考虑试验因素间的交互作用，应根据交互作用因素的多少和交互作用安排原则选用正交表。

表头设计是将试验因素安排到所选正交表相应的列中。当试验因素数等于正交表的列数时，优先将水平改变较困难的因素放在第1列，水平变换容易的因素放到最后一列，其余因素可任意安排；当试验因素数少于正交表的列数，表中有空列时，若不考虑交互作用，空列可作为误差列，其位置一般放在中间或靠后。

4）明确试验方案，进行试验，得到结果。根据正交表和表头设计确定各号试验的方案，然后进行试验，得到以试验指标形式表示的试验结果。

5）对试验结果进行统计分析。对正交试验结果的分析通常采用两种方法，一种是直观分析法（或称极差分析法）；另一种是方差分析法。通过试验结果分析可以得到因素对试验指标影响的主次顺序、优选方案等有用信息。

6）进行验证试验，做进一步分析。优选方案是通过统计分析得出的，还需要进行试验验证，以保证优选方案与实际一致，否则还需要进行新的正交试验。

6.3.3　正交试验设计结果的直观分析法

下面通过示例说明如何用正交表进行单指标正交设计，以及如何对试验结果进行直观分析。以【例6-10】为例，为了避免人为因素导致的系统误差，因素的各水平哪一个定为1水平、2水平、3水平，最好不要简单地完全按因素水平数值由小到大或由大到小的顺序排列，应按"随机化"的方法处理，如用抽签的方法，将10mm定为D_1，12mm定为D_2，8mm定为D_3。

该试验的目的是为提高P元素的光强信号，试验的指标为单指标P元素的光强信号，而且因素和水平也都是已知的，所以可以从正交表的选取开始进行试验设计和直观分析。

（1）选择正交表　本例是一个3水平的试验，因此要选用$L_n(3^m)$型正交表，本例共有4个因素，且不考虑因素间的交互作用，所以要选一张$m \geqslant 4$的表，而$L_9(3^4)$是满足条件$m \geqslant 4$最小的$L_n(3^m)$型正交表，故选用正交表$L_9(3^4)$来安排试验。

（2）表头设计　本例不考虑因素间的交互作用，只需将各因素分别安排在正交表$L_9(3^4)$上方与列号对应的位置上，一般一个因素占有一列，不同因素占有不同的列（可以随机排列），就可得到所谓的表头设计（见表6-10第一行）。

表 6-10　试验方案

试验号	A	B	C	D	试验方案
1	1	1	1	1	$A_1B_1C_1D_1$
2	1	2	2	2	$A_1B_2C_2D_2$
3	1	3	3	3	$A_1B_3C_3D_3$
4	2	1	2	3	$A_2B_1C_2D_3$
5	2	2	3	1	$A_2B_2C_3D_1$
6	2	3	1	2	$A_2B_3C_1D_2$
7	3	1	3	2	$A_3B_1C_3D_2$
8	3	2	1	3	$A_3B_2C_1D_3$
9	3	3	2	1	$A_3B_3C_2D_1$

（3）明确试验方案　完成表头设计后，只要把正交表中各列上的数字1、2、3分别看成是该列所填因素在各个试验中的水平数，这样正交表的每一行就对应着一个试验方案，即各因素的水平组合，见表6-10。

例如，对于第7号试验，试验方案为$A_3B_1C_3D_2$，它表示试验条件为功率1350W、载气流量1.0L/min、蠕动泵速率30r/min、观测高度12mm。

（4）按规定的方案做试验，得出试验结果　按正交表的各试验号中规定的水平组合进行试验，本例总共要做 9 个试验，将试验结果（指标）填写在表的最后一列中，见表 6-11。

表 6-11　试验结果分析

试验号	A	B	C	D	P 的发射光强度/A
1	1	1	1	1	260.1
2	1	2	2	2	251.0
3	1	3	3	3	245.1
4	2	1	2	3	273.9
5	2	2	3	1	265.1
6	2	3	1	2	270.3
7	3	1	3	2	268.3
8	3	2	1	3	270.6
9	3	3	2	1	266.4
K_1	756.2	802.3	801	791.6	
K_2	809.3	786.7	791.3	789.6	
K_3	805.3	781.8	778.5	789.6	
k_1	252.1	267.4	267.0	263.9	
k_2	269.8	262.2	263.8	263.2	
k_3	268.4	260.6	259.5	263.2	
极差 R	53.1	20.5	22.5	2	
因素（主→次）			$A \rightarrow C \rightarrow B \rightarrow D$		
优方案			$A_2 B_1 C_1 D_1$		

进行试验时应注意以下几点：

1）必须严格按照规定的方案完成每一号试验，因为每一号试验都是从不同的角度提供有用信息，即使其中有某号试验事先根据专业知识可以肯定其试验结果不理想，但仍然需要认真完成该号试验。

2）试验进行的次序没有必要完全按照正交表上试验号码的顺序，可按抽签方法随机决定试验进行的顺序。事实上，试验顺序可能对试验结果有影响（如试验中由于先后实验操作熟练的程度不同带来的误差干扰，以及外界条件所引起的系统误差），因此把试验顺序打"乱"，有利于消除这一影响；

3）做试验时，对试验条件的控制力求做到十分严格，尤其是当水平的数值差别不大时。例如，在本例中，因素 B 的 $B_1 = 1.0L/min$，$B_2 = 0.5L/min$，$B_3 = 1.5L/min$，在以 $B_2 = 0.5L/min$ 为条件的某一个试验中，就必须严格认真地让 $B_2 = 0.5L/min$，若因为粗心造成 $B_2 = 0.7L/min$ 或者 $B_2 = 1.5L/min$，那就将使整个试验失去正交试验设计的特点，使后续的结果分析丧失了必要的前提条件，因而得不到正确的结论。

（5）计算极差，确定因素的主次顺序　首先解释表 6-11 中引入的 3 个符号：

1）K_i：表示任一列上水平号为 i（本例中 $i = 1$、2 或 3）时，所对应的试验结果之和。

例如，从表 6-11 中，从 B 因素所在第 2 列上的第 1、4、7 号试验中 B 取 B_1 水平，所以 K_1 为第 1、4、7 号试验结果之和，即 $K_1 = 260.1 + 273.9 + 268.3 = 802.3$；第 2、5、8 号试验中 B 取 B_2 水平，所以 K_2 为第 2、5、8 试验结果之和，即 $K_2 = 251.0 + 265.1 + 270.6 = 786.7$；以此类推，$K_3 = 781.8$。同理，可以计算出其他列中的 K_i，见表 6-11。

2）k_i：$k_i = K_i/s$，其中 s 为任一列上各水平出现的次数，所以 k_i 表示任一列上因素取水平 i 时所得试验结果的算术平均值。例如，在本例中 $s = 3$，在 A 因素所在的第 1 列中，$k_1 = 756.2/3 = 252.1$，$k_2 = 809.3/3 = 269.8$，$k_3 = 805.3/3 = 268.4$。同理，可以计算出其他列中的 k，见表 6-11。

3）R：为极差，在任一列上 $R = \max(K_1, K_2, K_3) - \min(K_1, K_2, K_3)$，或 $R = \max(k_1, k_2, k_3) - \min(k_1, k_2, k_3)$。例如，在第 1 列上，最大的 K_i 为 K_2（$= 809.3$），最小的 K_i 为 K_1（$= 756.2$），所以 $R_A = 809.3 - 756.2 = 53.1$，或 $R_A = 269.8 - 252.1 = 17.7$。

一般来说，各列的极差是不相等的，这说明各因素的水平改变对试验结果的影响是不相同的，极差越大，表示该列因素的数值在试验范围内的变化会导致试验指标在数值上更大的变化，所以极差最大的那一列，就是因素的水平对试验结果影响最大的因素，也就是最主要的因素。在本例中，由于 $R_A > R_C > R_B > R_D$，所以各因素的从主到次的顺序为：（A）功率→（C）蠕动泵速率→（B）载气流量→（D）观测高度。

（6）优选方案的确定　优选方案是在所做的试验范围内各因素较优的水平组合。各因素较优水平的确定与试验指标有关，若指标越大越好，则应选取使指标大的水平，即各列 K_i（或 k_i）中最大的那个值对应的水平；反之，若指标越小越好，则应选取使指标小的那个水平。

在本例中，试验指标是 P 元素的光强信号，指标越大越好，所以应挑选每个因素的 K_1、K_2、K_3 或 k_1、k_2、k_3 中最大的值对应的那个水平。由于：A 因素列，$K_2 > K_3 > K_1$；B 因素列，$K_1 > K_2 > K_3$；C 因素列：$K_1 > K_2 > K_3$；D 因素列：$K_1 > K_2 = K_3$。所以，优选方案为 $A_2B_1C_1D_1$，即功率 1150W，载气流量 1.0L/min，蠕动泵速率 70r/min，观测高度 10mm。

另外，实际确定优选方案时，还应区分因素的主次，对于主要因素，一定要按有利于指标的要求选取最好的水平，而对于不重要的因素，由于其水平改变对试验结果的影响较小，则可以根据有利于降低消耗、提高效率等目的来考虑别的水平。

本例中，通过直观分析（或极差分析）法得到的优选方案 $A_2B_1C_1D_1$，并不包含在正交表中已做过的 9 个试验方案中，这正体现了正交试验设计的优越性。

（7）进行验证试验，做进一步的分析　上述优选方案是通过理论分析得到的，但它实际上是不是真正的优选方案呢？还需要做进一步的验证。首先，将优选方案 $A_2B_1C_1D_1$ 与正交表中最好的第 4 号试验 $A_2B_1C_2D_3$ 进行对比试验，若方案 $A_2B_1C_1D_1$ 比第 4 号试验的试验结果更好，通常就可以认为 $A_2B_1C_1D_1$ 是真正的优选方案，否则第 4 号试验 $A_2B_1C_2D_3$ 就是所需的优选方案。若出现后一种情况，一般来说可能是没有考虑交互作用或试验误差较大所引起的，需要做进一步的研究。

上述优选方案是在给定的因素和水平的条件下得到的，若不限定给定的水平，有可能得到更好的试验方案，所以当所选的因素和水平不恰当时，该方案也有可能达不到试验的目的，不是真正意义上的优方案，这时就应该对所选的因素和水平进行适当的调整，以找到新的更优方案。将因素水平作为横坐标，以它的试验指标的平均值 k_i 为纵坐标，画出因素与指标的关系图——趋势图。

    在画趋势图时要注意，对于数量因素（如本例中的载气流量、蠕动泵速率和观测高度），横坐标上的点不能按水平号顺序排列，而应按水平的实际大小顺序排列，并将各坐标点连成折线，这样就能从图中很容易地看出指标随因素数值增大时的变化趋势；几个因素的趋势图的纵坐标应该有相同的比例尺，这样就可根据趋势图的平坦或陡峭程度判断因素的主次；如果是属性因素，由于不是连续变化的数值，则可不考虑横坐标顺序，也不用将坐标点连成折线。

    图 6-25 所示为【例 6-10】的趋势图。从图 6-25 中也可以看出，当功率为 1150W，载气流量为 1.0L/min，观测高度为 10mm 时，蠕动泵速率越大，P 的光强度值越大，所以适当增大蠕动泵速率，也许会找到更优的方案。因此，根据趋势图可以对一些重要因素的水平进行适当调整，选取更优的水平，再安排一批新的试验。新的正交试验可以只考虑一些主要因素，次要因素则可固定在某个较好的水平上。另外，还要考虑漏掉的交互作用或重要因素，所以新一轮正交试验的因素数和水平数都会减少，试验次数也会相应减少。

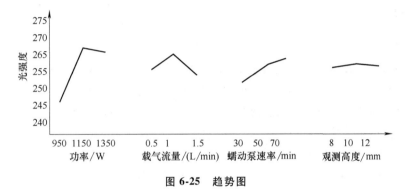

图 6-25 趋势图

    利用 Excel 可减小直观分析的计算量，并可进行趋势图的绘制，具体可参考 Excel 软件应用说明。

第 7 章

化学分析的溯源性

7.1 标准与标准化

7.1.1 标准

1. 标准的定义

GB/T 20000.1—2014《标准化工作指南 第 1 部分：标准化和相关活动的通用词汇》中对"标准（Standard）"的定义是：通过标准化活动，按照规定的程序经协商一致制定，为各种活动或其结果提供规则、指南或特性，供共同使用的和重复使用的文件。标准宜以科学、技术和经验的综合成果为基础，以促进最佳的共同效益为目的。

该定义包含以下几个方面的含义：

1）标准的本质属性是一种"统一规定"。这种统一规定是作为有关各方"共同遵守的准则和依据"。

2）标准制定的对象是重复性事物和概念。这里讲的"重复性"指的是同一事物或概念反复多次出现的性质。例如，批量生产的产品在生产过程中的重复投入、重复加工、重复检验等；同一类技术管理活动中反复出现同一概念的术语、符号、代号等被反复利用等。只有当事物或概念具有重复出现的特性并处于相对稳定时才有制定标准的必要，使标准作为今后实践的依据，以最大限度地减少不必要的重复劳动，又能扩大"标准"重复利用范围。

3）标准产生的客观基础是"科学、技术和实践经验的综合成果"。这就是说，标准既是科学技术成果，又是实践经验的总结，并且这些成果和经验都是在经过分析、比较、综合和验证基础上，加之规范化，只有这样制定出来的标准才具有科学性，以促进最佳的共同经济效益和社会效益为目的的。

4）制定标准过程要"经协商一致"，就是制定标准要发扬技术民主，与有关方面协商一致，做到"三稿定标"，即征求意见稿、送审稿、报批稿。例如，制定产品标准不仅要有生产部门参加，还应当有用户、科研、检验等部门参加，共同研究讨论，"协商一致"，这样制定出来的标准才具有权威性、科学性和适用性。

5）标准文件有其自己一套特定格式和制定颁布的程序。标准的编写、印刷、幅面格式和编号、发布的统一，如试验方法的标准都须按 GB/T 20001.4—2015 规定的格式进行编写，这样既可保证标准的质量，又便于资料管理，体现了标准文件的严肃性。所以，标准必须

"由主管机构批准，以特定形式发布"。标准从制定到发布的一整套工作程序和审批制度是使标准本身具有法规特性的表现。

国际标准化组织（ISO）的标准化管理委员会（STACO）一直致力于标准化概念的研究，先后以"指南"的形式给"标准"的定义做出统一规定：标准是由一个公认的机构制定和批准的文件。它对活动或活动的结果规定了规则、导则或特殊值，供共同和反复使用，以实现在预定领域内最佳秩序的效果。

2. 标准的类型

标准的制定和类型按使用范围大致划分为国际标准、区域标准、国家标准、专业团体协会标准和公司企业标准。

1）国际标准指由国际标准化组织（ISO）或国际标准组织通过并公开发布的标准。

2）区域标准指由区域标准组织或区域标准组织通过并公开发布的标准，如欧盟标准（EN）。

3）国家标准指国家标准机构通过并公开发布的标准，如中国国家标准（GB）、美国国家标准（ANSI）、英国标准（BS）、日本工业标准（JIS）、俄罗斯国家标准（GOSTR）等。

4）行业（专业）或协会标准指由行业机构或协会通过并公开发布的标准，如我国的黑色冶金行业标准（YB）、机械行业标准（JB）等；美国材料与试验协会标准（ASTM）、美国机械工程师协会标准（ASME）、美国机动车工程师协会标准（SAE）、美国焊接协会标准（AWS）等；行业标准在中国由国务院有关行政主管部门负责制定。

5）在我国，对没有国家标准和行业标准而又需要在省、自治区、直辖市范围内统一的工业产品的安全、卫生等要求，可以制定地方标准。地方标准由省、自治区、直辖市标准化行政主管部门统一编制计划、组织制定、审批、编号和发布。地方标准的代号为汉语拼音字母"DB"加上省、自治区、直辖市行政区划代码前两位数再加斜线，组成强制性地方标准代号；加上"T"则组成推荐性地方标准代号，如上海市地方标准 DB31/T 593—2012《检测及相关行业分类与编码》（已作废）、浙江省地方标准 DB33/383—2005《瓶装饮用天然水》（已作废）。

6）企业（公司）标准指由企业通过供该企业使用的标准，如美国三大汽车公司（通用汽车、福特汽车及克莱斯勒）制定的质量体系要求标准 OS9000。企业生产的产品没有国家标准和行业标准的，应当制定企业标准，作为组织生产的依据，并报有关部门备案。

我国标准分为四级，即国家标准（GB）、行业标准、地方标准（DB）及企业标准（QB）。可以确定的是，国家标准是我国企业和地方制定标准的基础和参考。

3. 我国国家标准

我国国家标准是在全国范围内统一的技术要求，由国务院标准化行政主管部门编制计划，协调项目分工，组织制定（含修订），统一审批、编号、发布。法律对国家标准的制定另有规定的，依照法律的规定执行。国家标准的年限一般为 5 年，过了年限后，国家标准就要被修订或重新制定。此外，随着社会的发展，国家需要制定新的标准来满足人们生产、生活的需要。因此，标准是一种动态信息。

我国国家标准包含 GB（GB/T）（国家标准）、JJF（国家计量技术规范）、JJG（国家计量检定规程）、GHZB（国家环境质量标准）、GWPB（国家污染物排放标准）、GWKB（国家污染物控制标准）、CBn（国家内部标准）、GBJ（工程建设国家标准）及 GJB（国家军用标准）等，截至目前，我国共有国家标准 2 万多项（不包括工程建设标准）。

我国国家标准分为强制性国家标准（GB）和推荐性国家标准（GB/T）。国家标准的编号由国家标准的代号、国家标准发布的顺序号和国家标准发布的年号构成。

1）强制性国家标准是保障人体健康、人身财产安全的标准和法律及行政法规规定强制执行的国家标准，如 GB 4806.9—2016《食品安全国家标准 食品接触用金属材料及制品》。

2）推荐性国家标准是生产交换、使用等方面，通过经济手段或市场调节而自愿采用的国家标准。推荐性国家标准一经接受并采用，或各方商定同意纳入经济合同中，就成为各方必须共同遵守的技术依据，具有法律上的约束性。

根据标准的类型，通常可将标准分为基础标准、术语标准、试验标准、产品标准、过程标准、服务标准、接口标准及数据待定标准等。按照标准化对象，通常又可把标准分为技术标准、管理标准和工作标准三大类。

1）技术标准指对标准化领域中需要协调统一的技术事项所制定的标准，包括基础标准（一般包括名词术语、符号、代号、机械制图、公差与配合等）、产品标准、工艺标准、检测试验方法标准，以及安全、卫生、环保标准等。

2）管理标准指对标准化领域中需要协调统一的管理事项所制定的标准。

3）工作标准指对工作的责任、权利、范围、质量要求、程序、效果、检查方法、考核办法所制定的标准。

目前数量最多的是技术标准，它是对工农业产品和建设质量、规格、检验方法、包装方法及储运方法等方面所制定的技术规定，是从事生产、建设工作的共同技术依据。

另外，按照成熟程度来划分，标准可分为法定标准、推荐标准、试行标准、标准草案。

7.1.2 标准化

1. 标准化的定义

GB/T 20000.1—2014 中对"标准化（Standardization）"的定义是："为了在既定范围内获得最佳秩序，促进共同效益，对现实问题或潜在问题确立共同使用和重复使用的条款以及编制、发布和应用文件的活动"。上述活动主要包括编制、发布和实施标准的过程。标准化的主要作用在于为了其预期目的改进产品、过程或服务的适用性，促进贸易、交流以及技术合作。该定义还包含如下含义：

1）标准化是一项活动过程，这个过程是由三个关联的环节组成，即编制、发布和应用标准。标准化工作的任务就是制定标准、组织实施标准和对标准的实施进行监督。这是对标准化定义内涵的全面而清晰的概括。

2）标准化在深度上是一个永无止境的循环上升过程，即制定标准，实施标准，在实施中随着科学技术进步对原标准适时进行总结、修订，再实施。每循环一周，标准就上升到一个新的水平，充实新的内容，产生新的效果。

3）标准化在广度上是一个不断扩展的过程，如过去只制定产品标准、技术标准，现在又要制定管理标准、工作标准；过去标准化工作主要在工农业生产领域，现在已扩展到安全、卫生、环境保护、交通运输、行政管理、信息代码等。标准化正随着社会科学技术进步而不断地扩展和深化自己的工作领域，如国家标准发展纲要中将特种设备（锅炉、压力容器、压力管道等）安全标准列为今后一段时期内我国标准化工作的重点项目之一。

4）标准化的目的是"获得最佳秩序和社会效益"，最佳秩序和社会效益可以体现在多方面，如在生产技术管理和各项管理工作中，按照 GB/T 19000 建立质量保证体系，可保证和提高产品质量，保护消费者和社会公共利益；简化设计，完善工艺，提高生产率；扩大通用化程度，方便使用维修；消除贸易壁垒，扩大国际贸易和交流等。

ISO 对标准化的定义是，为了所有有关方面的利益，特别是为了促进最佳的全面经济效益，并适当考虑产品使用条件与安全要求，在所有有关方面的协作下，进行有秩序的特别活动，制定并实施各项规则的过程。

标准是构成国家核心竞争力的基本要素，是规范经济和社会发展的重要技术制度。通过标准及标准化工作，以及相关技术政策的实施，可以整合和引导社会资源，激活科技要素，推动自主创新与开放创新，加速技术积累、科技进步、成果推广、创新扩散、产业升级，以及经济、社会、环境的全面、协调、可持续发展。

2. 标准化的作用

标准化标志着一个行业新的标准的产生，涵盖了标准的制定、发布及应用的过程。标准化的重要作用是改进产品、过程和服务的适用性，防止贸易壁垒，促进技术合作。

标准化的主要作用表现在以下 10 个方面：

1）标准化为科学管理奠定了基础。所谓科学管理，就是依据生产技术的发展规律和客观经济规律对企业进行管理，而各种科学管理制度的形式都以标准化为基础。

2）促进经济全面发展，提高经济效益。标准化应用于科学研究，可以避免在研究上的重复劳动；应用于产品设计，可以缩短产品设计周期；应用于生产，可使生产在科学的和有秩序的基础上进行；应用于管理，可促进统一、协调、高效率等。

3）标准化是科研、生产、使用三者之间的桥梁。一项科研成果，一旦纳入相应标准，就能迅速得到推广和应用。因此，标准化可使新技术和新科研成果得到推广应用，从而促进技术进步。

4）随着科学技术的发展，生产的社会化程度越来越高，生产规模越来越大，技术要求越来越复杂，分工越来越细，生产协作越来越广泛，这就必须通过制定和使用标准，来保证各生产部门的活动，在技术上保持高度的统一和协调，以使生产正常进行。所以，标准化为组织现代化生产创造了前提条件。

5）促进对自然资源的合理利用，保持生态平衡，维护人类社会当前和长远的利益。

6）合理发展产品品种，提高企业应变能力，以更好地满足社会需求。

7）保证产品质量，维护消费者利益。

8）在社会生产组成部分之间进行协调，确立共同遵循的准则，建立稳定的秩序。

9）在消除贸易障碍，促进国际技术交流和贸易发展，提高产品在国际市场上的竞争能力方面具有重大作用。

10）保障身体健康和生命安全。大量的环保标准、卫生标准和安全标准制定发布后，用法律形式强制执行，对保障人民的身体健康和生命财产安全具有重大作用。

7.2 标准物质

7.2.1 标准物质和标准样品

1. 标准物质和标准样品的产生

标准物质和标准样品的研究、发布和使用是在 20 世纪初从冶金标准物质开始的。原美国国家标准局（NBS）于 1906 年发布了第一批铸铁标准物质，之后又在 1911 年颁布了铜、铜矿石等标准物质。英国、法国、德国、日本也相继开展了标准物质的研究工作。我国于 1952 年由上海材料研究所等开始研制并发布了第一批冶金标准物质。这些标准物质使各个领域里的测试数据可比性与一致性发挥了重要的作用，确保了产品质量，提高了效率，促进了国际协作，标准物质的研究是现代计量科学的一个重要分支。

我国的冶金标准物质或标准样品，俗称为标样或标钢，是我国国民经济各个领域广泛应用的测量标准之一，也是国内品种及数量最多的标准物质。随着科学技术的发展和各种新的测试技术的应用，尤其是现代分析仪器及新材料的高速发展，大大推动了标准物质的研制工作。到目前为止，仅冶金标准物质（标准样品）的发布就约达 2500 种。

2. 标准物质和标准样品的定义

（1）标准物质的定义　JJF 1005—2016 对"标准物质（RM）（参考物质）"的定义是，具有足够均匀和稳定的特定特性的物质，其特性适用于测量或标称特性检查中的预期用途。"有证标准物质（CRM）（有证参考物质）"的定义是，附有由权威机构发布的文件，提供使用有效程序获得的具有不确度和溯源性的一个或多个特性值的标准物质。

（2）标准样品的定义　GB/T 15000.2—2019 对"标准样品（RM）"的定义是，具有一种或多种规定特性足够均匀且稳定的材料，已被确定符合测量过程的预期用途。"有证标准样品（CRM）"的定义是，采用计量学上有效程序测定的一种或多种规定特性的标准样品，并附有证书提供规定特定值及其不确定度和计量溯源性的陈述。

从以上定义可以看出，冶金、地质等行业关于标准物质、有证标准物质和标准样品、有证标准样品之间没有本质区别，其英文的描述均是相同的（RM、CRM）。在不同的领域有不同的称呼，在我国，标准化工作者将其称为"标准样品"，又简称为"标样"；计量工作者将其称为"标准物质"，又简称为"标物"。对研制工作者来说，其研制程序是相同的，对其内在质量要求也是一样的。对使用者而言，其作用也是相同的，均是作为一种标准，所不同的是管理的程序不同，分别所属不同的管理机构。

3. 分类、分级和管理

（1）标准物质　按照《中华人民共和国计量法》和《标准物质管理办法》的规定，我国将标准物质作为计量器具实施法制管理。

1）标准物质分类。我国标准物质分为 13 类：钢铁、有色金属、建筑材料、核材料与放射性、高分子材料、化工产品、地质、环境、临床化学与医药、食品、能源、工程技术、物理学与物理化学。

2）标准物质分级。我国的标准物质分为一级和二级，它们都符合"有证标准物质"定义，其编号由国家质量监督检验检疫总局统一指定、颁发。

① 一级标准物质的条件：用绝对测量法或两种以上不同原理的准确、可靠的方法定值，在只有一种定值方法的情况下，用多个实验室以同种准确、可靠的方法定值；准确度具有国内最高水平，均匀性在确定范围之内；稳定性在一年以上，或达到国际上同类标准物质的先进水平；包装形式符合标准物质技术规范的要求。

以代表国家标准物质汉字的汉语拼音 GUO、BIAO、WU 的首位字母作为国家一级标准物质的代号，即用 GBW 表示。

② 二级标准物质的条件：用一级标准物质的定值方法或与一级标准物质进行比较测量

的方法定值；准确度和均匀性未达到一级标准物质的水平，但能满足一般测量的需要；稳定性在半年以上，或能满足实际测量需要；包装形式符合标准物质技术规范的要求。

它的代号以 GBW 加上二级的汉语拼音 ER 的首位字母 E 表示，并以括号括起来，即用 GBW（E）表示。

3）标准物质的编号。一种标准物质对应一个编号，当该标准物质停止生产或停止使用时，该编号不再用于其他标准物质，当该标准物质恢复生产和使用时仍启用原编号。

① 编号形式：一级标准物质的编号以一级标准物质代号"GBW"冠于编号前部；编号的前两位数是标准物质的大类号（其顺序与标准物质目录编辑物质顺序一致）；第 3 位数是标准物质的小类号，每大类标准物质分为 1~9 个小类；第 4、5 位数是同一小类标准物质中按审批的时间先后顺序排列的顺序号；最后一位是标准物质的生产批号，用英文小写字母表示，批号顺序与英文字母顺序一致。

二级标准物质的编号以二级标准物质代号"GBW（E）"冠于编号前部；编号的前两位数是标准物质的大类号；后四位数是顺序号；最后一位是标准物质的生产批号，用英文小写字母表示。

② 标准物质的分类号见表 7-1。

③ 示例：GBW014010a 纯铁，表示钢铁类纯铁小类第一批准的标准物质，第一批产品。

表 7-1　标准物质的分类号

顺序	分类号	分类名称	顺序	分类号	分类名称
1	01101-01999	钢铁	8	08101-08999	环境
2	02101-02999	有色金属	9	09101-09999	临床化学与医药
3	03101-03999	建筑材料	10	10101-10999	食品
4	04101-04999	核材料与放射性	11	11101-11999	能源
5	05101-05999	高分子材料	12	12101-12999	工程技术
6	06101-06999	化工产品	13	13101-13999	物理与物理化学
7	07101-07999	地质	—	—	—

4）标准物质的管理。标准物质的管理按照《中华人民共和国计量法》、《中华人民共和国计量法实施细则》和《标准物质管理办法》的规定，将标准物质作为计量器具实施法制管理。依据《中华人民共和国行政许可法》，标准物质的定级鉴定属于国家行政许可项目。

（2）标准样品　根据《国家实物标准暂行管理办法》（国市监标技规〔2021〕1 号），国家实物标准（或称标准样品，简称标样）适用于与文字标准有关的以实物形态出现的国家实物标准。

1）标准样品的分类

标准样品分为国家标准样品和行业标准样品，都属于"有证标准样品"，行业标准样品不等于在水平上低于国家标准样品，只是批准的主管部门不同而已。

① 国家标准样品按行业进行分类，共分为 16 类，由两位阿拉伯数字组成，见表 7-2。

表 7-2　国家标准样品行业分类号

分类号	分类名称	分类号	分类名称
01	地板、矿产成分	09	核材料成分分析
02	物理特性与物理化学特性	10	高分子材料成分分析
03	钢铁成分	11	生物、植物、食品成分分析
04	有色金属成分	12	临床化学
05	化工产品成分	13	药品
06	煤炭石油成分和物理特性	14	工程与技术特性
07	环境化学分析	15	物理与计量特性
08	建材产品成分分析	16	其他

国家标准样品的基本条件：以实物形态出现的国家实物标准；必须组织成分均匀、性能稳定并能保证供应；承制单位应根据国家标准化组织和主管部门的统一规章和供需情况组织生产和供应；符合"标准样品工作导则 GB/T 15000.1~8"；标准样品的鉴定和定值由国家标准化组织和主管部门授权的有关单位或全国标准样品技术委员会负责；鉴定和定值后的标准样品由承制单位报主管部门或全国标准样品技术委员会审核同意后，报国家标准化组织发布。

② 行业标准样品。行业标准样品是各个行业根据本行业的情况而研制的标准样品，各行业均有行业标准样品的技术规范和行业标准，主要分为钢铁、有色金属、环境、地质矿产等十几个行业。

2）标准样品的编号。

① 国家标准样品的编号：国家实物标准的编号采用代表国家实物标准汉字的汉语拼音 GUO、SHI、BI、AO 的首位字母作为国家实物标准样品的代号，即用 GSB 表示，再加上《标准文献分类法》的一级类目、二级类目的代号与二级类目范围内的顺序号、年代号相结合的办法。

② 行业标准样品的编号：各个行业相应行业的编号规则，如冶金行业以 YSB 代号表示，有色金属行业以 YSS 代号表示。目前，行业标准样品的品种及数量以冶金行业为最多，就以此为例做一简要介绍。

冶金行业标准样品代号（YSB）是按国家标准样品代号（GSB）的取音方式进行的，即取"冶金行业""YE JIN HANG YE"汉语拼音的首位字母"Y"代替"国家""GUO JIA"汉语拼音的首位字母"G"，后面两位与字母 SB 相同。该代号（YSB）同时作为生产审查认可标记，经过审查认可的研制、生产单位生产的标准样品包装、质量证明书上才可使用该标记。

4. 标准物质和标准样品的特性

标准物质和标准样品的定义及条件基本相同，在以下的叙述中不再区分，统称为标准物质。均匀性、稳定性和可溯源性构成了标准物质的三个基本要素，其具体特性如下。

（1）量具作用　标准物质可作为标准计量的量具，进行化学计量的量值传递。

（2）特性量值的复现性　每一种标准物质都具有一定的化学成分或物理特性，保存和复现这些特性量值与物质的性质有关，与物质的数量和形状无关。

（3）自身的消耗性　标准物质不同于技术标准、计量器具，是实物标准，在进行比对和量值传递过程中会逐渐消耗。

（4）标准物质品种多　物质的多种性和化学测量过程中的复杂性决定了标准物质的品种数量，仅冶金标准物质就达数百种，同一元素的组分就可跨越几个数量级。

（5）比对性　标准物质大多采用绝对法比对标准值，常采用几个、十几个实验室共同比对的方法来确定标准物质的标准值。高等级标准物质可以作为低等级标准物质的比对参照物，标准物质都是作为"比对参照物"发挥其标准的作用。

（6）特定的管理要求　标准物质因其种类不同，对储存、运输、保管和使用都有不同的要求，这样才能保证标准物质的标准作用和标准值的准确度，否则就会降低和失去标准物质的标准作用。

（7）可溯源性　其溯源性是通过具有规定的不确定度的连续比较链，使测量结果或标准的量值能够与规定的参考基准（通常是国家基准或国际基准）联系起来。标准物质作为实现准确一致的测量标准，在实际测量中，用不同级别的标准物质，按准确度由低向高逐级进行量值追溯，直到国际基本单位，这一过程称为量值的"溯源过程"。

反之，从国际基本单位逐级由高向低进行量值传递，至实际工作中的现场应用，这一过程称为量值的"传递过程"。通过标准物质进行量值的传递和追溯，构成一个完整的量值传递和溯源体系。

5. 标准物质在测量中的作用

自 1986 年公布《中华人民共和国计量法》及相关法规，把标准物质作为依法管理的计量器具以来，我国的标准物质已有几千种。这些标准物质在国民经济建设中起着重要的作用，主要表现为以下几个方面。

（1）统一量值　标准物质具有在时间上保持量值、在空间上传递量值的功能，用于各种测量的质量控制与质量评价，保证不同时间与空间测量结果的一致性与可比性，统一不同测量手段、不同测量方法的测试结果，从而达到量值的统一。

（2）评价测试方法　标准物质可用来研究和评价制订的测量方法。在制订标准方法中，如判定某一测试方法是否可行，需要用标准物质来研究和评价。通过与标准物质进行比较，考核其制订的标准方法或测试方法的准确性和重复性。

（3）对测试人员水平及能力的考核作用　选用适当的标准物质作为测量时的"监控样品"，对检测人员的检测能力及操作水平进行考核、监督、检查，通过考核，严把测试质量关，提高测试人员的测试水平。

（4）作为国内与国际贸易中的仲裁依据　越来越多的国内贸易与跨国贸易、多边贸易更加频繁，在对商品的质量检验或分析仪器质量评定等工作中，难免发生争执。当供方与需方发生争执时，需要一个客观标准作为仲裁依据，标准物质无疑是最好的选择，可作为仲裁纠纷的标准来维护公平交易。

（5）产品质量及分析测试质量的保证　标准物质可用于考核、评价产品质量和分析检验的工作质量。质量检验是质量体系中的一个重要因素，只有通过检验才能确定产品的质量状态。在一个试验内用标准物质绘制的质量控制图，可长期监视测量过程是否能控制质量。标准物质可作为生产中间过程或成品后的质量控制标准，防止不合格品转入下一过程或进入市场。

（6）作为测定工作标准　可以用纯试剂配制标准系列，但在许多场合用标准物质较为方便。鉴于标准物质和待测物质有相似的主体成分或特性，所以在同一条件下，采用精度高的测量方法同时测定标准物质和待测物质，可以减少甚至互相抵消由于主体成分的差异而带来的系统误差。在多种仪器分析中，常常利用被测组分的标准量值对被测物理量的关系来绘制标准曲线，然后根据标准曲线来计算被测组分的含量，特别是以固体试样直接测定的方法，如火花光电光谱法、X荧光光谱法，可以消除基体影响，提高准确度。

（7）测量结果的可溯源性　标准物质具有可溯源性，可溯源到国际基本单位的准确量值，在良好的均匀性和稳定性下，能保证量值在不同空间和时间中传递，本身是具有可追溯性的。因此，通过使用标准物质，可使各种实际测量结果获得可溯源性。

6. 标准物质选择原则

标准物质作为已准确地确定了一个或多个特性量值，用于校准仪器，评价测量方法，直接作为比对标准的物质，其在分析检测工作中的重要性和必要性是不言而喻的，很多行业和部门都在一些具体工作中规定必须使用标准物质以监控检测结果的可靠性。如何保证其标准参比物作用，首先应选择合适的标准物质并确保其使用正确。分析工作者应根据分析方法和被测样品的具体情况来选择合适的标准物质，一般应考虑以下几个因素。

（1）水平　根据要进行的测量程序从"目录"中选择相应种类的、其特性量值与预期应用测试量值水平相适应的标准物质，使用者不宜选用不确定度超过测量程序所允许水平的标准物质。在一般工作场所可以选用二级标准物质；实验室认可、方法验证、产品评价及仲裁等可以选用高水平的一级标准物质或国家标准样品。

（2）基体　标准物质的基体应与被测物质的基体一致，或者尽可能接近。按照标准物质的基体组成与被测物质接近的程度，可把标准物质分成4类。

1）基体标准物质，它的基体与被测物质的基体相同，大部分标准物质属于此类。

2）模拟标准物质，它的基体与被测物质相近，雨水中痕量元素标准物质属于此类。

3）合成标准物质，此类标准物质不能直接使用，用前按一定程序将它合成所需要的标准。

4）代用标准物质，当选择不到类似物质基体的标准物质时，可选用与被测元素或化合含量相当的其他基体的标准物质。

（3）形态　标准物质的形态也是多样的，有固体、液体、气体、测试片、粉末、屑状，以及是否需要加工等。若用于化学分析，一般选用粒状（或屑状、粉末状）标准物质；若用于火花光谱或X荧光光谱分析，则选用块状标准物质。

（4）特性值　标准物质在常规测量中被作为"参照标准"，其特性值的水平（成分含量）直接影响测量的准确性。在分析测试中，分析方法的精密度是被测样品含量的函数，所以应选择含量水平合适的标准物质；若用标准物质评价分析方法，应选择含量水平接近方法定量上限与下限的两个标准物质；当标准物质作为控制标准时，应选择与被测样品含量相近的标准物质。

（5）数量及价格　所选择的标准物质除考虑以上因素，还应考虑标准物质的供应状况、价格。标准物质的数量应满足整个试验计划使用，必要时应保留一些储备。有些标准物质的价格很昂贵，尤其是进口标准物质，而随着我国标准物质的发展，有些国内标准物质的水平也达到国外同类标准物质的先进水平，并非国外就一定比国内水平高。

（6）稳定性　所选用的标准物质在整个试验过程中应具有足够的稳定性，确保测量过程的实现、测量结果的准确。凡使用已超过稳定期（有效期）的标准物质要特别谨慎，原则上是不能使用的。

7. 标准物质的使用

如何正确使用标准物质，促进分析技术的发展，保证分析结果的准确性、一致性，是值得关注的问题。在分析化学中使用标准物质时应注意以下几个的问题。

1）在使用标准物质前应仔细、全面地阅读标准物质证书，这一点十分重要。只有认真地阅读证书中所给出的信息，才能保证正确使用标准物质。使用者应重视标准物质证书中所给出的"标准物质的用途"信息，当标准物质用于证书中所描述用途之外的其他用途时可能造成标准物质的误用。使用者还应特别注意证书中所给该标准物质最小称样量，它是标准物质均匀性的重要条件，否则，就谈不上测量结果的准确性和可靠性。同时，要注意标准物质证书中列出的定值方法和定值日期，以指导实际测试。

2）根据标准物质的选择原则选择合适的标准物质。在测定标准物质或标准样品时，应用同一台仪器、同一种方法，并在同样的条件与环境中进行，以保证测量的一致性，避免系统误差。

3）使用标准物质后，应严格执行标准物质证书中规定的保管、储存要求，不得随意处置，以免造成该标准物质的变质和量值变化。

8. 标准物质的研制

（1）研制标准物质的一般考虑　用于分析化学的标准物质，其量值必须准确可靠。标准物质必须具有便于保存和使用的特性，在保存和使用期间其量值能保持不变，因而标准物质应有很好的稳定性和均匀性。标准物质也是消耗性物质，因此必须有足够的批量，有了一定批量，也能降低制造成本。

标准物质种类繁多，在世界范围内现在已经是数以千计。若在基体组成、成分含量水平、物理形态与形状方面均能和被测物质对应起来，数以万计也是不够的，因而要求标准物质的研制者要挑选基体组成有代表性的物质，成分含量水平选择高、中、低几个代表性浓度，使其系列化。

（2）标准物质的均匀性　标准物质的均匀性指各化学组分在基体物质中的分布情况。因为大多数标准物质不是逐个检验，而是通过抽样检验的办法定值，标准物质的使用者所得到的可能恰是未被检验的那部分。因此，保证标准物质的均匀性是极其重要的。例如，某些金属、矿物等这些固态的非均相物质，可能由于达不到预期的均匀性指标而不能制成标准物质。

物质的均匀性是能否制成标准物质的关键性因素，因此要首先解决均匀性问题。例如，制备冶金标准物质时，在冶炼过程以不同的方式和顺序加入不同的元素，以保证冶炼过程的均匀性。铸模后，去掉铸块的头、尾等不均匀部分，然后通过锻造进一步改善均匀性。用于化学分析的冶金标准物质还要经过切削、过筛（使粒度均一化）、混匀等过程。物质分装前，先进行均匀性初步试验，以判断均匀性是否达到要求，分装后再进行均匀性检验。原则上讲，所有高精密度的检测技术都可用于标准物质的均匀性检验，但由于均匀性检验工作量大，需要注意工作效率和经济上的合理性，所以应尽可能选用精密度高、简便、快速的方法。例如，检验固体材料时尽量采用光电直读发射光谱、X 射线荧光光谱等方法。

（3）标准物质的稳定性　物质的稳定性是有条件的、相对的。物质的稳定性指在一定条件下物质保持其特性量值的持续性。

物质的稳定性受物理、化学、生物等因素的制约。为了获得物质的良好稳定性，应设法限制或延缓这些作用的发生。一般是选择合适的保存环境，储存在容器中，进行杀菌和使用化学稳定剂等，以保证物质的良好稳定性。例如，酸可以增加水中重金属元素的稳定性。究竟采取哪种措施才能保证标准物质的稳定性，需要进行实际研究。

对新研制的标准物质，应随时监测被测特性量值随时间的变化情况，其目的是为了确定标准物质的有效期限。用高精密度方法，以新制备的标准为参比，测定标准物质的特性随时间的变化情况。测定的时间间隔应先密后疏，把无明显上升或下降趋势的时间间隔定为标准物质的有效期。要注意保存期限与使用期限的区别。例如，一瓶标准物质密闭保存，可能五年不变，但反复开启容器使用它，也许三年后就会变质失效。所以，在研究稳定性时，应对保存期限与使用期限同时给予考虑。此外，确定标准物质的有效期应该留有余地。

（4）标准物质的定值方法　标准物质的标准值是最接近真值的近似值，可当作"真值"使用，所以应当用高准确度的权威方法定值。但是，分析技术发展至今日，可用的权威的方法很少。特别是在痕量分析技术领域内，已知准确度的标准方法更是稀少，因而人们不得不采用其他方法来定值，最常见的是采用多个实验室合作定值的方法。参加合作的实验室应具有标准物质定值的最好条件，并有一定的技术权威性；每个实验室采用的分析方法可以用统一方法，也可以任选该实验室认为是最好的方法。合作定值方法应采取如下两个措施：

1）要有足够的实验室参加实验。从统计学观点看，参加合作的实验室越多越好。然而，在某一领域内，权威实验室不可能很多，如果勉强凑数，那么结果的可靠性必然会受到影响。一般选择 6~10 个实验室即可。

2）研制单位要对协作实验室进行全面考核，以保证各实验室测定结果的一致性。研制单位对各实验室报出的数据进行数理统计检验后，最后确定标准物质的标准值。

（5）标准值和不确定度的确定　赋予标准物质准确可靠的标准值和合适的不确定度是研制标准物质的最终目的。将定值的全部数据通过数理统计及技术判断确定最终标准值，其不确定度通过分析各不确定度的来源，将各分量进行确认并计算，得到合成总不确定度。目前，常用的是标准不确定度，是以标准偏差表示的不确定度。就化学分析用冶金标准物质而言，通常以定值统计的标准偏差作为标准不确定度；对于块状标准样品，还要考虑块内和块间的不均匀性，以及标准物质稳定性的不确定度（经常可忽略），与定值统计的标准偏差合成为总的不确定度。

9. 标准物质（样品）的主要技术规范及标准

国际标准化组织（ISO）、国际电工委员会（IEC）、国际法制计量组织（OIML）、国际原子能委员会（LAEA）、国际实验室认可合作组织（ILCA）、国际纯粹与应用化学联合会（IUPAC）、世界卫生组织（WHO）、世界气象组织（WMO）、国际临床化学委员会（IFCC）及国际农药分析委员会（CIPAC）等都设有专门机构，负责指导与协调组织内部标准物质的研究与应用，积极参与国际的协调与合作，以保持全球范围内的一致性。其中，ISO 的标准物质委员会（REMCO）是目前各国际组织中标准物质合作方面最有影响力的国际组织，由 ISO/REMCO 起草制定的标准物质技术文件主要有以下几种。

ISO Guide 6：1978《在国际标准中关于标准物质的陈述》

ISO Guide 30：2015《标准物质　术语和定义》

ISO Guide 31：2015《标准物质　证书、标签和附带文件的内容》

ISO Guide 80：2014《质量控制样品的内部研制》

ISO Guide 33：2015《标准物质　标准物质的使用》

ISO 17034：2016《标准物质生产者能力的通用要求》

ISO Guide 35：2017《标准物质　定值和均匀性与稳定性评估》

我国自改革开放以来，各级主管部门都非常重视标准样品/标准物质的管理。1986年1月，原国家标准局发布了《国家实物标准暂行管理办法》；1987年7月，原国家计量局发布了《标准物质管理办法》；1994年1月，原冶金工业部发布了《冶金标准样品管理办法》，同时还制修订了一系列通用标准、规范性技术文件，主要如下。

JJF 1006—1994《一级标准物质技术规范》

GB/T 15000.1—1994《标准样品工作导则（1）在技术标准中陈述标准样品的一般规定》

GB/T 15000.2—2019《标准样品工作导则　第2部分：常用术语及定义》

GB/T 15000.3—2023《标准样品工作导则　第3部分：标准样品　定值和均匀性与稳定性评估》

GB/T 15000.4—2019《标准样品工作导则　第4部分：证书、标签和附带文件的内容》

GB/T 15000.5—2023《标准样品工作导则　第5部分：质量控制样品的内部研制》

GB/T 15000.6—1994《标准样品工作导则（6）标准样品包装通则》

GB/T 15000.7—2021《标准样品工作导则　第7部分：标准样品生产者能力的通用要求》

CB/T 15000.8—2023《标准样品工作导则　第8部分：标准样品的使用》

YB/T 082—2016《冶金产品分析用标准样品技术规范》

YB/T 083—2016《冶金标准样品的包装、运输及储存》

YS/T 409—2012《有色金属分析用标准样品技术规范》

7.2.2　标准物质和标准样品的验收和期间核查

1. 标准物质和标准样品的验收

实验室对购入的RM进行验收时，须检查包装及标识的完好性（或密封度）、证书与实物的对应性。使用时，还应检查证书中标明的特性量值、不确定度、基体组成、有效日期、保存条件、安全防护、特殊运输要求等内容。

对于有低温等特殊运输要求的RM，可行时要检查运输状态。如有必要且可行，可以采用合适的试验手段确认RM的特性量值、不确定度、基体组成等特性。当对同一种RM更换了制造商或批次，需要时，实验室可对新旧RM进行比较，既可验证旧RM特性量值的稳定性，也可确认新RM是否满足使用要求。

当RM用于校准、方法确认、量值传递与溯源时，应尽可能使用有证标准物质或有证标准样品。

实验室应对必要的验收内容形成记录，一般包括RM名称、编号、批号、包装、标识、证书、特性量值、不确定度、有效日期、购入日期、购入数量、制造商、验收人、验收结论等。如果采用检测手段进行试验验收，还应包括验收时的检测方法、检测结果、测量不确定度等的相关信息与记录。

验收合格的RM方可投入使用。使用人领用后，实验室要按证书中规定的保存条件、保存期限妥善管理。验收不合格的 RM，不能使用。

2. 标准物质和标准样品的期间核查

为保证 RM 量值的可靠性，实验室应对使用的 RM 进行期间核查。

实验室应以文件形式确定期间核查方式、周期、核查结果的判定等相关内容，并保存记录。需要注意的是，在大多数情况下，实验室对 RM 特性量值的准确性进行核查是非常困难的，也是不现实的。

（1）CRM 的期间核查

1）未开封的 CRM。对未开封的 CRM，管理员或使用者要核查该 CRM 是否在有效期内，以及是否按照该 CRM 证书上所规定储存条件和环境要求等正确保存。若满足要求，该 CRM 不需要再采用其他方式进行期间核查。

2）已开封的 CRM。对已开封的 CRM，实验室要确保其在有效期内使用。若该 CRM 在有效期内允许多次使用，要确保其使用及储存情况满足证书上规定的要求。必要时，根据其稳定特性、使用频率、储存条件变化、测量结果可信度等情况，按第（4）条规定的核查方式对其特性量值的稳定性进行核查。

（2）非有证标准物质/标准样品的期间核查　非有证标准物质/标准样品包括从外部购入的某些纯物质、质控样品、实验室内部自行配制的标准溶液、标准气体等，需要定期对其特性量值的稳定性进行核查，并判断核查结果是否合格。

（3）期间核查特性量值的选择　对于单一特性量值的 RM，期间核查时选择该特性量值进行核查；对于具有多个特性量值的 RM，可选择一个或若干个最具代表性或最不稳定的、最关注的量值进行核查。

（4）期间核查方式　期间核查可以采取以下方式中的一种：①检测足够稳定的、不确定度与被核查对象相近的实验室质控样品；②与上一级或不确定度相近的同级 CRM 进行量值比对；③送有资质的检测/校准机构确认；④进行实验室间的量值比对；⑤测试近期参加能力验证且结果满意的样品；⑥采用质量控制图进行趋势检查等。

说明：在实际工作中，实验室通过质量控制结果或质控图（参见 CNAS-CL01《检测和校准实验室能力认可准则》第 7.7 条款）来判断 RM 的稳定性是最常用的方式。质量控制结果稳定也就证明了 RM 的稳定性，即不需要进行额外的期间核查，按照期间核查的要求做好相关记录并予以保存。

（5）期间核查频次　实验室可通过日常的质量控制结果和质控图来监测 RM 的稳定性。如果没有质量控制数据时，期间核查的频次可以参考以下建议：

1）CRM 的期间核查频次。对未开封的 CRM，在使用前按第（1）条的要求进行一次核查；对已开封且未使用完或可重复使用的 CRM，在证书要求的开封有效期内，至少进行一次期间核查。

2）非有证标准物质/标准样品的期间核查频次。对于供应商或标准方法或权威文献提供了储存条件和有效期的非有证标准物质/标准样品，按其稳定特性等安排不少于一次的期间核查；对于首次使用、无法获得可靠有效期的非有证标准物质/标准样品，可行时，实验室要通过稳定性试验确认其预期有效期。以后再次使用时，在预期有效期内，可按其稳定特性等安排不少于一次的期间核查。

3）核查频次的增加。当发现 RM（无论是 CRM 还是非有证标准物质/标准样品）可能存在质量风险时（如储存条件失控、质量控制结果不满意等），应立即进行核查。必要时，以后再次使用同类 RM 时，应增加核查频次。

（6）核查结果的判定　RM 期间核查结果的判定可分为传递比较法、实验室比对法和控制图法。

1）传递比较法。被核查 RM 与 CRM，或与有标准值及不确定度的 RM 比较，或送至更高标准的实验室检测时，可采用此方法。

被核查的 RM 和核查标准的测量结果分别为 $x_{被核查}$ 和 $x_{标准}$，扩展不确定度分别为 $U_{被核查}$ 和 $U_{标准}$（扩展不确定度均为 U_{95} 或包含因子 $k=2$ 时的不确定度），应符合下列关系：

$$\left| x_{被核查} - x_{标准} \right| \leqslant \sqrt{U_{被核查}^2 + U_{标准}^2}$$

2）实验室比对法。如果不能采用传递比较法，也可以采用 n 个实验室比对或实验室内部 n 台仪器或 n 个测量方法比对（$n \geqslant 2$）。比对实验室和比对仪器/测量方法的准确度等级要相同或近似，此时采用所有结果的算术平均值作为被核查 RM 量值的最佳估计值 $\bar{x}$。

若被核查 RM 测量结果为 $x_{被核查}$，测量结果的扩展不确定度为 $U_{被核查}$，则应符合下列关系：

$$\left| x_{被核查} - \bar{x} \right| \leqslant \sqrt{\frac{n-1}{n}} \times U_{被核查}$$

3）控制图法。RM 的期间核查也可采用控制图法。常用的控制图有平均值-标准偏差控制图（$\bar{x} - s$ 图）和平均值-极差控制图（$\bar{x} - R$ 图）。标准偏差控制图比极差控制图有更高的检出率。标准偏差控制图一般要求重复测量次数 $n \geqslant 10$，极差控制图一般要求 $n \geqslant 5$。

被核查 RM 的测量结果偶尔出现在警戒区是可以的，但此时要密切注意控制图此后的趋势，适当增加核查次数。一旦发现测量结果超出控制限，且经确认是 RM 的原因，则该 RM 的期间核查结果为不合格。

7.3　标准分析方法

7.3.1　标准分析方法的定义与标准化

1. 标准分析方法的定义

标准分析方法属于试验标准，是"与试验方法相关的标准，有时附有与测试相关的其他条款。例如，抽样、统计方法的应用、试验步骤"，是标准体系中的重要组成部分。一个优良的分析方法必须具备高准确性、可靠性和适用性。它不仅必须准确性好，精密度高、灵敏度高、检测限低、分析空白低、线性范围宽、基体效应小、耐变性强，而且必须具备适性强、操作简便、容易掌握、消耗费用低、不使用剧毒试剂等特点。

但在实际工作中能完全满足上述要求的分析方法少之又少，通常可以将分析方法分为三类。

（1）权威分析方法　权威分析方法也称定义方法，一般指绝对测量法，如重量法、滴定法、同位素稀释质谱法、库仑法等。绝对测量应满足以下几个要求：①有坚固的理论基础；②能以数学公式表述；③主要的测量参数是独立的；④准确度和精确度已进行确切考证。

（2）标准分析方法　通常又称为分析方法标准，是技术标准的一种，是一项文件，是权威机构对某分析方法所做的统一规定的技术准则和各个方面共同遵守的技术依据，应满足以下几个要求：①按照规定的程序编制；②按照规定的格式编写；③方法的成熟性得到公认，通过共同试验确定了方法的准确度；④由权威机构审批和颁布。

编制和推行标准分析方法的目的是为了保证分析结果的重复性、再现性和准确性，保证不同人员、不同实验室测量结果的一致性。

（3）现场分析方法　是例行分析实验室、监测站、生产流程中实际使用的测量方法。

2. 标准分析方法现状

（1）各国标准简介

1）中国标准。我国于1950年开始建立统一的标准管理机构——国家科委标准局，实行三级标准体系：国家标准、行业（部、专业）标准和企业标准，同一标准又分为暂行标准和正式标准。国家标准的代号为GB；行业（部）标准大部分采用颁布部门的简称，如机械（JB）、冶金（YB）、化工（HC）、煤炭（MT）等。

2）国际标准。国际标准化组织（ISO）成立于1947年2月23日，有40多个国家参加该组织。经过该组织通过的标准适用于各成员国。ISO下设有162个技术委员会（简称TC），各TC都有各自的编号，如TC-17为钢材；TC-25为铸铁；TC-47为化学；TC-48为实验室玻璃仪器制品。

3）美国标准。美国标准的核心机构是美国国家标准协会（ANSI），于1918年成立，负责沟通各标准机构之间的情况，避免重复。由该协会通过的标准为美国国家标准，用英文字母代表类目，如G为黑色金属；H为有色金属等。美国国家标准中的大部分是由美国材料与试验协会（ASTM）制定的，在国际上有较高的声誉。

4）英国标准。英国是西方国家中第一个建立标准化组织和制定工业技术标准的国家。核心机构是英国标准协会（BSI）。

5）日本标准。日本是在1921年开始建立工业标准制度的，日本国家标准即日本工业标准（或称工业规格），其代号为JIS。

（2）主要国家（协会）的标准代号　国际上已有数千种标准分析方法，许多国际组织和各个国家都致力于标准分析方法的研究。目前，主要国家（协会）的标准代号见表7-3。

表 7-3　主要国家（协会）的标准代号

国家或标准化组织	标准代号	国家或标准化组织	标准代号
国际标准化组织	ISO	美国国家标准	ANSI
美国材料与试验协会	ASTM	欧洲标准	EURO
英国标准	BS	联邦德国标准	DIN
俄罗斯标准	ГОСТ	意大利标准	UNI
日本工业标准	JIS	西班牙标准	UNE
法国标准	NF	荷兰标准	NEN
中国标准	GB	澳大利亚标准	AS
欧盟标准	EN	—	—

3. 分析方法标准化

（1）分析方法标准化组织和程序 标准化工作是一项具有高度政策性、经济性、技术性、严密性的工作。因此，开展这项工作必需建立严密的组织机构。由于这些机构所从事工作的特殊性，要求它们的职能和权限必须受到标准化条例的约束，也就是说，只有组织严密的机构，通过执行严格的程序，才能制定出高质量的标准。

（2）标准分析方法的共同试验 在分析工作中，共同试验指实验室为了一个特定的目的和按照预定的程序所进行的合作研究活动。共同试验可用于分析方法标准化、能力比对（验证）、标准物质定值和实验室间分析结果的争议仲裁等。

在分析方法标准化工作中，共同试验的目的是为了确定标准分析方法在实际应用的条件下可以达到的准确度，制订实际应用中的分析方法重复性和再现性，以作为方法选择、质量控制和分析结果仲裁的依据。

方法标准化共同试验的一般程序：组织若干有代表性的实验室，用制订的分析方法按规定完成若干种样品的分析，通过数据的统计分析计算出所需要的指标。

方法标准化组织一般包括标准化主管部门、技术委员会、技术归口单位和技术工作组4级。方法标准化共同试验是方法标准化工作的一部分，在技术归口单位的领导下由技术工作组完成。一个分析方法的优劣应由方法的各种特性来表现，通常是由多个实验室共同试验来确定方法的准确度。共同试验都要预先制订一个合理的试验方案或试验设计，这些在GB/T 6379.2—2004中做了详细规定。

7.3.2 化学分析方法确认和验证

1. 方法确认

（1）方法确认要求 实验室应对非标准分析方法、实验室制定的分析方法、超出其预定范围使用的标准分析方法、扩充和修改过的标准分析方法的确认制定程序。对于确认过的分析方法，实验室应制定作业指导书。

1）确认分析方法的特性参数。实验室可在综合考虑成本、风险和技术可行性基础上，并根据预期的用途来进行分析方法的确认。实验室进行分析方法确认的内容应完整，包括但不限于以下方法特性：方法的选择性；方法的适应范围；检出限和/或定量限；测量范围和/或线性范围；精密度（重复性和/或再现性）；稳健度；正确度；准确度；灵敏度；测量不确定度。

注：测量结果的准确度由正确度和精密度两个指标进行表征。

2）确认分析方法特性参数的选择。方法确认首先应明确检测对象的特定需求，包括样品的特性、数量等，并应满足客户的特殊需要，同时应根据分析方法的预期用途，选择需要确认的分析方法特性参数。

① 实验室内的方法确认。通常情况下，需要确认的技术参数包括方法的选择性、检出限、定量限、线性范围、正确度、精密度和稳定度等。

② 实验室间的方法确认。通常情况下，对于定性分析方法至少应确认方法的选择性、检出限；对于定量分析方法至少应确认方法的适应对象、线性范围、定量限和精密度。

（2）方法特性参数的确认 一般情况下，分析方法在没有重大干扰的情况下应具有一定的选择性。对于化学分析方法，在有干扰的情况下，如基质成分、代谢物、降解产物、内源性物质等，保证检测结果的准确性至关重要。

实验室可联合使用但不限于下述两种方法检查干扰：

① 分析一定数量的代表性空白样品，检查在目标分析物出现的区域是否有干扰（信号、峰等）。

② 在代表性空白样品中添加一定浓度的可能干扰分析物。

1）测量范围。分析方法的测量范围通常应满足以下条件：

① 应覆盖分析方法的最低浓度水平（定量限）和关注浓度水平。

② 至少需要确认分析方法测量范围的最低浓度水平（定量限）、关注浓度水平和最高浓度水平的正确度和精密度，必要时可增加确认浓度水平。

③ 若方法的测量范围呈线性，还满足下面条款的要求。

2）线性范围。线性范围通常可参照相关国家标准或国际标准，尽量满足如下要求：

① 采用校准曲线法定量，并至少具有 6 个校准点（包括空白），浓度范围尽可能覆盖一个或多个数量级；对于筛选方法，线性回归方程的相关系数不低于 0.98；对于准确定量的方法，线性回归方程的相关系数不低于 0.99。

② 校准用的标准点应尽可能均匀地分布在关注的浓度范围内并能覆盖该范围。在理想的情况下，不同浓度的校准溶液应独立配制，低浓度的校准点不宜通过稀释校准曲线中高浓度的校准点进行配制。浓度范围一般应覆盖关注浓度的 50%～150%，如需做空白时，则应覆盖关注浓度的 0～150%。

③ 应充分考虑可能的基体效应影响，排除其对校准曲线的干扰。实验室应提供文件或试验数据，说明目标分析物在溶剂中、样品中和基质成分中的稳定性，并在分析方法中予以明确。对于缺少稳定性数据的目标分析物，应提供能分析其稳定性的测定方法和确认结果。

3）检出限和定量限。只有当目标分析物的含量在接近于"0"的时候才需要确定分析方法的检出限（LOD）或定量限（LOQ）。当分析物浓度远大于 LOQ 时，没有必要评估分析方法的 LOD 和 LOQ。但是，对于那些浓度接近于 LOD 与 LOQ 的痕量和超痕量检测，并且报告为"未检出"时，或需要利用检出限或定量限进行风险评估或法规决策时，实验室应确定 LOD 和 LOQ。不同的基质可能需要分别评估 LOD 和 LOQ。

① 检出限。对于多数现代的分析方法来说，检出限（LOD）可分为两个部分，即仪器检出限（IDL）和方法检出限（MDL）。仪器检出限为用仪器可靠地将目标分析物信号从背景（噪音）中识别出来时分析物的最低浓度或量，该值表示为仪器检出限；方法检出限（MDL）为用特定方法可靠地将分析物测定信号从特定基质背景中识别或区分出来时分析物的最低浓度或量。确定 MDL 时，应考虑到所有基质的干扰。

说明：方法检出限不宜与仪器最低响应值相混淆。使用信噪比可用来考察仪器性能，但不适用于评估方法检出限。

确定检出限的方法很多，除下面所列方法，也可以使用其他方法。

a. 空白标准偏差法评估 LOD，即通过分析大量的样品空白或加入最低可接受浓度的样品空白来确定 LOD。独立测试的次数应不少于 10 次（$n \geqslant 10$），计算出检测结果的标准偏差（s），即可得出 LOD，见表 7-4。

表 7-4　定量检测中 LOD 的表示方法

试验方法	LOD 的表示方法
样品空白独立测试 10 次[①]	样品空白平均值+3s（只适用于标准差值非零时）
加入最低可接受浓度的样品空白独立测试 10 次[①]	0+3s
	样品空白值+4.65s（此模型来自假设检验）

注：1. 最低可接受度为在所得不确定度可接受的情况下所加入的最低浓度。

　　2. 实际检测中样品和空白应分别测定，且通过样品浓度扣减空白信号对应的浓度进行空白校正。

① 仅当空白中干扰物质的信号值高于样品空白值的 3s 的概率远小于 1% 时适用。

样品空白值的平均值和标准偏差均受样品基质影响，因此最低检出限也因受样品基质种类的影响而不同。利用此条件进行符合性判定时，需要定期用实测数据更新精密度数值。

b. 用校准方程的参数评估 LOD。如果在 LOD 或接近 LOD 的样品数据无法获得时，可利用校准方程的参数评估仪器的 LOD，如果用空白平均值加上空白的 3 倍标准偏差，仪器对于空白的响应即为校准方程的截距 a，仪器响应的标准偏差即为校准的标准误差 $s_{y/x}$，故可利用方程 $y_{LOD} = a + 3s_{y/x} = a + bx_{LOD}$，则 $x_{LOD} = 3s_{y/x}/b$。此方程可广泛应用于分析化学。然而由于此方法为外推法，所以当浓度接近于预期的 LOD 时，结果就不如由试验得到的结果可靠，因此建议对分析浓度接近 LOD 的样品，应确保在适当的概率下被分析物能够被检测出来。

对于定性方法来说，低于临界浓度时选择性是不可靠的。该临界值会随着试验条件中的试剂、加标量、基质等不同而变化。确定定性方法的 LOD 时，可以通过往空白样品中添加几个不同浓度水平的标准溶液，在每个水平分别随机检测 10 次，记录检出结果（阳性或阴性），绘制样品检出的阳性率（%）或阴性率（%）-添加浓度的曲线，临界浓度即为检测结果不可靠时的拐点。

② 定量限，与检出限（LOD）相类似。定量限（LOQ）也可以分成两个部分，仪器定量限（IQL）和方法定量限（MQL）。仪器定量限（IQL）可定义为仪器能够可靠检出并定量被分析物的最低量；方法定量限（MQL）可定义为在特定基质中的一定可信度内，用某一方法可靠地检出并定量被分析物的最低量。

LOQ 的确定主要是从其可信性考虑，如测试是否是基于法规要求、目标测量不确定度和可接受准则等。通常建议将空白值加上 10 倍的重复性标准偏差作为 LOQ，也可以 3 倍的 LOD 或高于方法确认中使用最低加标量的 50% 作为 LOQ。若为增加数据的可信性，LOQ 也可用 10 倍的 LOD 来表示。另外，在某些特定测试领域中，实验室也可根据行业规则使用其他参数。对于特定的基质和方法，其 LOQ 可能在不同实验室之间或在同一个实验室内由于使用不同设备、技术和试剂而有所不同。

4）正确度。测量结果的正确度用于表述无穷多次重复性测定结果的平均值与参考值之间的接近程度。正确度差意味着存在系统误差，通常用偏倚表示，而测量结果的偏倚通过回收试验进行评估。

① 回收率的测定。回收试验用于评估偏倚，可通过计算回收率来进行评价。在高偏倚测试中，测定值与参考值会有很大的偏离。在测定回收率时应考虑以下因素：

考虑不同检测批次之间的变化，如果可能的话，可采用覆盖整个浓度测试范围的不同试样评估偏倚。当一个方法不能如预期那样在整个测试范围偏倚一致时，如非线性校准曲线，则需要对不同浓度水平的样品进行测定（至少对高或低含量进行测试）。

最理想的偏倚评估是利用样品的基质匹配且浓度相近的有证标准物质进行测试。如果合适的有证标准物质无法获得时，需要寻找可替代的物质，如参考物质（假定基质与待测样品的基质匹配，目标物具有足够的代表性）或空白样品来评定偏倚。将已知浓度的分析物加到样品中，按照预定的分析方法进行检测，测得的实际浓度减去原先未加分析物时样品的测定浓度，并除以所添加浓度的百分率，即为回收率（R）。

$$R = (C_1 - C_2)/C_3 \tag{7-1}$$

式中　C_1——加标之后测定的浓度；

$\quad\quad C_2$——加标之前测定的浓度；

$\quad\quad C_3$——加入目标物后的理论浓度。

某些情况下，实验室只能依赖加标评估其偏倚。在这种情况下，100%的回收率并不一定意味着好的正确度，但差的回收率则一定意味有偏倚。可利用已知偏倚的国际或国家认可的参考方法来评定另一种方法的偏倚，或者利用两种方法按照相关测试程序对多种基质或浓度的典型样品进行测定，并用 t 检验（t-test）对分析方法间的偏倚显著性进行评估。

② 方法回收率的偏差范围可参考表 7-5 进行评价。

表 7-5　方法回收率的偏差范围

浓度水平范围/（mg/kg）	回收率的偏差范围（%）
<0.1	60~120
0.1~1.0	80~110
1~100	90~110
>100	95~105

5）精密度。

① 重复性。对于在重复性条件下进行的适当的测量数据，可用标准偏差（s）、方差（s^2）和概率分布函数等表示。如果分析方法中涉及仪器分析，则除了方法重复性，还需确定仪器重复性。重复性体现了测量结果的短期变化，同样也适用于评定在单一批次分析中重复测定可能存在的差异。然而，重复性可能会低估在长期正常条件下测量结果的分散性。

重复性的测定通常应在自由度至少为 6 的情况下测定。对一个样品测定 7 次；或对 2 个样品，每个样品测定 4 次；或对 3 个样品，每个样品测定 3 次。仪器重复性可通过对校准曲线中的标准溶液、加标溶液进样测定（7 次），然后计算平均值、标准偏差。进样应按随机顺序进行以降低偏差。

方法重复性可通过准备不同浓度的样品或浓度与进行方法回收率研究相近的样品（样品的准备可采用实际样品，也可采用添加了所需分析物的空白溶液或实际样品），然后在较短的时间间隔内由同一个人员进行分析测定，并计算平均值、标准偏差和相对标准偏差。得到的标准偏差除以平均值后的百分率即为测试结果变异系数。不同含量测试结果的实验室内变异系数见表 7-6。

② 再现性。再现性可表示为标准偏差（s）、方差（s^2）和概率分布系数。例如，利用两种以上校准标准溶液在一段时间内测定一定数量的试样，包括在不同时间内测定，在与日常使用方法中条件差别尽可能小的情况下测定（如不同分析员利用不同设备的测试）。对于受控状态的单个实验室，通常使用实验室内再现性或期间精密度等术语来表示其再现性精密

度。再现性标准偏差可通过一系列多个样品获得，或多个系列测定结果的合成标准偏差进行计算。测试的自由度可通过系列量和系列中样品数量进行计算。

表 7-6　实验室内变异系数

被测组分含量	实验室内变异系数(%)	被测组分含量	实验室内变异系数(%)
0.1μg/kg	43	100mg/kg	5.3
1μg/kg	30	1000mg/kg	3.8
10μg/kg	21	1%	2.7
100μg/kg	15	10%	2.0
1mg/kg	11	100%	1.3
10mg/kg	7.5	—	—

重复性自由度和再现性自由度的对照见表 7-7。

表 7-7　重复性自由度和再现性自由度的对照

每系列测试中样品数 n	系列量 m	重复性自由度	再现性自由度
7	1	6	
4	2	6	7
3	3	6	8
2	6	6	11
n	m	$(n-1)\times m$	$n\times m-1$

如果测试方法是用于对一系列样品类型进行测定，如不同分析物浓度或样品基质，则精密度的评估需要选择每个类型中有代表性的样品进行测定。例如，由于一个分析方法的精密度通常会随分析物浓度的降低而变得较差。

6）稳健度。稳健度可通过由实验室引入预先设计好的微小的合理变化因素，并分析其影响而得出。分析稳健度时，应关注以下内容：

① 需选择样品预处理、净化、分析过程等可能影响检测结果的因素进行预试验。这些因素可以包括分析者、试剂来源和保存时间、溶剂、标准和样品提取物、加热速率、温度、pH 值，以及许多其他可能出现的因素。不同实验室间的这些因素可能有一个数量级的变化，因此应对这些因素进行适当修改以符合实验室的具体情况。

② 确定可能影响结果的因素，对各个因素稍作改变。宜采用正交试验设计进行稳健度试验。

③ 一旦发现对测定结果有显著影响的因素，应进一步试验，以确定这个因子的允许极限。对结果有显著影响的因素应在标准分析方法中明确地注明。

7）测量不确定度。对化学分析结果的不确定度产生影响的因素有很多，如质量、体积、样品因素和非样品因素等，其中样品因素包含取、制样和分析样品的均匀性，而非样品因素包含外部数据（通常包括常数和由其他试验得出并导出的量值，如分子量、基准试剂纯度、标准物质的标准值、标准溶液的浓度等）和测试过程（包括关键的测试步骤和原理，如样品的前处理、试剂或溶剂的加入、测试所依据的化学反应等）。

样品因素和非样品因素存在于所有化学分析中，重量法分析中必然涉及质量因素，而容量分析中必然涉及体积因素。只需明确地给出被测量与对其量不确定度有贡献的分量之间的关系，至于这些分量怎样分组，以及这些分量如何进一步分解为下一级分量，并不影响不确定度的评估。测量不确定度的评估应包括以下几点：

① 化学分析方法的简要描述，包括用于计算结果的公式等。

② 用于评估测量不确定度的数学模型。

③ 对测量不确定度有贡献的分量（如可用鱼骨图分析法进行分析）。

④ 对所选方法的每个测量不确定度分量进行分布计算评估。

⑤ 用于整合标准不确定度的公式。

⑥ 扩展不确定度的计算。

⑦ 结果报告的示例。

2. 方法验证

（1）总则

1）在化学分析实验室引入标准分析方法时，实验室应验证操作该方法是否满足标准的要求，即证实该方法能在该实验室现有的设施、设备、人员、环境等条件下获得令人意的结果，必要时可参加能力验证或进行实验室间比对。

2）如果只是对标准分析方法稍加修改，如使用不同制造商的同类设备或试剂等，必要时也应进行验证，以证明能够获得满意的结果，并将其修改内容制订成作业指导文件。

（2）定量分析　方法验证过程中关键的参数应取决于方法的特性和可能测到的样品基质的检测范围，至少应测定正确度和精密度。对于痕量化学分析实验室，还应确保获得适当的 LOD 和 LOQ。通常情况下，定量分析方法验证的参数选择可参考表 7-8。

（3）定性分析　定性分析的精密度通常表示为假阳性率或假阴性率，可以用不同的浓度水平来确定。实验室进行方法验证时，可分析一组阴性或阳性加强样品，如对每个不同的样品基质，两个重复样品在三个含量水平上加以分析。

表 7-8　典型方法验证的参数选择

待评估性能参数	方法验证	
	定量分析	定性分析
检出限	√	
定量限	√	
灵敏度	√	√
选择性	√	√
线性范围	√	
测量范围	√	
基体效应	√	√
精密度(重复性和再现性)	√	√
正确度	√	
稳健度		
测量不确定度[①]		

① 如果一个公认测试方法中对不确定度的主要影响因素贡献值和结果的表达式有要求，则实验室应该满足 ISO/IEC 17025 或同类标准的要求。

　　建议的含量水平为空白（无分析物）、低浓度（接近分析方法的最低适用浓度）和高浓度（接近分析方法的最高适用浓度），可用标准加入法得到适当的浓度，即按照同一个分析方法实施检测时，将测试样品分成两个或更多部分，一部分进行常规分析，其他部分在分析前加入已知量的标准分析物。

　　加入的标准分析物的量应是样品中分析物估计含量的 2~5 倍，也可以按照方法定量限、容许限等推算出的标准分析物的量。标准添加法可用于衡量方法回收率，它可能受测定样品中分析物的含量和基质等因素影响，也可用于评估在定量限、容许限等水平上的正确度。假阳性率或假阴性率应与方法确认的数据相当，才能证明实验室有能力使用该方法。通常情况下，定性分析方法验证的参数选择可参考表 7-8。

第 8 章

实验室质量管理

8.1 分析误差

由于测定用仪器精度的限制，或者测试方法的不完善，或者测试环境的变化等客观因素的影响，或者由于测试人员的技术水平、经验等主观因素的影响，对同一试样进行多次重复测定时，测定结果可能不完全一致；如果取已知含量的试样进行测定，所得结果也不一定与已知值相符合，这说明测量误差是客观存在的。如果对测量误差没有正确的认识，就会妨碍人们正确地评价样品的客观质量，有时甚至会引导分析人员做出错误的结论。反之，如果分析人员清楚地了解了误差的属性及其产生的原因，掌握试验数据的科学处理方法，就能通过对大量的试验数据进行科学的处理，得到符合客观实际的正确结论。

8.1.1 误差的性质和分类

分析误差指测定值与真值之间的差别。根据误差的性质，可将误差分为三类，即系统误差、随机误差和过失误差。

1. 系统误差

系统误差又称恒定误差或可测误差，是在相同条件下，对一已知量的待测物质进行多次测定，测定值总是向着一个方向，即测定值总是高于真值或总是低于真值。误差的绝对值或正负符号保持恒定，但在改变条件时可按某一确定规律变化。试验条件一经确定，系统误差就获得了一个客观上的恒定值；若改变条件，则系统误差可随之变化。

（1）系统误差的产生　在分析测试中，引起系统误差的原因是多方面的，对具体分析过程中产生的误差要做具体分析。但是，一般来说，系统误差来源于所使用的仪器和试剂、操作和个人误差及方法误差等三个方面。

1）仪器和试剂引起的误差。天平和砝码是最基本的设备，如果所用天平两臂的臂长不等，称重就有误差。天平的不等臂性通过出厂检验后是很少改变的，同时对成分测定的百分含量计算又可抵消这个误差，所以天平的不等臂性不是引起误差的主要原因，而砝码的误差则是经常出现的，所以进行砝码的校正是非常重要的。在容量分析中，如果使用未经校正的仪器，如容量瓶、滴定管和移液管等，就会引入误差。

容器及器皿：使用不适当的容器和器皿，有可能因试剂的侵蚀而引入外来成分，也可能由于容器的吸附而损失被测定物质的成分。

试剂和蒸馏水：使用不纯的试剂和蒸馏水可能引入被测成分或干扰物质。对于超纯物质的分析和痕量成分分析来说，选择适当器皿（如用塑料、石英或铂制作的器皿）及高纯度的试剂和蒸馏水就显得特别重要。

2）操作和个人引起的误差。由于操作不当而引起的误差称为操作误差。例如，样品分解过程中试样分解不完全；在重量分析中，沉淀条件控制不当、沉淀的洗涤不充分或洗涤过分、沉淀的灼烧温度不合适，称重时未经彻底冷却等；在容量分析中，滴定速度过快或过慢、滴定管的读数总比别人高或低。产生这类误差的原因主要是操作不够规范，或者不严格执行操作规范。这类误差的性质大多是物理的而不是化学的，它们之间是互不相关的，其数值大小因人而异，但对于同一分析者来说则往往是基本恒定不变的。

还有一类误差，不同于操作误差而称为个人误差。产生个人误差的原因，一是由于个人观察判断能力的缺陷或不良的习惯，如个别人在进行滴定时不能判断指示剂刚好变色的一点而总是略超过终点；二是来源于个人的一种先入为主的认识，如滴定分析中的双样复试，总是想使第二份滴定与前一份的滴定结果相吻合，在判断终点和滴定管的读数时就不自觉地受这种先入为主的成见所支配，因而产生这种个人误差。

上述操作误差与个人误差，其数值可能因人而异，但对同一个操作者来说基本上是恒定的，因此也可以统称为个人误差。

3）方法误差。方法误差是由分析方法本身固有特性所引起的，是由分析系统的化学或物理化学性质所决定的，无论操作如何熟练和小心，这种误差总是难免的。化学分析方法误差是比较严重的，采取适当的操作技术可以减少方法误差，在一定的条件下这种误差的数值保持一定。

方法误差的来源有：①反应不能定量地完成或者有副反应；②干扰成分的存在；③在重量分析中，沉淀的溶解损失、共沉淀和后沉淀现象、灼烧沉淀时部分挥发损失或称量形式具有吸湿性等；④在容量分析中，滴定终点与等当点不相符。

方法误差从性质上来说不同于操作误差，前者属于方法本身的固有特性，而后者则属于操作者处理不当。例如，在重量分析中，沉淀的溶解损失属于方法误差，但洗涤不当引起误差则属于操作误差。从数值上来说，方法误差并不因人而异，但操作误差却因人而异。

（2）系统误差的特点

1）系统误差会在多次测定中重复出现。如果所用的仪器不准或试剂不纯，只要仍使用同样的仪器和试剂，这种误差必然反复出现，方法误差和个人误差同样反复出现。

2）系统误差具有单向性。如果测定有系统误差，则所有的测定或者都偏高，或者都偏低。

3）系统误差的数值基本是恒定不变的。如果误差来源于某一个固定的因素，这个误差的数值自然是恒定的。

（3）系统误差的消除　既然引起系统误差的原因是可以找到的，误差数值的大小又是可以检测出来的，所以系统误差是可以消除的。

系统误差是在一定试验条件下，由某个或某些因素按照某一确定的规律起作用而形成的误差，它决定了测定结果的准确度。系统误差的大小及其符号在同一试验中是恒定的，或在试验条件改变时按照某一确定的规律变化，重复测定不能发现和减小系统误差，只有改变试验条件才能发现系统误差。一旦找到了系统误差产生的原因，就可以设法避免和校正。例如，用零点未调整好的天平称量物体，称量结果会产生系统偏高或偏低，多次重复称量是无法发现称量结果偏高或偏低这一事实的，只在重新将天平的零点调整好之后再去称量，才能发现原先称量中的系统误差，才知道原先的称量结果究竟是偏高了还是偏低了，一旦知道了系统误差的大小及其符号，就可以对原先称量结果进行校正。

2. 随机误差

随机误差是由一些无法控制的不确定因素引起的，如环境温度、湿度、电压等变化引起试样质量、组成、仪器性能等的微小变化，实验过程中操作上的微小差别，以及其他不确定因素等所造成的误差。这类误差值时大时小，时正时负，难以找到具体的原因，更无法测量它的值，但从多次测量结果的误差来看，仍然符合一定的规律。实际工作中，随机误差与系统误差无明显的界限，当人们对误差产生的原因尚未认识时，往往把它当作随机误差进行统计处理。

（1）随机误差的正态分布　如果测定次数较多，在系统误差已经排除的情况下，随机误差的分布也有一定的规律，如以横坐标表示随机误差的值，纵坐标表示误差出现的概率，当测定次数无限多时，会得到随机误差的正态分布曲线（见图 8-1）。

图中 u 的定义为

$$u = \frac{x - \mu}{\sigma}$$

式中　x——单个样本的取值；

μ——样本总体的平均值；

σ——样本总体的方差。

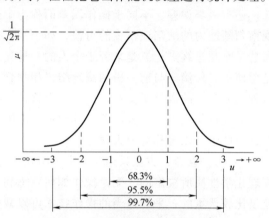

图 8-1　随机误差的正态分布曲线

随机误差分布具有以下特点：

1）单峰性：绝对值小的误差出现的概率比绝对值大的误差出现的概率大。通俗讲，小误差出现的机会多，大误差出现的机会少。

2）对称性：绝对值相等的正误差和负误差出现的概率相等。

3）有界性：绝对值很大的误差出现的概率近于零，即误差有一定的实际限度。

4）抵偿性：在实际测量条件下，对同一量的测量，其误差的算术平均值随着测量次数增加亦趋于零，即

$$\lim_{n \to \infty} \sum_{i=1}^{n} \frac{d_i}{n} = 0 \tag{8-1}$$

在随机误差正态分布曲线上，把曲线与横坐标从 $-\infty$ 至 $+\infty$ 之间所包含围的面积（代表所有随机误差出现的概率的总和）定义为 100%，通过计算发现，误差范围与出现的概率有如下关系，见表 8-1。

表 8-1　随机误差出现的区间与概率

随机误差出现的区间 μ	测定值出现的区间 $x - \mu$	概率 （%）
$[-\sigma, +\sigma]$	$[-1, +1]$	68.3
$[-1.64\sigma, +1.64\sigma]$	$[-1.64, +1.64]$	90.0

（续）

随机误差出现的区间 μ	测定值出现的区间 $x-\mu$	概率 （%）
$[-1.96\sigma, +1.96\sigma]$	$[-1.96, +1.96]$	95.0
$[-2\sigma, +2\sigma]$	$[-2, +2]$	95.5
$[-2.58\sigma, +2.58\sigma]$	$[-2.58, +2.58]$	99.0
$[-3\sigma, +3\sigma]$	$[-3, +3]$	99.7

测定值或误差出现的概率称为置信度或置信水平，图 8-1 中的 68.3%、95.5%、99.7% 即为置信度，其意义可以理解为某一范围的测定值（或误差值）出现的概率。$\mu\pm\sigma$、$\mu\pm2\sigma$、$\mu\pm3\sigma$ 等称为置信区间，其意义为真值在指定概率下分布在某一个区间。置信度选得越高，置信区间就越宽。

（2）t 分布　在分析测试中，测定次数是有限的，一般平行测定 3~5 次，无法计算总体样本的偏差 σ 和总体平均值 μ，有限次测定的随机误差并不完全服从正态分布，而是服从类似于正态分布的 t 分布。t 分布是由英国统计学家兼化学家 W. S. Gosset 提出，并以 Student 的笔名发表的，称为置信因子 t，其定义为

$$t = \frac{\bar{x}-\mu}{s}\sqrt{n} \tag{8-2}$$

式中　$\bar{x}$——平均值；

μ——标准值；

s——标准偏差；

n——测量次数。

t 分布如图 8-2 所示。

由图 8-2 可见，t 分布与随机误差正态分布相似，它随自由度 $f(f=n-1)$ 而变。当 $f>20$ 时，二者很相近；当 $f\to\infty$，二者一致。t 分布在分析化学中应用很多，将在后面的有关内容中讨论。

t 值与置信度和测量次数有关，其值可由表 8-2 查得。

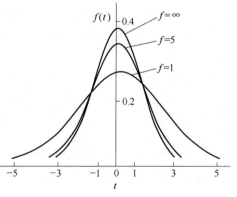

图 8-2　t 分布

表 8-2　t 值表

f	测量次数 n	置信度		
		90%	95%	99%
1	2	6.31	12.71	63.66
2	3	2.92	4.30	9.93
3	4	2.35	3.18	5.84
4	5	2.13	2.78	4.60
5	6	2.02	2.57	4.03
6	7	1.94	2.45	3.71

（续）

f	测量次数 n	置信度		
		90%	95%	99%
7	8	1.90	2.37	3.50
8	9	1.86	2.31	3.36
9	10	1.83	2.26	3.25
10	20	1.81	2.23	3.17
20	21	1.73	2.09	2.85
∞	∞	1.65	1.96	2.58

3. 过失误差

过失误差又称粗差，是一种显然与事实不符的误差，没有一定的规律。不管造成过失误差的具体原因如何，只要确知存在过失误差，就应将含有过失误差的测定值作为异常值从一组测定数据中弃之。

根据前面所述的三种类型误差，可以认为过失误差是应该而又能够避免的，系统误差是可以检定和校正的，随机误差是可以控制的。只有校正了系统误差和控制了随机误差，测定的数据才是可靠的。

4. 公差

公差是生产部门对于分析结果的允许误差的一种表示方法。如果分析结果超出允许的公差范围，称为超差，该项分析工作应该重做。

公差的确定与很多因素有关，一般是根据试样的组成和分析方法的准确度来确定。对组成较复杂的物质（如天然矿石）的分析，允许公差范围宽一些，一般工业分析允许的相对误差在百分之几到千分之几。对于每一项具体的分析工作，相关部门都规定了具体的公差范围，如钢中硫含量分析的允许公差范围如下：

硫的质量分数(%)	≤0.020	>0.020~0.050	>0.050~0.100	>0.100~0.200	>0.200
公差（绝对误差）(%)	±0.002	±0.004	±0.006	±0.010	±0.015

目前，国家标准中对含量与公差之间的关系常用回归方程表示。

8.1.2 误差的传递

每一个分析结果都是通过一系列的测量操作步骤后获得的，而其中的每一个步骤可能发生的误差都会对分析结果产生影响，称为误差的传递。

1. 系统误差的传递

假设 A、B、C 为三个独立的测量值，R 为 A、B、C 通过计算得到的分析结果，E 为各项相应的误差，E_R 为分析结果 R 的误差。

（1）加减运算　以 A、B、C 三个独立的测量值为基础，计算出分析结果 R：

$$R = A + B - C$$

则其误差传递关系式为

$$E_R = E_A + E_B - E_C$$

分析结果的绝对误差 E_R 等于各个测量值的绝对误差的代数和或差。

（2）乘除运算　如由测量值 A、B、C 相乘除，得出分析结果 R：

$$R = \frac{AB}{C}$$

则其误差传递关系式为　　　$$\frac{E_R}{R} = \frac{E_A}{A} + \frac{E_B}{B} + \frac{E_C}{C}$$

分析结果的相对误差是各测量步骤相对误差的代数和，但在实际工作中，各测定值的误差可能部分抵消，因此分析结果的误差应比上式计算的值要小些。

2. 随机误差的传递

（1）加减运算　如 $R = A + B - C$，则

$$s_R^2 = s_A^2 + s_B^2 + s_C^2$$

计算结果的方差（标准偏差的平方）是各测量值方差的和。

（2）乘除运算　对于算式 $R = AB/C$，则

$$\left(\frac{s_R}{R}\right)^2 = \left(\frac{s_A}{A}\right)^2 + \left(\frac{s_B}{B}\right)^2 + \left(\frac{s_C}{C}\right)^2$$

计算结果的相对标准偏差的平方是各测量值相对平均偏差平方的和。

关于误差的传递，有时不需要严格运算，只要估计一下过程中可能出现的最大误差，并加以控制即可。有时用极值误差表示，即假设每一步产生的误差都是最大的，而且相互累积。例如，分析天平绝对误差为 0.1mg，称量一个试样须两次读数，估计最大误差可能是 ±0.2mg。滴定操作中，每读一次数误差为 ±0.01mL，一次操作必须读两次数（初读数、末读数），总误差为 ±0.02mL，但在实际工作中不一定都是这种情况，很可能有正、负误差会相互部分抵消，这作为一种粗略估计还是比较方便的。

8.1.3　提高分析结果准确度的方法

1. 选择合适的分析方法

各种分析方法的准确度和灵敏度不尽相同，必须根据被测组分的具体含量和测定的要求来选择合适的分析方法。

例如，用重铬酸钾法测定铁含量，测得铁的质量分数为 40.20%，方法的相对误差为 0.2%，则铁的含量（质量分数）为 40.12%~40.28%；同一样品用直接比色法测定，因方法的相对误差为 2%，得铁的含量（质量分数）为 41.0%~39.4%，误差显然较大。

所以对于高含量的组分应采用化学分析法测定，而低含量的组分则应选择仪器分析法测定。

2. 减小测量误差

为保证分析结果的准确度，要十分注意在每一步的操作中减少测量误差。

例如，分析天平称取样品量。一般的分析天平有 ±0.0002g 的称量误差，为使测量时的相对误差小于 0.1%，则试样的量不能太少。

$$相对误差 = \frac{绝对误差}{试样质量} \times 100\%$$

$$试样质量 = \frac{绝对误差}{相对误差} = \frac{0.0002}{0.001} = 0.2（g）$$

还有滴定管读数误差与消耗体积的量与测定的相对误差的关系等。

3. 减小随机误差

在消除或校正了系统误差前提下，减少随机误差可以提高测定的准确度，这从平均值置信区间可以说明：

$$s_{\bar{x}} = \frac{s}{\sqrt{n}} \text{或} \mu = \bar{x} \pm \frac{ts}{\sqrt{n}}$$

从关系式中也看到，适当增多测定次数可以提高测定结果的准确度。

4. 消除系统误差

系统误差来源于确定因素，为了发现并消除（或校正）系统误差，可选用下面几种方法，即对照试验、空白试验、回收试验和仪器校正。

（1）对照试验　要检查一个分析方法是否存在误差可以这样做：称取一定量纯试剂进行测定，看测定结果与理论计算值是否相符。

对于实际的样品（比较复杂，除被测定组分，还存在其他组分），则采用已知含量的标准试样（试样中的各组分含量已知）进行对照试验更合理。

（2）空白试验　由于试剂、蒸馏水或试验器皿含有被测组分或干扰物质，致使测定时观测值增加（如滴定分析中多消耗标准溶液）导致系统误差时，常用空白试验进行校正。

空白试验的方法：用蒸馏水代替试样溶液，进行相同条件步骤的测定，所得结果称为空白值。在试样测定中扣除空白值，可消除此类系统误差。

（3）回收试验　多用于确定低含量测定的方法或条件是否存在系统误差。被测组分与原试样同时进行平行测定，按下式计算回收率：

$$回收率 = \frac{添加组分试样测定值 - 原试样测定值}{组分添加量} \times 100\%$$

一般来说，回收率在95%～105%之间认为不存在系统误差，即方法可靠。

（4）仪器校正　在对测定数据要求严格的测定时，仪器读数标尺、量器标尺、砝码等标出值与实际值的细小差异也会影响测定的准确度，应进行校正并求出校正值，在测定值中加入校正值，即可消除此类系统误差。

8.2　分析结果的评价

8.2.1　准确度与精密度

1. 准确度

准确度是被测量的测得值与其真值之间的一致程度，它说明测定的可靠性，用绝对误差和相对误差来衡量，准确度也称精确度。

（1）误差　误差是测得的量值减去其参考量值（真值）。

误差的定量表达式为

$$E = x - \mu \tag{8-3}$$

式中　E——被测量的误差；

　　　x——被测量的测得值；

μ——被测量的真值值。

上式定义的误差称为绝对误差。由式（8-3）可知，绝对误差是有单位的，与被测量相同。同时，误差有正负值，故测量值的完整表达式为

$$x = \mu \pm E \tag{8-4}$$

（2）相对误差　仅有绝对误差的概念还不足以说明测量结果的准确性，如用米尺测量两物体的长度，一物体长 10cm，另一物体长 100cm。米尺的最小分度值是 1mm，正常人的眼力可估读到 1mm 以下。在此假设它的最大误差为 1mm，显然，两物体的绝对误差一致。现在的问题是，哪个物体的测量结果更准确呢？凭经验，显然长的物体测量得准确些，即绝对误差相同，物体越长，测得值越准。在误差理论中，又引入了相对误差的概念，其定义为

$$相对误差 = \frac{绝对误差}{真值} \times 100\%$$

$$= \frac{x - \mu}{\mu} \times 100\%$$

由上式可知，相对误差是无量纲的（无单位）。

实际上，用误差值的大小来度量准确度时，误差值越大，说明结果越不准确，即准确度越低；反之，误差值越小，说明结果越准确，即准确度越高。

【例 8-1】　在一次试验中称取试样的质量为 0.2034g，如其真实质量为 0.2035g，则其

$$绝对误差 = 0.2034 - 0.2035g = -0.0001g$$

$$相对误差 = \frac{-0.0001}{0.2035} \times 100 = -0.05\%$$

【例 8-2】　同样，称取另一种试样的质量为 2.2034g，如其真实质量为 2.2035g，则其

$$绝对误差 = 2.2034 - 2.2035g = -0.0001g$$

$$相对误差 = \frac{-0.0001}{2.2035} \times 100 = -0.005\%$$

从以上两例可以看出，两次称样的绝对误差虽然相同（均为 -0.0001g），但这个误差在真值之间所占的比例却大不一样。称样结果的准确度第二个是第一个的 10 倍。

因此，在绝对误差相同时，被测对象的值越大，相对误差就越小，检测结果的准确度越高。

绝对误差和相对误差都有正负值，正值表示测量值比真值大，负值表示测量值比真值小。

2. 精密度

精密度指即在规定条件下，对同一或类似被测对象重复测量所得示值或测得值的一致程度，表现了测量结果的重复性或再现性，代表测量结果的随机误差大小的程度，用偏差来衡量。

（1）偏差　偏差也可分为绝对偏差和相对偏差。

$$绝对偏差 = 单个测量值 - 测量平均值$$

$$相对偏差 = \frac{绝对偏差}{测量平均值} \times 100\%$$

偏差越大，精密度越差，测量值彼此之间不接近，比较分散。反之亦然。

【例 8-3】 测定镍基合金中镍的质量分数，两次测量结果分别为 48.39% 和 48.43%，求其平均值和相对偏差。

$$平均值 = \frac{48.39\% + 48.43\%}{2} = 48.41\%$$

$$相对偏差 = \frac{48.43\% - 48.41\%}{48.41\%} \times 100\% = 0.04\%$$

上述绝对偏差和相对偏差都是个别测定值与平均值比较所得的偏差，对于多个测量值的精密度，常用平均偏差来衡量。

平均偏差也分为绝对平均偏差和相对平均偏差。

对于多个测定值 x_1，x_1，x_2，$\cdots$，x_n，平均值为

$$\bar{x} = \frac{1}{n} \sum_{i=1}^{n} x_i$$

绝对平均偏差为

$$\bar{d} = \frac{1}{n} \sum_{i=1}^{n} |x_i - \bar{x}|$$

相对平均偏差为

$$\bar{d}_x = \frac{\bar{d}}{\bar{x}} \times 100\%$$

绝对平均偏差简称平均偏差。

【例 8-4】 用电解法测定黄铜中铜的质量分数分别为 67.47%、67.43%、67.40%、67.48%、67.37%，求其平均偏差 $\bar{d}$ 与相对平均偏差 $\bar{d}_x$。

解：
$$\bar{x} = \frac{x_1 + x_2 + \cdots + x_n}{n} = \frac{67.47\% + 67.43\% + 67.40\% + 67.48\% + 67.37\%}{5} = 67.43\%$$

$$\bar{d} = \frac{|x_1 - \bar{x}| + |x_2 - \bar{x}| + \cdots + |x_n - \bar{x}|}{n} = 0.036\%$$

$$\bar{d}_x = \frac{\bar{d}}{\bar{x}} \times 100\% = \frac{0.036\%}{67.43\%} \times 100\% = 0.053\%$$

（2）标准偏差 用平均偏差来衡量精密度时，虽然方法简便，但也有不足之处，当测量值比较分散时，它就不能很好地反映这一事实，于是人们用数理统计的方法代替之，即用标准偏差来更好的表示测量值的分散程度。其数学表达式为

$$s = \sqrt{\frac{\sum_{i=1}^{n} (x_i - \bar{x})^2}{n - 1}}$$

式中 s——标准偏差，也称为均方根偏差。

当 $n > 50$ 时，上式分母中的 $n-1$ 可以用 n 代替。

【例 8-5】 用滴定法测定某耐蚀合金中镍的质量分数，5 个分析结果分别为 37.40%、37.20%、37.32%、37.52%、37.34%，试计算平均偏差、相对平均偏差和标准偏差。

解：

数据(%)	$x_i-\bar{x}$	$(x_i-\bar{x})^2$
37.40	0.04	0.0016
37.20	−0.16	0.0256
37.32	−0.04	0.0016
37.52	0.16	0.0256
37.34	−0.02	0.0004
$\bar{x}=37.36\%$	$\sum\mid x_i-\bar{x}\mid=0.42$	$\sum\mid x_i-\bar{x}\mid^2=0.0548$

平均偏差：$\bar{d}=\dfrac{\sum\limits_{i=1}^{n}\mid x_i-\bar{x}\mid}{n}=\dfrac{0.42\%}{5}=0.084\%$

相对平均偏差：$\overline{d_x}=\dfrac{\bar{d}}{\bar{x}}\times100\%=\dfrac{0.084\%}{37.36\%}\times100\%=0.22\%$

标准偏差：$s=\sqrt{\dfrac{\sum\limits_{i=1}^{n}(x_i-\bar{x})^2}{n-1}}=\sqrt{\dfrac{0.0548}{4}}=0.117\%$

用标准偏差表示分析结果的精密度比用平均偏差更好一些，因为单次测量值的偏差平方之后，较大的偏差就能显著地反映出来，能更好地说明数据的精密度。

【例8-6】 同样，该批合金中镍的测定由另一个人采用滴定法进行测定，5个分析结果分别为 37.36%、37.44%、37.24%、37.26%、37.48%，试计算平均偏差、相对平均偏差和标准偏差。

解：

数据(%)	$x_i-\bar{x}$	$(x_i-\bar{x})^2$
37.36	0	0
37.44	0.08	0.0064
37.24	−0.12	0.0144
37.26	−0.1	0.01
37.48	0.12	0.0144
$\bar{x}=37.36\%$	$\sum\mid x_i-\bar{x}\mid=0.42$	$\sum\mid x_i-\bar{x}\mid^2=0.0452$

平均偏差：$\bar{d}=\dfrac{\sum\limits_{i=1}^{n}\mid x_i-\bar{x}\mid}{n}=\dfrac{0.42\%}{5}=0.084\%$

相对平均偏差：$\overline{d_x}=\dfrac{\bar{d}}{\bar{x}}\times100\%=\dfrac{0.084\%}{37.36\%}\times100\%=0.22\%$

$$标准偏差：s = \sqrt{\frac{\sum\limits_{i=1}^{n}(x_i - \bar{x})^2}{n-1}} = \sqrt{\frac{0.0452}{4}} = 0.106\%$$

由【例 8-5】、【例 8-6】可以看出，两组数据的平均偏差相同，但标准偏差不同，这说明在【例 8-5】的数据中有两个较大的绝对偏差，因此标准偏差较大，分析精密度比【例 8-6】的精密度差。但在一般的化学分析中，因为测量的数据不多，也可以用平均偏差来表示测试结果的精密度。

（3）相对标准偏差（RSD）　为了更好地说明分析结果的好坏，也有用相对标准偏差来表示精密度的。相对标准偏差代表测定结果的标准偏差对测定结果平均值的相对值，也用百分数表示，即

$$\text{RSD} = \frac{s}{\bar{x}} \times 100\% \tag{8-5}$$

相对标准偏差（RSD）也称变异系数（CV）。

（4）极差（R）　对于少量数据的评价也用极差（R）来表示。极差又称全距或范围误差，它是测量数据中最大值与最小值的差，说明数据的延伸情况。

$$R = \text{Max}(x_1, x_2, \cdots, x_n) - \text{Min}(x_1, x_2, \cdots, x_n)$$

对于重复测量次数较少的数据（15 次以内），可通过式（8-6）估算标准偏差：

$$s \approx \frac{R}{\sqrt{N}} \tag{8-6}$$

式中　s——标准偏差；

　　　R——极差；

　　　N——测量次数。

（5）重复性（r）和再现性（R）

1）重复性（r）。同一操作者在相同条件下获得一系列结果之间的一致程度。

$$r = 2\sqrt{2} \cdot s_r \tag{8-7}$$

r 又称为室内精密度，s_r 计算公式与标准偏差的计算公式相同。

2）再现性（R）。不同操作者在不同条件下用相同的方法获得的单个结果之间的一致程度。

$$R = 2\sqrt{2} \cdot s_R \tag{8-8}$$

$$s_R = \sqrt{\frac{\sum\limits_{j=1}^{m}\sum\limits_{i=1}^{n}(x_{ij} - \bar{x}_j)^2}{m(n-1)}}$$

式中　R——再现性，又称室间精密度；

　　　m——参加测定的实验室数量；

　　　n——每个实验室重性测定次数；

　　　s_R——计算公式与标准偏差的计算相同。

3. 准确度与精密度的关系

从以上讨论可知，系统误差影响分析结果的准确度；随机误差影响分析结果的精密度。

精密度表示测定测试结果的重复性，准确度则表示测试结果的正确性，二者之间既有区别又有联系。

【例8-7】 A、B、C三位化验员，测定同一种已知铜质量分数为 59.39% 的 HPb59-1 铅黄铜标准物质中的铜含量，各分析四次，测定结果如下：

化验员	A	B	C
$w(\text{Cu})$ (%)	59.22	59.35	59.38
	59.19	59.29	59.42
	59.17	59.40	59.40
	59.20	59.48	59.41
平均值(%)	59.19	59.38	59.40

从测定结果来看，A 的分析结果的精密度较高，说明随机误差小，但平均值与真值相差较大，故正确度低，说明系统误差大；B 的分析结果系统误差小，而随机误差很大，即正确度高而精密度低；C 表示系统误差和随机误差都很小，精密度和正确度都高，即准确度高。

由此例可看出，精密度是保证准确度的先决条件，只有在精密度比较高的前提下，才能保证分析结果的可靠性。因此在分析时，必须用一份组成相近的标准样品同时操作，以获得或接近标准结果来说明分析结果的准确度。若精密度很差，说明所测结果不可靠，当然其准确度也不高，虽然由于测定次数多可能使正负偏差相互抵消，正确度可能较高，但已失去衡量准确度的前提。因此，在评价分析结果的时候，还必须将系统误差和随机误差的影响结合起来考虑，从而得到精密度好，正确度也好，即准确度高的分析结果。

8.2.2 平均值的置信界限

根据统计学的原理，多次测定的平均值比单次测定值可靠，测定次数越多，其平均值越可靠，但实际上增加测定次数所取得的效果是有限的。

在前面的讨论中，测量的精密度可以用标准偏差来度量，但标准偏差本身也是一个随机变量，所以标准偏差也存在精密度问题，通常用平均值的标准偏差来表示：

$$\delta_{\bar{x}} = \pm \frac{s}{\sqrt{N}}$$

式中 $\delta_{\bar{x}}$——平均值的标准偏差；

s——标准偏差；

N——测量次数。

在实际工作中，当测定次数在 20 次以内时，用标准偏差 s 作为 δ 的估计值，这样平均值的标准偏差 $\delta_{\bar{x}}$ 改用下式：

$$s_{\bar{x}} = \pm \frac{s}{\sqrt{N}}$$

式中 $s_{\bar{x}}$——平均值的标准偏差；

s——标准偏差；

N——测量次数。

上式表明，平均值的标准偏差按测定次数的平方根成比例减小。增加次数可以提高测定的精密度，但当 $N>5$ 次以后，这种提高变化缓慢，即提高不多。因此，在日常分析工作中，重复测定 $3\sim5$ 次已可以了。

在完成一项测定工作以后，通常总是把测定数据的平均值作为结果予以报告，但平均值不是真值，它的可靠性是相对的，仅仅报告一个平均值还不能说明测定的可靠性。一个分析报告应当包括测定的平均值、平均值的误差范围，以及测得数据有多少把握能落在此范围内，这种所谓把握称之为置信水平。在此置信水平下，分析数据可以落在平均值附近的界限，称之为置信界限。W. S. Gosset 提出了一个新的量，即 t 值。其含义可理解为平均值的误差，以平均值的标准偏差为单位来表示的数值：

$$\pm t = (\bar{x} - \mu) \frac{\sqrt{N}}{s} \qquad (8\text{-}9)$$

式中　$\bar{x}$——测量数据的平均值；

　　　μ——真值；

　　　s——标准偏差；

　　　N——测量次数。

由此，可以按式（8-10）求真值：

$$\mu = \bar{x} \pm \frac{ts}{\sqrt{N}} \qquad (8\text{-}10)$$

在实际工作中，可以根据测定的数据，按如下步骤求得平均值和它的置信界限：

1）求得平均值和标准偏差。

2）按规定的置信水平（一般取 95%），从表 8-2 中查得 t 值。

3）按式（8-9）计算平均值的置信界限。

【例 8-8】　分析铁矿中的铁的质量分数（%）得到如下数据：37.45、37.20、37.50、37.30、37.25，①计算此结果的平均值、中位值、极差、平均偏差、标准偏差、变异系数和平均值的标准偏差；②求置信度分别为 95% 和 99% 的置信区间。

解：

① 平均值：$\bar{x} = \dfrac{37.45\% + 37.20\% + 37.50\% + 37.30\% + 37.25\%}{5} = 37.34\%$

中位值：$x_M = 37.30\%$

极差：$R = 37.50\% - 37.20\% = 0.30\%$

平均偏差：$\bar{d} = \dfrac{1}{n} \sum |d_i| = \dfrac{1}{n} \sum |x_i - \bar{x}| = \dfrac{1}{5}(0.11 + 0.14 + 0.04 + 0.16 + 0.09)\% = 0.11\%$

标准偏差：

$$s = \sqrt{\frac{\sum d_i^2}{n-1}} = \sqrt{\frac{\sum (x_i - \bar{x})^2}{n-1}} = \sqrt{\frac{(0.11)^2 + (0.14)^2 + (0.04)^2 + (0.16)^2 + (0.09)^2}{5-1}} = 0.13\%$$

变异系数：$CV = \dfrac{s}{\bar{x}} \times 100\% = \dfrac{0.13}{37.34} \times 100\% = 0.35\%$

平均值的标准偏差：$s_{\bar{x}} = \dfrac{s}{\sqrt{n}} = \dfrac{0.13\%}{\sqrt{5}} = 0.058\% \approx 0.06\%$

分析结果：$n=5$，$\bar{x}=37.34\%$，$s=0.13\%$。

② 置信度为95%，即 $1-\alpha=0.95$，$\alpha=0.05$，查表8-2有 $t_{0.05,4}=2.78$，则 μ 的95%置信区间为

$$(\bar{x}-t_{a,f}\frac{s}{\sqrt{n}},\ \bar{x}+t_{a,f}\frac{s}{\sqrt{n}})$$

$$=\left(37.34\%-2.78\times\frac{0.13\%}{\sqrt{5}},\ 37.34\%+2.78\times\frac{0.13\%}{\sqrt{5}}\right)$$

$$=(37.18\%,\ 37.50\%)$$

③ 置信度为99%，即 $1-\alpha=0.99$，$\alpha=0.01$，查表8-2有 $t_{0.01,4}=4.60$，则 μ 的99%置信区间为

$$(\bar{x}-t_{a,f}\frac{s}{\sqrt{n}},\ \bar{x}+t_{a,f}\frac{s}{\sqrt{n}})$$

$$=\left(37.34\%-4.60\times\frac{0.13\%}{\sqrt{5}},\ 37.34\%+4.60\times\frac{0.13\%}{\sqrt{5}}\right)$$

$$=(37.07\%,\ 37.61\%)$$

8.2.3　测量不确定度的基本知识

测量不确定度代表实验室的检测能力和技术水平，在报告中不仅要给出测定的量值是多少，还应给出以数量表示的该值的分散程度是多少。它是测量结果的质量指标，用于判断该测量值的可靠程度。

1. 测量不确定度的定义

根据 GB/T 17163—2022 和 JJF 1059.1—2012，测量不确定度的定义为"根据所获信息，表征赋予被测量值分散性的非负参数。"

测量不确定度定义中的"分散性"与表示精密度的分散性不同，定义中的"分散性"包括了各种误差因素在测试过程中所产生的分散性，而后者只是在重复性条件下测量数据的分散性（不确定度 A 类评定）。例如，测量结果的分散性通常用其标准偏差 s 来表示，但分析过程中使用的容量器皿、天平等量具的示值与其真值的不一致所造成的分散性，由于工作曲线测量的变动性造成数据的分散性，用标准物质来校正分析仪器或计算测量结果时其标准值本身的不确定度（标准值的分散性）等均未包括在重复测量的标准偏差内。

有些物理试验是不可重复的，有些成分分析样品量有限，只能做一次试验。一次测量所得结果是否有分散性？按重复性概念，一次测量结果不便统计其分散性，但在测量不确定度评定中，可通过所用仪器、量具校准不确定度，其示值误差、环境温度变化的不确定度及以前积累的统计数据或方法的重复性限等参数来评定测量结果的分散性。

因此，在计量学中引入了测量不确定度概念，通过诸多不确定因素的分析，并将这些因素对数据分散性的贡献（一般用不确定度 B 类评定）统计出来，与测量数据的重复性（不确定度 A 类评定）进一步合成总不确定度，最后与测量结果一起表达。

需要说明的是，测量不确定度和量值结果的量值之间没有必然的联系，它们均按各自的方向进行统计。例如，对某一个被测量采用不同的方法测量，可能得到相同的结果，但其不

确定度未必相同，有时甚至可能相差很大。

因此，不确定度是建立在误差理论基础上的一个新的概念，它表示由于测量误差的存在而对被测量值不能肯定的程度，是定量评价测量结果质量的一个参数。一个完整和有意义的测量结果，不仅应包括被测量的最佳估计值，即输出估计值，还需给出描述该测量结果分散性的测量不确定度，它表示了被测量在一定概率水平所处的范围。

测量不确定度越小，其测量结果的可疑程度越小，可信度越大，测量的质量就越高，测量数据的使用价值也就越高。对测量不确定度必须正确恰当评定，否则可能会造成巨大的经济损失。测量不确定评定过大，会因测量不能满足需要而追加投资，造成不必要的浪费；测量不确定度评定过小，会对生产造成危害。

2. 测量不确定度的评定

测量不确定度的评定包括测量不确定度的 A 类评定和测量不确定度的 B 类评定，

1）不确定度的 A 类评定：对在规定条件下测得的量值用统计分析的方法进行的测量不确定度分量的评定。

2）不确定度的 B 类评定：由不同于测量不确定 A 类评定的方法对测量不确定度分量进行的评定。

A 类、B 类之分仅指评定方式而已，并不意味着两类分量有实质上的差别，它们都是基于概率分布，都可用方差或标准偏差表示。随机误差和系统误差是以误差的性质而分，A 类、B 类不确定度与随机误差和系统误差之间也不存在简单的对应关系。随着测量条件的变化，A 类不确定度评定和 B 类不确定度评定可以相互转化。例如，一些仪器、计量器具的检定证书、技术资料提供的不确定度、误差等参数通常是由一系列观测数据统计出来的标准差，按说应是不确定度 A 类评定，但在随后的测量不确定度评定时，通常作为不确定度 B 类评定引用。

3. 测量不确定度的表示

（1）合成标准不确定度　当测量结果的标准测量不确定度由若干个标准测量不确定度分量构成时，按方差或协方差合成得到的标准测量不确定度即为合成标准不确定度测量结果 y 的合成标准不确定度记为 $u_c(y)$，简写为 u_c 或 $u(y)$，它是测量结果标准差的估计值。

（2）拓展不确定度　拓展不确定度也称范围不确定度或伸展不确定度，它是确定测量结果区间的量，合理赋予被测量值分布的大部分可望位于该区间。拓展不确定记为 U。分析测试中用它表示一定概率水平下被测量值的分散区间。

4. 测量误差、测量精密度和测量不确定度之间的关系

测量误差、测量精密度和测量不确定度之间的关系可用表 8-3 表示。

表 8-3　测量误差、测量精密度和测量不确定度之间的关系

项目	测量误差	测量精密度	测量不确定度
定义的内涵	测得的量值减去参考量值（真值）	在规定条件下，对同一或类似被测对象重复测量所得示值或测得值间的一致程度	利用可获得的信息，表征赋予被测量值分散性的非负参数
量值	客观存在，不以人的认识程度而改变	在给定统计下客观存在	与人们对被测量、影响因素及测量过程的认识有关

（续）

项目	测量误差	测量精密度	测量不确定度
评定	由于真值未知,不能准确评定。当用接受参照值代替真值时,可得到估计值	在给定条件下能定量评定	在给定条件下,根据试验、资料、经验等信息进行定量评定
表达符号	非正即负,不能用正负号(±)表示	正值	正值,当用方差求得时取正平方根值
分量	分为随机误差和系统误差	重复性条件下的标准偏差,再现性条件下的标准偏差	分为A类测量不确定度分量和B类测量不确定度分量
分量的合成	各误差分量的代数和	方根和	当各分量彼此独立时为方和根,必要时加入协方差
自由度	不存在	存在	存在,可作为测量不确定度评定是否可靠的指标
置信概率	不存在	存在	存在,特别是B类测量不确定度和拓展不确定度的评定,可按置信概率给出置信区间
评定中与测量结果的分布关系	无关	有关	有关
应用	已知系统误差的估计值时可对测量结果进行修正,得被测量值的最佳估计	不能对测量结果修正。用于表示测量结果一致性的评价	不能对测量结果修正。与测量结果一起表示在一定概率水平被测量值的范围

5. 不确定度的评定过程

1）充分了解和认识测量目的、过程和对结果质量的要求。

2）建立数学模型,即根据被测量的定义和测量方案,确立被测量与有关量之间的函数关系;

3）从实施测量中得到最佳测量值。

4）列出测量不确定度分量来源,并依据来源确定分量评定方法。

5）按A类或B类评定方法计算各测量不确定度分量。

6）根据各分量对总量的影响度计算合成标准不确定度。

7）计算扩展不确定,根据所要求的合成标准不确定度,乘以包含因子得到扩展不确定度（包含因子一般取2~3）。

8.3 实验室质量控制与质量保证

实验室质量指实验数据的可信程度。随着科学技术的发展,不仅要求实验室能提供较多的数据,而且还要求实验室的检测数据有很高的可信性,实验室质量控制指为将分析测试结果的误差控制在允许范围内所采取的控制措施,是一项要的技术管理工作。

8.3.1 实验室质量控制的主要内容

1. 人员的质量控制

ISO/IEC 17025：2017《检测和校准实验室能力认可准则》在"技术要素"中将"人

员"归结为决定实验室检测的正确性和可靠性的第一因素，对实验室的人员从技术能力、经验、所需专业知识、教育培训、工作职责和公正性等方面提出了严格的要求。

（1）基本要求　在 CNAS-CL10-A002：2020《检测和校准实验室能力认可准则在化学检测领域的应用说明》中将化学分析人员划为三大类：

1）技术管理者。实验室技术管理者中应至少包括一名在申请认可或已获认可的化学检测范围内具有丰富知识和经验的成员，应具有化学专业或与所从事检测专业范围密切相关（以下简称化学及相关专业）的本科以上学历和五年以上化学检测的工作经历。

2）授权签字人。实验室授权签字人应具有化学及相关专业本科以上学历，并具有 3 年以上相关技术工作经历，如果没有化学及相关专业的本科以上学历，应具有至少 10 年的化学检测工作经历。通常，授权签字人的技术能力须满足以下诸方面要求：相应授权签字领域的资格和经验；能参与监督日常报告产生的关键过程；熟悉检测标准与检测程序（包括理论基础知识和技术领域的实际能力）；能够对检测结果进行科学的分析评价；熟悉质量体系的知识；熟悉评审机构方针、政策，以及对实验室的有关要求；有足够的时间参与实验室管理工作，熟悉实验室质量体系和业务工作的开展。

3）检测人员。实验室从事化学检测的人员应至少具有化学或相关专业专科以上的学历，或者具有 10 年以上化学检测工作经历。

关键检测人员应掌握化学分析测量不确定度评定的方法，并能就所负责的检测项目进行测量不确定度评定。

（2）能力评价　只有经过技术能力评价，确认满足要求的人员才能授权其独立从事检测活动。实验室应定期评价被授权人员的持续能力，评价记录和授权记录应予以保存。

利用实验室内部检测人员间比对来确定实验室认可能力的活动，是评价检测人员是否具有胜任其所从事检测工作能力的方法。

人员的技术能力确认应关注人员的教育背景、专业技能、工作经历、现任岗位授权；建立人员的技术档案，包括资格确认、上岗考核和授权、培训记录及特殊岗位的授权，如内部校准等。

（3）人员培训　人员培训是质量控制中有效的预防措施之一。实验室应针对每个不同岗位的人员的专业背景、从事工作时间长短、所从事本工作的经验，制订相应的培训内容，以及通过培训所要达到的技能和目标。从事化学检测的人员应接受包括检测方法、质量控制方法，以及有关化学安全和防护、救护知识的培训并保留相关记录。操作复杂分析仪器，如色谱、光谱、质谱等仪器或相关设备的人员应接受涉及仪器原理、操作和维护等方面知识的专门培训，掌握相关的知识和专业技能。

（4）人员监督

1）监督人员。实验室应由熟悉各项检测和/或校准方法、程序、目的和结果评价的人员对检测和/或校准的关键环节进行监督。简单地讲，监督员应是一个检测领域内相对业务能力强、工作经验丰富的人员，能够识别其他检测人员检测工作的不规范或不正确之处。

人员监督主要是针对检测和/或校准的关键环节进行监督。简单地说，监督员是监督检测工作过程的，不能将监督员的职责扩大到监督整个质量体系的运行，不要把监督员和内审员的职责混淆。

2）监督人员的配置。实验室对人员进行监督时，对检测活动应全覆盖，不同专业和领域均应有符合要求的监督员；监督人员比例要恰当。

3）监督员的授权。实验室最高管理者应赋予监督员足够的权利，这是实验室容易忽视的，否则会造成监督员没有足够的权利实施监督，使监督工作流于形式。监督员在监督工作中应获足够的授权，可以在发现问题时当场予以纠正和制止，并责令其改正。

4）人员监督的实施。人员监督的实施根据监督的范围可分为全过程跟踪监督和关键环节的重点监督，根据监督的时间段可分为定期监督和不定期监督。

关键环节的重点监督，既是日常监督的重点和质量监督的难点，也是日常监督最常用的监督方式，可采取抽查、考核、人员比对、仪器比对等方法。监督的效果与关键点的确定有着直接的关系，因此如何把握关键环节也反映了监督员的能力。

定期监督可在年初制订一个整体的监督计划，确定对检测资源的监督周期和监督内容，并按时完成。监督计划应覆盖评审或认可准则中提及的要素，适用于常态监督；不定期监督穿插于定期监督之间，随时巡视抽查，尤其是对于不稳定的关键环节和已发生不符合检测工作的环节，以及定期监督时发现的须加强监督的环节。

2. 仪器设备的质量控制

实验室应获得正确开展实验室活动所需的并影响结果的设备，包括但不限于测量仪器、软件、测量标准、标准物质、参考数据、试剂、消耗品或辅助装置；实验室配备仪器设备应同时考虑根据实验室开展项目的需要，如需要进行确认试验配备的特殊设备。实验室的仪器设备应侧重于日常使用和管理、检定和校准、期间核查。

（1）设备的日常使用和管理

1）管理标识。实验室检测所需的设备应有唯一标识，该标识能对相同型号设备进行识别，便于测试样品追溯、校准证书有效性的确认、故障设备处理和结果追溯。

2）状态标识。实验室应根据仪器的性能情况，加贴仪器状态标识：

①合格标识，经计量检定或校准、验证合格，确认其符合检测技术规范规定的使用要求。

②准用标识，经过校准设备存在部分缺陷或部分功能丧失，但可在限定范围内使用；设备某一量程准确度不够，但检测所用量程合格，可降级使用。

③停用标识，设备目前状态不能使用（新设备未经校准、故障经检定校准不合格、性能无法确定、超过周期未检定校准、不符合技术规范规定的使用要求等）；经检定校准或故障排除修复并经过验证或确认可使用时，可撤销停用标识。

3）设备档案。实验室应对重点设备或关键设备建立设备档案，内容包括管理标识和校准标识、操作人员培训和授权、维护保养作业指导书和实施记录、维修记录和状态确认、期间核查计划、方法和记录、校准证书等。

（2）设备的检定和校准

1）检定和校准。当测量准确度或测量不确定度影响报告结果的有效性，以及为建立报告结果的计量溯源性时，测量设备应进行校准。须检定或校准的设备包括但不限于：

——用于直接测量被测量的设备，如使用天平测量质量。

——用于修正测量值的设备，如温度测量。

——用于从多个量计算获得测量结果的设备。

设备的检定或校准应重点关注检定/校准机构的选择，尤其是检定/校准机构的资质和能力，实验室应依据检测标准对设备的量程、精度要求来评价校准服务能力。

① 溯源机构的选择主要考虑以下三个方面：一是资质，按照认可准则通过认可或通过计量建标考核的校准实验室；二是测量能力，测量不确定度满足校准链规定的要求；三是溯源性，测量结果能溯源到国际或国家标准（也可以是非所在国的国家计量院标准）。

② 校准周期主要从以下几个方面进行考虑制订：一是设备制造厂商建议的校准周期；二是设备稳定性和精密度；三是特定法规规定的校准周期；四是设备使用频率。

2）计量验证或确认。测量设备仅仅经过检定或校准是不够的，实验室应对校准证书进行确认和评价，必要时应依据检测标准的要求对关键量值进行计量验证，即测量设备校准后，将通过校准获得的测量设备的计量特性与测量过程对测量设备的计量要求相比较，以评定测量设备是否能满足预期用途。

① 计量验证的输入有两个：一是通过校准获得的测量设备的计量特性；二是测量过程的设计中提出的对测量设备的计量要求。

② 计量验证的过程是把测量设备的计量特性与测量设备的计量要求相比较，验证结果的输出有两种情况：一是测量设备的计量特性符合计量要求时，应给出验证确认文件；二是测量设备的计量特性不满足计量要求时，对测量过程采取纠正措施。

③ 根据计量验证的结果，应采取相应的确认和标识：

a. 验证合格的测量设备，应在设备上给出计量确认合格的状态标识，以清楚地表明该设备可使用于某测量过程。

b. 对经验证不合格的测量设备，应采取相应的纠正措施，如对该设备进行调整或修理，而后再进行计量确认，合格则按照合格测量设备标识，但对其确认间隔应重新评定，必要时调整其确认间隔。

c. 经验证后确认该设备可用于某些特定的测量过程，而不适用于其他测量过程的，必须在验证确认文件中明确说明，并在确认状态标识中清楚地表述。

（3）设备的期间核查　当需要利用期间核查以保持对设备性能的信心时，实验室应按程序进行期间核查。期间核查的目的在于及时发现测量仪器或计量标准出现量值失准并缩短失准后的追溯时间。当发现不能允许的偏移时，实验室可采取适当的方法或措施，尽可能减少和降低由于校准状态失效而产生的成本和风险，以便有效地维护实验室和顾客的利益。

1）设备的检定和校准与期间核查的差异。首先，仪器的检定和校准与期间核查都是决定仪器设备“能不能用”问题；其次，期间核查不同于检定/校准，校准解决的是仪器设备“准不准”的问题，而期间核查解决的是仪器设备“稳不稳”的问题。

① 执行的主体不同。设备检定和校准是由国家法定机构授权的校准机构或授权部门来执行的，可以是计量院或某个机构内的计量实验室，而设备期间核查是由实验室人员来完成的，不需要经过国家法定机构的授权，只需实验室授权。

② 执行的标准依据不同。设备检定和校准依据的是国家已经颁布的检定和校准规程或经过法定计量管理机构备案批准的校准程序，设备期间核查依据的是实验室自己制订的设备期间核查作业指导书，不需要报法定计量部门备案。

③ 执行的周期不同。设备检定的间隔周期执行的是国家法定颁布的设备检定周期，或是当设备经过故障修复后需要送检定和校准机构重新检定，带有强制性质；设备期间核查的周期可以由实验室根据设备的使用频率、数据争议程度、设备的新旧和稳定水平自行确定，

不带有强制性。

④ 执行的内容覆盖面不同。设备检定和校准是对需检定校准的设备进行系统性检查，对设备的稳定性、精密度、灵敏度等整体功能或技术指标进行检定或校准，在可能的情况下，还需要给出测量不确定度评定，出具检定报告或校准证书。设备期间核查可在某次核查过程中只对设备的个别或部分的功能或技术指标进行核查，并不一定需要给出测量不确定度的评定，也不需要出具校准报告。

2）期间核查的对象。对于经过检定或校准的测量仪器或计量标准，虽然检定证书中给出了有效期，但实际并不能确保在其此期间其技术性能始终维持在允许范围内。期间核查即通过简单实用并具相当可信度的方法，对可能造成不合格的测量仪器或计量标准的某些参数，在两次相邻的校准时间间隔内进行检查，以维持其校准状态的可信度，即确认上次校准时的特性不变。

然而，并非所有的测量仪器都要进行核查，实验室应考虑哪些需要核查、采用何种方法以及核查的频次。实验室并不需要对测量仪器或计量标准的所有功能或全部测量范围进行核查，应从经济性、实用性、可靠性、可行性等方面综合考虑，主要应针对所用的稳定性不佳的某些参量、范围或测量点进行核查。

① 根据仪器设备的校准周期及上次校准的结果。对于校准周期较长的仪器设备或上次校准结果不理想的仪器设备，应在适当时间安排期间核查；对于识别出校准周期短的仪器设备，正常情况下可不考虑安排期间核查。

② 根据仪器设备的使用状况。在仪器设备易发生故障时期或排除故障后不需进行校准时，应考虑安排期间核查。

③ 根据仪器设备的使用频率。对经常拆卸、搬运、携带到现场进行检测的设备，应在适当时考虑安排期间核查。

④ 根据仪器设备操作人员的熟练程度。人员的熟练程度不高时，发生仪器设备故障的概率就会增高，甚至有时会影响到仪器设备的稳定性，应考虑安排期间核查并缩短期间核查的间隔。

⑤ 根据仪器设备的使用环境。当仪器设备的使用环境较为恶劣时，会影响设备的使用状况，应考虑安排期间核查。

总之，实验室应通过风险评估确定需要核查的仪器设备，如评估设备的新旧和稳定程度、使用频率高低、操作人员熟练程度、所产生检测结果的争议程度、设备所处环境条件等确定需要核查的设备，列入核查计划。

3）期间核查的内容，仪器设备的期间核查应选择国家计量检定规程中的主要检定项目，一般选择核查的项目包括但不限于以下内容：零点检查；灵敏度；准确度；分辨率；测量重复性；标准曲线线性；仪器内置自校检查；标准物质或参考物质测试比对；仪器说明书列明的技术指标。

3. 样品和消耗材料（标准物质）的质量控制

（1）样品的质量控制

1）抽样。

① 抽样是实验室检测活动的一部分，正确的成功抽样将给检测结果的正确性提供坚实的基础，抽样的最重要指标是检测样品的代表性。

② 实验室应制订抽样计划和抽样程序，抽样计划和抽样程序的制订要有科学的、合理的依据，抽样活动要严格按计划和程序进行，要注意现场影响因素的控制。对抽样的有关资料要及时地、详细地进行记录，这些记录应反映在检测结果当中，以显示其代表性和正确性。

③ 如果实验室不负责抽样，实验室可以在报告上进行声明，如，"本结果仅对测试样品负责"或"本结果仅与所收到的样品有关"，以避免因客户送样，样品不均或没有代表性而造成测试结果对整个样品或整批样品判定的失误。

2）样品制备。

① 采样。每一个分析用的样品必须对某一种类的物质（金属、矿石、生物），某一地区、厂矿的物质（如矿石、钢铁、环境）具有代表性。通过样品的粉碎、缩分，最终得到分析用样品。

② 样品加工。样品加工应包括对直接从现场采取的屑样或从现场取得的原始样品进行钻取、切削、铣刨或研磨、过筛、缩分、混匀，经过逐级破碎、逐级缩分混匀至需要的粒度，得到少量均匀的有代表性的分析用样品。

a. 破碎、过筛过程中的污染问题：常用的破碎机等设备及筛网等都是由金属制成的，这对需要确定样品中微量元素时会引入污染。采用玛瑙、刚玉、陶瓷等的研磨设备及尼龙网筛可解决粉碎程中污染问题。

b. 潮湿的样品（如铁矿、炉渣、污泥、环保样品等）在破碎前需要干燥，不然会影响粉碎效果。

c. 对要求被测的元素中有易挥发元素的物质，在不影响粉碎工作的情况下，尽可能不烘样，可采用自然通风干燥，或于 60℃ 下干燥（如测定 Hg、Se 在 25℃ 下干燥）。

d. 样品加工粒度：一般样品粉碎至 0.096~0.074mm（160~200 目），可用手感的方法检查其粒度。样品的粒度关系到样品的均匀性，细的样品比较容易被分解。

e. 对于金属样品，可切屑后再细碎。如果样品是均匀的且极易于溶解的，切屑即可。对于金属丝材或薄片状试样，可剪切为适当大小即可。

3）样品处置。实验室应有用于检测或校准的样品运输、接收、处置、保护、存储和清理的控制或管理程序，此程序中应包括保护样品的完整性。

实验室应有样品唯一性的标识，该样品标识应使样品在实验室的检测过程中予以保留，使任一检测样品自始至终有唯一的编号，不发生互相混淆。使用时，样品标识还应包括样品的进一步细分（即从大样上进一步细分为子样），并确保大小样品在实验室内部甚至外部的流转过程中不发生混淆。

在接收样品时应及时记录异常情况或偏离（异常情况是相对于检定或校准方法中所规定的正常而言；偏离是相对于方法的规定而言，不符合规定就是偏离规定）。当对样品是否适用于检测存有疑问时，或当样品与所提供的说明不符合，或对所要求的检测规定不够详细时，实验室在检测工作前应询问客户，以得到进一步说明并记录讨论的内容。

实验室应采取措施，确保样品在实验室全过程中（从交接到规定的样品保留终止时间）不发生非正常的损坏和变质。

当样品需要在特定环境条件下储存或处置时，应配置相应的设备并对环境条件进行监测、控制和记录。对在检测后还要恢复服务的样品，需特别注意，确保样品在处置、检测过程中不被破坏或损伤。

（2）消耗材料（标准物质）的质量控制　对实验室采购的试剂和标准物质，应检查标签、证书或其他证明文件的信息，必要和可行时应通过适当的检测手段，以确保满足检测方法的要求，特别是痕量分析，应关注试剂空白对检测结果的影响，必要时制订相应的接收标准。

1）核查/验收（符合性检查）。化学试剂的验收不能用数量清点来代替，应检查标签、证书或其他证明文件的信息是否满足使用要求，必要和可行时应通过适当的检测手段核查，如对影响检测结果的杂质检测等。

一些重要消耗材料，如钢铁中碳硫分析所使用的钨粒和锡粒等，可根据供货商提供的性能指标与检测标准进行初步验证，再结合技术检测结果做出进一步评价，并根据评价结果采取相应的措施。

2）实验用水的核查/验收。实验室应确保实验用水满足检测要求。

根据 GB/T 6682—2008《分析实验室用水规格和试验方法》，分析用水可分为一级水、二级水、三级水：一级水用于有严格要求的分析试验，包括对颗粒有要求的试验，如高效液相色谱分析用水；二级水用于无机痕量分析等试验，如原子吸收光谱分析用水；三级水用于一般化学分析用水。

如果采用自制实验用水，应定期检查水净化系统的性能，以确认制备的分析用水满足检测要求。可根据实际需要，对 pH 值、电导率、杂质元素和相关组分等项目进行测试，并保存此类检查记录。

3）标准物质的管理。

① 标准物质的分类。标准物质本身属于消耗性材料，同时更是定量分析的基础，属于测量设备。结合冶金、机械行业实验室的实际情况，根据实际用途，标准物质分为 A、B、C 三类。

A 类标准物质：A 类标准物质指在有效期内使用的有证标准物质和基准试剂，它是化学分析溯源的基础，可以用来制作校准曲线，并对 B 类标准物质和 C 类标准物质进行定值检测。A 类标准物质的使用和储存应严格遵守标准物质说明书的各项规定。

B 类标准物质：B 类标准物质指超期使用的有证标准物质或用作工作标准的标准物质，可用来制作工作曲线进行日常检测。应定期对 B 类标准物质的示值准确性及稳定性等关键指标进行核查，最常用的方法是通过质量控制结果或质控图来判断 B 类标准物质的稳定性。

C 类标准物质：C 类标准物质主要是用来核查测量过程的标准物质，核查和评价测量系统的稳定性。C 类标准物质的示值准确性及稳定性可以由 A 类标准物质来确定，测试次数不得少于 20 次。

② 标准溶液的配制和使用。

a. 标准溶液的配制。滴定分析用标准溶液应按 GB/T 601—2016《化学试剂　准滴定溶液的制备》进行配制；用于测定干扰组分的标准溶液应按 GB/T 602—2002《化学试剂　杂质测定用标准溶液的制备》进行配制；绘制工作曲线的标准溶液应按检测标准规定的方法进行配制；应保存标准溶液的配制记录。

b. 标准溶液的定值。标定标准滴定溶液的浓度时，须两人进行试验，分别做四平行，每人四平行测定结果极差的相对值不得大于相对重复性临界极差 $[C_r R_{0.95}(4) = 0.15\%]$。两人共八平行测定结果极差的相对值不得大于相对重复性临界极差 $[C_rR_{0.95}(8)=0.18\%]$。在运算过程中保留五位有效数字，取两人八平行测定结果的平均值为测定结果，浓度值报告结果取四位有效数字。

当对标准滴定溶液浓度值的准确度有更高要求时，可使用二级纯度标准物质或定值标准物质代替工作基准进行标定或直接制备。

c. 标准溶液的有效期。除非另有规定，标准溶液在常温（15~25℃）下保存期一般不超过两个月。当溶液出现浑浊或颜色变化等现象时，应重新制备。

③ 标准物质台账的建立。标准物质台账应包括标准物质的类别、名称、编号、特性值、测量不确定度、有效期和储存要求等内容。

B类标准物质和C类标准物质还应包括定值日期、定值方法等内容。

4. 检测方法的质量控制

（1）检测方法的有效性　所有方法、程序和支持文件，如与实验室活动相关的指导书、标准、手册和参考数据，应保持现行有效并易于人员取阅。

实验室应重点关注检测方法的现行有效，指定专人负责定期对检测标准进行有效性查询，及时更新作废标准并保存查新记录。必要时，应补充方法使用的细则以确保应用的一致性。

（2）方法的选择　实验室应使用适当的方法和程序开展所有实验室活动，适当时包括测量不确定度的评定，以及使用统计技术进行数据分析。

当用户未指定所用的方法时，实验室应选择适当的方法。推荐使用以国际标准、区域标准或国家标准发布的方法，或由知名技术组织或有关科技文献或期刊中公布的方法，或设备制造商规定的方法。

实验室应关注检测方法中提供的限制说明、浓度范围和样品基体，选择的检测方法应确保在限量点附近给出可靠的结果。

当缺少指导书可能影响检测和/或校准结果时，实验室可对所有相关设备的使用和操作、检测和/或校准样品的准备（或二者兼有）、关键性操作步骤编制作业指导书。

（3）方法验证与方法确认

1）方法的验证。实验室应对首次采用的检测方法进行技术能力的验证，如检出限、回收率、正确度和精密度等。如果在验证过程中发现标准方法中未能详述但影响检测结果的环节，应将详细操作步骤编制成作业指导书，作为标准方法的补充。

当检测标准发生变更涉及检测方法原理、仪器设施、操作方法时，需要通过技术验证重新证明正确运用新标准的能力。

2）方法的确认。任何对标准方法的修改，都必须进行确认，即使所采用的替代技术可能具有更好的分析性能。

实验室应对非标方法、实验室制订的方法、超出预定范围使用的标准方法或其他修改的标准方法进行确认。

3）正确理解方法的验证和确认　验证针对的是标准方法，验证实验室人员、设备、量值溯源、消耗材料、样品处理、方法文本、环境设施等资源条件满足标准要求的能力以及操作标准的实际能力。

确认针对的是非标准方法、实验室设计（制订）的方法、超出其预定范围使用的标准方法、扩充和修改过的标准方法，确认其是否具有科学性、准确性、有效性和适用性。

ISO/IEC Guide 99：2007 2.44 中规定，方法验证是实验室通过核查提供客观有效证据证明满足检测方法规定的要求；ISO/IEC Guide 99：2007 2.45 中规定，实验室通过试验提供客观有效证据证明特定检测方法满足预期的用途。准确地讲，方法验证着重于检测方法会不会用，而方法确认则着重于该检测方法能不能用。

（4）非标准方法的建立　当无标准可循、检测失效、试剂、设备、检测灵敏度等原因需要建立非标准方法或对标准方法进行改进以满足检测需求时，应经过技术确认试验、文本化（形成作业指导书）、审核批准。

下列情况时需要制定非标准方法：①经检索无发布的标准方法可供选用；②选用其他实验室制订的方法或文件推荐的方法；③对现有的标准方法作较大改动（扩充、修改和偏离）；④需要制订快速测试方法。

当需要开发新的检测方法时，应予以策划，指定具备能力的人员，并为其配备足够的资源。在方法开发的过程中，应进行定期评审，以确定持续满足客户需求。开发计划的任何变更应得到批准和授权。

（5）作业指导书的编制　作业指导书的编制指将某一事件的标准操作步骤和要求以统一的格式描述出来，用于指导和规范日常的工作。

1）作业指导书的分类。①方法类，包括标准检验方法中不详细或不完善部分补充期间的核查方法、方法确认规程及比对要求等；②设备类，重要或复杂设备的使用、操作、维护规范（如设备制造商提供的技术说明书不够明细等）；③样品类，取样、制样和样品处置的"实施细则"等；④数据类，定量检测结果表达异常数据的剔除、测量结果不确定度的评定等。

2）作业指导书的格式和内容要求。实验室作业指导书的编制格式和内容应符合 ISO/IEC 17025：2017 第 5.4.4 条款注释 a~k 条款的要求，符合 GB/T 1.1—2020《标准化工作导则　第 1 部分　标准化文件的结构和起草规则》和 GB/T 20001.4—2015《标准编写规则　第 4 部分　试验方法标准》的规定，避免以论文和规章制度的形式书写。

3）作业指导书的编制原则。实验室编写作业指导书的内容应满足 5W1H 原则，即①what，作业的名称及内容是什么；②why，作业的目的是干什么；③where，在哪里使用作业指导书；④who，什么样的人使用作业指导书；⑤when，作业什么时候做；⑥how，如何按步骤完成作业。

（6）正确掌握不确定度评估的方法　实验室应建立测量不确定度评定程序，根据 CNAS-CL07：2011《测量不确定度的要求》进行不确定度评定。

测量不确定度的评定与表示方法按 JJF 1059.1—2012《测量不确定度评定与表示》的规定进行，实验室进行测量不确定的评定可以依据 CNAS-GL006：2019《化学分析中不确定度的评估指南》和 CNAS-TRL-010：2019《测量不确定度在符合性判定中的应用》。

实验室需要进行不确定度评估并在检测报告中给出不确定度的几种情况：①检测方法有要求；②测量不确定度与检测结果的有效性或应用领域有关；③客户提出要求；④当测试结果处于规定指标临界值附近时，测量不确定度对判断结果符合性产生的影响。

5. 设施和环境的质量控制

（1）实验室对环境的要求　一般来说，实验室都应该保证实验室内的各种仪器、设备、装置、化学试剂等免受环境，如阳光、温度、湿度、粉尘、振动、磁场等的影响及有害气体的侵入，不同功能的实验室由于实验性质不同，对环境的要求也不同。

（2）实验室环境条件的建立与监控

1）建立实验室环境条件控制标准。实验室的环境条件不应影响检测结果的有效性或所要求的准确度，环境条件要求和控制的依据是检测/校准方法及所配置的仪器设备使用的要求。

2）实验室环境条件的监控。不同的检测/校准项目对实验室环境条件的要求有很大差异，根据认可准则的规定，对环境条件比较敏感的检测/校准项目，实验室必须满足相关要求并进行监测、控制和记录，并且保留工作期间的连续监控记录。

对环境条件无特殊要求的检测项目，实验室无须进行监测、控制和记录。校准项目对环境温湿度的准确度、均匀度和波动度要求较高，为保证符合要求，许多校准实验室安装了可自动监控和记录房间温湿度的智能型中央空调系统。如果对中央空调系统实施了定期校准，则手工记录有时就可能被计算机自动记录所取代。

其次，确定监控周期并定期由责任部门检测并做记录和分析统计。

3）检测/校准区域的控制。为获得正确的检测/校准结果，实验室必须对检测/校准区域的进入和使用实施有效控制。具体措施和办法有以下三个方面：

① 按功能对实验室区域进行划分。不同工作对环境要求不同，因此要对实验室区域进行划分和标识。化学实验室应注意以下设备的交叉污染：一次性设备和重复使用的玻璃器皿应洁净，必要时应进行浸泡清洗；检出高浓度样品或存放标准物质的储液瓶若不易清洗处理，应用后丢弃；从事痕量分析的实验室应特别关注并确认检测设施和环境不对检测结果的有效性产生不良的影响。

② 对人员进入的控制。对实验室的外来人员应经批准方可进入。为避免不正常的干扰，对实验室内部人员也应予以控制，以限制非授权人员的进入。对于因人员进出造成温湿度波动而影响检测/校准结果的房间，应设立警示标识。对有卫生要求的，进入实验室的人员应进行消毒或采取相应净化措施。

③ 对实验室使用的控制。在实验室中不得从事与检测/校准无关的工作。在某些校准实验室（如天平、量块、砝码）中，由于相对湿度要求小于60%，不允许用水。

（3）实验室的现场管理　实验室应设置样品区、作业区、仪器区、待检测/校准区、在检测/校准区和已检测/校准区，通过整顿，达到分类摆放、整齐有序、规范统一、标识清晰。

实验室应制订并实施有关实验室安全和保证人员健康的程序，应有与检测范围相适应并便于使用的安全防护装备及设施，如个人防护装备、烟雾报警器、毒气报警器、洗眼及紧急喷淋装置、灭火器等，定期检查其功能的有效性。

8.3.2　实验室质量保证常用技术

实验室质量保证常用技术包括采用标准物质监控、内部比对试验、空白试验、平行样测试、回收率试验、校准曲线的核查及使用质量控制图等。

1. 采用标准物质监控

实验室直接采用合适的有证标准物质或内部标准样品作为质控样品，定期或不定期将质控样品以比对样品或密码样的形式，与样品检测以相同的流程和方法同时进行，检测完成后上报检测结果给相关质量控制人员，也可由检测人员自行安排在样品检测时同时插入标准物质，验证检测结果的准确性。

这种技术一般可用于仪器状态的控制、样品检测过程的控制、实验室内部的仪器比对、人员比对、方法比对及实验室间比对等，其特点是可靠性高，但成本也高。

2. 内部比对试验

实验室的内部比对试验包括人员比对试验、方法比对试验、设备比对试验和留样再测。

（1）人员比对试验　人员比对试验是在相同的环境条件下，采用相同的检测方法、相同的检测设备和设施，由不同的检测人员对同一样品进行检测的试验，其目的是评价检测人员是否具备上岗或换岗的能力和资格，

当某项试验可由多人进行操作时，实验室可采用人员比对试验的方式进行内部质量控制，通过安排具有代表性的不同层次的两人或多人开展比对试验，考核检测人员的能力水平，判断检测人员的操作是否正确、熟练，用于评价人员对实验室检测结果准确性、稳定性和可靠性的影响。

作为实验室内部质量控制的手段，人员比对试验优先适用于以下情况：依靠检测人员主观判断较多的项目，如食品中的感官、品尝的项目；在培员工和新上岗的员工；检测过程的关键控制点或关键控制环节；操作难度大的项目和/或样品；检测结果在临界值附近；新安装的设备；新开验的检测项目。

（2）方法比对试验　方法比对试验是在相同的环境条件下，由相同的检测人员采用不同的检测方法对同一样品进行检测的试验。

检测方法一般包括样品前处理方法和仪器方法，只要前处理方法不同，无论仪器方法是否相同，都归类为方法比对试验。但是，如果不同的检测方法中样品的前处理方法相同，仅是检测仪器设备不同，一般将其归类为设备比对试验。

当某个项目可以由多种方法进行检测时，实验室可以采用方法比对试验进行内部质量控制，判断检测所遵循的标准或方法是否被正确理解并严格执行，用以评价检测方法对试验室检测结果准确性、稳定性和可靠性的影响。

作为实验室内部质量控制的手段，方法比对试验优先适用于以下情况：刚实施的新标准或新方法；引进的新技术、新方法和研制的新方法；已有的具有多个检验标准或方法的项目。

（3）设备比对试验　设备比对试验是在相同的环境、相同的检测方法、由相同的检测人员采用不同的设备对同一样品进行检测的试验，根据比较结果判定设备性能的可比性。

当某项试验可由多种设备进行操作时，实验室可采用设备比对试验的方式进行内部质量控制，判断对测量准确度、有效性有影响的设备是否符合测量溯源性的要求，用以评价设备对实验室检测结果准确性、稳定性和可靠性的影响。

设备比对试验优先适用于以下情况：新安装的设备；修复后的设备；检测结果出现在临界值附近的设备。

（4）留样再测　留样再测是在不同的时间，对同一样品进行检测，通过比较前后两次测定结果的一致性来判断检测过程是否存在问题，验证检测数据的可靠性和稳定性。若两次检测结果符合评价要求，则说明实验室该项目的检测能力持续有效；若不符合，应分析原因

并采取纠正措施，必要时追溯前期的检测结果。

事实上，留样再测可以认为是一种特殊的实验室内部比对试验，即不同时间的比对试验。留样再测时应注意所用样品的性能指标的稳定性，即应有充分的数据显示或经专家评估，表明留存的样品赋值稳定。

留样再测有利于监控该项目检测结果的持续稳定性及观察其发展趋势；也可促使检验人员认真对待每一次检测工作，从而提高自身素质和技术水平。但要注意，留样再测只能对检测结果的重复性进行控制，不能判断检测结果是否存在系统误差。

3. 空白试验

空白试验是在不加入被测样品或不含被测组分（但有与样品基本一致基体的空白样品）的情况下，用与测定被测样品相同的方法和步骤进行分析试验并获得分析结果的过程。空白试验测得的结果称为空白值。

空白值一般反映测试系统的抗干扰能力，包括测试仪器的噪声、试剂中的杂质、环境及操作过程中的沾污等因素对样品产生的综合影响，它直接关系到最终检测结果的准确性。可从样品的分析结果中扣除空白值，通过这种扣除，可有效降低由于试剂不纯或试剂干扰等所造成的系统误差。

实验室通过空白试验，一方面可有效评价并校正由试剂、实验用水、器皿及环境因素带入的杂质所引起的误差；另一方面在保证对空白值进行有效监控的同时，也能够掌握不同分析方法和检测人员之间的差异情况。此外，空白试验还能够准确评估该检测方法的检出限和定量限等技术指标。

4. 平行样测试

平行样测试即重复性试验，是在重复性条件下进行的两次或多次测试。重复性条件指的是在同一实验室，由同一检测人员使用相同的设备，按相同的测试方法，在短时间内对同一被测对象相互独立进行检测的测试条件。

平行样测试可以广泛地用于实验室对样品制备均匀性、检测设备或仪器的稳定性、测试方法的精密度、检测人员的技术水平及平行样间的分析间隔等进行监测评价。

需要注意的是，随着被测组分含量水平的不同，检测过程中对测试精密度可能产生重要影响的因素会有很大不同。

5. 回收率试验

回收率试验也称"加标回收率试验"，通常是将已知质量或浓度的被测物质添加到被测样品中作为测定对象，用给定的方法进行测定，所得的结果与已知质量或浓度进行比较，计算被测物质分析结果增量占添加的已知量的百分比等一系列操作。该计算的百分比即称该方法对该物质的"加标回收率"，简称"回收率"。

通常情况下，回收率越接近100%，定量分析结果的准确度就越高，因此可以用回收率的大小来评价定量分析结果的准确度。

回收率试验具有操作简单、成本低廉的特点，能综合反映多种因素引起的误差，在检测实验室日常质量控制中有十分重要的作用，适用于化学分析中各类产品和材料中低含量重金属、有机化合物等项目检测结果控制，化学检测方法的准确度、可靠性的验证，以及化学检测样品前处理或仪器测定的有效性等。

6. 校准曲线的核查

校准曲线用于描述被测物质浓度或量与检测仪器响应值之间的定量关系。通过使用标准溶液，按照正常样品检测程序做简化或完全相同的分析处理而绘制得到的校准曲线，相应地称为标准曲线或工作曲线。

为确保校准曲线始终具有良好的精密度和准确度，就需要采取相应的方法进行核查。对精密度的核查，通常是在校准曲线上取低、中、高3个浓度点进行验证；对准确度的核查，通常采用加标回收试验或质控样品等方法进行控制。

校准曲线法是实验室仪器分析中经常采用的方法，通常被测样品组分浓度波动较大，且样品批量较大，而在检测过程中采用的校准曲线的精密度和准确度会受到实验室的检测条件、检测仪器的响应性能、检测人员的操作水平等多种因素的影响，因此对校准曲线进行定期核查，一方面可以验证仪器的响应性能，检测人员的操作规范、稳定程度等；另一方面也可以同时得到绘制曲线时所用标准溶液的稳定性核查信息。

7. 使用质量控制图

为控制检测结果的精密度和准确度，通常需要在检测过程中长时间使用质控样品进行检测控制。对积累的监控数据进行统计分析，通过计算平均值、极差、标准差等统计量，按照质量控制图的制作程序，确定中心线，上、下控制限，以及上、下辅助线和上、下警戒线，从而绘制出分析用控制图。通过分析用控制图判断测量过程处于稳定或控制状态后，就可以将分析用控制图转换为控制用控制图，并将日常测定的控制数据描点上去，判断是否存在系统变异或趋势。

质量控制图适用于以下情况：①当希望对过程输出的变化范围进行预测时；②当判断一个过程是否处于统计受控状态时；③当分析过程变异来源是随机性还是非随机性时；④当决定怎样完成一个质量改进项目时——防止特殊问题的出现，或对过程进行基础性的改变时；⑤当希望控制当前过程，问题出现时能察觉并对其采取补救措施时。

质量控制图是质量控制活动中的一种重要的评价方法，但需要注意的是，这个方法的结论评价是依托于其他质控样品的检测数据而存在的，是通过对质控数据的统计分析而实现质量控制的目的。

通过对实验室内部各种质量保证技术的分析可以发现，各种影响检测结果的因素及检测项目之间的联系，可使实验室的质量保证工作做到可利用、可控制、可追溯，同时也有利于发现实验室内部存在的潜在问题，使整个试验过程都具有针对性的预防措施，确保检测结果真实有效。

8.3.3 比对结果的评价

1. 实验室内部比对结果的评价

实验室内部比对结果主要是通过 t 检验和 F 检验进行评价。

（1） t 检验 t 检验有单样本 t 检验、配对 t 检验和两样本 t 检验。

1） 单样本 t 检验。单样本 t 检验是用样本均数代表的未知总体均数和已知总体均数进行比较，观察此组样本与总体的差异性，单样本是不同样本平均数的比较。

① 根据 $\bar{x}$、μ、s、n 计算出 t 值，$t = \dfrac{|\bar{x} - \mu|}{s_{\bar{x}}} = \dfrac{|\bar{x} - \mu|}{s/\sqrt{n}}$

式中　$\bar{x}$——测量数据的平均值；

　　　μ——真值；

　　　$s_{\bar{x}}$——平均值的标准偏差；

　　　s——标准偏差；

　　　n——测量次数。

② 给出显著性水平或置信度。

③ 将计算出的 t 计算值与表上查得的 $t_表$ 值进行比较。

④ 若 $t_{计算} > t_表$，表明有系统误差存在。

2）配对 t 检验。配对 t 检验是采用配对涉及方法观察以下几种情形：

① 两个同质受试对象分别接受两种不同的处理。

② 同一受试对象接受两种不同的处理。

③ 同一受试对象处理前后。

配对样本往往是对相同样本二次平均数的检验。

例如，当验证两个人的检测数据是否存在显著性差异时，分别完成两个数列（$n=10$ 次）的测试，用 t 检验验证。

$$t = \frac{|\bar{x}_1 - \bar{x}_2|}{\left(\sqrt{\dfrac{1}{n_1}} + \sqrt{\dfrac{1}{n_2}}\right)\sqrt{\dfrac{(n_1-1)s_1^2 + (n_2-1)s_2^2}{n_1+n_2-2}}}$$

式中　$\bar{x}_1$——第 1 组测定结果的平均值；

　　　$\bar{x}_2$——第 2 组测定结果的平均值；

　　　n_1——第 1 组测定的平行测定次数；

　　　n_2——第 2 组测定的平行测定次数；

　　　s_1——第 1 组测定结果的标准偏差；

　　　s_2——第 2 组测定结果的标准偏差。

显著性水平：$\alpha = 0.05$

自由度：$\nu = n_1 + n_2 - 2$

对于单样本 t 检验，如果 t 值的绝对值越大，说明样本数据和比较的数据差异越显著。

（2）F 检验　F 检验又称方差齐性检验，在两样本 t 检验中要用到 F 检验。

F 检验是英国统计学家 Fisher 提出的，主要通过比较两组数据的方差 s^2，以确定它们的精密度是否有显著性差异。至于两组数据之间是否存在系统误差，则在进行 F 检验并确定它们的精密度没有显著性差异以后再进行 t 检验。

F 检验法中单侧检验和双侧检验的临界值见表 8-4 和表 8-5。

表 8-4　置信水平 95% 的 F 检验临界值（单侧检验）

df_2	df_1									
	2	3	4	5	6	7	8	9	10	∞
2	19.00	19.16	19.25	19.30	19.33	19.36	19.37	19.38	19.39	19.50
3	9.55	9.28	9.12	9.01	8.94	8.88	8.84	8.81	8.78	8.53

（续）

df_2	df_1									
	2	3	4	5	6	7	8	9	10	∞
4	6.94	6.59	6.39	6.26	6.16	6.09	6.04	6.00	5.96	5.63
5	5.79	5.41	5.19	5.05	4.95	4.88	4.82	4.78	4.74	4.36
6	5.14	4.76	4.53	4.39	4.38	4.21	4.15	4.10	4.06	3.67
7	4.74	4.35	4.12	3.97	3.87	3.79	3.73	3.68	3.63	3.23
8	4.46	4.07	3.84	3.69	3.58	3.50	3.44	3.39	3.34	2.93
9	4.26	3.86	3.63	3.48	3.37	3.20	3.23	3.18	3.13	2.71
10	4.10	3.71	3.48	3.33	3.22	3.14	3.07	3.02	2.97	2.54
∞	3.00	2.60	2.37	2.21	2.10	2.01	1.94	1.88	1.83	1.00

注：df_1＝分子（s_1^2）的自由度，df_2＝分母（s_2^2）的自由度，$s_1 > s_2$。

表 8-5　置信水平 95%（双侧检验）、自由度 4~120 的 F 检验临界值 $\left[F_{1-\alpha} \text{值}（df_1, df_2），\alpha = 0.025 \right]$

df_2	df_1													
	4	5	6	7	8	10	12	15	20	24	30	40	60	120
4	9.60	9.36	9.20	9.07	8.98	8.84	8.75	8.66	8.56	8.51	8.46	8.41	8.36	8.31
5	7.39	7.15	6.98	6.85	6.76	6.62	6.52	6.43	6.33	6.28	6.23	6.18	6.12	6.07
6	6.23	5.99	5.82	5.70	5.60	5.46	5.37	5.27	5.17	5.12	5.07	5.01	4.96	4.90
7	5.52	5.29	5.12	4.99	4.90	4.76	4.67	4.57	4.47	4.42	4.36	4.31	4.25	4.20
8	5.05	4.82	4.65	4.53	4.43	4.30	4.20	4.10	4.00	3.95	3.89	3.84	3.78	3.73
10	4.47	4.24	4.07	3.95	3.85	3.72	3.62	3.52	3.42	3.37	3.31	3.26	3.20	3.14
12	4.12	3.89	3.73	3.61	3.51	3.37	3.28	3.18	3.07	3.02	2.96	2.91	2.85	2.79
15	3.80	3.58	3.41	3.29	3.20	3.06	2.96	2.86	2.76	2.70	2.64	2.59	2.52	2.45
20	3.51	3.29	3.13	3.01	2.91	2.77	2.68	2.57	2.46	2.41	2.35	2.29	2.22	2.14
24	3.38	3.15	2.99	2.87	2.78	2.64	2.54	2.44	2.33	2.27	2.21	2.15	2.08	2.01
30	3.25	3.03	2.87	2.75	2.65	2.51	2.41	2.31	2.20	2.14	2.07	2.01	1.94	1.87
40	3.13	2.90	2.74	2.62	2.53	2.39	2.29	2.18	2.07	2.01	1.94	1.88	1.80	1.72
60	3.01	2.79	2.63	2.51	2.41	2.27	2.17	2.06	1.94	1.88	1.82	1.74	1.67	1.58
120	2.89	2.67	2.52	2.39	2.30	2.16	2.05	1.94	1.82	1.76	1.69	1.61	1.53	1.43

注：df_1＝分子（s_1^2）的自由度，df_2＝分母（s_2^2）的自由度，$s_1 > s_2$。

　　两组数据就能得到两个 s^2，即 $s_大^2$ 和 $s_小^2$，则

$$F = \frac{s_大^2}{s_小^2}$$

式中　$s_大$——两组数据中标准偏差大的数值；

　　　　$s_小$——两组数据中标准偏差小的数值。

　　由 $F_表$ 中 $f_大$ 和 $f_小$（f 为自由度 $n-1$）查得 $F_表$，然后计算的 $F_{计算}$ 值与查表得到的 $F_表$ 值比较，如果 $F_{计算} < F_表$，表明两组数据没有显著差异；如果 $F_{计算} \geqslant F_表$，表明两组数据存在显

著差异。

（3）应用实例

1）平均值与标准值的比较。某化验室测定 CaO 的质量分数为 30.43% 的某样品中 CaO 的含量，得如下结果：$n=6$，$\bar{x}=30.51\%$，$s=0.05\%$，问此测定有无系统误差？（给定 $\alpha=0.05\%$）

解：

$$t_{计算}=\frac{|\bar{x}-\mu|}{s_{\bar{x}}}=\frac{|\bar{x}-\mu|}{s/\sqrt{n}}=\frac{30.51-30.43}{0.05/\sqrt{6}}=3.9$$

查表 8-2：$t_{a,f}=t_{0.05,5}=2.57$

$t_{计算}>t_{表}$，说明平均值与标准值有显著差异，此测定有系统误差。

2）两组平均值的比较方法。

① 通过 F 检验法确定两组实验数据的精密度有无显著差异。

$$F_{计算}=\frac{s_{大}^2}{s_{小}^2}$$

查表，如果 $F_{计算}<F_{表}$，则两组数据的精密度无显著差异。

② 通过 t 检验确定两组平均值之间有无显著性差异。

$$t_{计算}=\frac{|\bar{x}_1-\bar{x}_2|}{s_p}\sqrt{\frac{n_1 n_2}{n_1+n_2}}$$

$$s_p=\sqrt{\frac{(n_1-1)s_1^2+(n_2-1)s_2^2}{n_1+n_2-2}}$$

③ 查表。$t_{表}=t_{a(f)}$，$f=n_1+n_2-2$。

④ 比较。$t_{计算}<t_{表}$ 非显著差异，无系统误差。

【例 8-9】 甲、乙两人对同一试样采用不同方法进行测定，测得两组数据如下：

甲	1.26	1.25	1.22	
乙	1.35	1.31	1.33	1.34

问两种方法有无显著性差异？

解：$n_{甲}=3$，$\bar{x}_{甲}=1.24$，$s_{甲}=0.021$；$n_{乙}=4$，$\bar{x}_{乙}=1.33$，$s_{乙}=0.017$。

$$F_{计算}=\frac{s_{大}^2}{s_{小}^2}=\frac{0.021^2}{0.017^2}=1.53$$

查表 8-5，$F_{表}=9.55$，$F_{计算}<F_{表}$，说明两组数据的方差无显著差异，进一步用 t 检验公式进行计算。

$$s_p=\sqrt{\frac{(n_1-1)s_1^2+(n_2-1)s_2^2}{n_1+n_2-2}}=\sqrt{\frac{(3-1)\times0.021^2+(4-1)\times0.017^2}{3+4-2}}=0.019$$

$$t_{计算}=\frac{|\bar{x}_1-\bar{x}_2|}{s_p}\sqrt{\frac{n_1\times n_2}{n_1+n_2}}=\frac{|1.24-1.33|}{0.019}\times\sqrt{\frac{3\times4}{3+4}}=6.20$$

查 t 值表，当 $f=n_1+n_2-2=5$，置信度为 95% 时，$t_{表}=2.57$。

因 $t_{计算}>t_{表}$，说明甲、乙两人采用的不同方法间存在显著性差异。

如果进一步查明哪种方法测试数据可靠，可分别与标准方法或使用标准试样进行对照试验，根据试验结果进行判断。

本例中两种方法所得平均值的差为 $|\bar{x}_1-\bar{x}_2| = 0.09$，其中包含了系统误差和随机误差。根据 t 分布规律，随机误差的允许最大值为

$$|\bar{x}_1-\bar{x}_2| = t_g s_p \sqrt{\frac{n_1+n_2}{n_1 n_2}} = 2.57\times0.019\times\sqrt{\frac{3+4}{3\times4}} = 0.04$$

说明可能有 0.05 的值由系统误差产生。

在实际工作中，当用一种新方法对试样中某组分进行测试，获得一组测定数据，这时应进行以下工作：

1）首先要判断数据中的极值（极大值或极小值）是否属于异常值，如属异常值则应舍弃。

2）进行方法的可靠性检验，在与试样相同的测试条件下用标准试样进行测试，将测试平均值与标准值用检验法进行检查，或者采用在原试样中加入被测标准物，测定加标回收率，以判断方法的准确度。

3）通过上述两步处理后，用 $t=\dfrac{|\bar{x}-\mu|}{s}\sqrt{n}$ 表示结果，并用式（8-10）近似地表示两次平行测定之间的允许差（s 值最好由测定 10 次以上数据计算出来）。若上述显著性检验合格，说明新分析方法无系统误差存在，新方法可行，再考虑其他因素，如分析步骤是否简化，是否易于操作，成本是否低廉等。若新方法仍有一定优势，则原方法可被取代。

2. 实验室间比对结果的评价

实验室间比对结果主要是通过 E_n 值和稳健 z 比分数进行评价。

（1）E_n 值

1）定义。E_n 值是最为常用的、也被国际认同的、典型的用于比对的一个统计量，它通过将参加实验室与参考实验室的测量结果进行比较，并考虑它们的测量不确定度来评定其校准能力，所表述的是一个标准化的误差，可用式（8-11）表示：

$$E_n = \frac{|x_i-\mu|}{\sqrt{U_{lab}^2+U_{ref}^2}} \tag{8-11}$$

式中　x_i——参加实验室的测量结果；

　　　μ——参考实验室的参考值（指定值）；

　U_{lab}——参加实验室所报告的测量结果的扩展不确定度；

　U_{ref}——参考实验室所报告的参考值（指定值）的扩展不确定度。

说明：U_{lab} 和 U_{ref} 两者的置信概率应相同（一般为 95%）。

显然，E_n 值和参加实验室的比对结果与合成测量不确定度相关，而不仅仅是测量结果接近参考值的程度，若 E_n 始终保持正值或负值，则表明可能存在某种系统效应的影响。

当没有公认的、合适的参考实验室时，协调机构可指定一个主导实验室，或由参加实验室推选一个主导实验室，由主导实验室对比结果进行评判。此时所有参加实验室的测量结果的平均值作为指定值 E_n，用式（8-12）表示：

$$E_{n} = \frac{|x_{i} - \mu|}{\sqrt{U_{x_{i}}^{2} + U_{\bar{x}}^{2} + \dfrac{2}{\sqrt{n}} \times U_{x_{i}} U_{\bar{x}}}} \tag{8-12}$$

式中　x_{i}——参加实验室的测量结果；

　　　μ——测量结果的算术平均值；

　　　$U_{x_{i}}$——参加实验室测量结果的不确定度；

　　　$U_{\bar{x}}$——算术平均值的不确定度；

　　　n——参加比对的实验室数量。

2）比对结果的评价。当 $E_{n} \leqslant 1$ 时，比对结果满意，通过；当 $E_{n} > 1$ 时，比对结果不满意，不通过。

对出现 $E_{n} > 1$ 的实验室，必须仔细查找原因，采取纠正措施，必要时可重新进行测量，否则不能参与最后的统计比对。也就是说，该实验室的该项校准能力验证不能通过，即不具备该项校准能力；对出现 $0.7 \leqslant E_{n} \leqslant 1$ 的实验室，建议采取预防措施。

（2）z 比分数　z 比分数评价适用于多组比对检测数据，较少用于实验室内部自行组织的比对分析试验。

1）定义。

① 中位值。中位值是一组数据的中间位置的值，即有一半数据的值低于该值，而另一半数据的值高于该值。若数据的数量为奇数，则中位值为中间数的值［即第 $(n+1)/2$ 个结果］；若数据的总数为偶数，则中位值为中间两数的平均值［即第 $n/2$ 与第 $(n+2)/2$ 个结果的均值］。

② 标准四分位数间距。设在一组数据的高端和低端各有一个四分位数值，即 1/4 位置处的数值，通常是该位置两侧最近的两个测量结果的内插值 Q_{H} 和 Q_{L}，则四分位数间距 $IQR = Q_{H} - Q_{L}$。IQR 通常比 s 大，通过对标准正态分布计算可得正态分布的 IQR 与 s 的比值为 1.3490，于是标准四分位数间距 IQR′ 为

$$IQR' = IQR/1.3490 = 0.7413 IQR$$

③ z 比分数。z 比分数定义为

$$z = \frac{y - 中位值}{IQR'} \tag{8-13}$$

式中　y——参加实验室对样品的测量结果；

　　　IQR′——标准四分位数间距。

由式（8-13）可以看出，中位值相当于能力验证中作为参考值；IQR′ 相当于 s。事实上 z 比分数的最大允许值就相当于包含因子 k。

④ 实验室间 z 比分数（z_{B}）和实验室内 z 比分数（z_{W}）。假设 A、B 为参加实验室对"样品对"的两个测量结果，称为"结果对"。样品对可以是均匀对（即完全相同的两个样品），也可以是分散对（即两个相似但略有不同，如不同等级的样品）。

结果对的"标准化和值"S 定义为 $S = (A+B)/\sqrt{2}$（两测量结果之和可消除一部分随机误差的影响）。结果对的"标准化差值"D 定义为 $D = (A-B)/\sqrt{2}$（两测量结果之差可消除系统误差的影响）。

将 S 与 D 作为测量结果按下式分别计算各个实验室的 z_B 和 z_W：

$$z_B = \frac{S-\text{中位值}(S)}{\text{IQR}'(S)}$$

$$z_W = \frac{D-\text{中位值}(D)}{\text{IQR}'(D)}$$

综上所述，为将离群值的影响减至最小，检测实验室间的能力验证活动中常用的稳健统计量有：n（结果数量，即参加检测比对的实验室数量）、所有结果值的中位值（即公议值，以此代替算术平均值）、IQR'（标准四分位数间距，以此代替样本标准差 s），并由此计算出检测结果的 z 比分数。

2）比对结果的评价。当 $|z| \leqslant 2$ 时，测量结果出现于该区间的概率在95%左右，验证结果通过；当 $2 < |z| < 3$ 时，测量结果出现于该区间的概率在5%左右，验证结果可疑，应查找原因；当 $|z| \geqslant 3$ 时，测量结果出现于该区间的概率小于1%（为小概率事件），验证结果离群，不通过。

为了寻找不通过的原因，是实验室内的随机因素，还是实验室间的系统差别，就需要计算 z_W 和 z_B。

当 $|z_W| \geqslant 3$ 时，表明不通过是由实验室内的随机因素所致；当 $|z_B| \geqslant 3$ 时，表明与其他实验室之间存在较大的系统误差。

3）示例。某检测机构协会选用均匀样品对 A、C 及单一样品 B 组成的被测样品组组织过一次能力验证计算结果，见表 8-6。

表 8-6　能力验证计算结果

实验室编号	计算结果			z_B	z_W	z
	样品 A	样品 B	样品 C			
1	2.78	2.00	2.78	0.66	-0.11	0.00
2	3.04	1.90	3.00	1.19	0.11	-0.20
3	2.61#	1.70#	2.63#			
4	2.58	2.30	2.48	0.12	0.45	0.60
5	<1	1.00	1.00			-1.99
6	2.64	2.00	2.90	0.64	-1.57	0.00
8	2.48	1.30	2.30	-0.18	0.90	-1.39
9	1.30	<1	<1			
10	2.85	1.60	2.70	0.65	0.73	-0.80
11	2.30	1.30	2.00	-0.71	1.57	-1.39
12	2.00		2.00	-1.03	-0.11	
13	1.30	1.00	1.30	-2.56	-0.11	-1.99
14	2.30	3.29	2.00	-0.71	1.57	2.57
16	2.70	1.90	2.68	0.47	0.00	-0.20
17	2.93	2.00	2.95	1.01	-0.22	0.00
18	2.78	1.30	2.70	0.58	0.34	-1.39

（续）

实验室编号	计算结果			z_B	z_W	z
	样品 A	样品 B	样品 C			
19	1.51	1.00	1.20	−2.44	1.63	−1.99
20	2.00	1.48	2.95	0.00	−5.45*	−1.04
23	2.85	2.00	<1			0.00
24	2.00	2.00	2.70	−0.27	−4.05*	0.00
25	<1	<1	1.00			
26	2.00	2.00	2.46	−0.53	−2.70	0.00
27	2.60	2.30	2.48	0.14	−0.56	0.60
28	2.70	1.70	2.74	0.53	−0.34	−0.60
29	4.20	3.78	4.20	3.75	−0.11	3.54
30	2.90	2.30	2.85	0.87	0.17	0.60
31	2.41	2.30	2.70	0.17	−1.74	0.60
32	2.78	2.00	2.85	0.74	−0.51	0.00
33	2.70	2.59	2.04	−0.23	3.60*	1.17
34	2.00	1.48	2.00	−1.03	−0.11	−1.04
35	2.60	2.00	2.43	0.09	0.84	0.00
36	2.34		2.30	−0.34	0.11	
37	3.18	2.11	3.00	1.34	0.90	0.22
38	2.08	1.30	1.85	−1.11	1.18	−1.39
39	2.30	2.00	2.60	−0.05	−1.80	0.00
40	2.30	1.70	2.48	−0.18	−1.12	−0.60
41	2.30		2.00	−0.71	1.57	
43	2.00	2.48	2.11	−0.91	−0.73	0.96

注：实验室间 z 比分数 z_B 和实验室内 z 比分数 z_W 是对于均匀样品对 A、C 的，z 比分数是对于单一样品 B 的。缺编号为 7、15、21、22、42 的实验室的测量结果。"*"表明离群，即 z 比分数 >3。"#"表示迟到的结果。

从表 8-6 可知，第 29 号实验室对于样品对 A、C 有一个正向的实验室间 z 比分数的离群值（$z_B = 3.75$），对于样品 B 有一个正向的离群值（$z = 3.54$），表明测量结果偏大，并超过了本次检测比对所允许的范围，不能通过。

编号为 20、24 和 33 的实验室分别存在实验室内 z 比分数的离群值（$z_W = -5.45$、−4.05、3.60），表明对于样品对 A、C 所得的结果之间的差异偏大，并超过了本次检测比对所允许的范围，也不能通过。

编号为 13、19 和 26 的实验室分别存在 z 比分数为 $2 < |z| < 3$，对此应仔细查找原因，暂不宜通过。

第 **9** 章

实验室认可相关知识

9.1 实验室质量管理体系的建立与运行

9.1.1 管理体系的基本概念

1. 管理体系的含义

（1）体系 相互关联或相互作用的一组要素。

（2）管理体系 建立方针和目标，并实现这些目标的体系。

（3）实验室质量管理体系 把影响检测/校准质量的所有要素综合在一起，在质量方针的指导下，为实现质量目标而形成的集中统一、步调一致、协调配合的有机整体，使总体的作用大于各分系统作用之和。

2. 管理体系的构成

管理体系由组织机构、职责、程序、过程和资源五个基本要素组成。

（1）组织机构 实验室为实施其职能按一定的构架设置的组织部门，明确其职责范围、权限、隶属关系和相互联系方法。

（2）职责 规定各个部门和相关人员的岗位责任，在管理体系和工作中应承担的任务和责任，以及对工作中的失误应负的责任。

（3）程序 为完成某项具体工作所需要遵循的规定。

（4）过程 将输入转化为输出的一组彼此相关的资源和活动。

（5）资源 包括人力资源、物质资源和工作环境，是管理体系运行的物质基础。

9.1.2 管理体系的总体要求

实验室管理的定义是"指挥和控制实验室的协调活动"。为了实现质量管理的目的，通过设置机构、划分质量职能，确定各项质量活动有关过程以及合理配置资源等活动，将与质量活动有关的关联要素进行优化集合，为实现质量方针和目标服务。因此，所建立的体系是一个管理体系。

1. 实验室管理的特征

GB/T 27025—2019《检测和校准实验室能力的通用要求》中指出，"实验室应建立、实施和保持形成文件的管理体系。该管理体系应能够支持和证明实验室持续满足本标准的要求，并且保证实验室结果的质量。除满足第 4 章至第 7 章的要求外，实验室应按方式 A 或方式 B 实施管理体系。"这段论述是 GB/T 27025—2019 对实验室管理体系提出的总体要求，从中可以明确以下几点。

1）实验室应建立、实施和维持其管理体系，使其达到确保检测/校准结果质量所需程序的目的，这是所有检测/校准实验室管理体系的共同目的。

2）各实验室在遵循 GB/T 27025—2019 建立管理体系时，应充分地利用自身的各项资源，建立与其工作范围、工作类型、工作量相适应的管理体系。

3）实验室应将管理体系所涉及的政策、制度、计划、程序及各类指导书制订成文件，即形成管理体系文件。

4）为了管理体系有效实施，有必要将管理体系文件传达到有关人员，并使他们理解和认真执行。

实验室管理体系中与质量有关的政策，包括质量方针，应在质量手册中声明，应制订总体目标，并在管理评审时加以评审。质量方针声明应在最高管理者的授权下发布，至少包括下列内容：实验室管理者对良好职业行为和为客户提供检测/校准服务质量的承诺；管理者关于实验室服务标准的声明；与质量有关的管理体系的目的；要求实验室所有与检测/校准活动有关的人员熟悉质量文件，并在工作中执行政策和程序。

5）实验室管理者对遵守 GB/T 27025—2019 及持续改进管理体系有效性的承诺。质量方针声明应当简明，可包括应始终按照声明的方法和客户的要求来进行检测/校准的要求。当检测/校准实验室是某个较大组织的一部分时，某些质量方针要素可以列于其他文件之中。质量手册还应包括或指明含技术程序在内的支持性程序，并概述管理体系中所用文件的架构。

2. 质量管理的八项原则

质量管理八项原则可以指导实验室长期通过关注顾客的需求和期望而达到改进其总体业绩的目的；既是指导实验室管理者建立、实施、改进实验室的质量管理体系的理论依据，也是实验室质量管理的基本准则。质量管理原则包括：

（1）以顾客为关注焦点　组织依存于顾客，因而组织应理解顾客当前和未来的需求，满足顾客需求并争取超过顾客的期望。

（2）领导作用　领导者建立组织相互统一的宗旨、方向和内部环境。所创造的环境能使员工充分参与实现组织目标的活动。

（3）全员参与　各级人员都是组织的根本，只有他们的充分参与才能使他们的才干为组织带来收益。

（4）过程方法　将相关的资源和活动作为过程来进行管理，可以更高效地达到预期的目的。

（5）管理的系统方法　针对制订的目标，识别、理解并管理一个由相互联系的过程所组成的体系，有助于提高组织的有效性和效率。

（6）持续改进　持续改进是一个组织永恒的目标。

（7）基于事实的决策方法　有效的决策是建立在对数据和信息进行合乎逻辑和直观的分析基础上。

（8）与供方互利的关系　组织和供方之间保持互利关系，可增进两个组织创造价值的能力。

9.1.3 管理体系的建立

实验室管理体系的建立过程是质量管理和质量策划的过程。质量策划是质量管理的一部分，它致力于制订质量目标并规定必要的运行过程和相关资源，以实现质量目标。

不同的实验室管理体系的运行基本一致，建立和实施管理体系的基本步骤包括八个环节：确定客户和其他相关方的需求和期望；建立组织的质量方针和质量目标；确定实现目标必需的过程和职责；确定和提供实现质量目标必需的资源；规定测量每个过程的有效性和效率的方法；应用这些测量方法确定每个过程的有效性和效率；确定防止不合格并消除产生原因的措施；建立和应用持续改进管理体系的过程。

上述八个环节也适用于保持和改进现有的管理体系。报告/证书是一个管理体系的建立和有效运行的结果，各环节的共同目的都是保证报告/证书的高质量。

质量管理体系的建立和实施分为四个阶段：前期准备阶段、体系策划阶段、体系建立阶段、体系试运行阶段。

1. 前期准备阶段

全面、系统地学习理解 GB/T 27025—2019《检测和校准实验室能力的通用要求》，特别是实验室负责人要率先学习，正确引导建立管理体系的全过程。

2. 体系策划阶段

（1）质量方针制订　实验室的最高管理者应亲自主持制订质量方针和目标，指明管理体系应达到的水平。

制订方针之前，实验室要明确谁是自己的客户，要调查客户的需求是什么，要研究怎样满足客户的需求。其次，方针应包括对满足要求的承诺，尤其对公正性和保密性的承诺，还应包括对持续改进管理体系有效性的承诺。

（2）质量目标制订　质量目标是根据质量方针的总体要求，在一定时间内质量管理所要达到的预期效果，应根据实验室的质量现状制订一定时期内切实可行的量化目标。

质量方针为建立和评审质量目标提供了一个框架，质量目标应在框架内确立、展开和细化，即方针指出了实验室的质量方向，而目标是对这一方向的落实、展开。

（3）确定要素和控制程序　实验室要根据自身的工作类型、工作范围及工作量，并考虑自身的资源（人员素质、设备能力、管理体系运行经验等）情况，进行认真分析归纳，并在此基础上确定报告或证书质量形成的过程，列出实现质量方针和目标所选择的要素和控制程序。

（4）组织的结构及职责设计　管理体系由相互关联和相互作用的过程组成，过程必须通过"结构"形成体系的属性和功能。管理体系的整体功能是由管理体系结构实现的，综合表现为系统内部的组织结构、质量职责和职权。因此，在建立管理体系时，要合理设计实验室的组织结构，落实岗位责任制，建立管理体系要素职能分配表。

（5）资源配置　资源是实验室通过建立管理体系及过程实现质量方针和目标的必要条件。实验室应首先根据自身检测/校准的特点和规模确定所需要的资源（包括人力资源、基础设施、工作环境），并由管理层全面负责，确保实验室运作质量所需的资源。

3. 体系建立阶段

（1）编制体系文件　实验室应建立、实施和保持与其活动范围相适应的管理体系，应将其政策、制度、计划、程序和指导书制订成文件，并达到确保实验室检测/校准结果质量所需的程度。管理体系文件的编制宜与实验室的过程和适用的质量标准的结构保持一致，实验室根据其自身的需要可采用任何其他的方式。管理体系文件通常包括质量方针和质量目标、质量手册、程序文件、作业指导书、表格、质量计划、规范、外来文件、记录等，确定各项质量活动的工作方法，使各项质量活动有章、有序、有效、协调地进行。

管理体系文件是体现全部体系要素的要求，采用文件的形式加以规定和描述，并作为管理体系运行的见证文件。它是一个实验室内部实施质量管理的法规，也是委托方证实管理体系适用性和实际运行状况的证明。它具有如下特点：

1）法规性：经批准的管理体系文件具有法规性，必须执行。

2）适用性：所有文件、规定都以实际、有效的要求加以确定，以达到适用的目的。

3）唯一性：一个机构只有唯一的管理体系文件系统，一项质量活动只能规定唯一的程序。

4）见证性：管理体系文件是管理体系存在的见证。

管理体系文件包括质量手册、质量计划、过程控制文件、完成规定任务的文件（如作业指导书和操作规程等）、收集和报告数据或信息的表格、质量记录。

质量记录是阐明所取得的结果或所完成活动的证据的文件。质量记录可以涉及硬件产品、服务、测量溯源性形成的文件。质量记录的作用是提供验证的证据，对其进行分析，可作为采取纠正措施和预防措施的证据。

质量手册是第一层次的文件，是一个将认可准则转化为实验室自身要求的纲领性文件。认可准则是通用要求，要照顾各行各业的需求，而各实验室有自己的业务领域、有自身的特点，所以必须进行转化。质量手册的精髓就在于有自身的特色，是为实验室管理层指挥和控制实验室用的。

程序性文件是第二层次的文件，是实施质量管理的文件，主要为职能部门使用。

规范、作业指导书是第三层的文件，属于技术性程序，是指导开展检测/校准的更详细的文件，主要为第一线业务人员使用。

各类质量记录、表格、报告等，则是管理体系有效运行的证实性文件。

实验室管理体系文件构架如图 9-1 所示。

管理体系文件的编写大致可以分为三种方式：先编手册后编程序文件；先编程序文件后编手册；二者交叉进行编写。不论采用哪种方式，在编写过程中均须不断审核，不断采取纠正措施，不断修改完善新编写的体系文件，尤其要注意文件上下层次的相互衔接，不应相互矛盾，下层次应比上层次文件更具体、更详细，上层次的文件应附有下层次支持性文件的目录，以便使用。

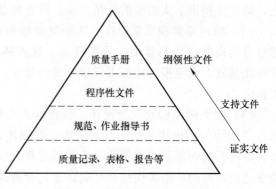

图 9-1　实验室管理体系文件构架

（2）体系文件的审核、批准、发布　体系文件在发布前，应由被授权的人员对文件进行评审，以确保其清楚、准确、充分、结构恰当。文件的使用者也应有机会对文件的适用性及其是否反映了实际情况进行评价和发表意见。文件的放行应得到负责文件实施的管理者的批准，每份文件应有授权放行的证据，实验室应保存文件批准的证据，文件的发布能够确保文件内容得到了被授权人员的批准且有明确的批准标识。

4. 体系试运行阶段

实验室的管理体系是根据"认可准则"的要求，结合实验室的实际情况建立的，是一个新的管理模式，能否满足实际需要、是否能达到预期的效果，应通过实践的考核和验证。

在管理体系文件编制完成后，体系进入试运行阶段。其目的是通过试运行，考验管理体系文件的有效性和协调性，并对暴露出的问题采取改进和纠正措施，以达到进一步完善管理体系文件的目的。

在试运行的每一个阶段结束后，一般应正式安排一次内审，以便及时对发现的问题进行纠正，对一些重大问题也应根据需要，适时地组织临时内审，在试运行中要对所有要素审核覆盖一遍。在内审基础上，由最高管理者组织一次体系的管理评审。通过管理评审，由实验室的最高管理者确认并做出决策，再通过纠正措施和预防措施解决问题，使管理体系得到完善和改进。

根据实验室认可的实际情况，中国合格评定国家认可委员会（CNAS）规定，实验室管理体系运行的期限为至少 6 个月。

9.1.4　管理体系的运行和持续改进

管理体系的正式运行，是实验室质量管理和技术运作的新起点，进而在实践中持续改进和完善，以满足客户的需求，以及法定管理机构、认可准则和认可机构的要求，实现实验室的质量目标。

为了加强对各项质量活动的监控，实验室应发挥质量监督员的作用。监督范围包括检测报告/校准证书质量形成的全过程，质量监督员应将日常监督中发现的问题随时记录保存，作为内审和管理评审的依据材料。

一个有效、适用、完善的管理体系的标志是：对可能影响报告/证书质量的各种因素，都应经常地、有序地、有方法地使其处于受控状态，从而能够减少和消除质量问题的发生；在运行中，一旦出现质量问题，体系能立即反馈、及时研究，采取纠正和预防措施。

管理体系文件即使规定得再好，如不认真执行，也是一纸空文，不能起到控制质量的作用。因此，建立管理体系既要求"有法可依"，即制定体系文件，又要"执法必严"，即坚决执行。

1. 有效运行的标志

管理体系有效运行的标志可归纳为以下八项：①能不断增加客户的满意程度；②有效地贯彻质量方针和完成质量目标；③领导重视；④全员参与；⑤严格遵守文件并有完整记录；⑥所有影响质量的因素（过程）都处于受控状态；⑦快捷高效的反馈机制，自我完善；⑧实施开展内部审核和管理评审，持续改进。

2. 持续改进

（1）管理评审　管理评审是为确定实验室质量管理体系及其所覆盖的检测/校准活动的全部过程和结果，是否达到质量方针所规定的目标的适宜性、充分性和有效性所开展的活动。实验室的最高管理层应根据预定的日程表和程序，定期地对实验室的质量管理体系和检测/校准活动进行评审，以确保其持续的适宜性、充分性和有效性，并进行必要的改进。

管理评审通常每年至少进行一次，一般在年度内部审核计划完成后，制订下一年度实验室工作计划前进行，特殊情况可由最高管理层决定增加管理评审次数。

（2）纠正措施　纠正措施是为消除已发现的不符合工作或其他不期望情况的原因所采取的措施。为消除实验室在质量管理体系运行的各个过程、各种场合发生的不符合工作及其产生的根源，实验室应制定纠正措施程序，纠正措施是从问题中得到改进机会。

（3）预防措施　实验室除了要积极采取纠正措施，防止已经发生的不符合工作或类似情况的再发生，还必须主动寻找和控制尚未发生的潜在不符合工作或其他不期望情况，选择改进的主题，采取预防措施。预防措施是为消除潜在不符合工作或其他不期望情况的原因所采取的措施。预防措施程序应包括两方面：一方面是预防措施的启动或准备；另一方面是预防措施的实施与监控，预防措施是从发展趋势中找出问题。

9.2　实验室认可

9.2.1　实验室认可的基本知识

1. 术语与定义

（1）认可　认可是正式表明合格评定机构具备实施特定合格评定工作能力的第三方证明。认可机构按照相关国际标准或国家标准，对从事认证、检测和检验活动的合格评定机构实施评审，证实其满足相关质量标准要求，进一步证明其具有从事认证、检测和检验等活动的技术能力和管理能力，并颁发认可证书。

实验室是为贸易双方提供检测、校准服务的技术组织，需要依靠其完善的组织机构、高效的质量管理和可靠的技术能力为社会和客户提供检测服务。实验室认可是由经过授权的认可机构对实验室的管理能力和技术能力按照约定的标准进行评价，并将评价结果向社会公告以正式承认其能力的活动。

（2）认证　认证是与合格评定对象，如产品、过程、体系、项目、人员等有关的第三方证明。

质量认证也称合格评定，是国际上通行的管理产品质量的有效方法。质量认证按认证对象分为产品质量认证和质量体系认证两类；按认证的作用可分为安全认证和合格认证。其中，产品质量认证是依据产品标准和相应技术要求，经认证机构确认并通过颁发认证证书和认证标志来证明某一产品符合相应标准和相应技术要求的活动；质量体系认证的对象是企业的质量体系，或者说是企业的质量保证能力。

2. 实验室认可与质量认证的区别

由各自定义可清楚地看出实验室认可和质量认证存在下列区别。

（1）对象不同　认可对象是检测/校准实验室；认证对象是产品、过程或服务。

（2）认定方不同　认可由权威机构进行，很多国家为了确保认可的权威性，通常由政府机构进行；认证则由第三方进行，可以是政府部门直接担任，也可由认可的部门或组织（认证机构）担任。

（3）性质不同　认可是权威机构正式承认，说明经批准可从事某项活动；认证是书面保证，通过由第三方机构颁发的认证证书，使其确信经认证的产品、过程和服务满足质量体系的要求。

（4）结果不同　认可是证明具备能力，是对能力的评审；认证是证明符合性，证明产品、过程或服务符合标准的要求，是对符合性的审核。

3. 实验室认可的作用

实验室认可的作用主要表现在如下几个方面：①表明实验室具备了按相应认可准则开展检测或校准服务的技术能力；②有利于提高实验室管理水平和工作质量；③增强了实验室的市场竞争力，更易赢得客户信任；④获得签署互认协议方国家和地区认可机构的承认；⑤有机会参与国际间合格评定机构认可的双边或多边合作交流；⑥可在认可的业务范围内使用中国合格评定国家认可委员会（CNAS）国家实验室认可标志和国际实验室认可合作组织（ILAC）国际互认联合标志；⑦列入《国家认可实验室名录》，提高实验室知名度。

4. 实验室认可的依据

（1）国际实验室认可合作组织　国际实验室认可合作组织是向所有国家开放专门设立的"联络委员会"，以负责与其他国际组织、认可机构和对认可感兴趣之组织的联络。成员分为正式成员、联系成员、区域合作组织和相关组织四类。

（2）中国合格评定国家认可委员会　中国合格评定国家认可委员会（以下简称"认可委员会"）是根据《中华人民共和国认证认可条例》的规定，由国家认证认可监督管理委员会批准设立并授权的国家认可机构，统一负责对认证机构、实验室和检验机构等相关机构（以下简称"合格评定机构"）的认可工作。

认可委员会的宗旨是推进合格评定机构按照相关的标准和规范等要求加强建设，促进合格评定机构以公正的行为、科学的手段、准确的结果有效地为社会提供服务，并依据国家相关法律法规，国际和国家标准、规范等开展认可工作，遵循客观公正、科学规范、权威信誉、廉洁高效的工作原则，确保认可工作的公正性，为做出的认可决定负责。

（3）CNAS认可依据　CNAS依据国际组织发布的标准、指南和其他规范性文件，以及CNAS发布的认可规则、准则等文件，实施认可活动。认可规则规定了CNAS实施认可活动的政策和程序，认可准则是CNAS认可的合格评定机构应满足的要求，认可指南是对认可规则、认可准则或认可过程的说明或指导性文件。

认可准则是认可评审的基本依据，规定了对认证机构、实验室和检验机构等合格评定机构应满足的基本要求。CNAS开展实验室认可活动主要依据CNAS-CL01《检测和校准实验室能力认可准则》，内容等同采用ISO/IEC 17025：2017《检测和校准实验室能力的通用要求》（对应GB/T 27025—2019）。

5. 实验室认可流程

根据国家有关法律法规和国际规范，认可是自愿的，CNAS仅对申请人申请的认可范围，依据有关认可准则等要求，实施评审并做出认可决定。实验室认可一般包括八个过程：

1）建立体系。实验室建立管理体系并有效运行。

2）提交申请。按要求提交认可申请书、相关资料及费用。

3）受理决定。CNAS秘书处审查申请资料，确定是否安排现场评审。必要时，安排预评审。

4）文件评审。CNAS 秘书处受理申请后，将安排评审组长对实验室的申请资料进行全面审查。资料审查后，提出以下建议中的一种：实施预评审；实施现场评审；暂缓实施现场评审；不实施现场评审；资料审查符合要求，可对申请事项予以认可。必要时，安排预评审（对资料审查中发现的需要澄清的问题进行核实或进一步了解）。

5）现场评审。评审员在被评审单位现场进行评审。现场评审一般由首次会议、现场参观、现场取证、评审组与申请方沟通评审情况和末次会议五个环节组成。

6）整改验收，不符合项整改验收（需要时）。一般情况下，CNAS 要求实验室实施整改的期限是：初次评审、扩大认可范围（不包括监督+扩项、复评+扩项），评审在 3 个月内完成；监督评审（含监督+扩项评审）、复评审（含复评+扩项评审）在 2 个月内完成；但对涉及技术能力的不符合，要求在 1 个月内完成。

7）批准发证，评定、批准、颁发认可证书。实验室可在 CNAS 网站"获认可机构名录"中查询，CNAS 认可证书有效期一般为 3 年。

8）后续工作。获得 CNAS 认可后的监督、复评审、扩大或缩小领域范围及认可变更。

6. 实验室认可的领域

实验室认可领域分类是实验室认可制度的基础，是实验室认可工作的重要组成部分，由 CNAS 发布的《实验室认可领域分类》（CNAS-AL06：20××）规定了实验室认可代码分类，其主要特点有：

1）检测实验室领域分类代码和校准实验室领域代码分开编制。

2）采用三级代码形式，其中每级代码用两位数字表示。

3）检测实验室认可领域分类代码中一级代码为检测领域或检测产品类别，二级代码主要为检测产品，三级代码主要为检测参数、项目或检测方法。

4）校准实验室认可领域分类代码中一级代码为校准领域，二级代码主要为校准参量，三级代码主要为校准类别或仪器。

5）文件中每级代码的最后设置了"99（其他）"代码作为收容项，是为及时增加新的实验室认可领域分类代码。

9.2.2　实验室认可中的关注重点

1. 现场考核试验

实验室认可的现场评审是依据认可准则及相关文件对实验室承担法律责任的能力、管理方面的能力和技术方面的能力进行全面系统的评价。其中，现场考核试验及现场检查是评价的两种重要手段，其目的是紧紧围绕对以上三个方面的实际能力的考核和检查，以便得出客观公正的评价意见和结论，为 CNAS 最终决定是否批准认可该实验室提供依据。实验室认可不仅要检查实验室的管理体系的符合性，更重要的是对实验室的实际技术能力进行考核，这是实验室认可和一般的体系认证最显著的区别之一。

现场考核试验的选择应符合以下要求：

1）初次评审和扩项评审时，应覆盖实验室申请认可的所有仪器设备、检测/校准方法、类型、主要试验人员、试验材料。

2）依靠检测/校准人员主观判断较多的项目。

3）难度较大、操作复杂的项目。

4）很少进行检测/校准的项目。

5）被考核的现场试验人员应具有代表性。

6）能力验证结果为有问题或不满意的项目。

7）监督或复评审时，新上岗人员进行操作的项目。

8）监督或复评审时，上次不符合项整改验证的项目。

9）监督或复评审时，实验室技术能力发生变化的项目。

10）监督和复评时，同一项现场考核试验应选择与此前评审时不同的试验人员进行操作。

2. 测量不确定度的评估

所有理化检测的测量结果都具有测量不确定度。测量不确定度是对测量结果质量评价的重要定量表征。测量结果的可用性很大程度上取决于其测量不确定度的大小。因此，在给出测量结果时，必须同时赋予被测量的值及与该值相关的测量不确定度。

理化检测过程中有许多引起测量不确定度的因素，它们可能主要来自以下几个方面：

1）对被测量的定义不完整或不完善。

2）实现被测量定义的方法不理想。

3）取样的代表性不够，即被测量的样本不能完全代表所定义的被测量。

4）对测量过程受环境影响的认识不周全，或对环境条件的测量与控制不完善。

5）对模拟式仪器的读数存在人为偏差（偏移）；测量仪器计量性能（如灵敏度、鉴别力阈、分辨力、稳定性及死区等）的局限性。

6）赋予计量标准的值或标准物质的值不准确。

7）引用的数据或其他参数的测量不确定度。

8）与测量方法和测量程序有关的近似性和假定性。

9）被测量重复观测值的变化。

以上影响测量不确定度的因素之间不一定都是独立的，它们之间可能还存在一定的相互关系，所以还要考虑相互之间的影响对测量不确定度的贡献，即要考虑协方差。

实验室应建立并实施测量不确定度评估程序，规定计算测量不确定度的方法。对于理化检测实验室，当检测产生数值结果或报告的结果是建立在数值结果基础之上时，则需要评估这些数值结果的测量不确定度。对每个适用的典型试验均应进行测量不确定度评估。因检测方法的原因无法用计量学或统计学方法进行测量不确定度的评估时，实验室至少应识别测量不确定度分量，并做出合理评估。若检测结果不是用数值表示的，或者不是建立在数值数据基础之上的（如合格/不合格，阴性/阳性，或基于视觉或触觉及其他定性检测），则不需要对测量不确定度进行评定，而对于理化校准实验室，必须给出每一个测量结果的测量不确定度。

测量不确定度的评估在原理上很简单。图9-2所示为测量不确定度的评估过程。

RB/T 030—2020《化学分析中不确定度评估指南》结合化学分析测量的特点，从科学性、规范性、实用性的角度出发，建立了评估模型，阐述了化学分析测量不确定度的评估及表示方法，为理化检测实验室实施化学测量不确定度评估提供了很好的指导。

3. 量值溯源

量值溯源就是通过一条具有规定不确定度的不间断的比较链，使测量结果或计量标准值能够与规定的参考标准 [通常是国家计量基（标）准或国际计量基（标）准] 联系起来的特性，如图 9-3 所示。

ISO/IEC 17025《检测和校准实验室能力的通用要求》中指出，用于检测/校准的对检测、校准和抽样结果的准确性或有效性有显著影响的所有设备，包括辅助测量设备（如用于测量环境条件的设备），在投入使用前应进行校准。

CNAS 承认认可的校准实验室和亚太实验室认可合作组织（APLAC）、ILAC 多边承认协议成员认可的校准实验室的量值溯源性，还承认中国法定计量体系的量值溯源性，理由如下：

1）CNAS 作为中国的实验室认可机构，必须遵守中国的法律、法规。《中华人民共和国计量法》（以下简称计量法）中规定，县级以上人民政府计量行政部门可以根据需要设置计量检定机构，或者授权其他单位的计量检定机构，执行强制检定和其他检定、测试任务。

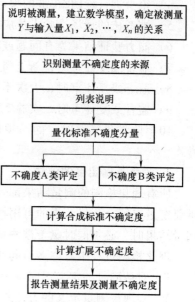

图 9-2　测量不确定度的评估过程

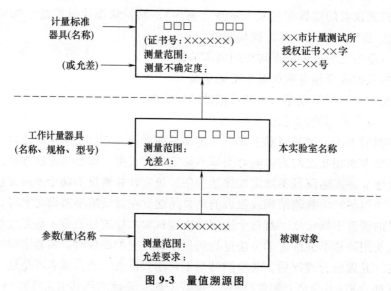

图 9-3　量值溯源图

2）我国法定计量检定机构必须经过 JJF 1069—2012《法定计量检定机构考核规范》的考核，其管理体系、技术能力和量值溯源性有所保障。

3）目前，我国有资格提供 GBW××××有证标准物质和 GSB-××-××××-××有证标准样品的机构。根据《标准物质管理办法》，标准物质必须经过技术评审组织的评审，并由国务院计量行政部门审批，颁发《制造计量器具许可证》和《标准物质定级证书》。其管理体系、技术能力和溯源性有所保障。

CNAS 认可的具有溯源性的标准物质/标准样品有：①CNAS 认可的标准物质/标准样品生产者（RMP）生产的标准物质/标准样品；②国家质量监督检验检疫总局批准的有证标准

物质/标准样品；③由 ILAC 和 APLAC MRA 认可的标准物质/标准样品提供者提供的标准物质/标准样品；④国际、国内行业公认的标准物质/标准样品。

当无法溯源时，可采用实验室间比对的方式来提供测量的可信度，但应保证：①选择的实验室应至少三家以上，且应是获得 CNAS 认可，或 APLAC、ILAC 多边承认协议成员认可的实验室；②制订比对方案，确认其适用性、可行性和有效性；③对比对结果进行分析评价。

4. 能力验证

能力验证是利用实验室间比对确定实验室的检测/校准的能力。能力验证是评定和监督实验室技术能力的重要手段之一，与现场评审构成了 CNAS 互为补充的两种能力评价方式。能力验证对于实验室是一种有效的外部质量保证活动，也是内部质量控制技术的补充。能力验证结果是 CNAS 判定申请认可实验室和获准认可实验室技术能力的重要技术依据之一。

CNAS 要求申请认可和获准认可的实验室必须通过参加能力验证活动（包括 CNAS 组织实施或承认的能力验证计划、实验室间比对和测量审核）证明其技术能力。只有在能力验证活动中表现满意，或对于不满意结果能证明已开展了有效纠正措施的实验室，CNAS 才受理或予以认可；对于未按规定的频次和领域参加能力验证的获准认可实验室，CNAS 将采取警告、暂停、撤销资格等处理措施。

（1）能力验证领域和频次要求　CNAS 要求每个实验室应至少满足以下要求：

1）只要存在可获得的能力验证活动，凡申请 CNAS 认可的实验室，在获得认可之前，至少有一个主要子领域参加过一次能力验证活动。

2）只要存在可获得的能力验证活动，已获准认可的实验室，其获得认可的领域的主要子域每四年至少参加一次能力验证活动。四年是最低频次要求，当不同认可领域有特定要求时，执行特定要求。

3）当获准认可实验室的人员、设备或认可范围发生重大变化，或者由于其他原因对实验室的能力产生疑问时，CNAS 将根据情况缩短实验室参加能力验证的时间间隔。

对参加了 CNAS 组织及其承认的能力验证活动且有稳定满意表现的机构，在 CNAS 的各类评审中，可适当根据情况考虑简化相关项目的能力确认过程。而在参加能力验证中出现不满意结果时，CNAS 要求其立即停止在相关项目的证书/报告中使用 CNAS 的认可标识，并按其体系文件规定程序实施有效的纠正措施。实验室只有将实施纠正措施的记录及纠正措施有效性证明材料在规定的期限内报 CNAS 确认后，方可恢复使用认可标识。纠正措施有效性的证明包括再次参加能力验证计划、与 CNAS 指定的参考实验室进行比对，以及申请 CNAS 的测量审核或专家现场评审等活动的材料。对于逾期未提交纠正措施记录和纠正措施有效性证明的实验室，CNAS 可撤销其认可资格。

CNAS 承认按照 ISO/IEC 指南 43-1 或 ILAC-G13 开展的能力验证和比对计划，其结果可应用于 CNAS 的能力判定活动。

（2）能力验证机构　CNAS 现已承认的能力验证和比对计划包括：

1）实验室认可的国际合作组织，如亚太实验室认可合作组织、欧洲认可合作组织（EA）等开展的能力验证活动。

2）国际和区域性计量组织，如国际计量委员会（CPM）、亚太计量规划组织（APMP）等开展的国际比对活动。

3）国际权威组织实施的行业国际性比对活动。

4）我国国家计量院和国家认证认可监管部门组织的能力验证和比对计划。

5）CNAS 认可的能力验证计划提供者提供的能力验证计划。

6）与 CNAS 签署互认协议的认可机构组织的能力验证计划。

7）在 CNAS 备案的、与 CNAS 签署互认协议的认可机构认可的能力验证计划提供者组织的能力验证计划。

对于我国各行业组织的能力验证和实验室间比对计划，只要计划组织能够证明其运作符合 ISO/IEC 指南 43-1 或 ILAC-G13 要求，CNAS 也予以承认。

5. 非标准方法的确认

确认是通过检查并提供客观证据，以证实某一特定预期用途的特定要求得到满足，除标准方法，其他方法均须经过确认后才能采用。也就是说，实验室应对非标准方法、实验室设计（制订）的方法、超出其预定范围使用的标准方法、扩充和修改过的标准方法进行确认，以证实该方法适用于预期的用途。

确认应尽可能全面，以满足预定用途或应用领域的需要。实验室应记录所获得的结果、使用的确认程序及该方法是否适合预期用途的声明。

用于确定某方法性能的技术包括：

1）使用参考标准或标准物质进行校准。

2）与其他方法所得的结果进行比较。

3）实验室间比对。

4）对影响结果的因素做系统性评审。

5）根据对方法的理论原理和实践经验的科学理解，对所得结果不确定度进行的评定。

当对已确认的非标准方法做某些改动时，应当将这些改动的影响制成文件，适当时应重新进行确认。

按照预期用途对被确认的方法进行评价时，方法所得值的范围和准确度应适应客户的需求。方法所得值包括结果的不确定度、检出限、方法的选择性、线性、重复性限和（或）复现性限、抵御外来影响的稳健度和（或）抵御来自样品（或检测物）基体干扰的交互灵敏度等。应该看到，确认通常是成本、风险和技术可行性之间的一种平衡。许多情况下，由于缺乏信息，数值（如准确度、检出限、选择性、线性、重复性、复现性、稳健度和交互灵敏度）的范围和不确定度只能以简化的方式给出。

6. 内部质量控制

检测和校准结果质量的有效性是实验室关注的焦点。在实验室的质量管理中，强调各个过程应处于受控状态，但受控不等于没有变异，即使在相同条件下的每次测量也有差异，所以变异是客观存在的。正常变异是不可避免的，异常变异是"人、机、样、法、环、溯"的一个或几个因素发生变化引起的，这是质量控制的对象。在检测/校准的过程中，不是不允许出现变异，而是要控制它，针对找出的原因采取改进措施（纠正和预防措施）。实验室应有质量控制程序以监控检测和校准的有效性。监控的手段包括：

1）定期使用有证标准物质进行监控和（或）使用次级标准物质开展内部质量控制。

2）参加实验室间的比对或能力验证计划。

3）使用相同或不同方法进行重复检测或校准。

4）对存留物品进行再检测或再校准。

5）分析一个物品不同特性量的结果的相关性。

理化检测实验室选用的方法应当与所进行的工作类型和工作量相适应，还应分析质量控制的数据。当发现质量控制数据超出预先确定的判据时，应采取已计划的措施来纠正出现的问题，并防止报告错误的结果。

理化检测实验室应重点关注质量计划的完整性（年度质控计划、内部和外部）、质控结果评价依据、实施记录、不满意结果的处理措施，通常对质控结果的评价和不满意结果的原因分析是多数实验室容易忽视的。

理化检测实验室应采用统计技术对结果进行审查。事实上，实验室管理体系中的过程控制、数据分析、纠正与预防措施等诸多因素都与统计技术密切相关。一个实验室在检测/校准实现的各个阶段，若能恰当地应用统计技术，这个实验室的管理体系可以说是比较完备和有效的，也能比较好地实现"以客户为关注焦点"和"持续改进"等现代管理原则。

参 考 文 献

[1] 华东理工大学，四川大学. 分析化学 [M]. 7版. 北京：高等教育出版社，2018.

[2] 鄢国强. 材料质量检测与分析技术 [M]. 北京：中国计量出版社，2005.

[3] 刘崇华，黄宗平. 光谱分析仪器使用与维护 [M]. 北京：化学工业出版社，2010.

[4] 宋卫良. 冶金化学分析 [M]. 北京：冶金工业出版社，2008.

[5] 宋卫良. 冶金仪器分析 [M]. 北京：冶金工业出版社，2008.

[6] 机械工业理化检验人员技术培训和资格鉴定委员会，中国机械工程学会理化检验分会. 金属材料化学分析 [M]. 北京：科学普及出版社，2015.

[7] 艾明泽，肖哲. 化学计量 [M]. 北京：中国计量出版社，2007.

[8] 吴诚. 金属材料化学分析300问 [M]. 上海：上海交通大学出版社，2003.

[9] 鄢国强. 工厂实用化学分析手册 [M]. 北京：机械工业出版社，1995.

[10] 桂立丰，吴诚. 机械工程材料测试手册：化学卷 [M]. 沈阳：辽宁科学技术出版社，1996.

[11] 刘珍. 化验员读本 [M]. 北京：化学工业出版社，2001. .

[12] 黄一石，黄一波，乔子荣. 定量化学分析 [M]. 4版. 北京：化学工业出版社，2020.

[13] 辛仁轩. 等离子体发射光谱分析 [M]. 3版. 北京：化学工业出版社，2018.

[14] 郑国经. ATC 001 电感耦合等离子体原子发射光谱分析技术 [M]. 北京：中国标准出版社，2011.

[15] 李云雁，胡传荣. 试验设计与数据处理 [M]. 3版. 北京：化学工业出版社，2017.

[16] 邓勃，李玉珍，刘明钟. 实用原子光谱分析 [M]. 北京：化学工业出版社，2013.

[17] 邓勃. 原子吸收光谱分析的原理、技术和应用 [M]. 北京：清华大学出版社，2004.

[18] 章怡学，何华焜，陈江韩. 原子吸收光谱仪 [M]. 北京：化学工业出版社，2007.

[19] 富勒. 电热原子化原子吸收光谱分析 [M]. 李述信，译. 北京：冶金工业出版社，1979.

[20] 计量和检验机构资质认定评审中心. 检测检验机构资质认定案例分析：第二册 [M]. 北京：中国标准出版社，2020.

[21] 辛仁轩. 微波等离子体光谱技术的发展（二）[J]. 中国无机分析化学，2013，3（1）. 1-10.

[22] 金钦汉，黄矛，HIEFTJE G M. 微波等离子体原子光谱分析 [M]. 长春：吉林大学出版社，1993.

[23] 计量和检验机构资质认定评审中心. 检验检测机构资质认定案例分析：第一册 [M]. 北京：中国标准出版社，2020.

[24] 国家认证认可监督管理委员会. 国家认监委实验室能力验证技术报告汇编：2017 [M]. 北京：中国质检出版社，2017.

[25] 全国认证认可标准化技术委员会实验室认可分技术委员会秘书处，中国合格评定国家认可中心. 实验室认可作用与贡献案例集 [M]. 北京：中国标准出版社，2015.

[26] 陆渭林. 实验室认可与管理工作指南 [M]. 北京：机械工业出版社，2016.